光电仪器设计

高　明　　刘缠牢
刘　钧　　陈　彤　　编著

西北工业大学出版社

【内容简介】本书为高等工科院校测控技术与仪器专业"光电仪器设计"课程教材。本书从仪器总体设计出发,结合现代测试技术,系统地阐述了光、机、电、计算机结合的光电精密仪器设计的基本理论及方法。

全书共分7章。内容包括光电仪器设计概论、光电仪器总体设计、仪器设计的精度理论、机械系统设计、光电仪器的光电系统设计、激光在精密测量中的应用、光栅与读数装置。书中收集了有关现代仪器设计的资料和科研成果,具有相当的深度和广度。

本书适用于大专院校测控技术与仪器、光电信息工程及机电类专业的师生,也可供从事仪器科学与技术研究、设计、制造和系统开发的工程技术人员学习和参考。

图书在版编目(CIP)数据

光电仪器设计/高明等编著.—西安:西北工业大学出版社,2005.8(2024.12重印)
ISBN 978-7-5612-1994-2

Ⅰ.光… Ⅱ.高… Ⅲ.光电仪器-设计 Ⅳ.TH890.2

中国版本图书馆CIP数据核字(2005)第098910号

出版发行: 西北工业大学出版社
通信地址: 西安市友谊西路127号 邮编:710072
电　　话: (029)88493844
网　　址: www.nwpup.com
印 刷 者: 陕西瑞升印务有限公司
开　　本: 787 mm×1092 mm 1/16
印　　张: 16.25
字　　数: 395千字
版　　次: 2005年8月第1版 2024年12月第4次印刷
定　　价: 58.00元

前　言

本书是根据全国高等学校仪器仪表学科教学指导委员会关于“仪器仪表学科发展战略”及“光电仪器设计”教学大纲编写的。

本书系统地论述了“光电仪器设计”的基本理论及设计方法；重点介绍了具有普遍意义的计量类光电精密仪器的有关设计内容，以阐明光电仪器设计中带有共性的问题。

“光电仪器设计”是以设计为主的专业课程。其目的是使学生学会综合运用相关的基础理论知识，掌握光、机、电、计算机相结合的现代仪器设计理论和方法，培养学生独立设计与研究现代光电精密仪器系统的能力。

全书共分 7 章。内容分别为光电仪器设计概论、光电仪器总体设计、仪器设计的精度理论、机械系统设计、光电仪器的光电系统设计、激光在精密测量中的应用、光栅与读数装置。其中，第 1，2，3，7 章，第 5 章第 1，2，3 节，第 6 章第 3 节由高明执笔；第 4 章由刘缠牢执笔；第 5 章第 4 节由陈彤执笔；第 6 章第 1，2 节由刘钧执笔。全书由高明统稿。

在编写过程中，我们参阅了大量文献资料，在此对文献作者表示衷心感谢。

本书可供高等工科院校测控技术与仪器、光电信息工程及机电类专业的师生使用，同时也可供从事精密仪器、光学仪器及机电系统的研究、设计、制造和系统开发的工程技术人员学习和参考。

由于编者水平有限，书中难免有不妥之处，希望读者提出宝贵意见。

编　者

2005 年 7 月

目　　录

第1章　光电仪器设计概论

1.1　概　述

仪器是传递和转换信息的工具，它是各类仪器仪表、传感器及观察、监控、测试、分析设备的总称。随着科学技术的进步，仪器对于人们的生产、生活以及高精尖技术的发展，显得愈发重要。据美国国家标准局的统计，美国"阿波罗"登月计划总投资 200 亿美元，其中用于测量和试验的费用达 100～110 亿美元，占总投资的 40％～50％。仅此一例便可以说明仪器仪表学科在自然科学与国民经济的发展中占有十分重要的地位。

仪器仪表学科发展至今已成为一门独立的学科，而光电仪器技术则是仪器仪表学科的一个重要分支。它是传统的与现代的光学机械技术与电子计算机技术的集成。人们在认识世界的过程中大约有 80％的信息是通过视觉获取的。光电仪器将人们的视觉扩展到远至星际距离，小至原子尺寸，其特点是将光学信息转变成电信号输出，因而可以运用现代电子学的一切成果来处理光学信息。目前光学技术与光电仪器已渗透到国民经济的各个部门，得到了广泛应用。

可以说，光电仪器的发展水平是科学技术现代化的重要标志，没有现代化的光电仪器，国民经济是无法发展的。

本书是围绕光电仪器的设计理论而展开的，因此，在讲解有关内容之前，有必要介绍以下关于现代设计的一些概念。

一、现代设计的概念

1. 设计的概念及特征

设计是人类改造自然的基本活动之一。它与人类的生产活动及生活紧密相关。人类在改造自然的历史长河中，一直从事设计活动。从某种意义上讲，人类文明的历史，就是不断进行设计活动的历史。"设计"一词，即英语的"Design"，起源于拉丁语"Designare"，此词由"De"和"Signare"(符号、记号、图形之意)两词组成，因而它的最初含义是：记下(画下)符号、记号、图形的意思，相当于"图案"的意思。

随着人类社会的进步和需要，"设计"这个词可以有广义和狭义两种概念。广义概念是指对发展过程的安排，包括发展的方向、程序、细节及达到的目标。狭义的概念是指客观需求转化为满足该需求的技术系统(或技术过程)的活动。

现代化工业产品的设计，在国外也叫做工业设计。它是以客观的、科学的方法，来从事新产品开发工作的。1964 年在比利时召开的国际工业设计教育讨论会上，对工业设计定义如下："工业设计是一种创造性行为，它的目的在于决定产品的正式品质。所谓正式品质，除了产品外形和表面特点外，更重要的是决定产品的结构和功能关系，以获得一种使生产者和消费者都能满意的整体”。

随着科学技术和生产力的不断发展，设计和设计科学也在不断向深度和广度发展，其内容、要求、理论和手段等都在不断更新。

近些年来对设计有以下一些新的说法：

设计是一种创造性活动，设计的核心是创造性，如果没有创新，就不叫设计。

设计是一种优化过程，是在给定条件下，针对目标谋求最优解的过程。

设计是把各种先进技术转化为生产力的一种手段，它反映当时生产力的水平，是先进生产力的代表。

设计是一种技术性、经济性、社会性、艺术性的综合产物。

设计是为满足需求而进行的一种创造性思维活动的实践过程。

设计是通过分析、创造与综合，创造性地建立满足特定功能要求的技术系统的活动过程。

从上面这些对设计的描述中，我们可以综合来理解设计的含义，即为了满足人类与社会的功能要求，将预定的目标通过人们的创造性思维，经过一系列规划、分析和决策，产生载有相应的文字、数据、图形等信息的技术文件，以取得最满意的社会与经济效益，这就是设计。然后或通过实践转化为某项工程，或通过制造成为产品，造福于人类。产品设计过程从本质上说就是创造性的思维与活动过程，是将创新构思转化为有竞争力的产品的过程。

从设计定义出发可以看出，工业产品设计应该具有以下特征：

(1)需求特征。产品设计的目的是满足人类社会的需求，所以设计源于需要，没有需要就没有设计。

(2)创造性特征。时代的发展，使人们的需求、自然环境、社会环境都处于变化之中，从而要求设计者适应条件变化，不断更新旧产品，创造新产品。

(3)程序特征。任何产品设计都有设计过程，它是指从明确设计任务到编制技术文件所进行的整个设计工作的流程。设计过程一般可分为四个主要阶段：产品规划、原理方案设计、技术设计和施工设计。这种过程叫做设计程序。按设计程序进行工作才能提高效率，保证设计质量。

(4)时代特征。设计活动受时代的物质条件、技术水平的限制，如设计方法、设计手段、材料、制造工艺等。所以，各种产品设计都具有时代的烙印。

认识了产品设计的特征，才能全面、深刻地理解设计活动的本质，进而研究与设计活动有关的各种问题，以解决产品设计问题。

2.设计发展的基本阶段

在介绍现代设计与传统设计的区别之前，让我们先来简单回顾一下人类从事设计活动发展的几个基本阶段。从人类生产的进步过程来看，整个设计进程大致经历了以下四个阶段。

(1)直觉设计阶段 。古代的设计是一种直觉设计。当时人们或是从自然现象中直接得到启示，或是全凭人的直观感觉来设计制作工具。设计者多为具有丰富经验的手工艺人，他们之间没有信息交流。产品的制造只是根据制造者本人的经验或其头脑中的构思完成的，设计与制造无法分开。设计方案存在于手工艺人头脑之中，无法记录表达，产品也是比较简单的。一项简单产品的问世，周期很长，这是一种自发设计。直觉设计阶段在人类历史中经历了一个很长的时期，17 世纪以前都属于这一阶段。

(2)经验设计阶段。随着生产的发展，产品逐渐复杂起来，对产品的需求量也开始增大，单个手工艺人的经验或其头脑中的构思已难满足这些要求，因而促使手工艺人必须联合起来，互相协作，逐渐出现了图纸，并开始利用图纸进行设计。一部分经验丰富的手工艺人将自己的经验或构思用图纸表达出来，然后根据图纸组织生产。到 17 世纪初，数学与力学结合后，人们开始运用经验公式来解决设计中的一些问题，并开始按图纸进行制造，如早在 1670 年就已经出现了有关大海船的图纸。图纸的出现，既可使具有丰富经验的手工艺人通过图纸将其经验或构思记录下来，传于他人，便于用图纸对产品进行分析、改进和提高，推动设计工作向前发展，还可满足更多的人同时参加同一产品的生产活动，满足社会对产品的需求及生产率的要求。因此，利用图纸进行设计，使人类设计活动由自发设计阶段进步到经验设计阶段。

(3)半理论半经验设计阶段。20 世纪初以来，由于试验技术与测试手段的迅速发展和应用，人们把对产品采用局部试验、模拟试验等作为设计辅助手段。通过中间试验取得较可靠的数据，选择较合适的结构，从而缩短了试制周期，提高了设计可靠性。这个阶段称为半理论半经验设计阶段(又称中间试验阶段)。在这个阶段中，随着科学技术的进步、实验手段的加强，使设计水平得到了进一步提高，并取得了如下进展：①加强设计基础理论和各种专业产品设计机理的研究，如材料应力应变、摩擦磨损理论、零件失效与寿命的研究，从而为设计提供了大量信息，如包含大量设计数据的图表(图册)和设计手册等；②加强关键零件的设计研究，特别是加强了关键零部件的模拟试验，大大提高了设计速度合成功率；③加强了“三化”，即零件标准化、部件通用化、产品系列化的研究，后来又提出设计组合化，这便进一步提高了设计的速度、质量，降低了产品的成本。在这个阶段由于加强了设计理论和方法的研究，与经验设计相比大大减少了设计的盲目性，有效地提高了设计效率和质量并降低了设计成本。至今，这种设计方法仍被广泛应用。

(4)现代设计阶段。近 30 年来，由于科学和技术迅速发展，人们对客观世界的认识不断深入，设计工作所需的理论基础和手段有了很大进步，特别是电子计算机技术的发展及应用，对设计工作产生了革命性的变革，为设计工作提供了实现设计自动化的条件。例如 CAD 技术能得出所需要的设计计算结果资料和生产图纸，一体化的 CAD/CAM 技术更可直接输出记录有关信息的纸带，使用这种纸带，NC 机床即可直接加工出所需要的零件，从而使设计工作步入现代设计阶段。

此外，步入现代设计阶段的另一个特点就是，当代对产品的设计已不能仅考虑产品本身，还要考虑对系统和环境的影响；不仅要考虑技术领域，还要考虑经济、社会效益；不仅要考虑当前，还要考虑长久发展。例如，汽车设计，不仅要考虑汽车本身的有关技术问题，还需考虑使用者的安全、舒适、操作方便等因素。此外，还需考虑汽车的燃料供应和污染、车辆存放、道路发展等问题。总之，目前已进入现代设计阶段，这就要求在设计工作中要把自然科学、社会科学、人类工程学，以及各种艺术、实际经验和聪明才智融合在一起，应用于设计中。

3. 现代设计与传统设计

20 世纪以来，由于科学和技术的发展与进步，对设计的基础理论研究得到了加强，随着设计经验的积累，以及设计和工艺的结合，已形成了一套半经验半理论的设计方法。依据这套方法进行机电产品的设计，称为传统设计。所谓传统是指这套设计方法已沿用了很长时间，直到现在仍被广泛地采用着，传统设计又称常规设计。

传统设计是以经验总结为基础，将以力学和数学结合而形成的经验、公式、图表、设计手册等作为设计的依据，通过经验公式、近似系数或类比等方法进行设计。传统设计在长期运用中得到不断的完善和提高，是符合当代技术水平的有效设计方法。但由于所用的计算方法和参考数据偏重于经验的概括和总结，往往忽略了一些难解或非主要因素，因而造成设计结果的近似性较大，也难免有不确切和失误。此外，在信息处理、参量统计和选取、经验或状态的存储和调用等方面还没有一个理想的有效方法，解算和绘图也多用手工完成，所以不仅影响设计速度和设计质量的提高，也难以得到精确和优化的效果。传统设计对技术与经济、技术与美学也未能做到很好的统一，给设计带来一定的局限性。这些都是有待于进一步改进和完善的不足之处。

图 1-1 所示为一般传统机械设计过程。由图可见，这一过程的特点是：第一，它的每一个环节都是依靠设计者用手工方式来完成的。从本质上来说，这些都是凭借设计者直接的或间接的经验，通过类比分析或经验公式来确定方案，对于特别重要的设计或计算工作量不太大的设计，有时可对拟定的几个方案作计算对比。方案选定后按机械零件的设计方法或按标准选用，最后绘出整机及部件装配图和零件图，编写技术文件，从而完成整机设计。第二，按传统机械设计方法，设计人员的大部分精力都耗费在零部件的常规设计（特别是繁重而费时的绘图工作）中，而对整机全局问题难以进行深入研究，对于一些困难而费时的分析计算，常常不得不采用作图法或类比定值等粗略的方法。因此，传统机械设计方法具有很大的局限性，主要表现在：①方案的拟定很大程度上取决于设计者的个人经验，即使同时拟定了几个方案，也难以获得最优方案；②在分析计算工作中，由于受人工计算条件的限制，只能采用静态的或近似的方法而难以按动态的精确的方法计算，计算结果未能完全反映零部件的真正工作状态，影响了设计质量；③设计工作周期长，效率低，成本高。

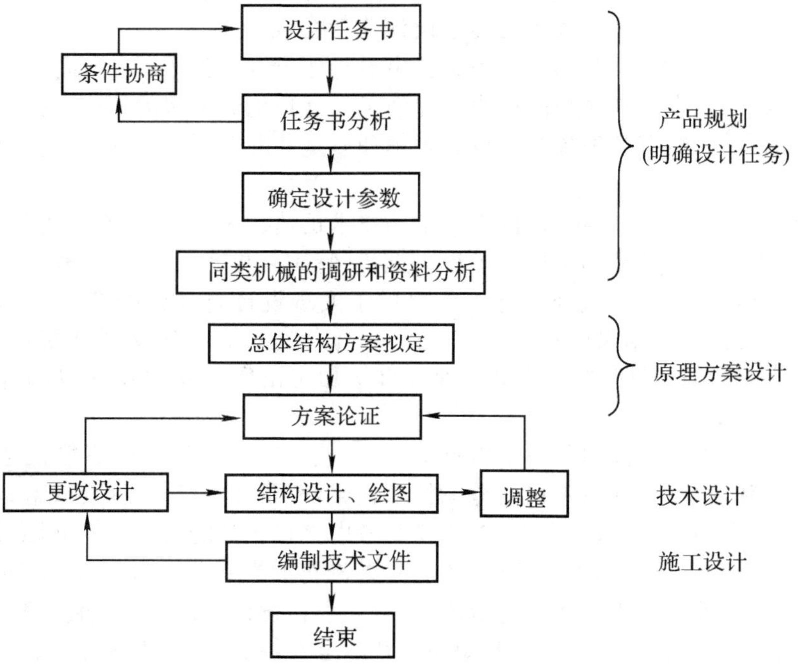

图 1-1　传统机械设计过程

所以，传统设计方法是一种以静态分析、近似计算、经验设计、手工劳动为特征的设计方法。显然，随着现代科学技术的飞速发展，生产技术的需要和市场的激烈竞争，以及先进设计手段的出现，这种传统设计方法已难以满足当今时代的要求，从而促使设计领域不断研究和发展新的方法和技术。

20 世纪 60 年代以来，由于科学技术的飞速发展和计算机技术的应用与普及，给设计工作包括机电产品的设计工作带来了新的变化。随着科技发展，新工艺、新材料的出现，微电子技术、信息处理技术及控制技术等新技术对产品的渗透和有机结合，以及与设计相关的基础理论的深化和设计新方法的涌现，都给产品设计开辟了新途径，使产品设计跨上了现代设计的水平。在这一时期，国际上在设计领域相继出现了一系列有关设计学的新兴理论与方法，统称为现代设计。当然，现代设计不仅指设计方法的更新，也包含了新技术的引入和产品的创新。目前现代设计所指的新兴理论与方法主要包括：优化设计、可靠性设计、设计方法学、计算机辅助设计、动态设计、有限元法、工艺艺术造型设计、人机工程、并行工程、价值工程、反求工程设计、模块化设计、相似性设计、虚拟设计、疲劳设计、三次设计、摩擦学设计、人工神经元计算方法等，其发展方兴未艾。

目前，产品现代设计的主要特点表现为以下几个方面：

(1)设计对象由单机走向系统；

(2)设计要求由单目标走向多目标；

(3)设计所涉及的领域由某一领域走向多个领域；

(4)产品更新速度加快，要求设计速度加快；

(5)设计的发展要适应科技发展，特别是适应计算机技术和先进的工艺水平。

现代设计是在传统设计基础上发展起来的，它继承了传统设计的精华。由于传统设计发展到现代设计有时序性和继承性，当前正处在共存性阶段。图 1－2 所示为现代设计的基本作业过程。与传统设计相比，它则是一种以动态分析、精确计算、优化设计和 CAD 为特征的计算方法。

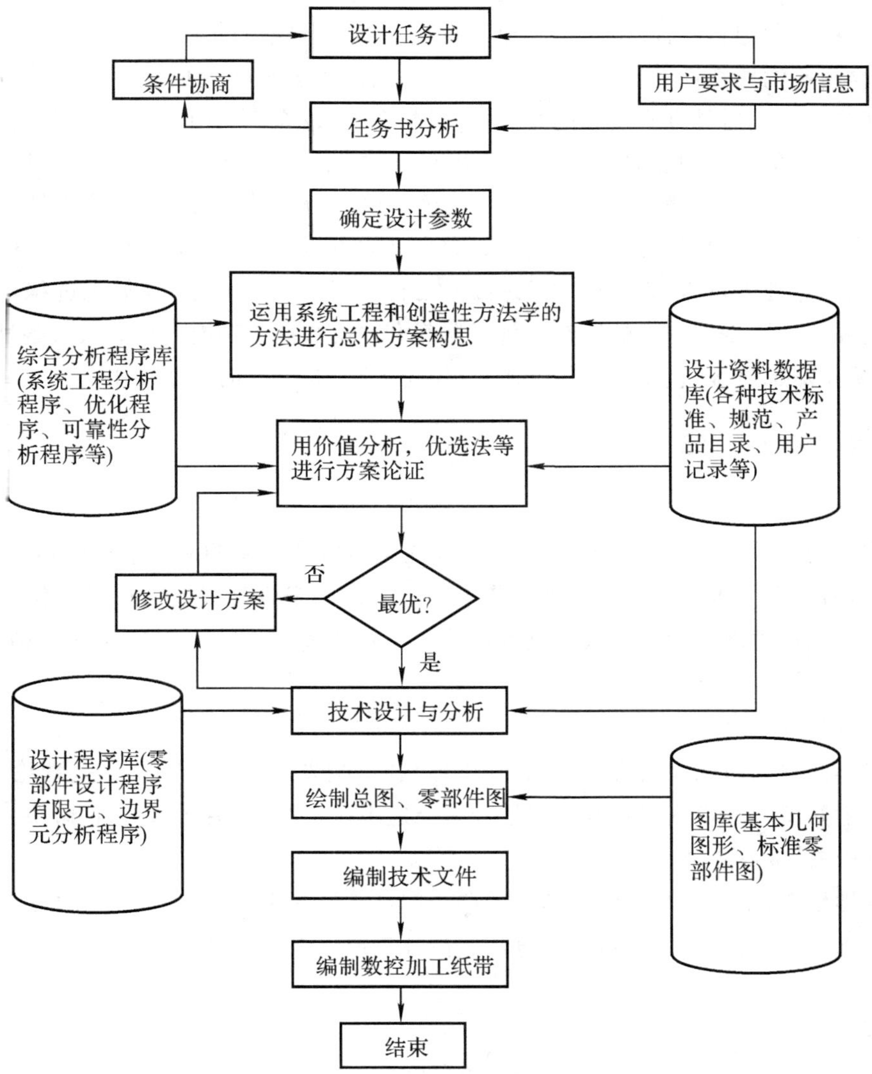

图 1－2　现代设计作业过程

二、研究对象

“光电仪器设计”课程为光电技术与仪器专业的专业课程，其研究对象为基于光学原理、采用光电转换技术的各类光电精密仪器。光电仪器按其工作原理可以分为光学杠杆类仪器（反射原理），显微、望远、投影、照相类仪器（成像原理），干涉、衍射、偏振类仪器（物理光学），流速仪、激光陀螺（多普勒效应），纤维光学类仪器（导波光学原理）等。光电仪器按其用途可以分为计量、观察、摄影、照相、军用、医用、分析、通信等许多类，其中最主要的、应用最广泛的是计量类光电仪器，它用于各种物理量的计量与测试。由于光电仪器种类繁多，本课程不可能也没必要逐一详细讨论。本课程的重点是介绍具有普遍意义的计量类光电精密机械仪器的设计理论与方法，以阐明光电仪器设计中带有共性的问题。

计量是计量学的简称，英文名词为“Metrology”。计量学是有关测量的知识领域，它包括与测量有关的一切理论实际问题。计量包括基准（标准的建立）、复现、保存和传递；测量方法及精度估计；根据预定目的检查仪器和器具的特性等。计量学包括基本物理量的测试，也包括物理常数、材料和物质特性的测试。计量仪器是将被测物理量转化成指示值或等价信息的测量器具。光电计量仪器具有不接触的特点，其灵敏度高，用途广，具有良好的发展前景。

目前，国际计量技术的发展趋势有以下特点：①传统计量仪器向数字化、光机电一体化方向发展。新一代的工具显微镜、轮廓投影仪甚至千分尺均已改成数字输出，并带有 RS－232 接口，可与实时数据处理器连接；②测量方式向自动化测量、在线测量方向发展。在这方面，光纤传导技术、图像处理技术、激光扫描跟踪技术已得到了成功的应用；③加工过程检测向系统网络化方向发展。网络系统内的所有测量仪器都有输出数据的功能。计算机对各种测量数据集中管理，防止加工过程出现异常，保证质量，缩短工时，减少总的制造费用。

三、研究方法

1.从整体上分析问题

仪器往往是大系统中的一部分，它的任务是把信息源所提供的有用信息检测出来，并进行转换与传递，所以必须根据仪器在整个系统中所起的作用来设计仪器。如果把仪器从大系统中分裂出来就无法提出合理的要求。仪器设计者必须从整体上分析问题，正确把握仪器的使用要求。

2.综合应用有关技术

在学习本课程之前已经具备几何光学、物理光学、激光原理、电子学、误差理论、精密机械零件等方面的知识。学习本课程就是要学会综合运用这些知识，灵活地分析、解决实际问题。

3.以点带面、举一反三

仪器种类繁多，结构五花八门。学习本课程应善于通过典型单元（部件）的设计计算及典型仪器的原理方案分析、技术参数确定等掌握设计思路及基本方法，举一反三，培养自己的仪器设计能力。

4.理论联系实际

本课程通过理论讲述及课程设计，使理论紧密联系实际，培养分析研究和解决实际问题的能力。

四、仪器仪表学科目前发展概况

1. 仪器仪表在当代社会中的重要作用

仪器仪表在人类的生产活动、军事技术、科学研究中扮演着重要角色，且随着科技的发展其角色的重要性愈显重要。

在国民经济运行中，仪器仪表是“倍增器”，对国民经济有着巨大的辐射作用和影响力。美国商业部国家标准局在 20 世纪 90 年代发布的调查数据表明，美国仪器仪表产业的产值约占工业总产值的 4%，而它带动的相关经济的产值却达到社会总产值的 66%，仪器仪表发挥着“四两拨千斤”的巨大倍增作用。事实上，现代化大生产，如发电、炼油、化工、冶金、飞机和汽车制造等，离开了只占企业固定资产大约 10%的各种测量与控制仪器仪表装置就不能正常安全生产，更难以创造巨额的产值和利润。专家们形象地把仪器仪表产业比喻为国民经济中的“卡脖子”产业。

在科学研究中，仪器仪表是“先行官”。离开了科学仪器，一切科学研究都无法进行。发展高新技术必须要有先进的仪器仪表作依托，现代仪器仪表是发展高新技术必需的及重要的手段和技术基础。在重大科技攻关项目中，几乎一半的人力财力都是用于购置、研究和制作测量与控制的仪器设备。诺贝尔奖设立至今，众多获奖者都是借助于先进仪器的诞生才获得重要的科学发现，甚至许多科学家直接因为发明科学仪器而获奖。据统计资料显示，近 80 年来的诺贝尔奖获得者中同科学仪器有关的达 38 人。1992 年诺贝尔化学奖获得者 R. R. Einst 说：“现代科学的进步越来越依靠尖端仪器的发展”。基因测量仪器的问世，使世界基因研究计划提前 6 年完成就是最好的证明。从神州 2 号至神州 5 号，共有 185 台(套)科学仪器装置，为神州 5 号飞船的成功发射并获取大量宝贵的飞行试验数据和科学资料起到了关键性作用。要加快科学研究和高技术的发展，仪器仪表必须先行。

在军事上，仪器仪表是“战斗力”。仪器仪表的测量控制精度决定了武器系统的打击精度，仪器仪表的测试速度、诊断能力则决定了武器的反应能力。先进的、智能化的仪器仪表已成为精确打击武器装备的重要组成部分。1991 年海湾战争中美国使用的精密制导炸弹和导弹只占 8%，而在 12 年后的伊拉克战争中，美国使用的精密制导炸弹和导弹达到了 90%以上，这些先进武器都是靠一系列先进的测量与控制仪器仪表系统装备并实现其控制功能的。1994 年美国国防部成立了“自动测试系统执行局”，以统一海陆空三军的测试技术、产品与标准，来保证立体作战方式的有效实施。现代武器装备，几乎无一不配备相关的测量控制仪器仪表。

现代仪器仪表还是当今社会的“物化法官”。检查产品质量，监测环境污染，检查违禁药物服用，识别指纹、假钞，侦破刑事案件等，无一不依靠仪器仪表进行“判断”。

仪器仪表在关注生产活动、军事技术、社会服务与科学研究的同时，也开始走进家庭，成为提高人们生活质量的重要手段。仪器仪表在实验教学、气象预报、大地测绘、诊治疾病、指挥交通、探测灾情等社会生活许多领域都有广泛应用。

中共十六大报告中指出，要以信息化带动工业化，以工业化促进信息化，走出一条我国新型工业化的道路。而在这个进程中，仪器仪表既肩负着以信息化带动工业化的重任——改造传统工业的必备手段，又扮演着以工业化促进信息化进一步发展的重要角色——信息化的重要内容和主要标志。因此，无论是信息化还是工业化，如果没有先进仪器仪表的支撑是完全不可能实现的。

2. 仪器仪表的发展趋势

(1)发展科学仪器已成为国家的一项战略措施。现代仪器仪表的发展水平,是国家科技水平和综合国力的重要体现,仪器仪表制造水平反映出国家的文明程度。为此,世界发达国家都高度重视和支持仪器仪表的发展,美、日、欧 等发达国家和地区早已制定了各自的发展战略并锁定目标,有专门的投入,以加速原创性仪器的发明、发展、转化和产业化进程。发达国家中的科学仪器的发展,已从自发状态转入到有意识、有目标的政府行为上来。

前已提及,美国对仪器仪表的发展给予高度重视和支持;日本科学技术厅已把测量传感技术列为 21 世纪首要发展的技术;德国大面积推广了应用自动化控制仪器系统,20 世纪 90 年代的 6 年期间就增加了 350%的市场,保证了劳动生产率增长 1.9%;欧共体制定的第三个科技发展总体规划,将测量和检测技术列为 15 个专项之一。我国政府在国民经济和社会发展第十个五年计划纲要中明确指出"把发展仪器仪表放到重要位置",国家发改委和科技部列专项支持仪器仪表发展,今年国家制定中长期科学和技术发展规划对仪器仪表也给予了高度的重视。

(2)仪器科学与技术的发展。当今科学仪器技术最引人注目的发展是在生物、医学、材料、航天、环保、国防等直接关系到人类生存和发展的诸多领域中。研究的尺度深入到介观和微观 ,要求不仅能确定分析对象中的元素、基因和含量,而且能回答原子的价态、分子结构和聚集态、固体结晶形态、短寿命反应中间产物的状态和生命化学物理进程中的激发态;不但能提供在自在状态下的分析数据,而且可作表面、内层和微区分析,甚至三维立体扫描分析和时间分辨数据。从而 ,发展高分辨率、高选择性、高灵敏度的活体动态研究技术、原位技术、非接触(无损) 测定技术等已成为趋势,发展超快时间分辨和超高空间分辨技术已成为仪器发展新的追求目标。研究的对象和过程已从静态转入动态 。国际上正在大力发展集采样、样品处理(制作)、自动检测分析和结果输出于一身的流程分析系统,发展现场和实时的研究手段。生命科学等复杂体系研究的瓶颈是缺乏灵敏、有效和快速的现场或实时的研究手段,解决这一问题的突破口在于发展新的检测原理和新的检测仪器。

(3)现代仪器的发展方向。现代仪器的发展趋势是智能化、微型化、集成化、芯片化和系统工程化。利用现代微制造技术、纳米技术、计算机技术、仿生学原理、新材料等高新技术的科学仪器已成为主流,如微型全化学分析系统、微型实验室、生物芯片、芯片实验室等。例如,正在发展的芯片型自动分析元件,不仅有测试功能,而且还可以执行分离、反应等操作。综合这些芯片的功能将组成微型的分析仪器,进而形成芯片实验室。这些分离分析元器件可做在玻璃、石英或塑料基体上,大小犹如芯片, 仍然具备某些"传统" 分离、分析仪器的功能。

在微型元器件、微处理器高度发展的基础上,研究和开发小型价廉而又准确可靠的家用和个人分析仪器看来会有广阔的市场。

信息技术的飞速发展,给仪器仪表带来的又一个重大变化就是测试仪器网络化。由于仪器的自动化、智能化水平的提高,多台仪器联网已推广应用,虚拟仪器、三维多媒体等新技术开始实用化。因此,通过 Internet 网 ,仪器用户之间可异地浏览和交换信息,厂商能直接与异地用户交流 ,能及时完成如仪器故障诊断、指导用户维修或交换新仪器改进的数据、软件升级等工作。仪器操作过程更加简化,功能更换和扩张更加方便。网络化测试系统(仪器) 是今后测试技术发展的必然道路。

另外,在一些重大科学前沿研究中,测试及研究手段成为重大复杂的科研工程,如大型天文望远镜、高能粒子加速器、航天遥感系统等，都是由诸多高新技术武装起来的分系统集成。

总之，随着科学技术尤其是电子信息技术的飞速发展，迫切需要数字化、智能化，网络化、微型化、多功能化的现代仪器解决科学问题。特别是进入 21 世纪以来，随着计算机网络技术、软件技术、纳米技术的发展，测控技术出现了虚拟化、远程化和微型化的发展趋势。现代化仪器应是高新技术包括集传感器技术、计算机技术、电子技术、现代光学、精密机械等多种高新技术于一身的产品，其用途也从单纯数据采集发展为集数据采集、信号传输、信号处理以及控制为一体的测控过程。

3. 仪器仪表技术的特点

仪器是认识世界的工具，是人们用来对物质(自然界)实体及其属性进行观察、监视、测定、验证、记录、传输、变换、显示、分析处理与控制的各种器具与系统的总称。仪器的功能在于用物理、化学或生物的方法，获取被检测对象运动或变化的信息，并将获取的信息转换处理成为易于人们阅读、识别、表达的量化形式，或进一步数字化、图像化，直接进入自动化、智能化运转控制系统。

仪器的实质是信息获取、信息处理、信息利用的工具，而仪器仪表学科则是研究以获取信息为目的的信息转换、处理、传输、存储、显示与应用等技术与装置的应用科学。该学科具有以下特点：

(1)仪器技术是信息技术。著名科学家钱学森明确指出："发展高新技术信息技术是关键，信息技术包括测量技术、计算机技术和通信技术。测量技术是关键和基础。"

现代仪器仪表是对物质世界的信息进行测量与控制的基础手段和设备，因而美国商务部 1999 年报告在关于新兴数字经济部分时提出，信息产业包括计算机软硬件行业、通信设备制造及服务行业、仪器仪表行业。这一界定在表明仪器仪表行业是信息产业组成部分的同时也说明了仪器技术也是信息技术的组成部分。

(2)仪器技术是信息技术中的源头技术。信息技术包括信息获取、信息处理、信息传输三部分内容。其中，信息的获取是靠仪器来实现的。仪器中的传感器、信号采集系统就是完成这一任务的具体器件。如果不能获取信息，或信息获取不准确，那么信息的存储、处理、传输都是毫无意义的。因而，信息获取是信息技术的基础，是信息处理、信息传输的前题。仪器是获取信息的工具，没有仪器，进入信息时代是不可能的。因而，仪器技术是信息技术中"信息获取—信息处理—信息传输"的源头技术，也是信息技术中的关键技术。

(3)仪器技术是现代科技的前沿技术。工欲善其事，必先利其器。现代高新技术，如航天、遥感、生物工程、医疗、环保、新材料等领域的研究发展以及各类基础科学实验工作，无一不直接依靠仪器来完成。

现代仪器技术是知识创新和技术创新的基础，电子显微镜、质谱技术、CT 断层扫描仪、X 射线物质结构分析仪、光学相衬显微镜、扫描隧道显微镜等先进仪器的诞生对人类的科学研究产生了划时代的意义。纵观人类科技发展史不难看出，科技重大成就的获得和科学新领域的开辟往往是以测试仪器和测试技术方法上的突破为先导的。自诺贝尔奖设立至今，已有 40 人次因为在仪器研制上的贡献获得了诺贝尔物理奖。这一数字足见仪器在基础科学与应用科学领域中的重要而特殊的地位。

(4)现代仪器仪表发展的关键技术。现代仪器仪表科学技术的发展趋势和特点，决定了仪器仪表发展的关键技术。主要是：

1)传感技术。传感技术不仅是仪器仪表实现检测的基础,也是仪器仪表实现控制的基础。传感技术主要是对客观世界有用信息的检测,它包括被测量敏感技术,涉及各学科工作原理、遥感遥测、新材料等技术;信息融合技术涉及传感器分布、微弱信号提取(增强)、传感信息融合、成像技术;传感器制造技术涉及微加工、生物芯片、新工艺等技术。

2)系统集成技术。系统集成技术直接影响仪器仪表和测量控制科学技术的应用广度和水平,特别是对大工程、大系统、大型装置的自动化程度和效益有决定性影响,它是系统级层次上的信息融合控制技术。

3)智能控制技术。智能控制技术是人类以接近最佳方式或通过测控系统以接近最佳方式监控智能化工具、装备、系统达到既定目标的技术,是直接涉及测控系统的效益发挥的技术,是从信息技术向知识经济技术发展的关键,是测控系统中最重要和最关键的软件资源。

4)人机界面技术。人机界面技术主要为方便仪器仪表操作人员或配有仪器仪表的主设备、主系统的操作员操作仪器仪表或主设备、主系统服务。人机界面技术包括显示技术、硬拷贝技术、人机对话技术、故障人工干预技术等。

5)可靠性技术。仪器仪表和测控系统的可靠性技术除了测控装置和测控系统自身的可靠性技术外,同时还要包括被测控装置和系统出现故障时的处理技术。测控装置和系统可靠性包括故障的自诊断、自隔离技术,故障自修复技术,容错技术,可靠性设计技术,可靠性制造技术等。

4.仪器仪表学科特点

仪器仪表学科随着科学技术的发展其内涵在逐步扩展,从最初的机械类专业转为半机类专业,进而成为信息类专业,仪器仪表学科的知识在不断扩充、更新。现代仪器仪表涉及机械学、光学、电学和计算机科学等学科知识,仪器仪表学科是以机械学、光学、电学和计算机科学等学科为基础而形成的多学科交叉的边缘学科。

仪器技术是一门对高新技术极度敏感,集各种高新技术于一身的应用型技术。早期仪器仪表多为机械结构,而后在仪器设计中引入光学技术,使不少仪器成为光、机结构。随着电子技术的发展,电子技术逐渐成为仪器技术的重要内容,仪器设计中不断引进的先进光学技术、激光技术,使仪器向光机电结合方向发展。随着计算机技术的发展,仪器仪表又向智能化迈进,Internet 的普及促使仪器向网络化发展,一些尖端现代仪器还将生物技术、材料科学以及物理、化学的新技术引入其中。仪器仪表的发展史揭示了仪器技术是“集成技术”的特点。

综上所述,学科的交叉性与技术的集成性成为仪器仪表学科的显著特点。

五、我国光电仪器发展的状况

我国古代就已发明创造了仪器,如算盘、指南针、记里鼓车、地动仪等。但是由于长期处于封建统治之下,社会生产力始终停留在较低的水平上,因而远远地落后于世界水平。

解放前,我国长期遭受帝国主义的掠夺和反动派的残酷统治,根本谈不到有仪器工业,仅有的几家小型企业也是技术落后、设备陈旧、只能生产一些教学仪器,电工测试仪表以及温度计,压力表等产品。解放后,在党的领导下,社会主义制度为仪器制造工业带来了新的生命力,1955 年在全国第一次拟定 12 年科学技术发展规划时,把仪器仪表作为保证我国科技发展的重要手段。1956 年 9 月在第一机械工业部里正式成立了仪器仪表工业管理局。在第二个五年计划初期,新建了一批规模较大的仪器仪表制造厂,生产得到了飞速的发展,如电工仪器、计量仪器、大地测量仪器、热工仪表、分析仪器、计时仪器以及汽车、航空仪器等，形成了门类较为齐全和完整的体系。

我国仪器仪表工业服务于各个部门，在机械、电子、石油、化工、轻纺、电力、核工业、航天、兵器、造船、冶金工业及天文气象、地质勘探、特别是在自动化生产程度比较高的工业企业中，已成为进行检测、计量、记录、计算和控制生产过程中不可缺少的基本设备。在农业、医疗卫生、金融经济、环境保护等各个领域，仪器仪表也日益得到广泛地应用与发展。

目前我国仪器仪表产品的综合水平，大体上相当于国际 20 世纪 60 年代中期的水平，其中属 80 年代水平的产品约为 2%。

我国仪器仪表产品与国外先进水平的主要差距如下：

(1) 品种系列不全，成套水平低。世界上仪器仪表大约有 25 000 种，而我国机械部所属的只有 12 000 多种。这些品种中大多是中低档产品，高水平的产品品种不齐或不成系统，满足不了社会生产力发展的需要。

(2)技术性能低、质量差。在精度上比国际水平约低 1～2 个等级，如工业控制计算机，单机平均无故障时间，国外约为 1.8 万小时，而国产单机则为 2 000 小时；国外现场工作仪表平均无故障率时间普遍达到 10～30 万小时，而国产仪表一般只有 5 000 小时。国内外工业仪表的相对故障率大体为 9∶1。

(3) 标准化程度低。在我国的仪器仪表标准中，国际标准的覆盖率只占 18%，绝大多数产品没有可靠性指标。标准化、通用化、系列化工作仍存在许多问题，它影响制造厂家的生产效率，也给用户及维修带来很大的不便。

(4) 新技术采用缓慢，产品更新换代周期长。国外一些厂家产品的开发周期一般为 1～2 年，少则半年或几个月。元器件每年更新 20%～30%，基本上可以保证仪器仪表整机更新换代的需要。我国的仪器仪表企业，新技术采用慢，产品更新周期一般为 3～4 年，少则也需要两年。

(5) 产品结构落后、功能少、智能化程度低。国际上的仪器仪表产品已由单元组合式向功能组件组装式发展，而国内多为单元组合式。国外已把微处理器作为仪器仪表的组成部件，而国内则处于初步应用阶段。国内仪器多为单点、单参数、静态测量，而国际上已向多点、多参数、自动测量发展，由静态测量为主向静动态结合方向发展，由接触式测量向非接触式测量发展。其他如仪器仪表材料、工艺、元器件等方面也都存在不少的差距。

六、本课程的目的与要求

我国的仪器仪表生产与技术不仅落后于工业发达国家，也远远满足不了国内的需要。因此，为仪器仪表行业输送具有坚实的理论基础，较强的独立工作能力，勇于探索、改革，富于创新的仪器专业人材，就成为一项重要的战略任务。本课程是培养光电仪器方面专业人材的一门主修课程，是一门综合性专业课。本课程的目的要求是：

(1)通过(光电仪器设计)课程学习，掌握有关的光机电技术结合的仪器总体设计基础理论知识；

(2)初步掌握仪器总体设计和系统设计的方法；

(3)初步具有正确的估算和分析仪器精度的能力。

1.2　光电仪器的设计特点与组成

仪器的种类繁多，但不论光电仪器有多大的差别，我们仍可以从它的功能或其他方面出发将其分为若干个基本的组成部分。

【例 1-1】　图 1-3 所示是在比长仪上作绝对法测量的例子。其中，4 为瞄准显微镜，它的作用是通过非接触的光学方法感受被测工件 5 的原始信号，并进行转换放大实现对零；2 是线纹尺，作基准部件用；3 是读数显微镜，它的作用是通过非接触的光学方法感受线纹尺的信号，并进行转换放大和读数；1 是定位部件。图 1-4 是绝对法测量例子的框图。

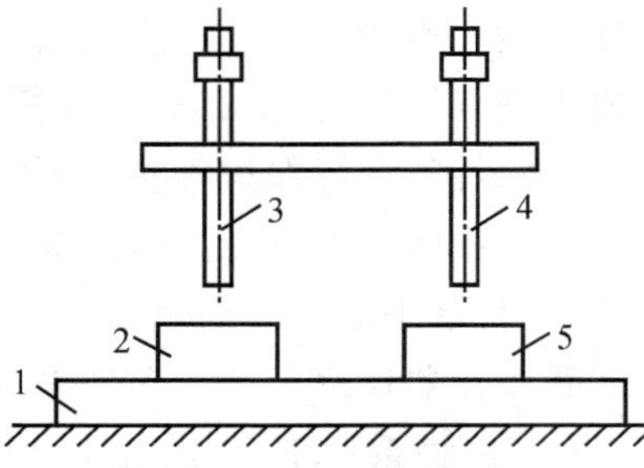

图 1-3　绝对法测量
1—定位部件；2—线纹尺；
3—读数显微镜；4—瞄准显微镜；
5—被测工件

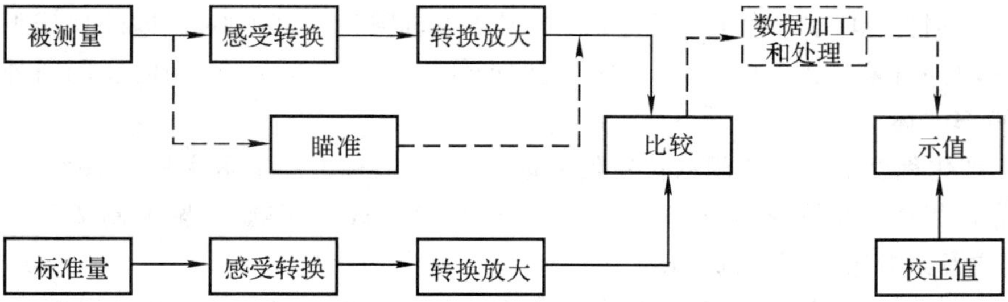

图 1-4　测量方法框图

【例 1-2】　图 1-5 所示为圆度仪的工作原理，其中，4 为被测工件，5 为定位部件，3 为主轴。主轴的回转起到提供基准圆运动的作用。1 为感受转换部件，2 为显示部分，它显示工件相对于基准圆偏差的数值。这个测量系统也可以用框图 1-4 来表示。

同样可列举其他一些测量方面的例子。如果仅仅测量仪器而不是作为自动化生产过程中的一个检测环节，那么不论最后的显示值以什么形式给出，测量系统的框图均可用图1-4 来表示。对于一些复杂参数的测量，或者对像三坐标测量机等复杂测量仪，则在感受信号到显示之间，往往还有一套数据加工和处理的环节。除此之外，有些系统中，还有一些校正值要加到显示值中去。这些校正值，或根据测量得来，或事先预置。

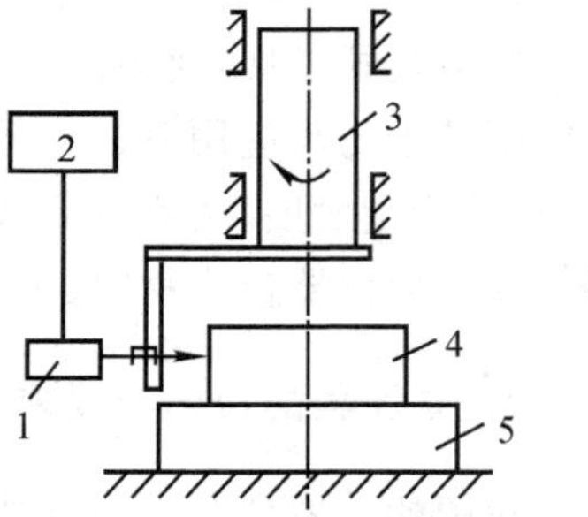

图 1-5　圆度仪工作原理
1—感受转换部件；2—显示部分；
3—主轴；4—被测工件；5—定位部件

根据仪器中各部件的功能，可将仪器分为以下几个基本组成部分：

1. 基准部件(基准器或标准器)

基准部件是仪器的重要组成部分，是决定仪器精度的主要环节。基准部件的形式很多，如量块、精密测量丝杠、线纹尺和度盘、多面棱体，多齿分度盘、光栅尺(盘)、磁栅尺(盘)感应同步器及光波波长等。对于复杂参数来说，还有渐开线样板、表面粗糙度样板以及标准的圆运动、渐开线运动和齿轮啮合运动等标准件和标准运动，这些都属于几何测量仪的范畴。而标准硬度块、标准频率计、标准时间、标准照度、称重标准、标准正弦振动发生器等，均属于机械量测量方面的标准器。

2. 感受转换部件

感受转换部件的作用是感受被测量，拾取原始信号。在有些场合，感受转换部件仅仅起到感受原始信号的作用，但在很多场合下，感受转换部件在感受原始信号的同时，也起到信号一次转换的作用。感受转换部件有接触式和非接触式两大类。接触式的感受转换部件一般指各种机械式测头；非接触式感受转换部件可分为几种：如气动非接触测头、光学探头、红外线、涡流测头、拾音器等。

在测量某些参数时，感受转换部件的作用显得特别重要，其精度直接影响整个测量系统的精度。例如小孔表面粗糙度的测量，其主要问题是如何感受小孔的表面不平度。再如检查表面缺陷，由于原始信号的规律不易掌握，所以首先也是遇到拾取原始信号的困难。如果原始信号无法拾取，当然也就谈不上对信号的进一步处理了。

3. 转换放大部件

转换放大部件的作用是将感受转换来的微小信号，通过各种原理（如光、机、电、气）进行进一步的转换和放大，成为可使观察者直接接收的信息，如供显示或进一步加工处理的信号。在绝对法测量的条件下，对于感受基准量的部分来说，其中的转换放大部件，可能是一套测微读数装置，可能是对莫尔条纹或光波干涉条纹等的细分装置及相应的电路。

4. 显示部件

显示部件的作用是显示测量结果。显示部件的种类很多，如指针表盘、记录器、数字显示器、打印机、荧光屏、图像显示器等。

5. 处理与计算装置

处理与计算装置包括数据加工和处理、校正、计算等部分。这些工作通常由微处理器、微处理机来实现。

6. 瞄准部件

对瞄准部件的主要要求是指零准确，一般不作读数用，故不要求确定的灵敏度。如在图1-2所示中，瞄准显微镜虽然具有对被测原始信号的感受转换和放大功用，但由于它在这里主要是对被测量起瞄准作用，所以把这类部件统称为瞄准部件。

在具体测试中，读数部分和瞄准部分有时可以互换但不是绝对的，如测微仪主要用于读数，但也可作为瞄准部件。

7. 机械结构部件

机械结构部件主要有基座和支架、导轨与工作台、轴系以及其他部件，如微调和锁紧、限位和保护等机构。它们都是仪器中不可缺少的部件，其精度对仪器精度的影响起决定性作用。

具体的一台仪器仪表，应该包括上述哪些部件，应根据需要而定，在总体设计时，要统一考虑和确定。有关仪器的几个基本组成部件，将分别在以后各章内详细讨论。

1.3　光电仪器的静态特性

对于仪器系统来说，按被测量在测量过程中的状态可分为静态测量和动态测量两种，当被测量 x 不随时间变化，即 $\mathrm{d}x/\mathrm{d}t=0$，或作缓慢变化时，可按静态测量处理，应着重讨论它的静态特性。如果被测量随时间变化，则必须按动态测量处理，即讨论它的动态特性，如振动测量等。对于几何测量仪来说，被测量的测量状态多数属于静态测量，因此对于这类仪器必须着重讨论其静态特性。

一、静态测量中输入和输出的关系

当输入信号为定值或变化十分缓慢时，仪器系统的输出信号特性称为静态特性。静态测量中仪器系统输入和输出之间的关系一般可表示为

$$y=(a_0+a_1x+a_2x^2+a_3x^3+\cdots+a_nx^n)x \tag{1-1}$$

式中 x,y——输入和输出信号；

$a_0,a_1,a_2,a_3,\cdots,a_n$——标定因数或刻度因子。

当输入和输出关系为 $y=a_0x$，即一条直线时，称为线性，否则称为非线性。通常，将输入和输出的标定曲线视做在线性关系项 a_0x 的基础上叠加以高次输入分量得到的结果。因此，仪器的线性就由标定曲线和参考直线的接近程度而定。一般将两者的最大偏差 B 与标称输出范围 A 的百分比来表示其线性度，如图1-6所示。至于这条参考直线可用最小二乘法或其他方法求得。

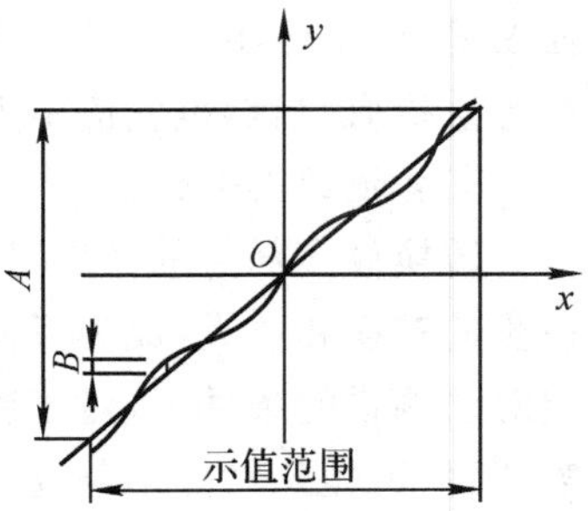

图 1-6 线性度

二、仪器的静态特性指标

通常用下列参数（包括上述的线性度）作为评定仪器静态特性的指标。

1. *分度值及分辨力*

分度值是仪器最小分度所代表的被测量的值。它是一台仪器可读出的最小读数值（不包括估读值）。分度值对于数字式仪器来说，一般不称做分度值，而将仪器所能测得的被测量的最小增量称为分辨力。也可将数字式仪器的最低一位所代表的被测量的值叫做脉冲当量。

分度值应与仪器精度相适应。一般在动态测量仪器中，分度值约等于仪器的精度；而在静态测量仪器中，分度值可小于精度。

分度值有别于分划间隔。分划间隔是指刻尺或度盘上相邻两刻线所代表的量值之差，如光学计的分度值为 0.001 mm。

2. *灵敏度及放大比*

灵敏度是指仪器对被测量变化的反应能力。稳态下仪器系统输出信号变化 Δy 和输入信号变化 Δx 之比，也就是被观测到的变化量的增量与其相应的被测量的增量之比称为灵敏度，用 s 表示，即

$$s=\Delta y/\Delta x \tag{1-2}$$

例如，当电感测微仪有 1 μm 的位移量输入时，能得到 0.2 mV 的输出，则其灵敏度为$s=0.2$ mV/μm。

当输入与输出为同一量纲时可用放大比来代替灵敏度。显然，当灵敏度为定值时，仪器系统为线性的。

3. *测量范围及示值范围*

测量范围是指在允许误差极限内仪器所能测出的被测量与最小被测量之间的范围。示值

范围是指仪器所显示或指示的最低值到最高值的范围。

在绝对测量中，仪器的测量范围与示值范围往往是相同的，而在相对测量中，两者的涵义就不相同。仪器的测量范围可以远远大于示值范围。例如，立式光学计的示值范围为±0.1 mm，而测量范围还包括悬臂沿立柱的调节范围，为 180 mm。

4. 示值重复性

示值重复性是指在外界条件不变的情况下，对同一被测量重复测量时仪器示值的最大变化范围。重复测量次数一般为 10～15 次，变动范围一般允许为分度值的 1/3～1/5。从某种意义上讲示值重复性等于示值稳定性。

5. 示值误差

示值误差是指仪器示值与被测量的真值之差。由于真值一般无法知道，所以通常以高一级精度仪器的量值来近似地代表真值。

6. 滞差(回程误差)

在输入信号 x 由小逐渐增大再由大逐渐减小的过程中，对于同一大小的输入信号会出现不同大小的输出信号。这种由于测量中行程方向不同，对应于同一输入信号产生的不同输出信号的差异统称为滞差或回程误差，如图 1-7 所示。产生滞差的原因主要是由于仪器内存在着间隙、摩擦、死区，或机械材料和电气材料与器件的滞后特性(如弹性元件或磁性元件的滞后特性)的缘故。这点在仪器设计时应予以注意。

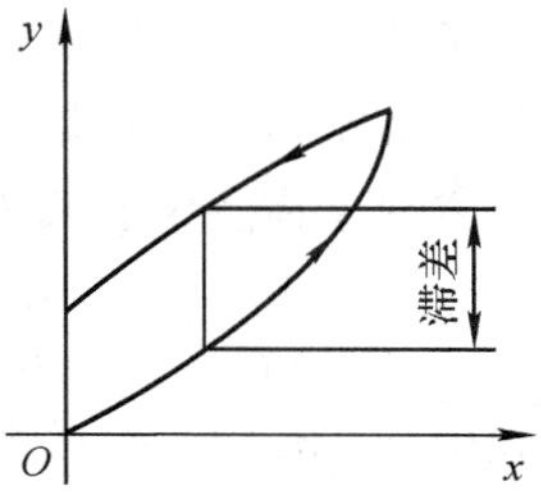

图 1-7　滞差

7. 灵敏阈(灵敏限、门限)

灵敏阈是指能引起仪器示值可见变化所需的最小输入量，这一项指标表示仪器感受微小量的敏感程度。小于这个灵敏阈的变化，仪器就反映不出来了，在数字显仪器中常称之为分辨率。灵敏阈的大小应与仪器的分划值相配合，若灵敏阈大于分划值，当被测量变化一个分划值时仪器的示值并不变化，这时的示值没有意义；若灵敏阈小于分划值，则可能引起读数不稳定。

8. 漂移

当输入信号不变时，由于仪器内部温度变化或元器件不稳定所引起的输出信号的变化就是漂移。

9. 测量力

测量力指测量过程中发生在仪器测头和被测工件表面间的接触力。这项指标是针对接触测量而言的，所以这类仪器在设计时要特别注意此项参数，既不能大也不能小。测量力过大，会引起接触表面变形而影响测量结果；测量力过小，测头和被测工件表面之间接触不稳定，同样会影响测量结果。

10. 仪器误差和测量误差

仪器误差指仪器本身固有误差。这项误差通常可以通过理论计算或实际测量得到。而测量误差是指测量结果和被测量值间的差异，它包括仪器误差、测量方法误差、使用不当误差，以及外界环境条件偏离标准状态和测量人员主观因素等原因所造成的误差。

需要说明的是，上述各项为衡量仪器静态特性的重要指标，但对于某一具体仪器来说，并不是一定要按这些指标一一衡量，而是要根据实际需要而定。

1.4 精密仪器的动态特性

在进行动态测量时，仪器作为一个测量系统，它的输入是被测信号 x，称为激励，输出为系统对输出的反应即被测结果 y，称为响应。如果输入量的改变能使输出量随即改变，则这种系统可认为是理想的。然而，由于仪器系统中存在着弹性、惯性和阻尼以及电器元件，所以输出量不仅与被测量 x 有关，而且还与被测量的变化速度 $\mathrm{d}x/\mathrm{d}t$、加速度 $\mathrm{d}^2x/\mathrm{d}t^2$ 等有关。因此，当仪器系统中存在随时间变化的物理量时，就要对其输出信号的特性（即动态特性）进行研究。

一、仪器系统的数学模型

为讨论方便起见，在建立仪器系统的数学模型时假定零部件和元器件都是没有误差的，而只考虑一些对动态性影响较大的参数如惯性、变形、电感、电容等影响。其中，将变形较小的零件视为刚体，一些影响不大的电器元件视为纯电阻、纯电感、纯电容等。由此，可用常数线性微分方程来描述仪器系统的动态特性，并将它作为仪器系统的数学模型。具体为

$$a_n\frac{\mathrm{d}^n y}{\mathrm{d}t^n}+a_{n-1}\frac{\mathrm{d}^{n-1}y}{\mathrm{d}t^{n-1}}+\cdots+a_1\frac{\mathrm{d}y}{\mathrm{d}t}+a_0y=b_m\frac{\mathrm{d}^m x}{\mathrm{d}t^m}+b_{m-1}\frac{\mathrm{d}^{m-1}x}{\mathrm{d}^{m-1}}+\cdots+b_1\frac{\mathrm{d}x}{\mathrm{d}t}+b_0x \tag{1-3}$$

式中，$a_n,a_{n-1},\cdots,a_0$ 和 $b_m,b_{m-1},\cdots,b_0$ 均为与系统结构物理参数有关且与时间无关的常数。若采用微分算符 $D=\mathrm{d}/\mathrm{d}t$，则式（1-3）可改写为

$$(a_nD^n+a_{n-1}D^{n-1}+\cdots+a_1D+a_0)y=(b_mD^m+b_{m-1}D^{m-1}+\cdots+b_1D+b_0)x \tag{1-4}$$

鉴于常系数线性系统具有叠加性和频率不变性两个性质，因此，根据叠加性，当一个系统有 n 个激励同时作用时，它的响应就等于 n 个激励单独作用的响应之和。即各个输入所引起的输出量是互不影响的。这样，就可将一个复杂的激励信号分解成若干个简单的激励（如用傅里叶级数，将其分解为一系列谐波，再求这些分量激励的响应之和）。根据频率不变性，当系统的激励输入为某一频率的正弦信号时，则系统的稳态响应也是同一频率的正弦信号。

由于利用上述数学模型来计算系统的输入和输出的关系较为困难，因此，常用传递函数、脉冲响应函数和频率响应函数等能反映系统动态性的函数来分析讨论。

二、系统传递函数、脉冲响应函数和频率响应函数

设系统的输入为 $x(t)$，输出为 $y(t)$，它的拉氏变换为

$$\left.\begin{aligned}\mathscr{L}[x(t)]&=X(s)\\ \mathscr{L}[y(t)]&=Y(s)\end{aligned}\right\} \tag{1-5}$$

式中，$s=\sigma+\mathrm{j}\omega$ 为拉氏变量，也称为复频率。

对于线性系统来说，若初始条件为零，则系统的传递函数为

$$H(s)=\frac{Y(s)}{X(s)}=\frac{b_ms^m+b_{m-1}s^{m-1}+\cdots+b_1s+b_0}{a_ns^n+a_{n-1}s^{n-1}+\cdots+a_1s+a_0} \tag{1-6}$$

式（1-6）是系统结构参数的表达式，因为它联系了系统的输入和输出，并且是描述系统传递信息特性的一个函数，所以称为传递函数。值得注意的是，$H(s)$只取决于系统本身的结构参数，而与输入、输出函数没有关系。

设有一传递函数为 $H(s)$的系统，若选择一种激励 $x(t)$，使 $\mathscr{L}[x(t)]=1$，则 $H(s)=Y(s)$，

这将是非常理想的。为此，采用单位脉冲函数作为激励 $\delta(t)$，由于

$$\mathscr{L}[x(t)]=1 \text{ 则 } H(s)=Y(s)$$

两边取拉式变换，且令 $\mathscr{L}^{-1}[H(s)]=h(t)$，则有

$$h(t)=\mathscr{L}^{-1}[H(s)]=\mathscr{L}^{-1}[Y(s)]=y_n(t) \tag{1-7}$$

式(1－7)表明，单位脉冲函数的输出响应同样可以描述系统的动态特性，它与传递函数 $H(s)$ 是等价的。两者的不同点在于，一个是在复频率域($s=\sigma+\mathrm{j}\omega$)，一个是在时域。通常称 $h(t)$ 为系统的单位脉冲响应函数。

对于任意输入 $x(t)$ 所引起的输出响应 $y(t)$，可利用两个函数的卷积表示，即系统的输出响应 $y(t)$ 为单位脉冲响应函数 $h(t)$ 和输入激励 $x(t)$ 的卷积，即

$$y(t)=h(t)*x(t)=\int_0^t h(\tau)x(t-\tau)\mathrm{d}\tau=\int_0^t x(\tau)h(t-\tau)\mathrm{d}\tau \tag{1-8}$$

对于稳定的常系数线性系统，用傅里叶变换代替拉氏变换，也可得到类似的结果。设系统的输入为 $x(t)$，其稳态输出为 $y(t)$，它们的傅里叶变换为

$$\mathscr{F}[x(t)]=X(\mathrm{j}\omega)$$

$$\mathscr{F}[y(t)]=Y(\mathrm{j}\omega)$$

上面两式之比即系统的频率响应函数为

$$H(\mathrm{j}\omega)=\frac{Y(\mathrm{j}\omega)}{X(\mathrm{j}\omega)}=\frac{b_m(\mathrm{j}\omega)^m+b_{m-1}(\mathrm{j}\omega)^{m-1}+\cdots+b_1(\mathrm{j}\omega)+b_0}{a_n(\mathrm{j}\omega)^n+a_{n-1}(\mathrm{j}\omega)^{n-1}+\cdots\cdots a_1(\mathrm{j}\omega)+a_0} \tag{1-9}$$

对比式(1－9)和式(1－6)可知，系统的频率响应函数 $H(\mathrm{j}\omega)$ 是系统的传递函数 $H(s)$ 中令 $s=\mathrm{j}\omega$ 的另一种形式。所不同的是，传递函数是输出量与输入量拉氏变换之比，其输入函数不限于正弦激励，而且只要在拉氏变换中考虑初始条件，所得的解也反映过渡过程(即包含瞬态响应)；频率响应函数是通过对输入与输出傅里叶变换而来的，其输入为包含各种频率的正弦激励，其输出为稳态响应。它是在频域内对系统传递信号的描述。

通常，频率响应函数是一个复变函数，若将它的实部和虚部分开，则有

$$H(\mathrm{j}\omega)=H_{\mathrm{R}}(\omega)-\mathrm{j}H_{\mathrm{I}}(\omega) \tag{1-10}$$

式中　$H_{\mathrm{R}}(\omega)$——$H(\mathrm{j}\omega)$ 的实部；

$H_{\mathrm{I}}(\omega)$——$H(\mathrm{j}\omega)$ 的虚部。

若以指数形式表示则有

$$H(\mathrm{j}\omega)=|H(\mathrm{j}\omega)|\mathrm{e}^{\mathrm{j}\varphi(\omega)} \tag{1-11}$$

式中，$|H(\mathrm{j}\omega)|$ 为 $H(\mathrm{j}\omega)$ 的模，并且

$$A(\omega)=|H(\mathrm{j}\omega)|=\sqrt{[H_{\mathrm{R}}(\omega)]^2+[H_{\mathrm{I}}(\omega)]^2} \tag{1-12}$$

称 $A(\omega)$ 为系统的幅频特性。

$\varphi(\omega)$ 为 $H(\mathrm{j}\omega)$ 的相角，并有

$$\varphi(\omega)=-\arctan\frac{H_{\mathrm{I}}(\omega)}{H_{\mathrm{R}}(\omega)} \tag{1-13}$$

称 $\varphi(\omega)$ 为系统的相频特性。

对于一个复杂的仪器系统，要写出它的频率响应函数往往是比较困难的。为此，可将它分解为若干环节。例如，动态应变仪可分解为传感器 1、测量电桥 2、放大器 3、相敏检波器 4、低通滤波器 5 及光线示波器 6(见图 1－8)。这些环节的动态响应各不相同，但要确定每一个环

节的频率响应函数是比较容易的。由此，整个系统的频率响应函数为

$$H(j\omega)=\frac{Y_1(j\omega)}{X(j\omega)}\cdot\frac{Y_2(j\omega)}{Y_1(j\omega)}\cdot\frac{Y_3(j\omega)}{Y_2(j\omega)}\cdot\frac{Y_4(j\omega)}{Y_3(j\omega)}\cdot\frac{Y_5(j\omega)}{Y_4(j\omega)}\cdot\frac{Y(j\omega)}{Y_5(j\omega)}=\frac{Y(j\omega)}{X(j\omega)}$$

这就是开环系统的频率响应函数，它等于构成这个系统的各个环节的频率响应函数的乘积。对于闭环系统也可按类似方法处理。

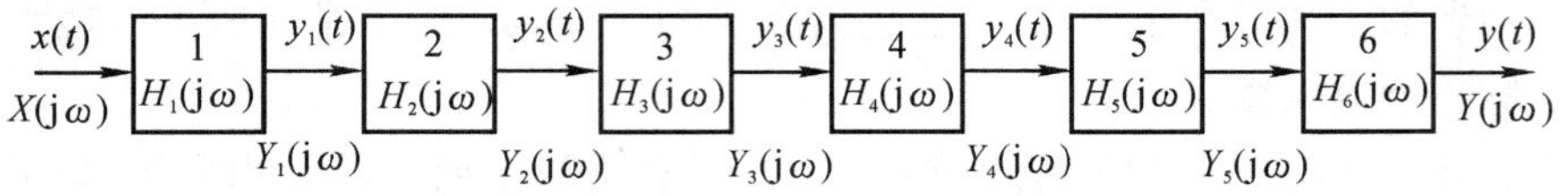

图 1-8　开环系统频率响应框图

1—传感器；2—测量电桥；3—放大器；4—相敏检波器；5—低通滤波器；6—光线示波器

综上所述，传递函数是在复频域对系统的描述，脉冲响应函数是在时域对系统的描述，而频率响应函数则是在频域对系统的描述。这三种函数全面地反映了仪器系统的动态特性，只是采用了不同的变量（s，t 和 ω），所以具有不同的形式。

三、仪器系统的动态特性

下面应用频率响应函数先来分析理想的不失真系统。

设有一系统，它的输入为 $x(t)$，相应的输出为 $y(t)$，若

$$y(t)=A_0x(t-\tau_0) \tag{1-14}$$

且 A_0、τ_0 均为常数，则输出与输入一致。这里 A_0 为系统的静态放大倍数，或称为系统的增益。τ_0 表示输出滞后了一段时间，如图 1-9 所示。现分析满足式(1-14)的系统所具备的特性。

对式(1-14)进行傅里叶变换，则有

$$Y(j\omega)=A_0e^{-j\omega\tau_0}x(j\omega) \tag{1-15}$$

系统的频率响应函数为

$$H(j\omega)=\frac{Y(j\omega)}{X(j\omega)}=A_0e^{-j\omega\tau_0} \tag{1-16}$$

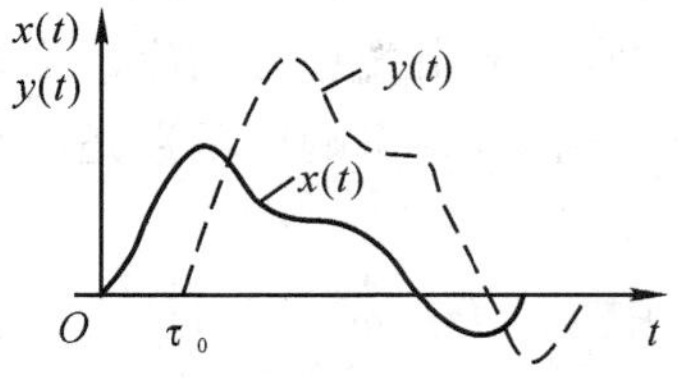

图 1-9　理想仪器的不失真系统曲线

系统的幅频特性为（见图 1-10(a)）

$$|H(j\omega)|=A_0 \tag{1-17}$$

系统的相频特性为（见图 1-10(b)）

$$\varphi(\omega)=-\tau_0\omega \tag{1-18}$$

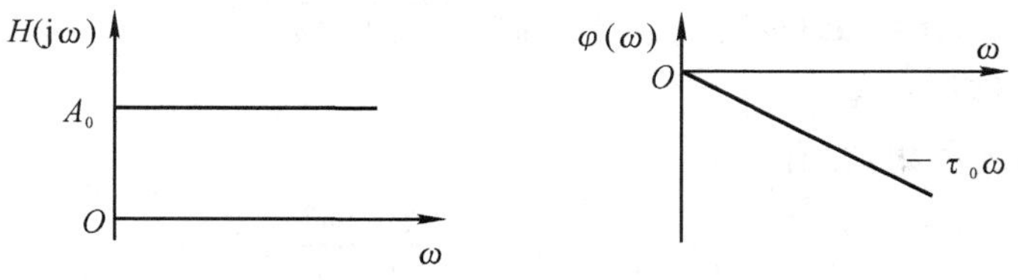

(a)　(b)

图 1-10　系统的幅频特性与相频特性

由此可知，如果一个系统能保证：

(1)对输入信号的所有频率分量的幅值放大系数是一个常数。

(2)输出信号的所有频率分量的相移与频率成正比。
则这个系统就是一个不失真系统。

实际上不失真系统是不存在的，即使一个良好的仪器系统（见图 1－11）也有频率愈高响应愈小的情况。但是，可以选择某一个认为有足够精度的频率范围作为系统具有不失真特性的范围。这个频率范围就是仪器的频率响应范围。

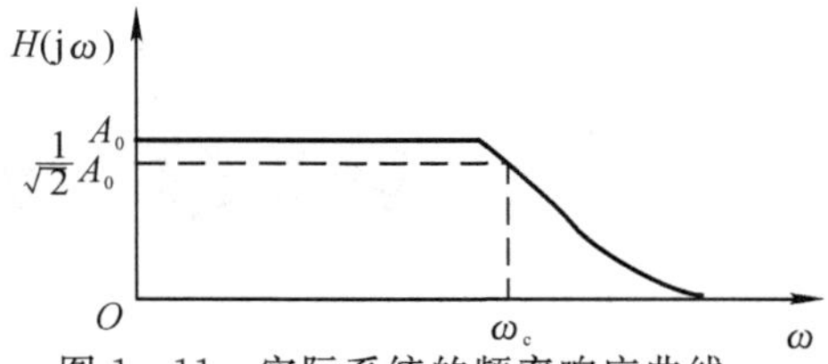

图 1－11　实际系统的频率响应曲线

仪器系统的输出不可能在幅值和相位上精确地再现输入，故产生动态误差。仪器系统的动态误差 $\varepsilon(t)$ 就是输入量与其对应的响应之差。设不存在干扰，则有

$$\varepsilon(t)=y(t)-x(t) \tag{1-19}$$

经拉氏变换，有

$$E(s)=Y(s)-X(s)=H(s)X(s)-X(s)=[H(s)-1]X(s) \tag{1-20}$$

因为传递函数所描述的响应包含了瞬态响应和稳态响应两个部分，所以动态误差也必然包含两个部分，即

(1) 稳态响应误差：是动态误差中只与系统特性参数有关，而与时间无关的误差。即使 $t\to\infty$，这项误差也存在。

(2) 瞬态响应误差：是动态误差中与时间有关的误差。

仪器系统的稳态响应性能指标有：频率响应范围、幅值误差和相位误差。也就是说，通常规定仪器系统对某一频率范围的激励信号具有足够精度的响应，这个频率范围就是频率响应范围。在这个范围内与理想系统相比所产生的幅值与相位的误差，就是仪器的幅值误差和相位误差。

仪器系统的瞬态响应在达到稳态最终值之前常表现为阻尼振荡过程，为了说明系统对单位阶跃输入信号的瞬态响应特性，通常可借用控制系统中采用的一些性能指标来表示。图 1－12 所示为二阶系统的阶跃响应，其性能指标为：

(1) 延迟时间 t_d：响应曲线第一次达到稳态值的一半所需时间。

(2) 上升时间 t_r：响应曲线从稳态值开始上升到所需的时间。

(3) 峰值时间 t_p：响应曲线达到第一个峰值所需时间。

(4) 超调量 M_p：从 1.0 开始计算到响应曲线第一个峰值的距离。

(5) 调整时间 t_s：到达响应曲线稳态值允许误差范围所需时间。

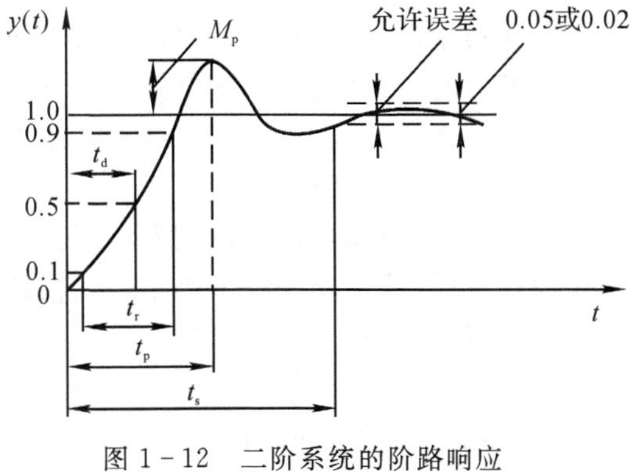

图 1－12　二阶系统的阶路响应

第2章　光电仪器总体设计

光电仪器总体设计是指在仪器具体设计以前，从总体角度出发，对仪器设计中的全局问题进行的全面设想和规划。

一台仪器往往是解决某项工程中的一个环节，因此仪器的总体设计者首先应充分了解该仪器在该工程项目中的地位和所起的作用。对测量仪器来说，就是了解所设计的仪器在尺寸传递系统或在总的测量体系中的地位及作用。然后再对仪器的原理、精度指标、测量范围、工作效率等使用上的指标是否合理作出分析、判断，并进一步去寻求更加合理的途径。例如用于块规向工件传递的比较式测量仪，可以有立式光学计、扭簧比较仪、电感比较仪，那么是否需要生产这些所有品种的仪器？如果通过总体的研究发现：只要生产其中某一种就可解决尺寸传递及相应精度等级的测试问题，岂不是很大的节约！又如车间及计量室里常用的工具显微镜，应研究它的精度于被测零件的公差等级是否相适应，研究它的测量范围是否与生产中常用零件的尺寸范围相当，研究该仪器测量时在零件生产周期中占的比重已决定仪器的测量效率等，只有经过这种研究后确立下来的指标才是科学的，设计出的产品才有生命力。再如在巨型机械的安装中，可以用两台经纬仪的交汇来定位。若精度达到要求，在不提高仪器精度的条件下，可以同时用三台经纬仪的交汇来满足，此时数据多了一倍，可以用平方差的方法来提高精度。当然，再增加仪器的台数也可能进一步提高精度，但存在经济上是否合理的问题，这就要加以研究。

总之，仪器的总体设计是非常重要的，通过对总体综合研究，可以使仪器的原理、技术指标等建立在科学的基础上，从而可以从各种可能的设计方案中寻求最佳方案。对于在独立进行的仪器设计时，总体设计是不可缺少的步骤，加强这一步骤必会使仪器设计的水平提高一步。

对于一台具体的仪器，其总体设计主要考虑以下问题：

(1)设计任务分析；

(2)信号转换原理(信号检测及其传输方式)选择；

(3)提高仪器精度的技术措施——仪器若干设计原则和设计原理的讨论；

(4)仪器结构参数及技术指标的确定；

(5)总体设计中其他应考虑的问题；

(6)仪器总体方案的确定。

2.1　设计任务分析

在总体设计时，首先要作“设计任务分析”，也就是要详细了解设计任务的各项要求。这一工作的目的是要弄清楚设计任务对仪器设计提出的各项指标和要求，摘要写进设计任务书中，并且根据总体设计的基本原则，逐一地进行分析研究。

光电仪器的设计任务一般有三种情况：

(1)设计者根据用户专门的需要，针对特定的被测对象和被测参数设计专用的仪器。这时，仪器的技术指标一般由用户提出。设计者根据技术指标编制设计任务书。

(2)设计通用产品和系列产品。这种情况一般是根据对市场需要的调查，由仪器生产厂家提出适当的产品系列及相应的技术指标，以使用最少的产品系列来覆盖最大的社会需求。

(3)根据技术的发展和对社会需求的预测，推出性能好、功能全、技术先进的新型产品新型仪器，进行开发性设计。

对于上述三种情况，由于其所考虑的内容的重点及方法是不同的。因此，对设计任务分析的侧重点也是不同的。但作为一般情况，设计任务分析通常有以下几方面的内容。

一、明确仪器在系统中的地位

仪器可能用于测量，也可能作为控制系统的一部分，要根据仪器在系统中的地位来确定其工作原理、精度、测量范围、工作效率、接口方式等等。

对于计量仪器，要了解它在国家计量检定系统表中的位置，从而明确其任务精度要求和检定方法等事项。

二、使用要求

仪器的使用要求，即是要求仪器在一定的工作范围内能有效地实现预期的功能，并在一定的使用期间为不丧失原有功能。对仪器的使用要求及其必须具备的功能一定要分析清楚，它是仪器设计的出发点和归宿。

三、了解被测参数的特点

设计仪器的目的就是实现对被测参数的测量。因此，了解被测参数的特点是仪器设计的基础，也是仪器设计的主要依据之一。所谓被测参数的特点，主要是指以下几方面的内容：

(1)被测参数的定义。被测参数的定义是仪器设计的前提。设计前首先应了解被测参数是什么含义，如长度、角度，还是表面粗糙度等，这样我们才能根据其定义去设计仪器。

(2)被测参数的精度要求。光电仪器的精度是它的一项重要的技术指标，它是仪器设计中的一个很关键的问题。

光电仪器及设备的精度一般可分为三类：

1)中等精度：直线位移精度为 1～10 μm，主轴回转精度为 1～10 μm，圆分度精度为 $1'$～$10''$。

2)高精度：直线位移精度为 0.1～1 μm，主轴回转精度为 0.1～1 μm，圆分度精度为 $0.2''$～$1''$；

3)超高精度：直线位移精度小于 0.1 μm，主轴回转精度为 0.01～0.1 μm，圆分度精度为 $<0.2''$。

由于精度等级不同，在设计时无论是精密机械系统还是控制系统都有很大的差异，甚至导致实现的原理不同，价格差别很大。高精度的仪器或设备，在低精度场合使用不经济，相反又达不到使用的目的。所以精度必须与经济性相匹配。

另外，仪器的精度也必须与被测参数的精度相匹配。通常，仪器精度应为被测参数精度的 1/3。对于高精度仪器，其设计精度也可取为被测参数精度的 1/2～1/10。

(3)被测参数的数值范围。要求仪器的测量范围要大于被测参数的数值范围，但不能超出过多，这样会对仪器的整体尺寸以及制造成本产生影响。

(4)被测参数的性质。被测参数是单值参数、复合参数，还是直接测量参数、间接测量参数。

(5)被测参数的状态。被测参数是瞬态量、稳态量，还是动态量、静态量等。

仪器的测量原理必须严格与被测参数定义本身相符合，否则会出现原理或数据处理方法上的原理错误，造成设计失败。

四、了解被测参数载体(被测对象)的特点

被测参数载体即被测对象，一般是各种各样的机械零件、电器元件或各种信号，如光信号、电信号等。对于几何量测量，被测参数则是这些零件上的各种机械零件。被测参数则是这些零件上的各种几何量或物理量。对于电信号指的是电压、电流或数字信号还是模拟信号等。

为了设计好仪器，必须了解有关被测参数载体的大小、形状、材料、重量、状态等特点。

五、了解仪器的功能要求

仪器的功能是指仪器的用途，仪器的检验效率；仪器的承载能力；仪器的操作方式(自动、手动)；仪器的外形尺寸和重量要求以及测量结果的显示方式等。

六、了解仪器的工作环境

仪器的工作环境如振动、温度、湿度、空气净化程度等对精度仪器的使用有很大影响。由于仪器的使用要求及使用场合不同，在仪器设计时考虑外界条件影响的侧重要点也有所不同。对于在计量室内使用的仪器，一般都是高精度的仪器，设计时应尽量采取措施，避免外界条件变化时对它的精度影响，或者设计时有消除外界条件变化时对测量结果影响的修正环节；而在车间条件下使用的仪器，考虑的主要出发点则是防尘、防油、防腐等密封装置，至于其他环境条件，只要在允许的要求范围内变化时，保证仪器正常工作即可。有些高精度的仪器为了确保仪器的性能，还要考虑隔振、恒温、恒湿及净化等措施。

七、正确进行科学试验

正确进行科学试验，是理论联系实际的重要环节，仪器设计要综合应用有关技术，但并不是用到的所有技术都是成熟的技术。由于应用场所条件的不同，在某种场合是成功的技术，但是在另一场所不一定适用。除此之外，元件、材料参数不全；结构无法计算；原理方案是否正确；是否存在其他问题，如干扰等，采用的技术措施是否有效等，都需要进行实验验证。科研样机是个全面的实验，应该在样机阶段对各个环节进行认真的测试和分析(如传热特性、热变形、力学特性、可靠性)，并且根据测试分析结果进行改进。切不可用不成熟的原理实现某种测量任务，否则会留下大量无法解决的问题，这样不利于市场竞争。

八、专利文献检索

专利文献检索的目的有二。一个是了解已有的技术方案及其专利特征。如果是已有专利申请的项目，就不必重新研究以免浪费资金和涉及侵权问题。另一目的是对现有的技术的优缺点进行分析比较，结合自己的任务寻求新的技术途径。要确立出自己的设计特点，设法超出现有技术，甚至提出自己的专利特征。

九、了解国内外同类产品的类型、原理、技术水平和特点

通过查找资料、收集产品样本以及现场调查等多种途径，对国内外同类产品的类型、原理、技术水平及特点等作深入的了解和分析。

十、了解仪器制造厂家的有关情况

通过了解仪器制造厂家的有关情况，可以帮助我们改进仪器设计的工艺性，提高生产效率。总之，通过设计任务分析，可以对设计任务有一个大概的了解，在此基础上，弄清哪些是关键问题，哪些是次要问题，抓住影响全局性的关键问题，进行深入调查研究，比较多种方案，为总体设计打下基础。

2.2　信号转换原理的选择

仪器设计中信号转换原理的选择很重要，几乎任何一种新发现的物理现象和新技术的出现都会给计量技术增添新的手段。仪器设计的新颖性常常和信号转换原理有关。设计者的愿望总是设法最大限度的提取测量对象所提供的信息，并进行正确的分析，因此对信号转换法的广泛了解有助于开阔思路、巧妙地解决设计问题。

在光电仪器中主要采用的有四类能量或信号的转换形式：机械、光学、电磁和气动。

1. 机械式的仪表和量具

该类仪器的示值误差为 0.01～0.001 mm，对环境要求较低，简单耐用，适合于在工厂车间使用，一般价格便宜。

2. 光学成像原理

该类仪器的示值误差为 0.5～1 μm，性能稳定、耐用，如工具显微镜、测长机等，为了提高瞄准读数精度，有采用光电瞄准的，可把瞄准精度提高到 0.01 μm。

3. 衍射原理的应用

应用衍射原理的测量方法很多，如小孔细丝的测量、边缘瞄准都采用了衍射原理。最常用的例子是计量光栅，其测量误差可表示为测长光栅：$\pm(0.2+2\times10^{-6}L)$μm，其中 L 表示被测长度。

测角光栅可达 1′或更高的精度。光栅应用的条件是要求清洁的环境，因此多适用于实验室。但目前由于密封方法的改善，以及电子线路的改进使光栅已经广泛用于金属切削机床。

4. 干涉原理的应用

这是目前计量领域中应用最广、精度最高的方法。在测长距离的情况下可以在 50 m 以内实现误差公式：$\pm(0.1+10^{-6}L)$ μm；在测量微小位移时可以得到优于 0.1 nm 的分辨率；在测角中的应用可以得到 0.1″或更高的精度。干涉原理广泛地应用于光洁度测量、平面度测量以及变形测量等。

5. 偏振原理的应用

用偏振光的分析来得到有关被测量的信息是一种非常有效的方法。

用椭圆仪测量薄膜，可以使分辨率达到 0.1 nm，而且可以同时得到膜的厚度和折射率的数值。

在干涉条纹细分技术中，目前精度最高的方法是用偏振光分析实现的。

用偏振原理测量1/4波片和1/2波片等延迟片，对应的厚度误差在1 nm左右，这是用直接测量厚度的方法难以实现的。

6. 散射原理

在流体中的悬浮粒子的散射光相对于入射线的频率产生频移叫做多普勒频移，这个现象被用来测量流体的速度。又因为散射信号的可见度和粒子直径有一定关系，所以这种方法还用来测粒径。散斑现象被用来测量变形。

7. 波导光纤的特性的应用

薄膜波导的原理被用来测量薄膜的厚度和折射率。目前波导光纤已成为研制传感器的重要领域。因为它细小，在许多方面显示出了优越性。

8. 电磁现象的应用

电磁现象的应用主要分为以下几个方面：

(1)磁栅；

(2)感应同步器；

(3)电容传感器；

(4)电感传感器的范围达1 mm。示值误差为±0.04～±0.5 μm。

(5)涡流原理：在1 mm范围内，位移测量精度和间隙无关，示值误差为±1 μm。

9. 气动量仪

气动量仪的测量范围为0.02～0.25 mm，示值误差为±(0.2～1) μm。

10. 激光应用

激光在计量仪器中，除作为前述方法的光源以外，还利用其方向性来作准直测量。

上面介绍的每种方法和原理，目前还在发展。而且，这些数据会因具体条件不同而有很大的差别。为了得到针对具体应用对象的确切结果，常常要做实验研究工作，或者借鉴类似的工作研究成果，这样可使我们仪器设计更趋完善。

2.3 提高仪器精度的技术措施

——仪器设计若干原则和设计原理的讨论

在精密仪器的总体设计中，很重要的一个方面是要求考虑各种设计原则在设计中应如何应用，以及应采取何种措施。可以说正确掌握这些原则和措施，将有助于我们所设计的仪器达到需要的技术指标(质量指标)。下面就有关主要的设计原则、设计原理的内容和考虑方法等问题，作进一步讨论。

一、设计原则

1. 阿贝原则及其扩展

阿贝原则是仪器设计中一个非常重要的设计原则，在设计时应尽量遵守这一原则。

古典的阿贝原则是阿贝于1890年提出的一项测量仪设计的指导性原则。他说："要使量仪给出准确的测量结果，必须将被测件布置在基准元件沿运动方向的延长线上。"因此，也可称做共线原则。

为了说明阿贝原则，我们分析在线纹尺计量方式中的三种基本方式，如图 2－1 所示。

标准尺与被测尺安装在 xOy 平面内，瞄准用显微镜 M_1 与读数显微镜 M_2 都刚性地固定在悬臂支架 B 上。工作时先用 M_1，M_2 瞄准，后移动工作台（或支架），再对准测量，两次读数之差即被测量的尺寸。由于在移动过程中，导轨等不可能是理想的，总要伴随一些非测量需要的运动，不论这附加的运动有多复杂，总可以分解成沿 x,y,z 三个轴的移动及绕 x,y,z 三个轴的转动。三个移动对两只显微镜的作用相同，因此对测量结果没有影响。

图 2－1(a)中绕 x 轴转动会使显微镜产生离焦但不产生测量误差，纯绕 y 轴转动使两显微镜在 x 方向移动量相同，也不引起测量误差。在绕 z 轴转动时，情况就不同了。假设此时转动中心就在 M'_1 的中心（若在其他处，其结果也一样），如图 2－2 所示，若绕 z 轴的转角为 φ，由此产生的测量误差 δ_1 为

$$\delta_1 = \arctan\varphi = a\left(\varphi + \frac{1}{3}\varphi^3 + \frac{2}{15}\varphi^5 + \cdots\right) \tag{2-1}$$

当 φ 角不大时，有

$$\delta_1 \approx a\varphi$$

在图 2－1(b)所示的串联安置中，绕 x 轴的转动不引起误差，绕 z 轴转动引起误差 δ'_2，如图 2－3 所示，即

$$\delta'_2 = c - c\cdot\cos\varphi = c(1-\cos\varphi) = c\left[1-(1-\frac{\varphi^2}{2!}+\frac{\varphi^4}{4!}+\cdots)\right] \tag{2-2}$$

$$\delta'_2 \approx \frac{1}{2}c\varphi^2$$

绕 y 轴转动引起的误差 δ''_2（见图 2－4）为

$$\delta''_2 = OH - c = c\cdot\sec\varphi - c = c(\sec\varphi - 1) = c\left(\frac{1}{\cos\varphi} - 1\right) \tag{2-3}$$

以 $\cos\varphi$ 按 φ 的展开式代入式(2－3)，并略去 φ^2 以上的项，得

$$\delta''_2 \approx \frac{1}{2}c\varphi^2$$

设绕 z 轴的和绕 y 轴的转角 φ 相等，则串联式总误差为

$$\delta_2 = \delta'_2 + \delta''_2 = c\varphi^2 \tag{2-4}$$

由 δ_1 和 δ_2 的表达式，可以看到 $\delta_1 > \delta_2$，φ 越小差距越明显。通常称 φ 为微量，φ^2 就是二阶微量。所以称 δ_1 为一阶误差或正弦误差，δ_2 称之为二阶误差或余弦误差。

图 2－1(c)所示的安置方式虽然也是并联，但显微镜作 y 向移动，绕 x 轴转动时不产生误差，绕 y 轴、z 轴转动时只引起二阶误差。因为工作时向作横向移动，所以这种方式适用于固定长度的比较。

根据上面的分析，我们可以得到阿贝原则的设计要点，即当长度测量时，标准件应安置在被测量中心线的延长线上，做到这一点就可以避免一阶误差。

阿贝原则不仅是仪器的设计原则，在使用仪器时也应遵循这一原则，即在测量时应尽量将被测件安置到标准件的延长线上或最靠近的程度，例如用卡尺测量时，应尽量将被测工件靠近尺身。

遵循阿贝原则的设计虽然可以消除一阶误差，提高了仪器的精度，但给仪器的结构带来了问题。它要求仪器的长度至少是被测长度的两倍，在大尺寸测量中，这一矛盾是很突出的。

因此，为了减少阿贝误差的影响，设计者应考虑采取减小或消除误差影响的措施。

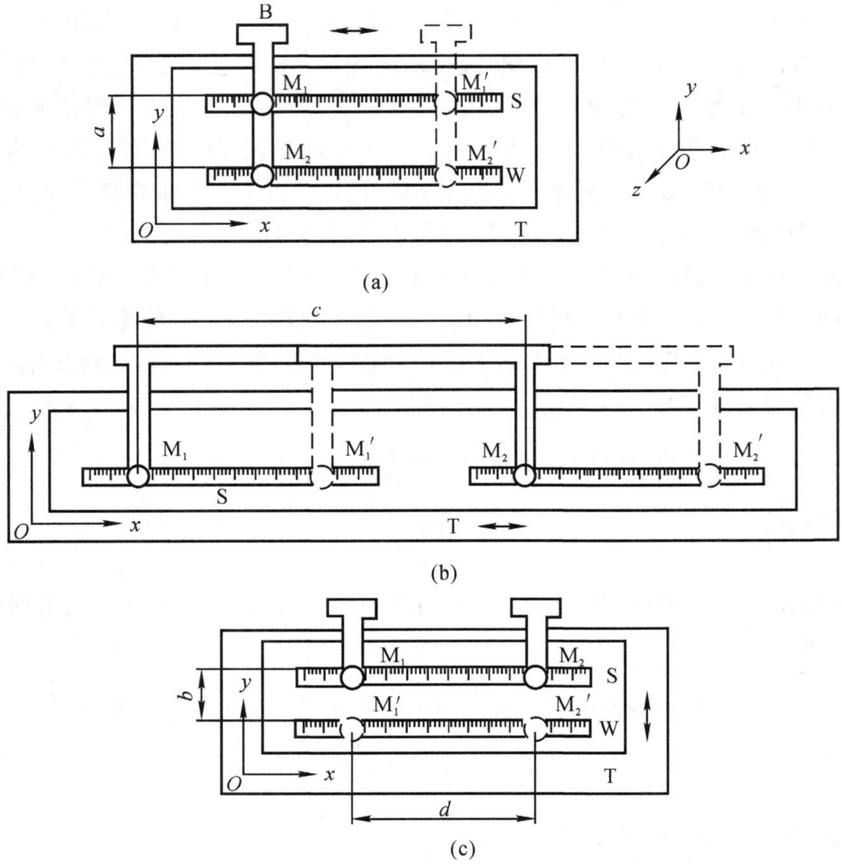

图 2-1　线纹尺计量时各种方式的比较

(a)并联式；(b)串联式；(c)横向移动

S—标准件；W—被测件；T—工作台；M_1，M_2—瞄准及读数用显微镜；B—悬臂支架

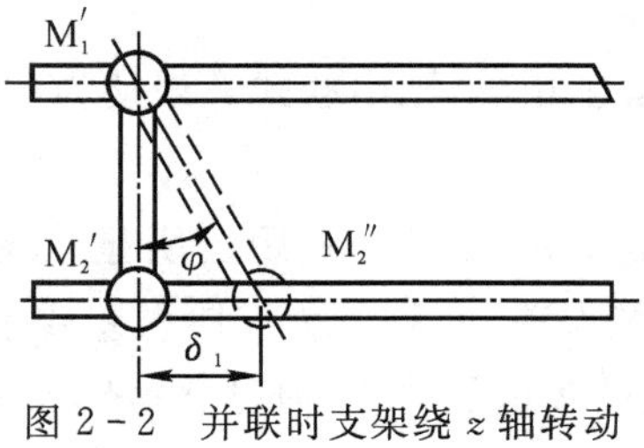

图 2-2　并联时支架绕 z 轴转动

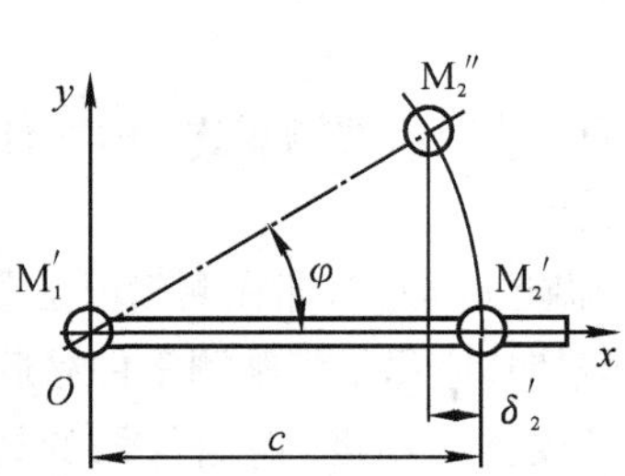

图 2-3　串联时支架绕 z 轴转动

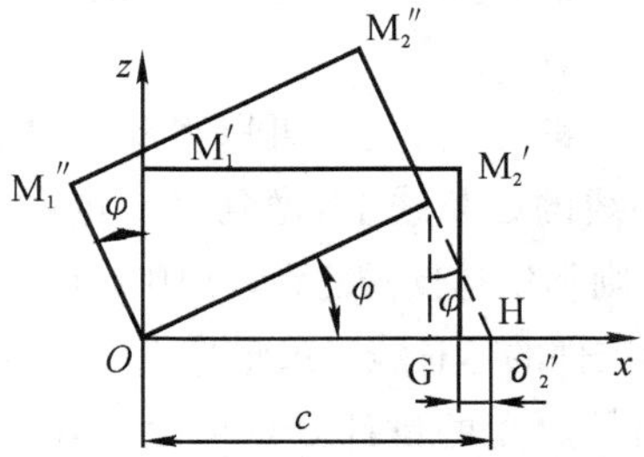

图 2-4　串联时支架绕 y 轴转动

(1)结构上措施。首先从设计及工艺上提高导轨的运动精度，减小因导轨运动的非线性带来的倾角值。从结构布置上，尽量使读数线(线纹尺或光栅尺、激光等)和被测参数的测量线靠得近些，减小两者之间相隔距离。

(2)补偿措施。

1)爱彭斯坦(EPstein)原理。爱彭斯坦(EPstein)原理是误差补偿原理，它是利用各种机构，使可能产生的误差相互抵消或削弱，或者故意引进新的误差，以减少某些误差的影响。

图 2-5 为一米测长机机构示意图。被测件 1 与装在仪器床身 5 上的分米分划板 7 及毫米刻尺 6 不在一条直线上。分米刻线被尾架 8 上的棱镜、物镜成像在无穷远处，通过头架 4 内的物镜和棱镜成像在毫米刻尺 6 上。由读数显微镜 3 读得分米、毫米和 1/10 毫米数，然后光学计 2 再显示出微米数。

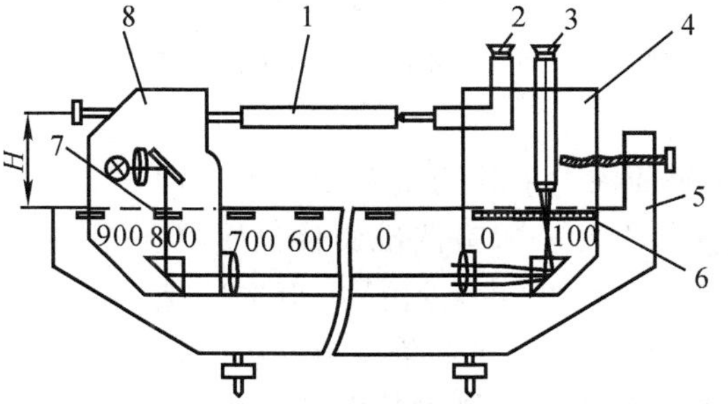

图 2-5　测长机示意图

1—工件；2—光学计；3—读数显微镜；4—头架；5—床身；6—毫米刻尺；7—分米分划板；8—尾架

由于间隙等原因造成尾架倾斜，使得测头顶点由 A 移至 A_1(见图 2-6)，由此产生的测量误差 Δl 为

$$\Delta l = H\sin\varphi + l\cos\varphi - l = H\sin\varphi - l(1-\cos\varphi) \approx H\varphi - \frac{1}{2}l\varphi^2 \qquad (2-5)$$

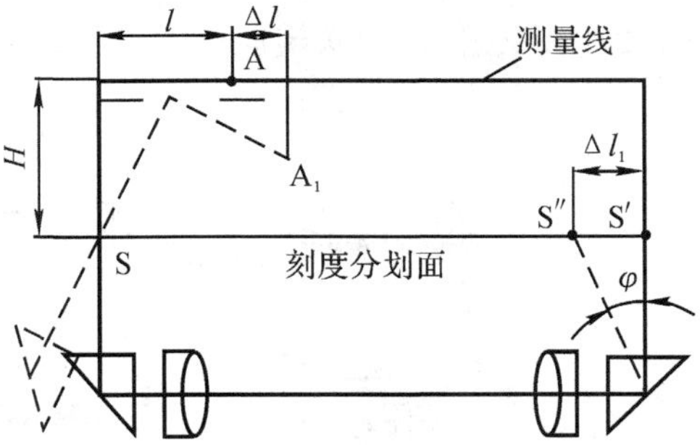

图 2-6　爱彭斯坦原理的应用

式中　H——被测件与刻尺间的距离；

φ——尾架倾角；

l——尾架至测头间距离。

令高度 H 与物镜的焦距 f' 相等，当尾架倾斜 φ 角时，分米刻线的像由 S′移至 S″，其移动方向与测头顶点相反，设其量为 Δl_1(=S′S″)，则

$$\Delta l_1 \approx f'\varphi = H\varphi \quad (= f'\tan\varphi)$$

故仪器的实际误差 δ_l 为

$$\delta_1 = \Delta l - \Delta l_1 \approx H\varphi - \frac{l}{2}\varphi^2 - H\varphi = -\frac{1}{2}l\varphi^2 \qquad (2-6)$$

可见该仪器存在二阶微量的误差。

从设计的角度分析，测长机是违背阿贝原则的，但由于运用了棱镜-透镜补偿原理，因而达到很高的测量精度，这是综合补偿阿贝误差的结果。可见利用爱彭斯坦原理进行补偿可达到很好的效果。

日本计量研究所研制的两米激光干涉仪在瞄准和测量系统上，也是利用爱彭斯坦原理对阿贝误差进行补偿的,从而提高了该仪器的精度。

2)利用测得值校正导轨运动方向。现以高精度激光二坐标测量机为例说明,如图 2-7 所示。为了补偿的需要,仪器采用双层工作台。下工作台 2 经滚柱在底座 1 的导轨上作纵向移动,上工作台 3 通过三个滚珠轴承 4 支撑在下工作台上。上工作台 π 形框板的前、后面各有两个孔眼。后面两个孔眼里装有弹性顶块 5,把上工作台往后拉,前面两个孔眼里装有压电陶瓷组合体 6 和 7,顶在下工作台上。利用压电陶瓷的电场——应变效应,使上工作台相对于下工作台有小的位移或转角。

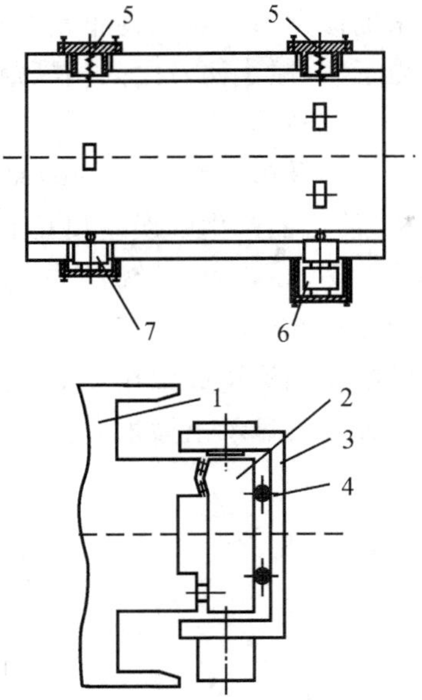

图 2-7　激光二坐标测量机结构图

1—底座;2—下工作台;
3—上工作台;4—滚珠轴承;
5—弹性顶块;
6,7—压电陶瓷组合体

仪器设计有两套测量系统对上工作台移动过程中在水平面内的平移和转角进行测量并进行校正,以补偿阿贝误差。

上工作台运动中在水平面内的平移测量及校正原理如图 2-8 所示。在仪器底座的左侧安置有瞄准影像投影器。6V5W 的光源 1 照明细丝分划板 2,并通过长焦距透镜组 3,经固定在上工作台上的五角棱镜 4 和直角棱镜 5 组合体转向,把细丝影像投射到瞄准光电显微镜的狭缝 6 平面上。光电显微镜装在固定于底座上的支架中。因此,当上工作台在移动过程中发生平移时,五角棱镜和直角棱镜跟着一起平移,使得细丝影像在狭缝平面上的位置有所改变,破坏了原来的瞄准状态,引出一个电压输出量。此电压施加在两个压电陶瓷 9 上,使上工作台产生平移,直到光电显微镜输出为零为止。由图 2-8 可见,当工作台平移距离 a 时,由于直角棱镜的又一次反射,使两次转向后的光轴偏离原光轴距离为 $2a$,故放大了一倍。

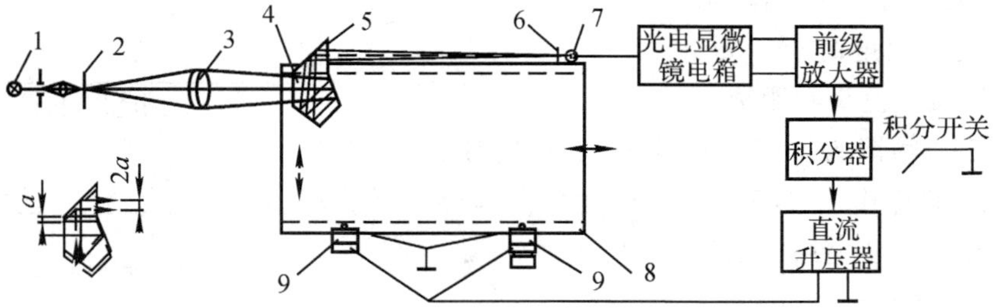

图 2-8　平移测量角校正原理图

1—光源;2—细丝分划板;3—长焦距透镜;4—五角棱镜;5—直角棱镜;
6—光电显微镜瞄准狭缝;7—光电接收器;8—上工作台;9—压电陶瓷

上工作台运动中在水平面内的扭摆(转角)测量及校正原理如图 2-9 所示。这里采用了激光小角度测量法。在上工作台的左部装了一对角耦棱镜。若上工作台在移动过程中产生转动,角耦棱镜 3 相对于角耦棱镜 8 所对应的程差将增大或缩短。这样,根据测得的偏差值的正负方向,通过电子线路,使压电陶瓷 5 作相应的伸长或缩短,以补偿上工作台在运动中产生的在水平面内的扭摆(转角)。

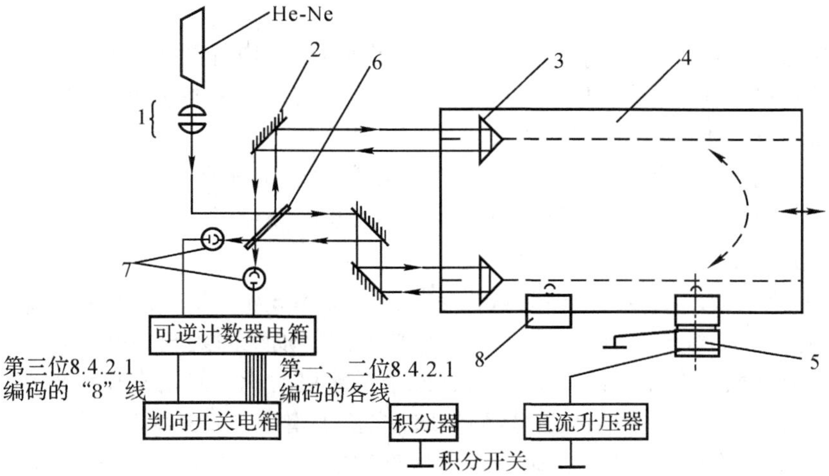

图 2-9　水平面内的扭摆测量及校正原理图

1—准直透镜线;2—全反射镜;3—角耦棱镜;4—五角棱镜;5—直角棱镜;

6—光电显微镜瞄准狭缝;7—光电接收器;8—角耦棱镜

3)直接补偿(利用测得值修正测量结果)。根据测得的偏差值直接补偿阿贝误差。在采用光栅、激光等信号转换原理的数字式计量仪器中,国内外还根据测得的偏差值补偿阿贝误差。其电路框图如图 2-10 所示。由干涉仪输出的测量线位移的脉冲信号,其中一路直接送到计数器——计算机进行运算,然后由数码显示或打印机打印;另一路则经低通滤波器送到加减门。加减门的开闭决定于 D/A 转换器的输出电压与自准直仪的输出电压两者比较的结果。如果两个电压平衡,比较线路无输出,加减门均关闭而无加减脉冲输出。只要两个电压不相等,经过比较线路,或把加法门打开,或把减法门打开。这样,就有脉冲通过加法门或减法门输出,一路加到计数器计算机进行误差补偿;一路送到 128 进位计数器,使 D/A 转换器的输出电压和自准直仪的输出电压达到重新平衡,又使加减门关闭。所以,补偿的基本原理是由自准直仪测得的与导轨直线度误差成比例的输出电压,通过 128 进位计数器及比较线路,用干涉条纹的脉冲当量数相平衡,并将此脉冲当量数加减到计数器进行误差补偿。在整个测量过程中,补偿是自动连续进行的。

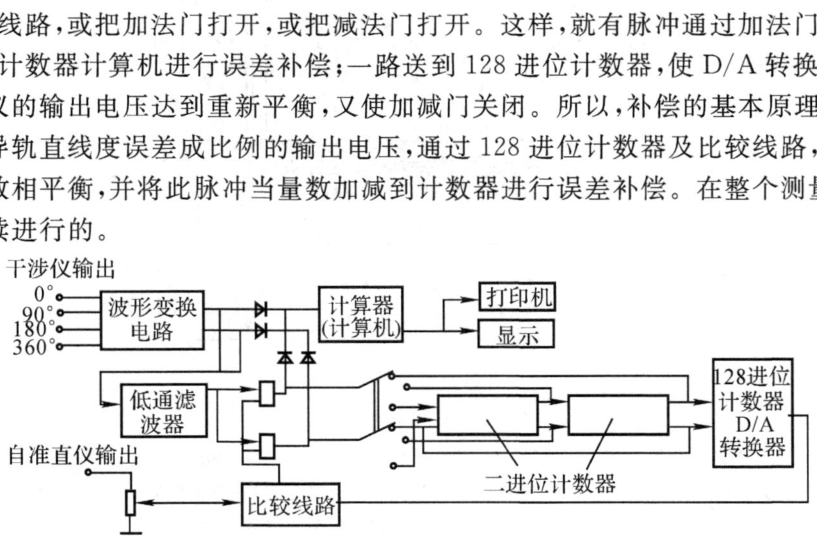

图 2-10　直接补偿原理图

4)布莱恩建议。针对阿贝误差产生的主要原因,有人认为仪器设计的最终问题应在于如何消除运动件角运动对仪器精度的影响。

据此,布莱恩建议将阿贝原则表达成具有更普遍的含义。即:“位移测量系统工作点的路程应和被测位移作用点的路程位于同一条直线上;不可能时,必须使传送位移的导轨没有角运动;或者必须算出角运动产生的位移,然后用补偿机构给予补偿。"遵守了上述三条中的一条,即遵守了广义的阿贝原则。

布莱恩的建议在叙述方法上和阿贝原则完全相似,但在内容实质和概念上则是有区别的。这一内容并没有包含在阿贝原理的原意之中,因此布莱恩原则和阿贝原则并列为两个最基本的设计原则和测量原则(阿贝原则的扩展)。

布莱恩的三条建议可简单地表示为,即①一条线;②没有角运动;③测出和算出偏移量,然后加以补偿。前面所讨论的一些图例,基本上都符合这三条中的一条。

下面再举例加以说明。

如图 2-11 所示为 $y-z$ 两坐标测量机结构图。对于 z 轴,激光干涉仪轴线的延长线通过通过测端 17 的中心。对于 y 轴,虽然 y 方向激光干涉仪轴线的延长线并不通过测端的中心,但 y 方向上有上下两个激光干涉仪 7 和 9,这两个干涉仪的读数差用来作为伺服输入信号,去驱动支撑在 y 向工作台 14 一端的压电晶体 16,校正了滑块 14 在移动过程中可能产生的倾斜,即消除了 y 向工作台 14 的角运动。因此从整体看,两个方向都符合布莱恩建议(阿贝原则),区别是 z 方向布置在一条直线上,y 方向采取了消除工作台角运动影响的方法。

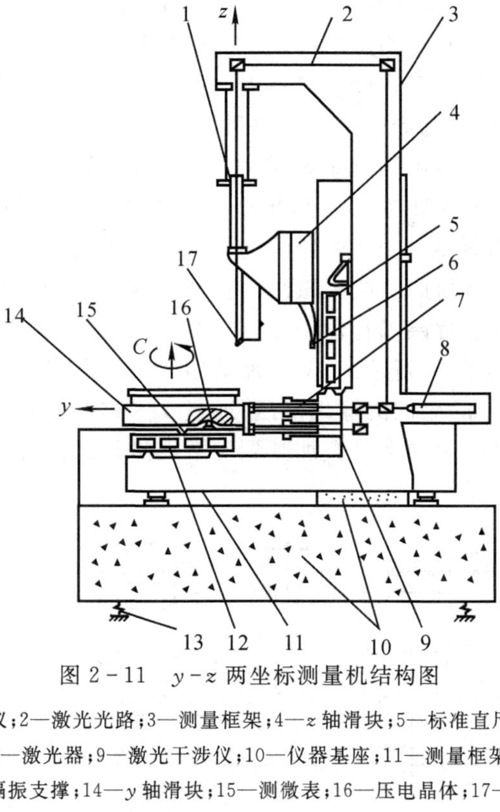

图 2-11 $y-z$ 两坐标测量机结构图

1—激光干涉仪;2—激光光路;3—测量框架;4—z 轴滑块;5—标准直尺;6—测微表;7—激光干涉仪;8—激光器;9—激光干涉仪;10—仪器基座;11—测量框架;12—标准直尺;13—隔振支撑;14—y 轴滑块;15—测微表;16—压电晶体;17—测端

对于平直度测量也是符合布莱恩原则的,平直度测量简图如图 2-12 所示,用测端 17 测工件的直线性 ll,为了消除 z 方向滑块 4 在移动过程中由于导轨的非直线性所引起倾斜而带来的误差,设置了由标准尺 5 和测微表 6 组成的平直度测量系统。在这里布莱恩原则主要有两点:第一,滑块 4 没有角运动,若滑块 4 只作左右平移,则因平移而引起的测头 6 的位移量和测端 17 的位移量是相同的,因此根据测头 6 的位移量来修正测量结果后,就消除了因滑块 4

左右平移造成的测量误差。第二，如果滑块 4 在移动过程中有角运动，那么设计应满足“平直度测量系统的工作点，应当位于垂直于滑板移动方向的、并通过被测的平直度的作用点的方向线上”的要求。在图 2-12(a)所示中，就应使该测头 6 和 17 的测球中心的连线垂直于滑块 4 的运动方向，因为只有这样布置时，在滑块 4 有不大的转角时，测端 17 的位移量与测头 6 的位移量才相等。这点可很容易地从图 2-12(b)中得到证明，当滑块绕 O 点有一不大的转角时，只有 A 点的位移量与 A_0 点的位移量近似相等，而 A_1 和 A_2 点的位移均不等于 A_0 点的位移。因此在滑块 4 有转角时，用测头 6 的位移量来修正测量结果后，滑块 4 的角运动也不会引起测量误差。

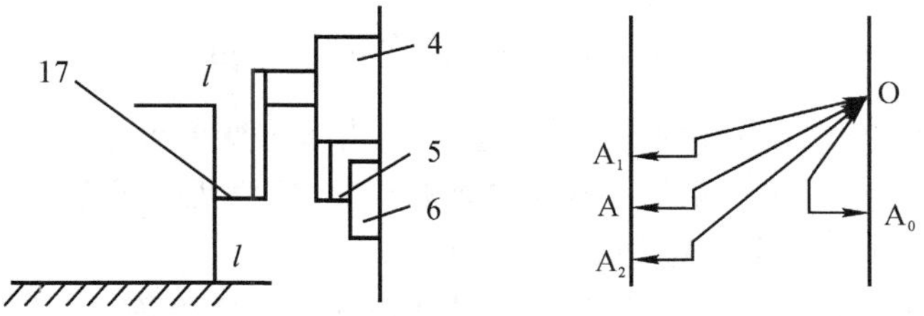

图 2-12　平直度测量简图

上述介绍的几种补偿阿贝误差的方法，可以说对仪器设计都不同程度地带来一定的难度和总体的复杂性。因此，有条件、有可能的话，我们尽量从结构布置上或从工艺上来减少阿贝误差(实质是减少标准量的读数线和被测量的测量线之间的距离，以及提高导轨的精度)。这样可减少仪器设计的复杂性，同时给调整也带来很大的方便。

2. 变形最小原则及减少变形影响的措施

在仪器工作过程中，无论是受力引起的变形，还是温度变化或其他原因而引起的变形都是无法避免的。其结果都将给仪器带来误差。因此仪器设计者在设计中应采取各种措施，使变形为最小，以减少或消除因变形给仪器带来的误差。

下面讨论一下减少力变形影响及热变形影响的技术措施。

(1)减少力变形影响。在精密仪器当中，我们经常看到因变形给仪器带来的测量误差，对于精度较高的仪器这方面误差又是不可忽视的，因此，在设计时必须考虑减少这一因素的措施。下面以一米激光测长机为例加以说明。

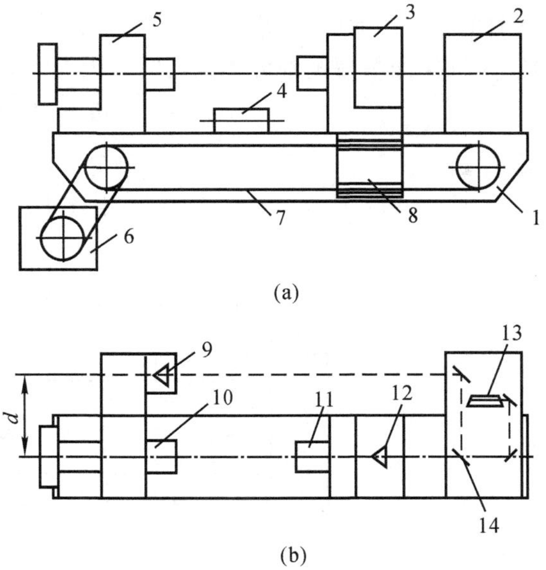

图 2-13　米激光测长机结构图

1—底座；2—干涉箱；3—测量头；4—工作台；5—尾座；6—电支机和变速箱；7—闭合钢带；8—电磁离合器；9—固定角耦棱镜；10—尾杆；11—测量主轴；12—可动角耦棱镜；13—激光器；14—分光镜

如图 2-13 所示，测量头架 3 由电动机和变速箱 6 通过闭合钢带 7、电磁离合器 8 带动在导轨上移动。工件放在工作台 4 上，工作台也可沿导轨移动。固定角耦棱镜 9 与尾座 5 固定连接在一起。可动角耦棱镜 9 与测量头架 3 内的测量主轴 11 固定连接在一起，测量主轴可在测量头架内作±5 mm 的轴向移动。装在干涉箱 2 内的激光器 13 发出的激光束经反射镜后由分光镜 14 分为两路：一路到固定角耦棱镜 9；一路到可动(测量)角耦棱镜 12。这两束光在返回后发生干涉。

工作时，先移动测量头架 3，使测量主轴 11 在一定测力作用下与尾杆 10 接触，仪器对零；测量时，移开测量头架，放上工件，这时底座上既增加了重量，又改变了测量头架及工作台在底座上的位置，底座就产生新的重力变形。如果在测量位置上，尾座轴线相对于导轨面在垂直平面内发生 5″倾斜角的零位变化(当然，这里倾斜角的零位变化既包含底座产生新的重力变形的影响，也包含测量头架移动时导轨直线度的影响)，又设尾座中心高为 200 mm，则此时引起的零位变动量为

$$\Delta=5\times\frac{1}{2\times10^5}\times200\ \text{mm}=5\ \mu\text{m}$$

如果其他条件不变，则 5 μm 的零位变动量就是由重力变形等原因造成的仪器误差。

为了消除上述误差的影响，此台仪器在总体布局时，应满足以下条件：

1)固定角耦棱镜 9 与尾座 5 固定连接成一体；

2)固定角耦棱镜的锥顶安放在尾杆 10 的轴线离底座导轨面等高的同一平面内；

3)可动角耦棱镜 12 的锥顶位于测量主轴的轴心线上(符合阿贝原则)；

4)尽可能减小固定角耦棱镜 9 和尾杆 10 在水平面内的距离 d。

这台仪器在布局上作了上述考虑之后，则底座因重力变形变化而引起的误差便可大为缩小。下面分析几种情况：

1) 尾座因变形变化在垂直平面内有倾斜角 $\Delta\theta$，如图 2-14 所示。位置Ⅰ是测量头架 3 对零时的位置。此时，测量光束一路，由测量角耦棱镜到分光镜之间的距离为 L_1；参考光束一路，由固定角耦棱镜到分光镜之间的距离为 $S+c$，则此两路相干光束的光程差为

$$\delta_1=2[(S+c)-L_1] \tag{2-7}$$

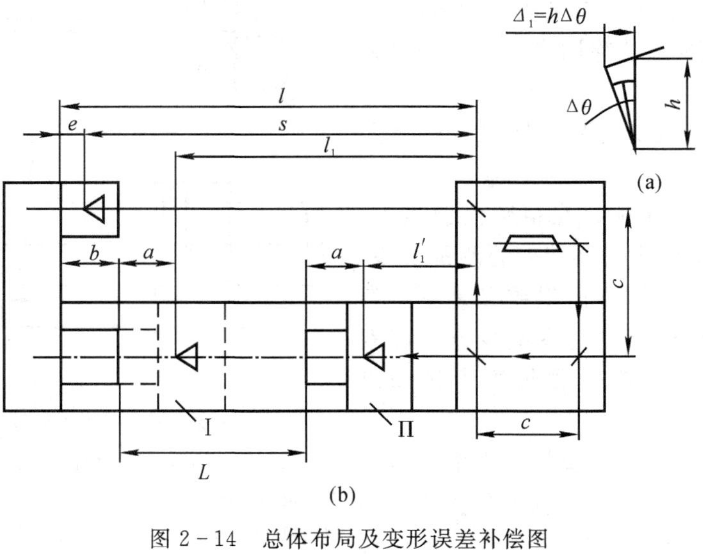

图 2-14　总体布局及变形误差补偿图

图中，位置Ⅱ为测量头架在测量时的位置。设此时尾架有倾角 $\Delta\theta$，由此而引起的尾杆零位变动量为 $\Delta_1=h\Delta\theta$(见图 2-14(a))，其中 h 为尾杆轴线离底座导轨面的距离。这时，测量光束一路，由测量角耦棱镜到分光镜之间的距离为 $L_1+\Delta_1-L$，其中 h 为被测零件长度。由于仪器布

局满足上述 1)、2)两个条件，故固定角耦棱镜的位置也有一个和尾杆方向相同、大小相等的零位变动量 Δ_1。所以，参考光束一路，由固定角耦棱镜到分光镜的距离为 $(S+c)+\Delta_1$。这样，在测量时，两路相干光束的光程差为

$$\delta_2 = 2[(S+c)+\Delta_1] - 2(L_1+\Delta_1-L) = 2[(S+c)-L_1+L] \tag{2-8}$$

式(2-8)减去式(2-7)，就得到测量时和对零时两个光程差的变化量为

$$\delta = \delta_2 - \delta_1 = 2L \tag{2-9}$$

即光程差的变化量正好正比于被测长度 L，也即尾杆的零位变动量已由参考镜的零位变动量所补偿。而如果条件 1)、2)中有一条不满足，则就会引起测量误差。

2) 测量头架在垂直平面内产生倾斜。这时，由于总体布局满足条件 3)，符合阿贝原则，故只引起二次方微小误差，可以忽略。

3) 尾座在水平面内产生摆角。这时，因不符合阿贝原则，故误差不能补偿，但总体布局的条件 4)就是针对这一点考虑的。d 值越小，引起的误差也越小。

强调说明：仪器总体布局满足条件 1)、2)、3)之后，不仅可以补偿重力变形变化时的影响，同时也可补偿因导轨不直在垂直平面内引起倾角变化的影响。

(2)减小热变形影响。某些精密仪器对工作的环境温度较为敏感，由此会给仪器带来一定的误差，因此在仪器设计时，应考虑采取相应的措施，以减少温度变化对仪器和传感器精度的影响。下面以丝杠动态测量仪对环境条件及温度变化影响的补偿为例，加以说明。

丝杠动态测量仪，用圆光栅作测量转角的角度标准，用激光波长作测量线位移的长度标准。利用同步测量角位移和线位移，把两路信号通过比相，或通过比较两路信号的脉冲个数，而实现对丝杠参数的检验。仪器在工作过程中，由于温度的影响，被测丝杠将伸长或缩短，此外，当环境温度、气压、湿度偏离标准状态时，激光波长也将发生变化，这些都将带来测量误差。下面介绍的补偿方案，假定在测量过程中，环境的温度、气压、湿度不再变化。因此，这些因素引起的误差，可看做是与测量长度成线性关系的系统误差，在全长上误差是线性累加的。根据这样的考虑，因此，可以采用在激光一路信号中增减脉冲数的办法来进行补偿。在补偿时，先测出环境的温度、气压、湿度，再根据修正公式计算出在被测长度上应补偿的数值。假设，根据实测的环境条件，计算得每米累积补偿量为 5 μm。工作台每移动半个波长，激光一路发出一个脉冲，所以 5 μm 相当于 $5\ \mu\text{m}/(\lambda/2)=N_1$ 个脉冲（λ 的单位为 μm）。这 N_1 个脉冲需要1 m 在长度内给以均匀补偿。1 m 在长度内的激光脉冲数为 $M_1=1\,000\,000\ \mu\text{m}/(\lambda/2)$。因此，为了将 5 μm 的误差量在 1 m 长度内补偿掉，就需要在每隔 $M_1/N_1=2\times10^5$ 个激光脉冲，对激光信号增减一个信号。如果计算得所的累积补偿量 5 μm 是一个正数，那么就要求在每隔 2×10^5 个信号时，对激光一路补进一个信号，即 1 m 内补 N_1 个信号；反之，若计算所得的5 μm 是一个负数，则就要求在每隔 2×10^5 个信号时，对激光一路堵住(减去)一个信号，即 1 m 内堵住 N_1 个信号，这样就达到了补偿的作用。

上述补偿原理的框图如图 2-15 所示，图中上部是激光补偿信号，下部是激光计数信号。分频器 1 的比例系数 $M_1/N_1=10^6/\Delta L$，可以根据不同的环境条件，即根据计算所得的不同的 ΔL 而预置。在上面的例子中，$M_1/N_1=2\times10^5$，即激光补偿信号每对分频器 1 送入 2×10^5 个信号时，分频器 1 便输出一个信号。若计算所得的补偿量是正值，信号便从预置在(+)端处直接送到补偿器 2，并将此信号加到激光计数信号上；若计算所得的补偿量是负值，则分频器 1

送出的信号便加到预置的(一)端,送到与门3,堵住一个送到补偿器2的激光计数信号,亦即从激光计数信号中减去一个信号,这样,便达到了补偿的目的。

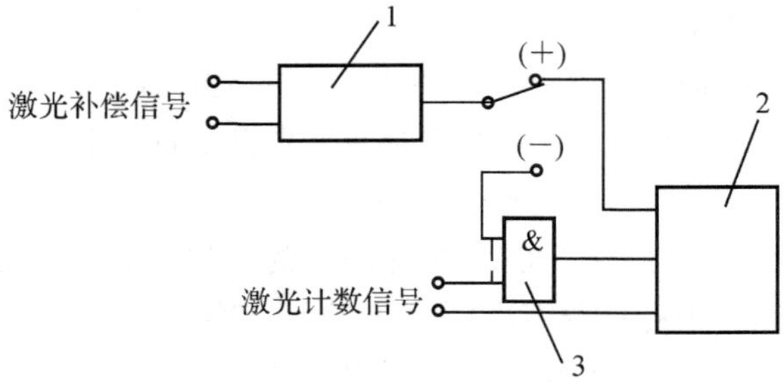

图 2-15 热变形误差补偿原理图

1—分频器;2—补偿器;3—与门

3. 测量链最短原则

测量链最短原则是指仪器中构成测量链环节的零件数目应最少,即测量链最短。

精密仪器的总体布局尽量采用测量链最短原则。

精密仪器的测量链包括由直接感受标准量和与被测量信息有关元件,包括主测量链对仪器的总体布局时要使主测量链,其中包括对仪器的总体精度和其他性能起主要作用。因此,在总体布局时要使主测量链愈短愈好,构成测量链环节的零件数目愈少愈好,这样它的结构就愈简单,性能就愈稳定可靠,精度也就愈容易保证。在需要为某些用途而增加机构时,宜加在辅助测量链上,主测量链仍为最短。

测量链最短原则,一般只能从原始设计上加以保证,而不能采用其他补偿的办法来实现。所以,测量链能否最短,是在仪器原始设计阶段就已确定。在总体设计是,必须从原理设计上认真考虑是否遵循了测量链最短原则,因此,测量链最短作为一条设计原则要求,设计者应予以遵守。这一设计原则,对于各类仪器的设计都具有指导意义。

另外,在遵守这一原则的同时,还需要考虑机构简单、直接、对称、稳定及加工方便等。

例如工具显微镜,它的测量原理是:以测量工作台的移动量而获得被测量的数值。在老式的工具显微镜中,工作台的移动量是通过测得精密千分螺杆的移动量(包括加垫的量块值)而获得的。虽然这一方案具有结构简单等优点,但它的测量链较长,这是影响仪器精度提高的原因之一。因此,从提高仪器精度缩短测量链的原则出发,应以采取直接测量工作台移动量的方案为宜。目前所有新型工具显微镜的设计,几乎全部放弃了精密千分螺杆的结构,而改用直接测量工作台移动量的测量装置。如线纹尺、光栅、激光干涉仪等。这样既缩短了测量链,提高了仪器精度,同时又扩大了仪器的量程。

4. 基面统一原则

以上几条原则,一般都是从仪器总体出发考虑的。而基面统一原则,则主要是针对仪器中的零件设计及部件装配要求来说的。这条原则是指:在设计零件时,应该使零件的设计基面、工艺基面和测量基面保持一致。符合这个原则,才能使工艺上或测量上能经济地获得规定的精度要求而避免附加的误差。对于部件装配,则要求设计基面、装配基面和测量基面一致。

(1)设计基面:零件工作图上标注尺寸的基准面;

(2)工艺基面:用它定位,加工其他工作面;

(3)装配基面:以它为基准,确定零件之间的相互位置。

如图 2-16 所示的某投影仪反射镜机构，A 面为装配基面，加工时，反射镜座的 B，C 面应当以 A 面为工艺基面，例如以 A 面定位铣出 B，C 面。镜座工作图中标注尺寸有两种方式。一种是标注 l_0 和 l_1；另一种是标注 l_1 和 l_2。反射镜的轴向位置在光学系统中是有要求的，反映在结构上为 l_0 的公差。按第一种标注尺寸的方法，在加工 B 面时，以 A 面为准，l_0 的加工误差 Δl_0 就是 l_0 的实际误差；而按照第二种标注尺寸的方法，B 面从 C 面计算，l_0 由两个尺寸（l_1 和 l_2）实现，且 $l_0=l_1+l_2$，l_1 和 l_2 的加工误差为 Δl_1 和 Δl_2，l_0 的误差 $\Delta l'_0=\Delta l_1+\Delta l_2$，一般 Δl_1，Δl_2 相差不大。设二者相等，则 $\Delta l'_0\approx 2\Delta l_0$，对比两种方法，前者三个基面统一在 A 面上，尺寸误差小；后者设计基面（C）与工艺装配基面（A）不统一，尺寸误差可能要大一倍。

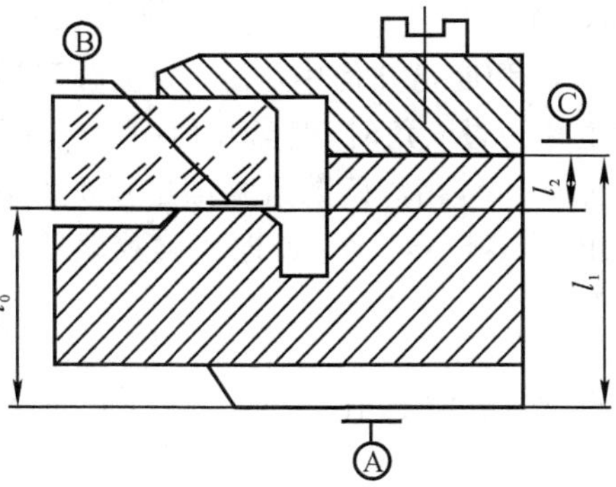

图 2-16　某投影仪反射镜机构

例如，如图 2-17 所示的零件，两个直径 d_1 及 d_2 的设计基面及工艺基面均为中心线 AO。在测量时，若用顶尖夹持进行（见图 2-17），则测量基准和设计基准、工艺基准重合，此时能真实地反映 d_2 的圆柱度等加工误差。但若以 d_1 的外圆柱面为测量基准时（见图 2-18），则 d_1 的形状误差也就反映到测量结果中，带来附加的测量误差。

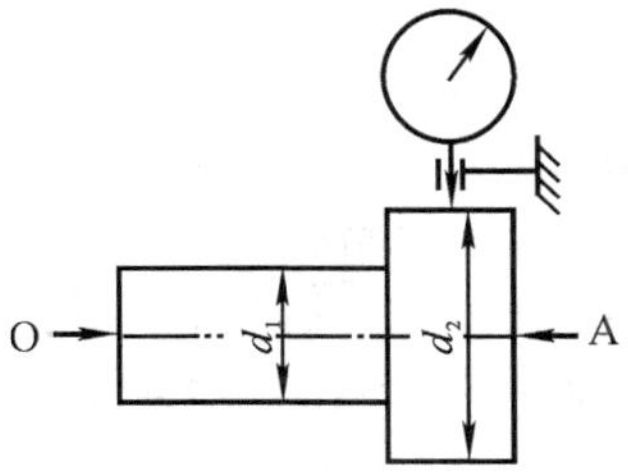

图 2-17　符合基面统一原则的零件测量简图

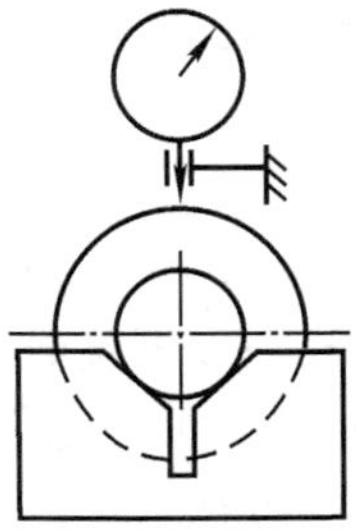

图 2-18　不符合基面统一原则的零件测量简图

以上例子说明，基面统一这条原则，对于设计、工艺、测量三者来说，都是有关联的。设计者在标准零件的尺寸、选择零件的设计基准时，应考虑到与工艺基准和测量基准的一致；工艺人员则应尽可能选择设计基准作为工艺基准；测量人员则又应使测量基准和设计基准一致。

除以上四条设计原则外，还有运动学设计原则、经济性原则、精度匹配原则、光学自适应原则，等等。这些设计原则，虽然没有介绍，但是在仪器设计中，也是要求我们必须遵守的。

二、若干设计原理

工作原理的设计是总体设计的关键，设计质量的优劣取决于是否能有效合理运用设计原理，对于设计者来说，除了应用现有的设计原理以外，还可根据具体仪器进行创造性设计，从而使仪器总体方案更加完善。下面就讨论现有的部分设计原理。

1. *平均读数原理*

以圆分度测量装置中的光学分度头为例来讨论平均读数原理。

在光学分度头中，当采用单面读数（单个读数头）时，由于轴系晃动或度盘安装偏心等原因，不可避免地会给仪器带来读数误差。如图 2－19 所示，假设度盘安装有偏心，偏心量为 e。设 O 为度盘几何中心，O′为主轴回转中心。在图 2－19(a)中 I 表示为读数头瞄准位置。当主轴转过 θ 角时，度盘几何中心转至图 2－19(b)中的 O′点，此时，度盘刻度线从 a—b 位置移至 a—b′，相对读数头瞄准位置 I 来说，它的读数角为 θ。但度盘实际转角 θ(即度盘相对读数角)为 $\theta+\Delta\theta$。而 $\Delta\theta$ 即为读数误差。该度盘的刻划半径为 $R(O_1A=R)$，则

$$\sin\Delta\theta=\frac{O_1O'_1}{R}=\frac{e\sin\theta}{R} \tag{2-10}$$

当 $\Delta\theta$ 很小时，有

$$\Delta\theta\approx\frac{e}{R}\sin\theta \tag{2-11}$$

如果仪器主轴转动时，轴只有晃动时，其产生的读数误差 θ 也为 $\Delta\theta\approx\frac{e}{R}\sin\theta$。此时，$e$ 不是偏心量，而是最大晃动量。

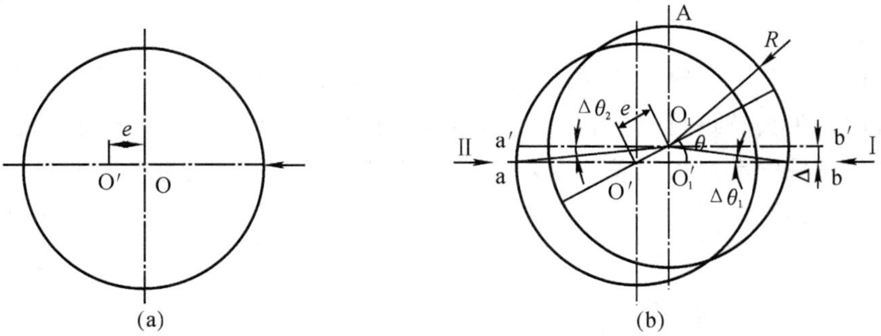

图 2－19　度盘安装偏心示意图

上面的读数误差公式可以说是单面读数的圆分度测量装置所固有的。为了消除这一误差，在高精度的圆分度测量装置设计中，一般不采用单面读数的方法，而是采用平均读数的原理。平均读数原理是指采用多次重复测量，如多测头、多次重复分度等，取得平均读数，以提高精度的方法，所以也称为误差平均原理。

例如，在度盘的对径方向上安装两个读数头。图 2－19(b)中在读数头 I 的对称方向上再加一个读数头 II，此时相对读数头瞄准位置来说，读数头的读数角度为 θ。但度盘实际转角为 $\theta+\Delta\theta$，也就是说，读数角也与度盘转角相夹角 $\Delta\theta$，即为读数头的读数误差角 $\Delta\theta$。同理可得

$$\sin\Delta\theta=\frac{e\sin(180^{\circ}+\theta)}{R}=-\frac{e}{R}\sin\theta$$

$$\Delta\theta=-\frac{e}{R}\sin\theta \tag{2-12}$$

若以这两个读数头的读数值的平均值作为度盘在这一转角位置上的读数值的话，其读数误差为

$$\delta=\Delta\theta_1+\Delta\theta_2=\frac{e}{R}\sin\theta-\frac{e}{R}\sin\theta=0 \tag{2-13}$$

也就是说，度盘安装偏心，或轴系晃动带来的读数误差，便自动消除。

如果沿圆周均布 n 个读数头，那么由度盘安装偏心，分度头轴系晃动以及刻划读数误差等给读数误差带来的影响又如何呢？下面分析当用 n 个读数头的读数值的平均值作为读数值时，上述误差对读数误差影响的情况。

作为一般情况，上述误差对一个读数头来说所引起的读数误差，可以用由各阶谐波合成的周期误差来表示，即

$$\Delta\theta_{\sum_1} = \sum_{k=1}^{m} \frac{e_k}{R} \sin k\theta \tag{2-14}$$

式中　k——各阶谐波的阶次；

e_k——各阶谐波幅值。

由式(2-14)，当取 n 个读数头读数值的平均值作为读数值时，读数误差将为

$$\Delta\theta_{\sum^n} = \frac{1}{n}\sum_{k=1}^{m} \frac{e_k}{R}\left\{\sin k\theta + \sin\left(k\left(\theta + \frac{2\pi}{n}\right)\right) + \sin\left(k\left(\theta + 2\times\frac{2\pi}{n}\right)\right) + \cdots + \sin\left[k\left(\theta + (n-1)\frac{2\pi}{n}\right)\right]\right. \tag{2-15}$$

对于某一阶次谐波而言，式(2-15)改写为

$$\Delta\theta_{\sum^{nk}} = \frac{1}{n}\frac{e_k}{R}\left\{\sin k\theta + \sin\left(k\left(\theta + \frac{2\pi}{n}\right)\right) + \sin\left(k\left(\theta + 2\times\frac{2\pi}{n}\right)\right) + \cdots + \sin\left[k\left(\theta + (n-1)\frac{2\pi}{n}\right)\right]\right\} \tag{2-16}$$

整理式(2-16)得

$$\Delta\theta_{\sum^{nk}} = \frac{1}{n}\frac{ex}{R}\left\{\sin k\theta\left[1 + \cos k\frac{2\pi}{n} + \cos\left(k2\times\frac{2\pi}{n}\right) + \cdots + \cos\left(k(n-1)\frac{2\pi}{n}\right)\right] + \cos k\theta\left[\sin k\frac{2\pi}{n} + \sin\left(k2\times\frac{2\pi}{n}\right) + \cdots + \sin\left(k(n-1)\frac{2\pi}{n}\right)\right]\right\} \tag{2-17}$$

利用三角数列公式

$$1 + \cos k\frac{2\pi}{n} + \cos\left(k2\times\frac{2\pi}{n}\right) + \cdots + \cos\left(k(n-1)\frac{2\pi}{n}\right) = \frac{\cos\left(\frac{n-1}{2}k\frac{2\pi}{n}\right)\sin\left(\frac{n}{2}k\frac{2\pi}{n}\right)}{\sin\left(k\frac{2\pi/n}{2}\right)}$$

$$\sin k\frac{2\pi}{n} + \sin\left(k2\times\frac{2\pi}{n}\right) + \cdots + \sin\left(k(n-1)\frac{2\pi}{n}\right) = \frac{\sin\left(\frac{n-1}{2}k\frac{2\pi}{n}\right)\sin\left(\frac{n}{2}k\frac{2\pi}{n}\right)}{\sin\left[\frac{k(2\pi/n)}{2}\right]}$$

则式(2-17)改写为

$$\Delta\theta_{\sum^{nk}} = \frac{1}{n}\frac{e_k}{R}\left\{\sin k\theta\frac{\cos[k\pi - (k/n)\pi]\sin k\pi}{\sin(k/n)\pi} + \cos k\theta\frac{\sin[k\pi - (k/n)\pi]\sin k\pi}{\sin(k/n)\pi}\right\} \tag{2-18}$$

若谐波的阶次 k 为整数，故式(2-18)中等式右边第二项为零。则式(2-18)改写为

$$\Delta\theta_{\sum^{nk}} = \frac{1}{n}\frac{e_k}{R}\left\{(-1)^k\sin k\theta\frac{\cos(k/n)\pi\sin k\pi}{\sin(k/n)\pi}\right\} \tag{2-19}$$

现对式(2-19)进行讨论：

(1)当 $k=cn$ 时。其中 c 为正整数，即当谐波阶次为读书头数 n 的整数倍时，则式(2-19)中

$$\frac{\cos(k/n)\pi\sin k\pi}{\sin(k/n)\pi}=n$$

得

$$|\Delta\theta_{\sum nk}|_{\max}=\frac{1}{n}\frac{e_k}{R}n=\frac{e_k}{R} \tag{2-20}$$

(2)当 $k=cn$ 时。即谐波阶次不等于读数头数 n 的整数倍而为其他整数时,则式(2-19)中

$$\frac{\cos(k/n)\pi\sin k\pi}{\sin(k/n)\pi}=0$$

得

$$\Delta\theta_{\sum nk}=0 \tag{2-21}$$

由式(2-20)、式(2-21)可得出结论:在光学度盘式圆分度测量装置中,当采用在度盘圆周上均布 n 个读数头的结构,并取得 n 个读数头读数值的平均值作为读数值时,则可以消除 $k=cn$ 阶谐波以外的所有谐波对读数误差的影响。

另外,在带有圆分度测量装置的仪器,一般不采用多个读数头的结构,而只是在度盘对径位置上安置两个读数头,或采用合像的办法。这是由于结构、工艺等方面的原因(因为作为一台精密仪器,结构不可能太大,工艺不能太复杂)。合像原理,可参阅有关文献,这里不再介绍。对于光栅度盘圆分度测量装置(该装置输出的是电信号),虽然其读数方式与圆分度测量装置不同,但在,消除读数误差原理上是相同的,结论也是一样的。

由以上分析可以看到:多读数头结构平均读数原理,在消除轴系晃动、度盘安装偏心及度盘刻划误差等对读数精度的影响具有良好的效果。因此,平均读数原理已成为高精密圆分度测量装置中一条重要的设计原理,我们在测量仪设计中应遵循这一原理。

2. 位移量同步比较原理

位移量同步比较原理是指当相应的位移作同步运动的过程中,分别测出它们的位移量,再根据它们之间存在的特定关系,直接进行比较而实现测量和控制,以提高仪器(或测量)精度,同时简化仪器结构。

对于一些复杂的参数的测量,如渐开线齿形、齿轮运动误差、丝杠周期误差等,过去大都采用建立相应的标准运动来与被测运动相比较的方法。这类方案的共同特点是结构复杂、测量链长、环节多、工艺难度大,例如老式万能渐开线检查仪、机械式齿轮单面啮合仪等。近年来,由于光栅、激光及电子技术的发展,这类参数的测量,采用了位移量同步比较原理,在仪器设计方案上有很大的突破。由于采用了这些新技术,位移量同步比较过程就有了新的变化,此时,同步过程为:当相应的位移在作同步运动过程中先分别用激光装置或光栅装置测出它们各自的位移量,然后再根据它们之间存在的特定位置,由计算机系统直接进行运算比较实现测量。

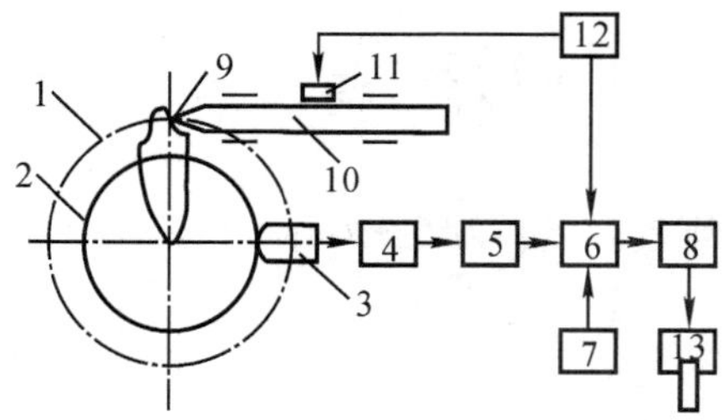

图 2-20 渐开线齿形测量原理方案图

1—齿轮基圆;2—磁盘;3—磁头;4—放大与波形变换电路;5—分频器;6—计算机;7—预调开关;8—数模转换器;9—触头;10—光栅尺;11—读数头;12—放大与波形变换电路;13—记录器

【例 2-1】 图 2-20 所示是采用电子式位移量同步比较原理的渐开线齿形测量原理方案图。

简单原理实质上是作齿轮基圆半径误差 ΔR 的测量,而 ΔR 与渐开线齿形误差是一一对应关系。齿轮在转动过程中,由于侧头(触头)作用,在光栅上反映出位移量 S。而位移量 S 实质上就是基圆所转过的弧长 l,因此 S 与基圆半径之间存在如下关系:

$$S=R\varphi$$

即
$$R=\frac{S}{\varphi}$$

只要测出 S 与 φ，就可确立 R；φ 可事先在计算机内预置（也可测量）；S 在光栅尺上得到。而理论的 R 值是通过在运动过程中，由磁盘录制下来，（经过放大与波形变换电路以及分频器）将信号传给计算机，计算机将 R 的测得值 $R_{测}$ 与理论值 $R_{理}$ 作比较，得到 ΔR，经 D/A 转换，由记录器记录。（由于 ΔR 与渐开线齿形误差是一一对应的，所以，记录的曲线，反映的就是渐开线齿形误差曲线。）

图 2－21 所示是丝杠动态测量仪。该仪器用来检查精密丝杠的单扣螺距误差，在一定长度或全长上的螺距累积误差，以及丝杠的周期误差。仪器中采用圆光栅作为测量转角的角度标准，用激光波长作为测量线位移的长度标准。当丝杠转过某一角度 $\Delta\theta$ 时，与丝杠同步旋转的圆光栅就给出相应于 $\Delta\theta$ 角的光栅莫尔条纹数。同时，通过激光干涉仪给出与 $\Delta\theta$ 相应的轴向位移量 Δt 的激光干涉条纹数。一定的转角 $\Delta\theta$，对应相应的轴向位移 Δt。因此，一定的莫尔条纹数对应相应的干涉条纹数。这两路信号经过各自的光电接收、放大、整形，形成脉冲信号。在经各自的分频，使两者频率相等而后进行比相。如果丝杠没有误差，那么两路信号的相位差不变。如果有误差，则两路信号相位差的变化便直接描绘出丝杠误差曲线。由于采用了电子式位移量同步比较原理，故使这台仪器具有测量链短、测量精度高、机械结构简单、实现了动态测量、反映丝杠精度全面等特点，解决了高精度丝杠的测量问题。

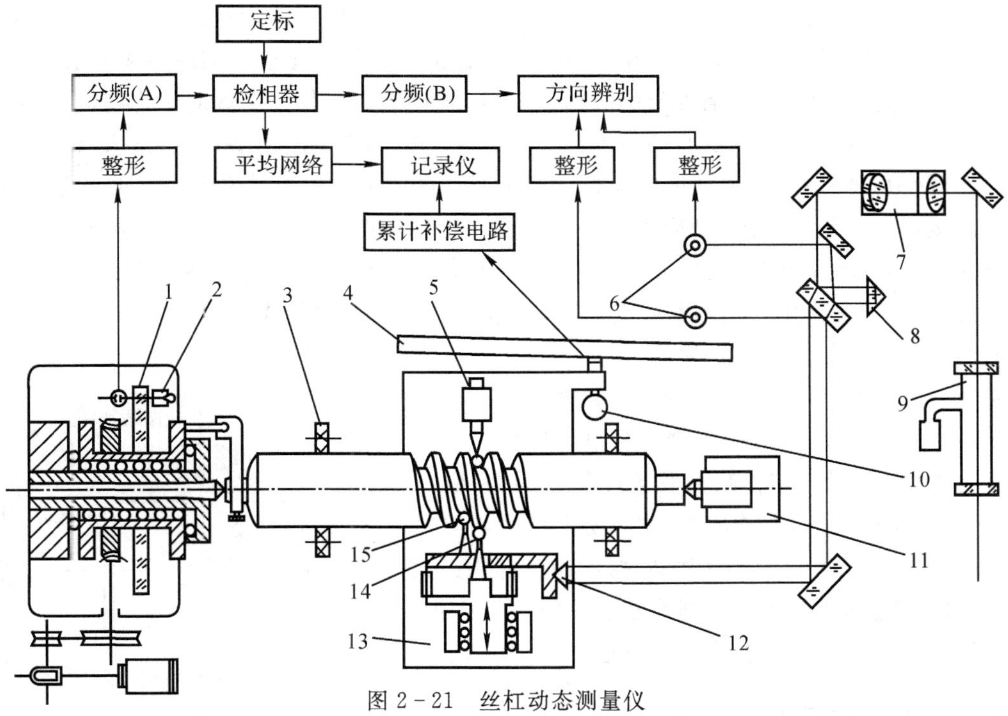

图 2－21　丝杠动态测量仪

1—圆光栅盘；2—指示光栅；3—支撑；4—校正平尺；5—带动杆；6—光电元件；7—平行光管；8—参考角耦棱镜；9—稳频激光管；10—电感传感器；11—尾座；12—测量角耦棱镜；13—工作台；14—外圆定位测头；15—测量头

结论：采用电子式位移量同步比较原理的测量仪器，其结构简单，测量链短，精度高。因此，目前复合参数的测量仪器，绝大多数采用这一原理（电子式位移量同步比较原理）。

3.误差补偿原理

误差补偿原理是仪器设计中应用广泛而意义重大的设计原理。任何仪器的零部件，都存在着加工误差和装配误差，这些系统误差可以通过校正机构加以校正，使仪器总体精度获得提高，也可以设置检测装置，实时检测误差，反馈后进行实时补偿。总之高精度的仪器、设备，不能仅仅依靠加工、装配精度来保证。如果采用巧妙的补偿办法，则往往会收到非常好的效果。

补偿原理的范围非常广泛，它几乎包罗了精密机械设备、仪器设计中的一切有关调整、校正补偿等全部内容。尤其采用计算机之后，在设计中采用补偿原理的范围及可能性更加广泛。

设计时，应根据具体要求、用途以及精度指标，采取相应的补偿措施。

本节着重讨论了四个设计原则，三个设计原理，实际上，设计原则及设计原理远不止这些，这就要求在仪器的总体设计阶段，要综合考虑，充分利用这些设计原则及设计原理，完善总体设计。

2.4 仪器结构参数及技术指标的确定

总体设计的目的在于找出最佳设计方案，而最佳设计方案的确立，是在前面介绍的若干设计原则和若干设计原理指导下进行的。在充分应用这些设计原则及设计原理的基础上，还要考虑仪器结构参数以及技术指标如何确立的问题。如果没有这些结构参数以及技术指标，就没有办法进行具体设计。

在多数情况下，仪器的使用者或使用单位，只提出使用要求。例如对望远镜，只笼统地提出要求：要看清楚多少公里以外什么类型的目标。仪器的总体设计者必须将使用要求转换成设计工作所需要的技术指标，这就需要进行大量的实验，统计研究工作。例如对于上述问题，首先应了解目标人的平均身高（或人的身高范围）、人的运动速度、人穿各种衣着（或特定衣着）时与环境的对比度等一系列资料，还要研究在不同气象条件下不同高度、不同角度大气的透过率，大气抖动等。接收器如果是人眼，则应了解人眼的视觉特性（如分辨率、光谱响应、瞄准精度、视觉阈等）若接收器是光电元件，则应知道其频率响应、信噪比、灵敏度、光谱响应等。由此可以看出，这一工作是很复杂的，工作量也很大。设计者必须以这些数据作为原始依据来确定望远镜的技术参数——口径、焦距、倍率等。

在确定了技术指标后，设计者就应该找出结构参数与技术指标间的关系，以及各结构参数间的相互制约关系，以寻求出能满足技术指标及一定工艺水平下的最近结构参数。

总得来说，仪器结构参数及技术指标是根据仪器的功能、精度要求，测量范围、使用要求和使用条件以及有关标准规定等诸多因素来确定的，而不能毫无根据地随意选用。下面主要从精度要求出发，列举几个例子来说明这一问题的考虑方法。

一、灵敏杠杆的杠杆比的确定

灵敏杠杆是工具显微镜等仪器上作瞄准用的一种附件。通常是和工具显微镜的 3 倍物镜配合使用，其原理如图 2-22所示。双线分划板与上刻有双刻线。将灵敏杠杆装到工具显微镜上后，双刻线由光源 6 照明，经反射镜 2 被物镜 4

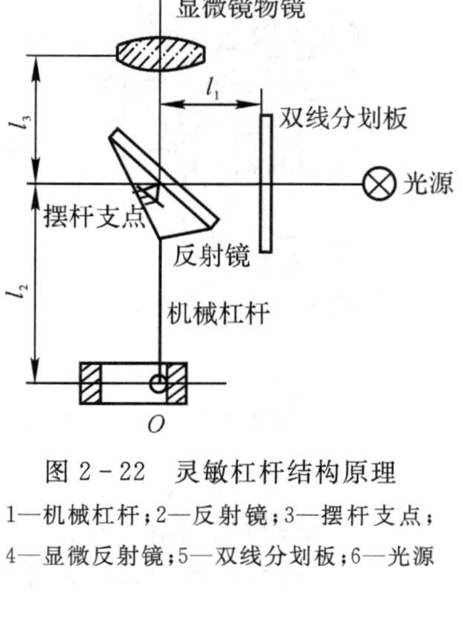

图 2-22 灵敏杠杆结构原理

1—机械杠杆；2—反射镜；3—摆杆支点；4—显微反射镜；5—双线分划板；6—光源

成像在主显微镜系统目镜的分划板平面上(图中未示出)。当机械杠杆 1 围绕摆杆支点 3 作微小摆动时,在目镜视场里,可观察到双线像的移动。用灵敏杠杆进行测孔瞄准时,瞄准工作原理是这样:移动工作台,使被测孔壁的一侧与杠杆触球相接触,一直到双线分划板 5 上的双刻线像对中主显微镜中分划板上的米字线为止。这时,由主刻尺上读下第一个读数 a_1。之后,移动工作台,使孔壁另一侧与触球接触,同样,在主刻尺上,读到第二个读数 a_2,于是可得到孔径 $D=|a_1-a_2|+d$,其中 d 为触球直径。

在设计灵敏杠杆时,首先要求确定光学杠杆长度 l_1、机械杠杆长度 l_2 以及尺寸 l_3 的数值,然后才能进行具体设计。对灵敏杠杆的主要要求是要有一定的瞄准精度,现在就以瞄准精度为出发点,来确定 l_1, l_2, l_3 尺寸。如图 2-23 所示,设测球由点 O 点移至 O′点,位移量为 Δ,机械杠杆及反射镜摆过 θ 角,反射镜由位置Ⅰ-Ⅰ摆到位置Ⅱ-Ⅱ,当反射镜在位置Ⅰ时,设双刻线 A 对Ⅰ-Ⅰ的成像位置在光轴 OO 上的 a′点,而当反射镜在位置Ⅱ-Ⅱ时,双刻线 A 对Ⅱ的成像位置在 a″点,由反射镜成像原理,此时 a″c 光线对光轴的夹角为 2θ,a″点离光轴的距离为 y,即

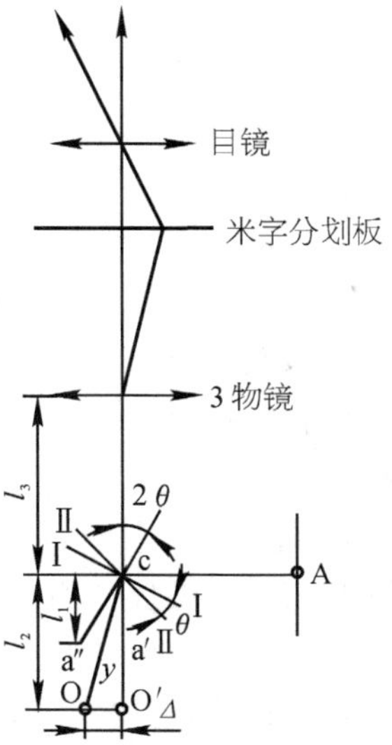

图 2-23　灵敏杠杆的杠杆比计算

$$y=l_1\tan 2\theta$$

而 $$\tan\theta=\frac{\Delta}{l_2}$$

当 θ 很小时,有 $y\approx l_1 2\theta$,$\theta\approx\frac{\Delta}{l_2}$,所以

$$y\approx\frac{2l_1\Delta}{l_2} \tag{2-22}$$

为了分辨双刻线的像对米字线的对中偏离,对 y 值有一定的数值要求。根据能分辨的最小的 y 值,就可由上式求得 Δ,此时,Δ 即为最小分辨时的瞄准误差值。双线对米字线(单线)的瞄准精度约为 10″,即 5×10^{-5} rad。所以能分辨的最小 y 值,就可由对准精度公式(人眼对准精度到仪器得对准精度)求得,即

$$y=\frac{10''\times250}{\beta}=\frac{5\times10^{-5}\times250}{30}\times10^3\ \mu\text{m}\approx0.4\ \mu\text{m}$$

式中,β 为显微镜的放大倍数。

$$\Delta=\frac{l_2 y_{\min}}{2l_1}=\frac{0.2l_2}{l_1}\ \mu\text{m} \tag{2-23}$$

可见,瞄准误差 Δ 与机械杠杆长度为 l_2 和光学杠杆长度 l_1 的比值有关。这个比值即 l_2/l_1。我们称为灵敏杠杆的杠杆比。由 Δ 的计算式可以看到减小 l_2 或增大 l_1 均可减小瞄准误差,但是 l_2 不宜太短,太短会影响测量范围;l_1 也不能太长,因为 l_1+l_2 就是显微物镜的工作距离,通常这个距离是定值(光学系统计算)。加大 l_1 必然减小 l_3,而 l_3 太小会给结构布局带来困难。l_1 太大会使它的体积太大,也会影响它的使用范围,所以在一定的瞄准精度下,要合理选择 l_1 和 l_2 的长度,即合理选择杠杆比。

【例 2-2】　$l_1+l_3=80$,取 $l_1=40$, $l_2=70$

$$\Delta=\frac{0.2\times70}{40}=0.35\ \mu\text{m}$$

如果灵敏杠杆的瞄准精度为 1 μm,这个数值是合理的。

如果要求灵敏杠杆的瞄准精度为 0.5 μm(高精度,可取 $\Delta=\frac{1}{2}\times 0.5\sim\frac{1}{10}\times 0.5$),则如何确定结构参数 l_1,l_2,l_3。

【参考】 通常仪器的设计精度为要求精度的$\frac{1}{3}$(高精度可取$\frac{1}{2}\sim\frac{1}{10}$),此时可取

$$\Delta=\frac{1}{3}\times 0.5$$

则

$$\frac{0.2l_2}{l_1}=\frac{1}{3}\times 0.5$$

所以

$$\frac{l_2}{l_1}=\frac{5}{6}$$

若令 $l_1+l_3=80$,取 $l_2=50$,则 $l_1=60$,$l_3=80-60=20$,这样就会给结构布局带来困难。取 $l_2=40$,则 $l_1=48$,$l_3=80-48=32$,是可以的。

总结:通过以上分析讨论,我们可以看到,要合理地确定结构参数,通常需要有以下几方面的内容:

(1) 确定灵敏杠杆的用途:瞄准作用。

(2)了解灵敏杠杆的工作原理。

(3)在显微镜设计好以后,如何求灵敏杠杆的结构参数,即 l_1,l_2,l_3 的尺寸。

(4)通过分析,确定 l_1,l_2,l_3 与瞄准精度有无关系。若有关系,则从精度出发,确定 l_1,l_2,l_3 的尺寸。

(5)建立几何模型。通过其工作原理,建立几何模型。

(6)建立数学模型

$$\Delta=\frac{0.2l_2}{l_1}$$

即

$$\frac{l_2}{l_1}=\frac{\Delta}{0.2}$$

(7)分析结构。确定 l_1,l_2,l_3 的尺寸。

在以后的设计中,即可按上述几点确定几何参数。

注意:上述讨论是从精度出发考虑的。而对其他设计,若从其他方面考虑,比如说从动能、使用条件等出发,就必须把精度指标包括进去综合考虑。

二、电容压力传感器补偿温度误差结构参数的选择

图 2-24 为电容压力传感器的结构示意图。图中,膜片 1 与固定极板 2 构成电容器,3 为绝缘体。当被测压力 p 有变化时,引起膜片 1 不同的变形,从而使由 1 和 2 构成的电容器之间有不同的间隙,造成电容量的变化,达到了测量压力的目的。

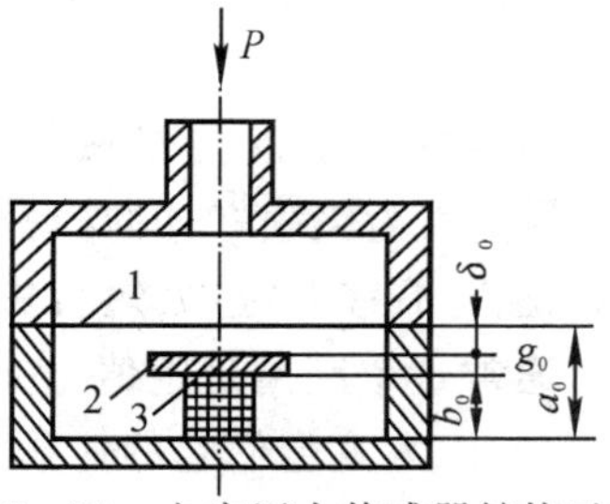

图 2-24 电容压力传感器结构示意图

1—膜片;2—固定极板;3—绝缘体

在电容压力传感器中,其结构参数的选择,主要还是根据该压力传感器的使用要求来确定。但在这里,我们

是从传感器在工作过程中，由于温度变化引起电容压力传感器各有关零件几何尺寸的变化，从而导致传感器极板间隙发生改变产生附加电容变化，带来测量误差这一角度出发，来讨论和分析如何通过适当选择电容压力传感器的有关结构参数来补偿上述温度误差。现分析如下：

设温度为时 t_0，极板间间隙为 δ_0，固定极板厚度为 g_0，绝缘件 3 厚为 b_0，膜片至绝缘底部之间的壳体高度为 a_0，则

$$\delta_0 = a_0 - b_0 - g_0 \tag{2-24}$$

当温度从 t_0 改变 Δt 时，各段尺寸均要变化，设其温度膨胀系数相应为 a_a，a_b，a_g，各段尺寸的变化最后导致间隙改变为 δ_t，则

$$\delta_1 = a_0(1 + a_a \Delta t) - b_0(1 + a_b \Delta t) - g_0(1 + a_g \Delta t)$$

因此，间隙的变化量为

$$\Delta\delta_t = \delta_t - \delta_0 = (a_0 a_a - b_0 a_b - g_0 a_g)\Delta t$$

由于间隙改变引起电容相对变化，故这时造成电容压力传感器的温度误差为

$$\Delta t = \frac{C_t - C_0}{C_0} = \frac{\delta_0 - \delta_t}{\delta_1} = \frac{(a_0 a_a - b_0 a_b - g_0 a_g)\Delta t}{\delta_0 + (a_0 a_a - b_0 a_b - g_0 a_g)\Delta t} \tag{2-25}$$

如欲消除温度误差，则应使式(2－25)等式右端的分子为零，即

$$a_0 a_a - b_0 a_b - g_0 a_g = 0 \tag{2-26}$$

由式(2－24)有

$$a_0 = b_0 + \delta_0 + g_0 \tag{2-27}$$

所以，由式(2－26)和式(2－27)有

$$b_0(a_a - a_b) + g_0(a_a - a_g) = \delta_0 a_a = 0 \tag{2-28}$$

由上可见，电容压力传感器的温度误差与组成电容压力传感器有关零件的几何尺寸及零件材料的线膨胀系数有关。但只要适当选择零件的有关几何尺寸及其材料，使其满足式(2－28)，则温度变化对传感器误差的影响，理论上可以消除。需要说明的是，类似的通过结构参数及材料的选择来补偿温度误差的分析方法，在几何量量仪设计中也有应用的例子。

2.5　总体设计中应考虑的其他问题

一、工艺性问题

总体设计的任务是选择合理的设计方案，同时不可忽略工艺性问题。在总体设计阶段，往往由于工艺原因而限制了仪器的性能，有时甚至会推翻原有的认为合理的设计方案，因此在具体设计中应充分利用关键元件的工艺水平，限制其他元件的误差，以提高仪器总的性能水平。例如在角度测量仪器中总是使轴系的精度与度盘(或圆光栅)相适应；在长度测量仪器中，长度基准(刻尺或长光栅)的精度起决定作用，而应该限制导轨误差的影响。在实现同样功能而可采用不同技术途径时(如机械法、光电法等)，亦应充分考虑工艺条件，选取那些性能稳定并有可靠来源的方案，以充分发挥其特长。

二、标准化、系列化、通用化

现代工业一般是按照专业化协作原则进行生产的。因此要求我们在仪器设计中，尽可能

地使产品及其零部件标准化、系列化、通用化。

设计中正确运用标准和规范，并使产品及其零部件标准化、系列化、通用化，不仅有利于零件的互换性和加工工艺性，而且可以减轻设计工作量，缩短加工周期，同时可提高设计质量和加工质量，并可以减少加工品种，便于组织生产和降低产品成本，提高生产效率。

三、可靠性设计

可靠性是指一种产品在一定时间和一定条件下，不出故障地发挥其规定功能的概率。

可靠性指标除了用完成规定功能的成功概率表示外，还可以用平均寿命、故障率、失效率、有效性等表示。

一台仪器或一套自动控制系统，无论在原理上如何先进，功能上如何全面，在精度上如何高级。假若可靠性差，故障频繁，不能长期稳定工作，则该仪器或系统就没有使用价值。因此，随着现代化仪器及测量系统的发展，可靠性要求愈来愈重要。特别是对于某些传感器及仪器仪表，可靠性设计已成为非常重要的性能指标。对于这方面仪器设计，可靠性评价不能像过去那样仅停留在定性的概念性分析上，而应该科学地进行定量计算。但需要注意的是，可靠性是产品质量的指标之一而不代表全部，即可靠性高未必质量就好。

四、造型设计

造型设计也是总体设计中一个不可忽略的问题。造型设计就其内容来看，大体上分为造型和装饰两个方面，其中造型是基本的，装饰是其次的。在总体设计阶段，对造型设计提出如下要求：

1. 造型要求

(1)外形轮廓应由直线和光滑曲线组成。注意曲线、圆弧、直角、棱边挺度等问题。尽量避免过度的凸出物，尽可能使外形美观大方。

(2)结构匀称，长和宽的比例多采用黄金分割。也就是说，长和宽的比例应该使(长＋宽)/长＝长/宽，即接近比为8/5，或接近此比例。

(3)稳定而安全。切忌头重脚轻，或过于细长，要给人以安全感，这就要求高度与长度呈适当比例。

2. 装饰要求

(1)色彩格调是人们选择产品的考虑因素之一，凡是色彩新颖和谐的设备，就容易引起人们的注意。就人机环境关系来说，设备色彩如能与环境相协调，就能起到美化环境的作用，并能给操作者以美的享受，从而提高工作效率。

(2)装饰经济美观，其中的喷漆、镀铬、抛光、喷沙、染黑等处理须配置得当。

(3)造型与布局的关系，以布局为主。造型应为布局服务，为布局上使用方便服务。如仪器高度要。适合中等身材的操作者，操作手边及按钮安排要适当，采光照明良好，观察读数舒适方便，等等。

总之，造型设计不容忽视，在总体设计阶段，在满足仪器各方面性能的前提下，尽可能使造型美观、大方。

五、经济性原则

经济性是衡量一件产品的社会价值的综合性指标。产品的设计者应力图用最低的总成本可靠地去实现产品的功能。这里所指的总成本不仅包括生产过程的费用，还应包括产品在储存、运输、使用及维修等方面的费用，即产品的整个社会经济耗费。仅仅追求降低产品的生产成本是不够的。对那些质量低劣，在运输、储存中易损坏，使用不便，维修费用高的产品，即使生产成本低，其社会经济效果也是很差的。

一个完美的设计应当做到产品各项质量指标的最佳匹配，因此，经济性原则是产品设计必不可少的，也是一切设计工作都要遵守的一条基本而重要的原则。从设计的一开始就应贯彻其中。比如对仪器的功能指标应当定得恰到好处，并非功能越多越好，必须综合考虑产品成本。

六、密切注视科技发展动向

在当今科学技术与工业生产迅速发展的时代，精密仪器和设备更新换代很快，作为一个优秀的设计师应密切关注仪器发展的新动向，掌握时代的信息，以最新的技术武装自己，在总体设计中，努力寻求应用新原理和新技术，使自己设计的仪器能赶上时代的步伐。

2.6　仪器设计总体方案的确定

在综合考虑了上面列举的内容(包括没有涉及的一些设计原则和设计原理)的基础上，我们就可以确定仪器设计总体方案。对于一台具体的仪器来讲，总体方案不局限一种，而是几种可行方案。通过具体分析以及理论计算，最后确定出一种最佳的总体方案，这样才能进行具体的设计。

第3章 仪器设计的精度理论

无论是光电仪器还是精密机械设备，其自身精度是一项重要的技术指标。随着科学技术的发展，对于光电精密仪器的精度也提出了愈来愈高的要求。例如在半导体工业中，64 KB的随机存储器线宽为2～3 μm，256 KB存储器的线宽达到0.7 μm，这就要求半导体的光刻设备和测试仪器本身的精度能达到亚微米级。由此可见，精度设计是仪器设计成败的关键。

光电精密仪器的精度无论多高，总是存在着误差。进行精度分析的目的是找出产生误差的根源和规律，分析误差对仪器设备精度的影响，以便合理地选择方案、设计结构、确定参数和设置必要的补偿环节，从而在保证经济性的基础上达到较高的精度。

仪器精度理论主要研究影响仪器精度的各项误差的来源及特性，研究误差的评定和估计方法，掌握误差的传递、转化和相互作用的规律，误差合成与分配原则，从而为精度设计提供可靠的科学依据。

3.1 仪器精度理论中的基本概念综述

一、误差

1. *误差定义*

在对某物理量进行测量的过程中，所测得的数值与标称值（或真值）之间的差值称为误差，即

$$\text{真误差值} = \text{测量值} - \text{标称值}$$

$$\Delta_i = l_i - l_b \qquad (i = 1 \sim n) \tag{3-1}$$

误差的大小反映了测量值对于标称值的偏离程度。它具有以下特点：

（1）任何测量手段无论精度多高，总是有误差存在。即真误差是客观存在的，永远不会等于零。

（2）当多次重复测量某物理参数时，各次的测定值并不相等，这是误差不确定性的反映。只有测量仪的分辨率太低时，才会出现测定值相等的情况。

（3）真误差是未知的，因为通常真值是未知的。

为了能正确地表达精度，人们在长期实践中，确定了以下基本概念：

（1）理论真值（即名义值）。它是设计时给定的或是用数学、物理公式计算的给定值，如零件的名义尺寸等。

（2）约定真值。世界各国公认的一些几何量和物理量的最高基准的量值。例如，作为公制

长度的基准米，在 1983 年第十七届国际计量大会通过了“米”的定义：“1 m 是光在真空中于 1 s/299 792 458的时间间隔内所经过路程的长度。”

(3)相对真值。如果标准仪器的误差比一般仪器的误差小一个数量级，则标准仪器的测定值可视为真值，称做相对真值。

(4)残余误差。残余误差定义为

$$v_i = l_i - \bar{l} = l_i - \frac{\sum_{i=1}^{n} l_i}{n} \tag{3-2}$$

式中　l_i——相对真值(标准仪器的测定值)

$\bar{l}$——多次测定值的算术平均值。

2. 误差的分类

按误差的性质，可将误差分为系统误差、随机误差和粗大误差三大类。

(1)系统误差。系统误差的大小和方向在测量过程中恒定不变，或按一定的规律变化。产生系统误差的原因是设计方法或加工与调整等因素，一般来说，系统误差是可以用理论计算或实验方法求得的，可预测它的出现，并可以进行调节和修正。系统误差的大小决定了仪器的正确度。

系统误差又可分为已定系统误差和未定系统误差。

1)已定系统误差。它是指误差的大小和符号都是确定的误差，如千分尺零位没有对准所引起的误差就是这种误差最简单的例子，这种已定系统误差是容易用调整仪器的方法来消除或在测量结果中进行修正的。

还有一种已定系统误差，是指具有确定规律的误差，如以光栅或激光为标准量的坐标测量机，其坐标值的误差可预先用高一级的标准进行检定，因此仪器坐标值本身的误差就可按一定的规律或数学模型进行修正。

近年来随着计算机在测量技术中的广泛应用，为误差修正技术的发展提供了更加方便的条件，有些测量仪器如三坐标测量机由于采用误差修正技术，能使仪器精度成倍地提高，甚至提高一个数量级。

2)未定系统误差。某些误差就其性质而言，具有系统误差的性质，但对其大小或方向，因其变化规律比较复杂，或因实验条件所限，人们很难去掌握它，因此只用它的误差限$\pm e$来表示。误差限的意思就是在不利的情况下，这一项误差也不会超过$\pm e$。需要注意的是，这种误差不可能在测量结果中进行修正。因此，在该误差合成中，通常按处理随机误差的方法进行计算。

(2)随机误差。随机误差(也称偶然误差)是指误差的绝对值和符号以不可预定的方式变化着的误差，但就其总体来说，服从统计规律。随机误差主要是由一些独立因素微量变化的综合影响造成的。比如仪器机构的摩擦、间隙的影响、测量电路中元器件的老化或受外界电磁场的干扰等。随机误差的大小，决定仪器示值的分散性，即精密度。随机误差按其误差的分布规律，又可分为正态分布和非正态分布两种。

1)正态分布。随机误差每次出现的情况虽无规律，但在相同测量或工艺条件下，其误差值是按统计规律变化的。并且，大多数情形下，是服从正态分布的。

正态分布的分布密度方程如下：

$$y=\frac{1}{\sigma\sqrt{2\pi}}\mathrm{e}^{-\frac{\delta^2}{2\sigma^2}} \tag{3-3}$$

式中 y——随机误差出现的概率密度；

δ——随机误差；

σ——随机变量的标准误差。

标准误差 σ 的大小，常作为度量随机误差大小的尺度。对于离散的随机变量，σ 的定义为

$$\sigma=\sqrt{\frac{\delta_1^2+\delta_2^2+\cdots+\delta_n^2}{n}},\quad n\to\infty \tag{3-4}$$

但是实际上，由于样本的个数 n 不可能为无穷大，因此，标准偏差可以按贝塞尔公式计算其估计量，即

$$\tilde{\sigma}=s=\sqrt{\frac{v_1^2+v_2^2+\cdots+v_n^2}{n-1}} \tag{3-5}$$

式中，v_n 为残余误差。

2)非正态分布。大部分随机误差是服从正态分布的，但是大量的实践证明，也有一部分随机误差的分布会偏离正态性，也就是产生了非正态分布的随机误差，故在误差理论中，除了要讨论正态分布的误差外，还要研究非正态分布的随机误差。在我们的精度理论中不再详细讨论这方面内容。

(3)粗大误差。粗大误差一般是指由于疏忽或错误，在测定值中出现的误差。在测量过程中，一旦出现这类误差，应予以剔除。

3. 误差的合成

(1)已定系统误差的合成。在精密仪器设计中，通常是以已知的数学模型为前提，通过对其位置参数的偏微分求得仪器的误差。

在已知系统误差合成当中，若已知仪器系统的方程式为

$$y=f(x_1,x_2,\cdots,x_n)$$

则已定系统总误差为

$$\Delta y=\frac{\partial y}{\partial x_1}\Delta x_1+\frac{\partial y}{\partial x_2}\Delta x_2+\cdots\frac{\partial y}{\partial x_n}\Delta x_n \tag{3-6}$$

式中，Δx_n 为已定系统误差；$\frac{\partial y}{\partial x_n}$为仪器相应参数 x_n 的传动比。若仪器系统的数学模型具有线性关系，即

$$y=a_1x_1+a_2x_2+\cdots+a_nx_n$$

则

$$\Delta y=a_1\Delta_1+a_2\Delta_2+\cdots+a_n\Delta_n=\sum_{i=1}^{n}a_i\Delta_i$$

由于这类误差的规律是已知的，如果能用调整或修正的方法将它消除的话，在仪器精度分析中，可不计其影响。

(2)未定系统误差的合成。对于未定系统误差的合成，通常用两种方法合成：绝对和法及方和根法。

若仪器系统中具有未定系统误差$\pm e_1,\pm e_2,\cdots,\pm e_n$，则按绝对和法计算，其未定系统误差的综合误差为

$$\pm e_y = \pm\left(\left|\frac{\partial y}{\partial x_1}e_1\right| + \left|\frac{\partial y}{\partial x_2}e_2\right| + \cdots + \left|\frac{\partial y}{\partial x_n}e_n\right|\right) \tag{3-7}$$

若
$$\frac{\partial y}{\partial x_1} = \frac{\partial y}{\partial x_2} = \cdots = \frac{\partial y}{\partial x_n} = \pm 1$$

则有
$$\pm e_y = \pm(e_1 + e_2 + \cdots + e_n) = \pm\sum_{i=1}^{n} e_i$$

由于这种方法是以极端情况为前提的，特别是当误差的项数较多时，计算的结果往往偏大，故一般采用方和根法计算，即

$$\pm e_y = \pm\sqrt{\left(\frac{\partial y}{\partial x_1}\right)^2 e_1^2 + \left(\frac{\partial y}{\partial x_2}\right)^2 e_2^2 + \cdots + \left(\frac{\partial y}{\partial x_n}\right)^2 e_n^2} \tag{3-8}$$

若
$$\frac{\partial y}{\partial x_1} = \frac{\partial y}{\partial x_2} = \cdots = \frac{\partial y}{\partial x_n} = \pm 1$$

则有
$$\pm e_y = \pm\sqrt{e_1^2 + e_2^2 + \cdots + e_n^2}$$

这种计算方法所得的结果，一般比较接近实际值。

(3)随机误差的合成。若仪器参数 $x_1, x_2, \cdots, x_n$ 的误差相互独立，且服从正态分布，其标准误差分别为 $\sigma_1, \sigma_2, \cdots, \sigma_n$，由概率论可知，仪器的输出量 y 也应服从正态分布，且其标准误差 σ_y 为

$$\sigma_y = \sqrt{\left(\frac{\partial y}{\partial x_1}\right)^2 \sigma_1^2 + \left(\frac{\partial y}{\partial x_2}\right)^2 \sigma_2^2 + \cdots + \left(\frac{\partial y}{\partial x_n}\right)^2 \sigma_n^2} \tag{3-9}$$

将式(3-9)表示成极限误差的形式，则有

$$\delta_y = \pm\sqrt{\left(\frac{\partial y}{\partial x_1}\right)^2 \delta_1^2 + \left(\frac{\partial y}{\partial x_2}\right)^2 \delta_2^2 + \cdots + \left(\frac{\partial y}{\partial x_n}\right)^2 \delta_n^2} \tag{3-10}$$

若仪器参数 $x_1, x_2, \cdots, x_n$ 的误差相互独立，且服从正态分布，误差相互独立，当样本 n 较大时，一般其合成误差仍服从正态分布，故有

$$\delta_y = \pm\sqrt{\left(\frac{\partial y}{\partial x_1}\right)^2 k_1^2\delta_1^2 + \left(\frac{\partial y}{\partial x_2}\right)^2 k_2^2\delta_2^2 + \cdots + \left(\frac{\partial y}{\partial x_n}\right)^2 k_n^2\delta_n^2} \tag{3-11}$$

式中，$k_1, k_2, \cdots, k_n$ 为参数 $x_1, x_2, \cdots, x_n$ 分布曲线的相对分布系数。

(4)未定系统误差与随机误差的合成。这两种误差的合成方法，最常用的是高斯法。它实质上是将各项误差都作为独立的随机误差来处理的。

设仪器参数 $x_1, x_2, \cdots, x_l$ 具有未定系统误差 $\pm e_1, \pm e_2, \cdots, \pm e_l$；仪器参数 $x_{l+1}, x_{l+2}, \cdots, x_n$ 具有独立的随机误差 $\pm\delta_{l+1}, \pm\delta_{l+2}, \cdots, \pm\delta_n$，则按高斯法合成，其合成误差为

$$\delta_y = \pm\sqrt{\sum_{i=1}^{l}\left(\frac{\partial y}{\partial x_i}\right)^2 e_i^2 + \sum_{j=l+1}^{n}\left(\frac{\partial y}{\partial x_j}\right)^2 k_j^2\delta_j^2} \tag{3-12}$$

若仪器方程式为线性函数，且 $\frac{\partial y}{\partial x_i} = \frac{\partial y}{\partial x_j} \pm 1$，以及当参数 x_j 的误差服从正态分布时，$k_j = 1$，故

$$\delta_y = \pm\sqrt{\sum_{i=1}^{l} e_i^2 + \sum_{j=l+1}^{n} \delta_j^2} \tag{3-13}$$

这就是精密仪器精度分析中误差合成最常用的关系式。

二、精度

1. 精度含义

精度是误差的反义词，精度的高低是用误差来衡量的。误差大则精度低，误差小则精度高。通常把精度区分为三种，即

准确度：它是系统误差大小的反映；

精密度：它是随机误差大小的反映；

精确度：它是系统误差和随机误差两者综合的反映。

由此可见，精密度高未必准确度一定高，反之亦然。在以上两种情况下，精确度都不一定高。只有在精确度高的情况下，才表明准确度和精密度都高。

2. 精度的其他含义

(1)重复精度。重复精度是指在同一测量方法和测试条件(仪器、设备、测试者、环境条件)下，在一个不太长的时间间隔内，连续多次测量同一物理参数，所得到的数据的分散程度。重复精度反映一台设备固有误差的精密度。

(2)复现精度。复现精度又称再现精度。它是用不同的测量方法，不同的测试者，不同的测量仪器，在不同的实验室内，在较长的时间间隔对同一物理参数作多次测量，所得数据相一致的接近程度。

对于某一物理参数的测量结果，若重复精度和复现精度都很高，则表示该设备精度稳定，测量结果准确可信。否则，需要找出不一致的原因。复现精度一般应低于重复精度，因为测定复现精度时所包括的随机变化因素多于测定重复精度。

3. 灵敏度与分辨率

(1)灵敏度。输出值与输入值的变化量之比。即

灵敏度＝输出值的增量/输入值的增量

对于测量仪器来说，灵敏度等于被观测的示值增量($\mathrm{d}l$)与测量的增量($\mathrm{d}G$)之比。可以表示为

$$k=\frac{\mathrm{d}l}{\mathrm{d}G}$$

(2)分辨率。分辨率是仪器设备的一个重要技术指标，是仪器设备能感受、识别或探测的输入量(或能产生，能响应的输出量)的最小值。例如光学系统分辨率是指光学系统可分辨的两物点间的最小间距。

分辨率和精密度、精确度之间的关系如下：

(1) 要提高仪器的测量精密度，必须相应地提高仪器的分辨率。

(2) 分辨率与精确度紧密相关，提高仪器的分辨率能提高测量的精确度，但有时它们又是完全独立不相关的。

关于精度还有许多专用名词，由于不难理解，可查有关文献，在此不再赘述。

3.2 原理误差

在仪器的机构、电路、光路、气路或构件的实际应用中，应着重考虑如何以最小的误差来变换或传递原始信号，因此，对于仪器的误差分析应从实际出发。

从前面的分析可以看出，造成仪器示值误差的根源归结为原理误差和原始误差两大类。从数学特征看，原理误差多数属于系统误差，而原始误差多数为偶然误差（随机误差）。弄清原理误差的来源，提出它们的表现规律，采取减小误差的措施，提高仪器精度，是本节要讨论的问题。

在设计过程中，由于仪器的某些环节采用近似的原理来代替理论上应有的正确装置而产生的误差，称为原理误差或理论误差。其误差表达式为

$$\Delta y = y - y_0 = f(x) - f_0(x) \tag{3-14}$$

式中　$y = f(x)$——实际上采用的传动方程式；

$y_0 = f_0(x)$——理想的传动方程式。

在长度计量仪器中，原理误差多数表现为用线性刻度代替非线性刻度所带来的误差。如测角望远镜或自准直仪（见图 3-1），是以分划板上的刻度 z 来反映角度 α 的，即

$$z' = f' \tan \alpha \tag{3-15}$$

从式（3-15）中可见 z 与 α 呈线性关系。也就是说，分划板上的刻线按上式的关系呈不等间隔刻划时才正确。而实际上为了减少工艺上的困难，分划板是等间隔刻划的，即形成如下关系：

$$z' = f'\alpha \qquad (\tan \alpha \approx \alpha)$$

这样不可避免地要产生原理误差 Δz，即

$$\Delta z = z - z' = f' \tan \alpha - f'\alpha = f'\left(\alpha + \frac{1}{3}\alpha^3 + \cdots\right) - f'\alpha \approx \frac{1}{3} f'\alpha^3$$

或　　$\Delta\alpha \approx \frac{1}{3}\alpha^3$　　$\Delta\alpha = \tan \alpha - \alpha$

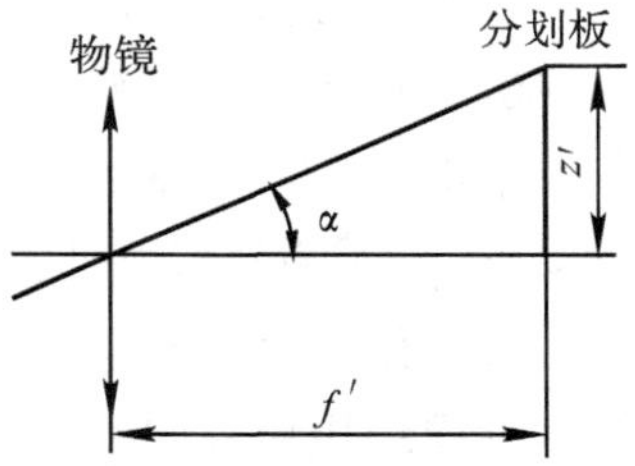

图 3-1　自准直仪的原理误差

自准直仪原理误差数据如表 3-1 所示。

表 3-1　自准直仪原理误差数据

α	$<2°$	$2°$	$3°$	$4°$	$5°$
$\Delta\alpha$	≈ 0	$2''$	$10''$	$25''$	$45''$

下面再举几个典型的例子来说明原理误差及其分析方法。

一、端面式杠杆百分表

1. 作用原理

如图 3-2 所示，杠杆百分表借助于杠杆齿轮传动，把测端的微小位移加以放大，以便观察。其传动过程是测头与断面齿轮按摩擦组合的方式组成杠杆齿轮。当测头有位移时，齿轮杠杆便绕其枢轴摆动，同时带动轴齿轮和固定在它上面的指针一起回转，最后由指针在刻度盘 E 上指示出相应的数值。

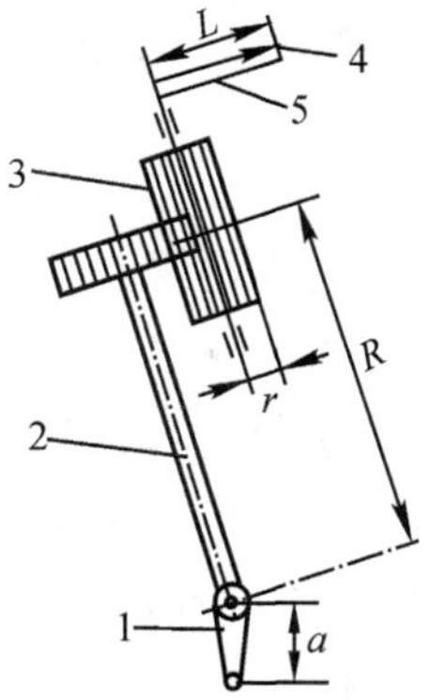

图 3-2　杠杆百分表作用原理

1—测头；2—端面齿轮；3—轴齿轮；4—指针；5—刻度盘

由 1 到 2 是不等臂杠杆传动，其位移放大系数为 R/a；2 到 3 为齿轮传动，在其啮合线上为等位移传动；由 3 到 4 又是不等臂杠杆传动，其位移放大系数为 L/r，故其总位移放大比为

$$i=\frac{R}{a}\cdot\frac{L}{r} \tag{3-16}$$

式中 R——端面齿轮的节圆半径($R=56.55\pm0.05$ mm)；

a——测头中心长度($a=7.5\pm0.02$ mm)；

L——指针长度；

r——轴齿轮的节圆半径。

其主要技术要求是：

分度值：0.01 mm；

测量范围：$S=0\sim0.8$ mm(实际 $S=1$ mm)；

允许示值误差：0.007 mm——在整个分度上的任何0.1 mm范围内；

0.015 mm——在整个测量范围内；

允许示值变化：0.003 mm；

测量力：40～150 g；

刻度数：$N=50$ 格；

刻度角节：$\gamma=7.2°$。

2. *原理误差的计算*

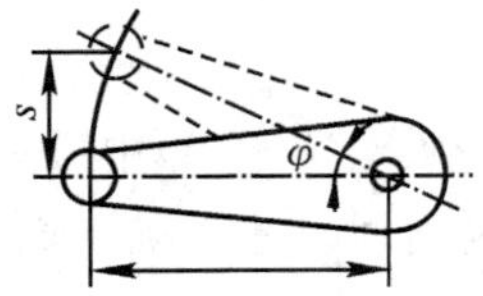

图 3-3 杠杆百分表测头作用原理

如图 3-3 所示为杠杆百分表测头部分的工作原理。被测值 $s=a\sin\varphi$，而测头与表针关连的值却是圆弧，用 $a\sin\varphi$ 来代替圆弧，自然要产生误差（这个误差就是由测头部分用正弦机构代替理想机构所引起的误差）。由杠杆百分表作用原理图与其测头工作原理图可以建立以下公式：

$$s=a\sin\varphi$$

$$\varphi=\arcsin\left(\frac{s}{a}\right) \tag{3-17}$$

由位移 s 引起的指针转角 α 为

$$\alpha=\frac{R}{r}\varphi=\frac{R}{r}\cdot\arcsin\left(\frac{s}{a}\right) \tag{3-18}$$

由 s 位移引起的指针末端的理论位移(弧长)

$$t=L\cdot\alpha=L\cdot\frac{R}{r}\cdot\arcsin\left(\frac{s}{a}\right) \tag{3-19}$$

式中 s——测头位移；

a——杠杆臂长；

α——由位移 s 引起的指针转角；

t——由位移 s 引起的指针末端的理论位移。

上述公式表明杠杆百分表测头位移量 s 和指针末端理论位移 t 之间的传动特性是非线性的，这时，如果刻度按式(3-19)做成非均匀刻度，那就不存在原理误差。但是为了使刻度盘容易制造，读数方便，采用了近似的传动原理，成为线性刻度，即

$$s=a\varphi$$

于是

$$t'=L\cdot\frac{R}{r}\cdot\varphi=L\cdot\frac{R}{r}\cdot\frac{s}{a} \tag{3-20}$$

式(3-20)表示了杠杆百分表的刻度特性(等间隔刻度、均匀刻度)，在这种情况下，要求仪

表的传动特性是线性的，但实际上杠杆齿轮机构的传动特性却是非线性的，因此，必然引起指针末端的位移误差，当以指针末端理论位移代替指针末端实际位移量时，则仪器的指针位移误差为

$$\Delta t = t - t' = L \cdot \frac{R}{r} \cdot \arcsin\left(\frac{s}{a}\right) - L \cdot \frac{R}{r} \cdot \frac{s}{a} \tag{3-21}$$

将 $\arcsin\left(\frac{s}{a}\right)$ 展开，并取到前面两项，则得

$$\Delta t = \frac{1}{6} L \cdot \frac{R}{r} \cdot \left(\frac{s}{a}\right)^3 \tag{3-22}$$

换算到被测值上，则原理误差为

$$\Delta s = \frac{\Delta t}{i}$$

式中，i 为传动比，$i = \frac{R}{a} \cdot \frac{L}{r}$，于是

$$\Delta s = \frac{a}{6}\left(\frac{s}{a}\right)^3 = \frac{1}{6} a\varphi^3 \tag{3-23}$$

式(3－23)说明，原理误差随着 φ 的增大而增大，在原理图中，设杠杆表刻度值 $c = 0.01$ mm，杠杆臂长 $a = 7.5$ mm，示值范围 $s = 1$ mm，即 $\sin\varphi = \frac{s}{a} = \frac{1}{7.5} = 0.133\,3$，$\varphi = 0.133\,3$ rad，于是原理误差为

$$\Delta s = \frac{1}{6} a\varphi^3 = \frac{1}{6} \times 7.5 \times (0.133\,3)^3 = 0.003 \text{ mm}$$

此时原理误差占杠杆表允许示值误差 0.015 mm 的 1/5，占一个刻度值 0.01 mm 的 1/3。如果示值误差范围增大到 $s = 2$ mm，则

$$\sin\varphi = \frac{s}{a} = \frac{2}{7.5} = 0.266\,6 \quad \varphi = 0.270\,5 \text{ rad}$$

原理误差为

$$\Delta s = \frac{1}{6} a\varphi^3 = \frac{1}{6} \times 7.5 \times (0.270\,5)^3 = 0.023\,686 \text{ mm}$$

即原理误差 Δs 几乎等于允许的示值误差，并大于 0.01 mm 的刻度值，当然这是不允许的。因此，在这种情况下，对示值范围应加以限制。因为原理误差 Δs 与转角 φ 的三次方成正比，即 φ 有一点点增加，Δs 便增加得很快。

从上面的分析还可以看出，在测量范围一定的情况下，杠杆臂长 a 增大，则转角 φ 减小，那么 Δs 也随之大大减小，因而在结构允许的条件下，应尽量加大臂长 a。但从公式(3－23)看出，a 值增大，传动比 i 减小，a 不能任意加大。有些仪表，为了减小 Δs，加大 a 又确保传动比 i 不致减小，而采用了双杠杆或其他方式的传动。

3. 减小原理误差的方法

在进行仪器设计时，首先应当考虑原理误差的大小，控制它对示值误差的影响，使之只占仪器允许示值误差的一小部分。因此，我们必须研究减小原理误差的方法。

前面我们已经指出了控制测头转角 φ，即用增加测头中心长度 a 的方法来减小原理误差，这种方法在结构尺寸允许的条件下最为简单易行。进一步研究表明，在测头转角 φ 已定的情况下，设法通过调整的方法，使机构的原理误差达到尽可能小，这种方法称之为最佳调整法。

具体计算调整请参考“精密机械零件”杠杆机构的原理误差分析这一节内容。

分析结果：实质上是当理想机构在 $-\varphi_0 \sim +\varphi_0$ 范围内工作时，若调整量端臂长尺寸 a，使量杆工作转角 $\varphi \approx 0.87\varphi_0$，那么在指示范围(从零算起)的约 90%处误差为最小，即达到最佳调整，这时原理误差减小到未调整前的 $\frac{1}{4}$，即 $\frac{1}{4} \times \frac{1}{6} a\varphi^3$。

最佳调整法，对于杠杆百分表不一定有多大实际意义，因为它的原理误差占的比例很小，并且在使用过程中很难控制量端在 $-\varphi_0 \sim +\varphi_0$ 范围内工作，但是这种方法在有固定零点的杠杆齿轮式仪器中被广泛采用。

二、双正弦机构原理误差分析

目前，精度较高、放大倍数较大(大于 500～1 000 倍)的机械式或光学机械式测微仪，多采用三级传动，在机械传动中，齿轮传动虽无原理误差，但因其加工误差一般较大，不易达到较高的传动精度，而杠杆传动由于其结构简单，故在三级传动的测微仪设计中，靠近量杆的头两级传动，往往都采用杠杆传动。目前，国内外这类仪器的设计，多选用双正弦机构。

三、激光扫描测径仪原理误差分析

有的测量仪器或装置，在测量方法上就存在一定的近似性，使该仪器或装置在设计上就存在固有误差，即原理误差。在仪器设计时，必须考虑该项误差的大小，以便采取必要的措施。若其数值不大，自然就可以忽略。以下以激光扫描测径仪为例，来说明测量方法原理误差的由来及其消除的途径。这种仪器的精度高、重复性好、测量速度快，在拉丝、轧钢过程中的在线检测中有广泛应用。

图 3-4 所示为激光扫描测经仪的结构原理图。氦气激光器 1 射出的激光束经反射镜 2、透镜 4(用来减小激光光束的发散)、反射镜 5 和用同步电机带动旋转的多面棱镜 3，再经过透镜 6 对被测工件 7 进行扫描，然后经过透镜 8 由光电二极管 9 接收。在激光光束被工件遮挡的时间间隔内，计数器所计的脉冲数就代表了被测工件的直径。

为保证扫描信号与计算电路中计数脉冲的同步，同步电机与计算电路用同一个晶体振荡器控制。

通常，近似地认为激光光束的扫描速度是匀速的，即

$$v = 2\omega f = 4\pi n f \tag{3-24}$$

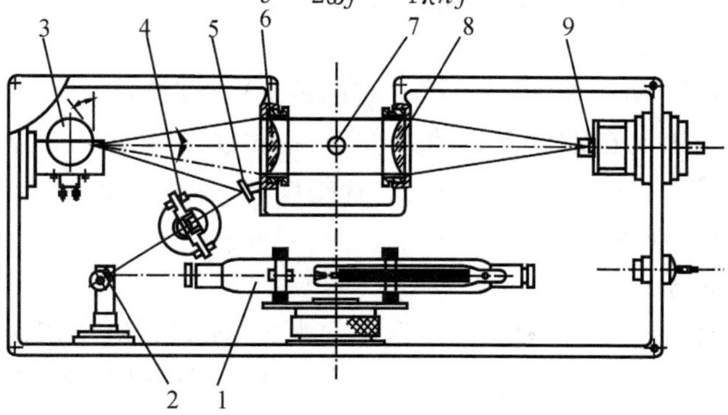

图 3-4　激光扫描测径仪

1—激光器；2—反射镜；3—多面棱镜；4—透镜；5—反射镜；
6—透镜；7—被测工件；8—透镜；9—光电二极管

式中，n，ω 分别代表转镜的转速和角速度，f 代表透镜的焦距，并已考虑了激光反射光束的角速度是转镜角速度的 2 倍。设 $f=150.2$ mm，$n=50$ r/s，则

$$v=94.37\ \mathrm{m/s}\approx 94\ \mathrm{m/s}$$

若填充脉冲的频率为 2.5 MHz，就可近似地算出脉冲当量 $Q=0.037\,75$ mm。

但实际上，激光光束的扫描速度是变化的，扫描激光束从透镜的光轴扫至距光轴的距离 $\pm y$ 处与时间 t 的关系式为

$$y=f\tan(2\omega t)=f\tan(4\pi nt)$$

其扫描速度 v 为

$$v=\frac{\mathrm{d}y}{\mathrm{d}t}=4\pi nf\sec^2(4\pi nt)=4\pi nf[1+\tan^2(4\pi nt)] \tag{3-25}$$

若以 D 表示透镜的口径，显然，当 $\tan(4\pi nt)=\dfrac{D}{2f}$ 时，即在透镜的边缘处扫描速度 v 为最大，即

$$v_{\max}=4\pi nf\left(1+\frac{D^2}{4f^2}\right)=\pi n(4f^2+D^2)/f$$

当 $\tan(4\pi nt)=0$ 时，即在透镜的光轴处，扫描速度为最小，即

$$v_{\min}=4\pi nf$$

因扫描速度变化的规律是确定的，所以在高精度的扫描测量中，被测值的原理误差可根据仪器脉冲当量的实际值及被测件位置的变动等因素，在数据处理中用计算机进行修正。

现将本节内容小结如下：

(1)原理误差与制造无关。无论仪器制造得多么精确，原理误差依然存在。在计量仪器中这类误差多数表现为非线性刻度特性的线性化。

(2)一般来讲，原理误差随着示值范围的增大而增大，因此一些仪器的示值范围受到限制。但为扩大示值范围，可采取机构组合等措施，以减小原理误差。

(3)在仪器设计中，采用近似原理的原则是：原理误差应当和理想机构的原始误差相比较在数量上具有较小或相近的数量级。就是说，当原理误差远远小于原始误差时，一般采用近似结构，以简化仪器结构，降低工艺成本。从另一角度来看，为了避免原理误差，而按理想结构进行设计，结果会使得设计的仪器很复杂，测量链过长，给制造带来麻烦，造成较大的累积误差(原始误差)，这时，反而会有可能降低仪器的总精度，当然这是不合算的，因此设计人员应尽量探讨采用近似设计的可能性。因为大多数原理误差是个定值，或是有规律变化的数值，故可直接求出其大小，并采用调整或修正的办法使之减少。

3.3　仪器机构误差分析及常见误差计算方法

一、原始误差与作用件

上一节我们讨论了仪器的原理误差，但是原理误差并不能充分说明仪器的实际精度，还必须研究由于仪器的机构参数在制造过程中存在的误差对仪器机构的影响，也就是实际机构与理想机构的不一致，这部分误差我们也称为原始误差。

原始误差是由于制造、安装、调整不完善和使用中的磨损、变形等，使得仪器构件、部件的形状、尺寸、相互位置、工作参数偏离理想位置而产生的误差。如钟表式百分表，从理论上讲是没有原始误差的，但由原始误差所引起的后果却很严重。因为钟表中齿条、齿轮等零件不可能制造得完美无缺，即使制造十分讲究，也难免要磨损，所以原始误差所造成的后果，往往比原理

误差严重得多。在分析原始误差所造成的仪器示值误差时要注意以下几点：

(1)并不是所有构件的误差都带来仪器误差，在此只分析那些对仪器示值误差产生影响的误差。把具有这种性质的误差称为机构原始误差。具有原始误差的构件，也就是仪器作用原理图上出现的必不可少的构件——作用件。判断原始误差的标准有两条：

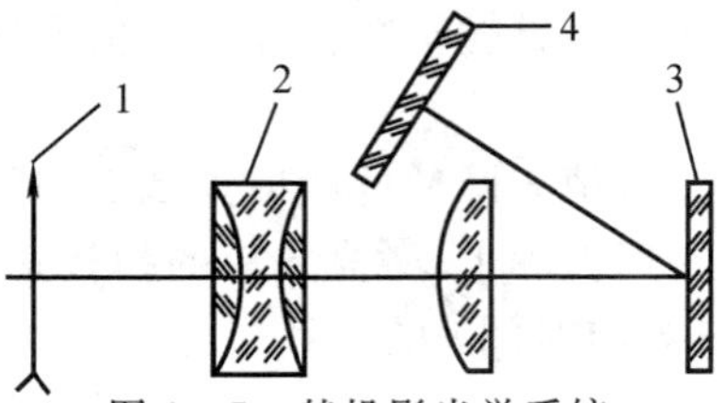

图 3-5　某投影光学系统

1—置物平面；2—物镜；3—反射镜；4—投影屏

1)只有属于作用件的误差才有可能成为原始误差，但并不是作用件上的所有参数误差都是原始误差。

例如：某一投影光学系统，如图 3-5 所示，它的作用件有置物平面 1、物镜 2、反射镜 3 和投射屏 4。只有属于这些零件的误差才有可能成为原始误差。如图 3-5 中物镜 2 各面的半径精确度厚度和间隔折射率等的误差，都是作用件的误差。它们是否都是原始误差呢？这还得看第二条标准来确定。

2)只有影响作用件之间正确关系或状态的零部件参数的误差才是原始误差。

上例符合第二条标准的参数有物镜各曲率半径厚度、间隔隔圈厚度、折射率等都是原始误差。而物镜半径倒角尺寸等误差虽然符合第一条标准，但不符合第二条标准，它们不影响投影放大关系，因此，不能成为原始误差。

这就是给我们的一个启示，在分析原始误差时要把注意力放在作用件的误差分析上。作用件以外的误差，一般可以排除。同时根据第二条标准，在分析作用件误差时，只要抓住那些影响作用件之间正确相互关系或状态的误差就可以了。

(2)并不是所有作用件的原始误差对仪器精度的影响程度都是一样的，而是有大有小。所以，应该找出它的影响程度。此影响程度被称之为该原始误差的影响系数或传动比。影响系数大说明影响程度大，反之影响程度小。

(3)在考虑原始误差对仪器示值精度的影响时，只研究构件尺寸或位置变化所造成的误差是不够的，同时要注意零参数(名义值为零)，因为它们在某些计算中难以表示，如零件的倾斜配合间隙度盘偏心等。从总体来讲，只考虑机构误差的影响，仍然是不全面的，还必须研究由于电路或气路参数的误差对仪器示值误差的影响。

(4)一个原始误差只使仪器产生一定的示值误差，这部分误差称做局部误差。从计算方法来看，局部误差是某一原始误差的函数，并且与其他原始误差无关，不因其他原始误差的大小或变化而变化，这就是“误差独立作用原理”。因此可以一个一个地计算出原始误差所造成的仪器局部误差。在考虑某一原始误差时，其他原始误差均视为零。各局部误差之和就是仪器的示值误差。

下面分别介绍几种常见的误差计算方法。

二、微分法

当用微分法计算各个原始误差所造成的仪器误差时，首先根据仪器(或机构)的传动特性列出它的传动方程式，然后对方程进行全微分，方程的全微分值就代表仪器的示值误差量。

设仪器的传动方程为

$$S=f(x_1,x_2,\cdots,x_n,s) \tag{3-26}$$

式中　　S——输出量；

s——输入量；

$x_1, x_2, \cdots, x_n$——仪器的结构参数。

对式(3-26)进行全微分，得

$$dS = \frac{\partial f}{\partial x_1}dx_1 + \frac{\partial f}{\partial x_2}dx_2 + \cdots + \frac{\partial f}{\partial s}ds \tag{3-27}$$

由于结构参数的误差实际上都是微小量，故式中的各微分量 $dx_1, dx_2, \cdots, dx_n$ 均可看做是各结构参数的误差量，而 ds 则可看做是输出量的误差。所以，全微分公式就可表示为由于各原始误差 $dx_1, dx_2, \cdots, dx_n$ 所造成的输出量误差的表达式。其中，$\frac{\partial f}{\partial x_i}dx_i$ 表示了原始误差所造成的仪器的局部误差；偏导数$\frac{\partial f}{\partial x_1}, \frac{\partial f}{\partial x_2}, \cdots, \frac{\partial f}{\partial x_n}$表示各原始误差对仪器误差的影响程度，即各原始误差的影响系数或传动比。

【例 3-1】 杠杆百分表示值误差的计算(见图 3-2)。

已知杠杆百分表的传动方程式为

$$s = a\sin\varphi$$

$$a = \frac{R}{r}\cdot\varphi$$

式中　s——量端位移；

φ——测头转角；

a——指针角位移。

现在讨论由于参数 a, R, r 的原始误差所引起的仪器示值误差。对上两式进行全微分，则有

$$\Delta s = (\sin\varphi)\cdot\Delta a + (a\cos\varphi)\cdot\Delta\varphi \tag{3-28}$$

$$\Delta a = \frac{R}{r}\Delta\varphi + \frac{\varphi}{r}\Delta R - \frac{R}{r^2}\varphi\cdot\Delta r \tag{3-29}$$

取量端位移增量 $\Delta s=0$，(精度计算中通常可取输入增量为零)，则

$$\Delta\varphi = -\frac{\Delta a\sin\varphi}{a\cos\varphi} = -\frac{\Delta a}{a}\tan\varphi \tag{3-30}$$

得仪器指针(输出端)角位移偏差与机构参数原始误差的关系式为

$$\Delta a = -\frac{R}{ra}\tan\varphi\cdot\Delta a + \frac{\varphi}{r}\cdot\Delta R - \frac{R}{r^2}\varphi\cdot\Delta r \tag{3-31}$$

式(3-31)即为由参数 a, R, r 的原始误差所引起的指针角位移误差。系数$-\frac{R}{ra}\tan\varphi, \frac{\varphi}{r}, -\frac{R}{r^2}\varphi$ 表示参数 a, R, r 的原始误差对仪器误差的影响程度及方向，把它们称做 a, R, r 的原始误差的传动比或影响系数。

把指针角位移偏差折合为示值误差的关系为

$$\Delta s = \frac{\Delta a}{\gamma}\cdot c \tag{3-32}$$

式中　γ——刻度盘刻度角节；

c——刻度盘刻度值。

所谓刻度角节，即当测量端移动一个刻度值 c 时，指针转过的角度值。当指针转过一个角节 γ，指针末端所走过的圆周距离为 γL（L 为指针长度）因此

$$\gamma L=ic$$

式中，i 为传动比，$i=\frac{R}{a}\cdot\frac{L}{r}$，代入上式，则有

$$\gamma=\frac{ic}{L}=\frac{R}{ar}\cdot c$$

于是

$$\frac{\gamma}{c}\Delta s=\frac{R}{ar}\cdot\Delta s=\Delta a$$

代入公式(3-31)中有

$$\frac{R}{ar}\cdot\Delta s=-\frac{R}{ra}\tan\varphi\cdot\Delta a+\frac{\varphi}{r}\cdot\Delta R-\frac{R}{r^2}\varphi\cdot\Delta r$$

所以

$$\Delta s=-\Delta a\cdot\tan\varphi+\frac{\Delta R}{R}\cdot a\varphi-\frac{\Delta r}{r}\cdot a\varphi$$

因为 $\tan\varphi\approx\varphi+\frac{1}{3}\varphi^3$，当 φ 很小时，$\tan\varphi\approx\varphi$，所以

$$\Delta s=a\varphi\left(-\frac{\Delta a}{a}+\frac{\Delta R}{R}-\frac{\Delta r}{r}\right)$$

如果考虑到 $a\varphi=s$，则有

$$\frac{\Delta s}{s}=-\frac{\Delta a}{a}+\frac{\Delta R}{R}-\frac{\Delta r}{r} \tag{3-33}$$

从式(3-33)可以得出如下结论：

(1)传动链中任一杠杆臂长的相对误差直接反映为仪器示值误差的相对误差；

(2)臂长误差反映的示值误差为累积误差，即这种误差随着测量行程的增大而成比例地增长。

根据上述结论可以很快计算出臂长对示值误差的影响。

例如，测头的臂长为 $a=7.5$ mm，而实际制造尺寸为(7.5+0.075)mm，那么可以算出测头臂长的相对误差为 $+\frac{0.075}{7.5}=1\%$，因此反映示值相对误差为 -1%，当量程为 1 mm 时局部误差为 -0.01 mm。反之，改变臂长又可以抵消此项局部误差。例如，装配后，1 mm 量程上累计的局部误差为 -0.02 mm，即相对局部误差为 $-\frac{2}{100}$。改变臂长 $-\frac{2}{100}$，使之产生 $+\frac{2}{100}$ 的相对局部误差来抵消，即测头臂长缩短 $+\frac{2}{100}\times 7.5=0.15$ mm。

下面讨论原始误差影响系数的简化计算问题。

在上述公式的演变过程中用 φ 代替 $\tan\varphi$，此时影响系数被简略的百分数（即相应项局部误差被简略的百分数）为

$$\frac{\tan\varphi-\varphi}{\tan\varphi}$$

设 $\varphi=10°$，并以弧度代入得

$$\frac{\tan 10°-10°}{\tan 10°}\approx 0.01$$

即该项局部误差在简化计算中被简略了 1%。令杠杆百分表示值误差为 0.015 mm，如果

把一项局部误差简化为 0.01 mm，简略计算的误差也只有 0.01×0.01 mm＝0.000 1 mm＝0.1 μm。这样就可以忽略不计简化的误差。

根据上述讨论可以初步得出如下结论：

(1)当原始误差的影响系数为三角函数时，在 φ 不大的情况下（$\varphi<20°$），可以近似取：$\tan\varphi=\varphi$，$\sin\varphi=\varphi$，$\cos\varphi=1$。

(2)原始误差的影响系数的简化计算只引起相对误差，无论高精度仪器还是低精度仪器都可以进行上述计算，但 φ 越大，简化计算的误差也越大。

(3)这里讨论的问题是原始误差影响系数为三角函数时的简化问题，在其他部位出现的三角函数是否简化应作具体分析。如原理误差 $\Delta s=a(\varphi-\sin\varphi)$ 中的 $\sin\varphi$ 不能简化为 φ。

三、几何法

这种方法就是利用几何关系来分析原始误差对仪器精度的误差。

【例 3-2】 在如图 3-6 所示的螺旋测微仪中，由于制造或装配产生误差，使得螺旋轴线与滑块运动方向成一夹角 θ，求由此而引起的滑块位置误差 ΔL。

【解】 机构的传动方程为

$$L=\frac{\varphi}{2\pi}z \qquad (z \text{ 为导程}, z=np) \tag{3-34}$$

式中　L——滑块移动距离；

φ——螺旋转角；

p——螺距。

由于有原始误差夹角 θ，则滑块的实际移动距离 L' 为

$$L'=L\cos\theta=\frac{\varphi}{2\pi}z\cos\theta$$

故滑块位置误差为

$$\Delta L=L-L'=\frac{\varphi}{2\pi}z-\frac{\varphi}{2\pi}z\cos\theta=\frac{\varphi}{2\pi}z(1-\cos\theta)=\frac{\varphi}{2\pi}z\frac{\theta^2}{2}=\frac{\varphi}{4\pi}z\theta^2$$

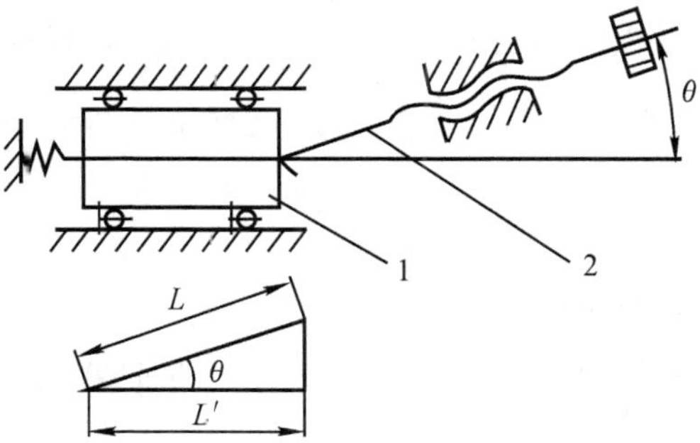

图 3-6　螺旋测微仪

1—滑块；2—螺旋轴线

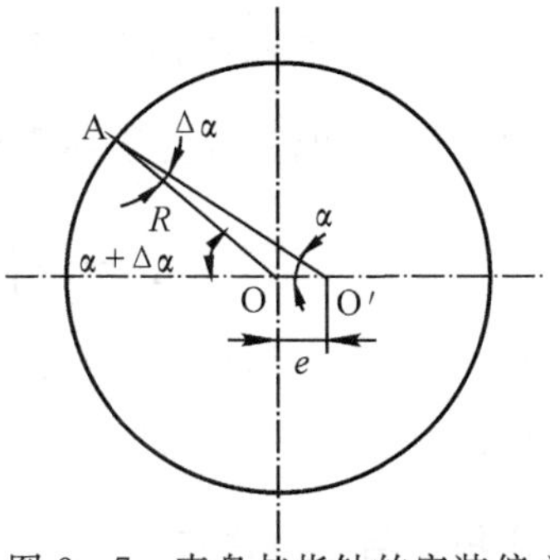

图 3-7　表盘与指针的安装偏心引起的示值误差

【例 3-3】 如图 3-7 所示，设 O 是表盘中心，O′是指针中心。由于指针与表盘安装偏心，当指针旋转 α 角时，在表盘上的示值却是 $\alpha+\Delta\alpha$ 角，其差值为 $\Delta\alpha$，求其最大示值误差 $\Delta\alpha_{max}$。

【解】 由正弦定理可知

$$\frac{\sin\alpha}{OA}=\frac{\sin\Delta\alpha}{OO'}$$

即

$$\frac{\sin\alpha}{R}=\frac{\sin\Delta\alpha}{e}$$

$$\sin\Delta\alpha=\frac{e}{R}\sin\alpha$$

式中 R——表盘半径；

e——偏心量。

由于 $\Delta\alpha$ 很小，故 $\sin\Delta\alpha\approx\Delta\alpha$，最后得

$$\Delta\alpha=\frac{e}{R}\sin\alpha$$

因为 $\sin\alpha$ 在±1 范围内变动，所以由于表盘安装偏心 e 所引起的最大示值误差为

$$\Delta\alpha_{\max}=\pm\frac{e}{R}$$

【例 3－4】 如图 3－8 所示为一激光干涉测量装置的光路图。激光器发出的激光束被移相分光镜分裂为两束，两个角耦棱镜一个为参考镜，另一个为与被测件相连接的可动镜。仪器在调整时，应调整得使可动镜的运动方向与激光束水平方向的光轴平行，若两者存在夹角 $\Delta\theta$，当被测长度（可动镜的移动距离）为 L 时，则从光电接收器接收的脉冲数所反映的长度为 L'。求其测量误差 ΔL。

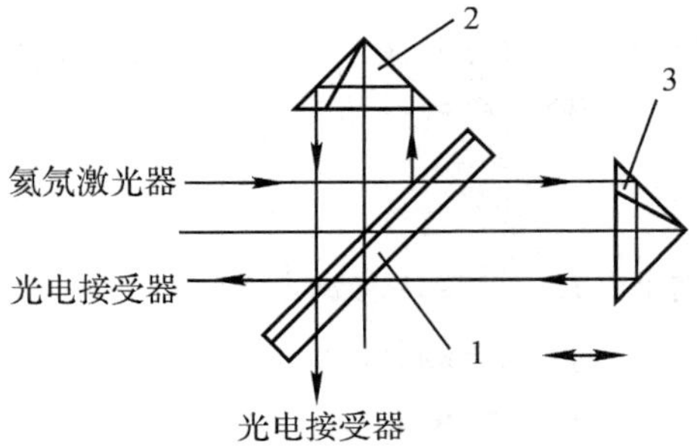

图 3－8 激光干涉测量

1—移相分光器；2—参考镜；3—可动镜

由几何分析不难得出

$$L'=L\cos\Delta\theta$$

测量误差

$$\Delta L=L'-L=L(\cos\Delta\theta-1)=-\frac{\Delta\theta^2}{2}L$$

可见由于导轨方向调整不正确所引起的测量误差为二阶微量。不过，当被测的长度 L 较大时，导轨方向的调整，还是要尽量使 $\Delta\theta$ 值为最小。如 $\Delta\theta=\frac{0.1}{100}$，当 $L=200$ mm 时，其误差为

$$\Delta L=-\left(\frac{0.1}{100}\right)^2\times\frac{200}{2}\times1\ 000=-0.1\ \mu m$$

几何法的优点是简单、直观，但应用在复杂机构上则较为困难。

针对机构误差的特点，还有一些求测量误差的其他方法，如逐步投影法、瞬时臂法等。

四、作用线与瞬时臂法

微分法是从仪器的传动方程式上来研究原始误差对仪器示值误差的影响，它原则上可用于光、机、电、气等诸种原理的仪器。几何分析法是通过建立几何关系的方法来求出原始误差对仪器误差的影响。但这两种方法在研究原始误差对仪器误差影响时，都没有讨论原始误差作用的中间过程，而且在仪器机构中，有些原始误差也不可能用仪器方程式来表达，例如齿轮传动中的周节误差、齿形误差等。这就有必要研究原始误差作用的中间过程，以期逐步求出最

终结果。

原始误差作用的中间过程，也就是原始误差向示值传递的过程。显然，原始误差的传递过程是和机构运动的过程紧密相关的。为此，作用线与瞬时臂法将研究以下两个问题：

(1) 机构传递运动的过程及传递公式。

(2) 原始误差怎样伴随着运动的传递过程而传递到示值，从而造成指示件(或从动件)的示值误差。

1. 机构传递运动的过程及其基本传递公式

机构传递运动的方式虽然很多，但是根据作用线和作用力的关系，一般可概括为推力传动和摩擦力传动两种。

在测量仪器中，推力传动应用较多。如杠杆机构、凸轮机构、螺旋机构、齿轮机构等。杠杆百分表就属于推力传动。在前一节介绍过，工件给测头以推力推动测头运动，杠杆另一端的端面齿轮推动轴齿轮，从而带动指针回转。

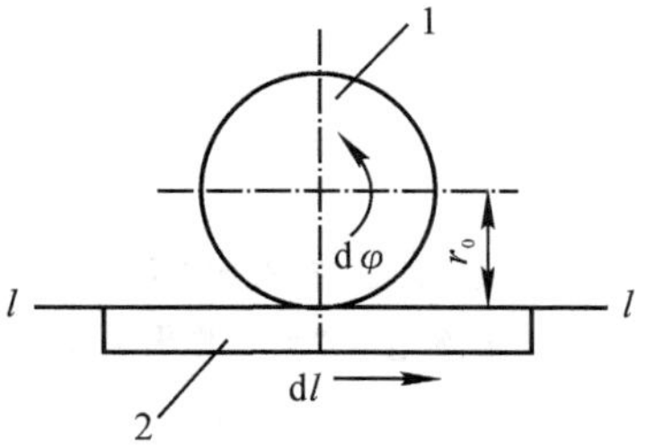

图 3-9　摩擦传动

1—摩擦盘；2—直尺

图 3-9 所示为摩擦盘与直尺传动，它属于摩擦力传动。摩擦盘 1 的旋转运动带动直尺 2 作直线运动。这种传动是靠摩擦盘与直尺之间的摩擦力实现的。摩擦盘给直尺以足够的摩擦力。摩擦传动由于存在着滑动，难以实现严格的传动比。相比之下，推力传动具有准确可靠的优点。因此在机械式测微仪中一般均采用推力传动。

尽管这两种传动方式不同，但它们有一共同的特征，即在相互作用的两个构件之间每一瞬时都有一个作用线。推力传动的作用线，为两构件接触点处的公法线，如凸轮机构；摩擦力传动的作用线为两构件接触点处的公切线，如摩擦盘传动。

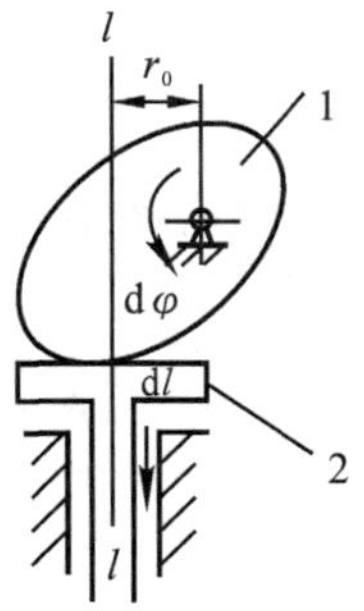

图 3-10　推力传动

1—凸轮；2—推杆

力的作用和运动的传递，都必须通过作用线。运动沿作用线传递的基本公式是

$$dl = r_0 d\varphi \tag{3-35}$$

式中　dl——构件 2 沿作用线的微小位移；

$d\varphi$——构件 1 相应的微小角位移；

r_0——自构件 1 的转动中心至作用线 l—l 的垂直距离，称为瞬时臂，在图 3-10 中 l—l 即为作用线。

瞬时臂 r_0 的数值一般是变动的，不同的瞬时，r_0 的数值不同。r_0 的变化可能是由于作用线的位置变化所引起的，也可能是由于主动件的回转中心的变化造成的。

式(3-35)是通过作用线与瞬时臂所表达的任何相互作用的构件之间传递运动的基本公式。根据这个基本公式，可以导出各种传动机构的传动方程式。

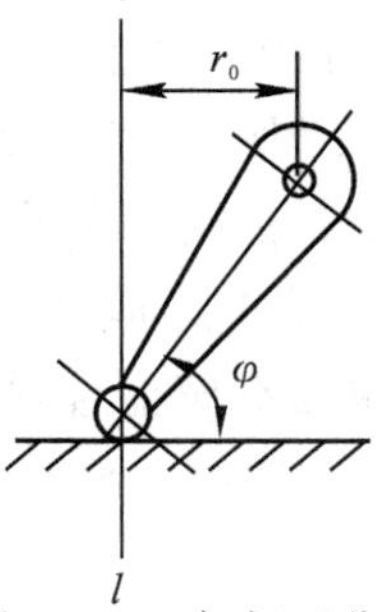

图 3-11　杠杆百分表

【例 3-5】　如图 3-11 所示的杠杆百分表，工件向测头传递运动的传动方程式为

$$dl = r_0 d\varphi = a\cos\varphi d\varphi$$

因而在作用线上的移动长度为

$$L\Big|_0^{\varphi}=\int_0^{\varphi}a\cos\varphi\mathrm{d}\varphi \tag{3-36}$$

$$L=a\sin\varphi$$

【例 3-6】 求摩擦盘与直尺的传动方程。

如图 3-9 所示,设摩擦盘直径为 D,瞬时臂 $r_0=\dfrac{D}{2}$,作用线为 l—l。于是,有

$$\mathrm{d}l=r_0\mathrm{d}\varphi=\frac{D}{2}\mathrm{d}\varphi$$

$$L\Big|_0^{\varphi}=\int_0^{\varphi}\frac{D}{2}\mathrm{d}\varphi$$

$$L=\frac{D}{2}\varphi$$

这就是摩擦机构的传动方程式。

【例 3-7】 求齿轮传动的方程式。

如图 3-12 所示,公法线为齿轮 O_1,O_2 间传递运动的作用线,α 为压力角(一般 $\alpha=20°$)。对于齿轮 O_1,有

$$\begin{cases}\mathrm{d}l_1=r_{01}\mathrm{d}\varphi_1\\ r_{01}=R_1\cos\alpha\end{cases}$$

对于齿轮 O_2,有

$$\begin{cases}\mathrm{d}l_2=r_{02}\mathrm{d}\varphi_{21}\\ r_{02}=R_2\cos\alpha\end{cases}$$

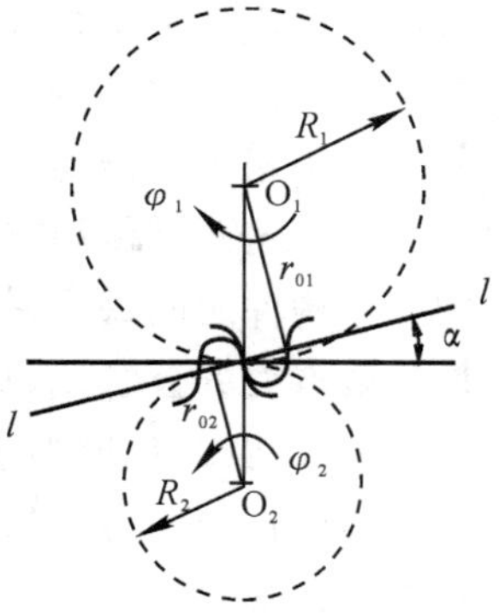

图 3-12　齿轮传动

显然,两个齿轮的传动在作用线方向上表现出来的微小位移应当相等,即

$$\mathrm{d}l_2=\mathrm{d}l_2\quad 或\quad R_1\cos\alpha\mathrm{d}\varphi_1=R_2\cos\alpha\mathrm{d}\varphi_2$$

即

$$R_1\mathrm{d}\varphi_1=R_2\mathrm{d}\varphi_2$$

$$\int_0^{\varphi_1}R_1\mathrm{d}\varphi_1=\int_0^{\varphi_2}R_2\mathrm{d}\varphi_2$$

$$R_1\varphi_1=R_2\varphi_2$$

$$\frac{R_1}{R_2}=\frac{\varphi_2}{\varphi_1}$$

这就是齿轮机构的传动方程式。

【例 3-8】 求无连杆曲柄机构的传动方程式。

如图 3-13 所示,机构中的主动件为曲柄,由于曲柄的转动使滑块 K 在滑槽中上下滑动,作用线 l—l 总是垂直于滑槽方向,因运动线 L—L 的方向也与滑槽垂直,故在这里作用线与运动线平行,因而 $\mathrm{d}L=\mathrm{d}l$,瞬时臂 $r_0=\mathrm{ON}=R\sin\varphi$ 所以

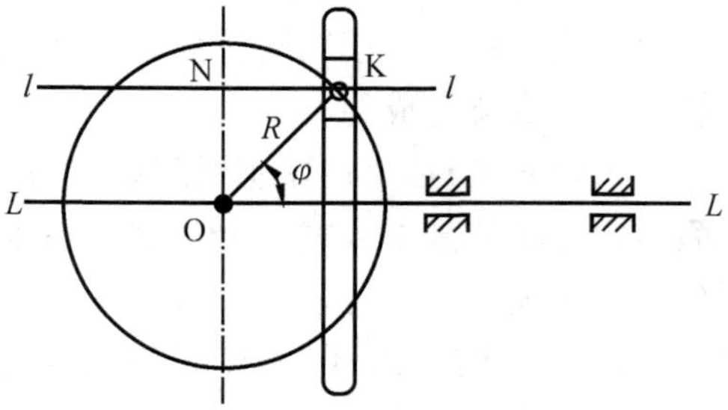

图 3-13　无连杆曲柄机构

$$\mathrm{d}L=\mathrm{d}l=r_0\mathrm{d}\varphi=R\sin\varphi\mathrm{d}\varphi$$

$$L=\int R\sin\varphi\mathrm{d}\varphi=R\int\sin\varphi\mathrm{d}\varphi$$

$$L\Big|_0^{\varphi}=R\int_0^{\varphi}\sin\varphi\mathrm{d}\varphi=R(1-\cos\varphi)$$

从例 3－8 中可以看出，作用线和运动线是有区别的，作用线是在某一瞬时传递力的方向，而运动线则是被研究质点运动的轨迹。

【例 3－9】 求齿轮-齿条机构的传动方程式。

如图 3－14 所示，当小齿轮向齿条传递运动 $\mathrm{d}l=r_0\mathrm{d}\varphi=r\cos\alpha\mathrm{d}\varphi$，且小齿轮旋转 φ 角时，有

$$L\Big|_0^{\varphi}=\int_0^{\varphi}r\cos\alpha\mathrm{d}\varphi=r\varphi\cos\alpha$$

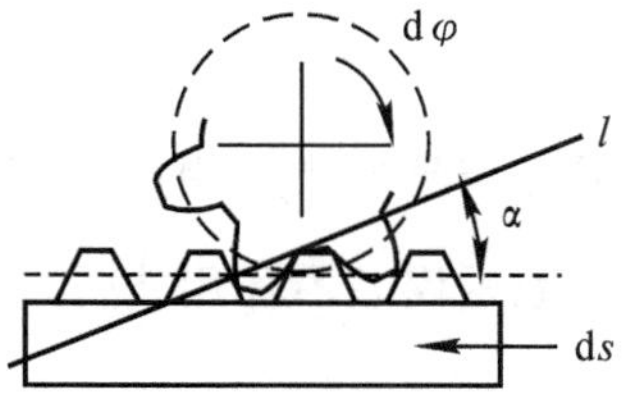

图 3－14　齿轮齿条机构

但齿条位移的运动线方向 ds 与 dl 具有夹角 α，则

$$\mathrm{d}s=\frac{\mathrm{d}l}{\cos\alpha}$$

故相应的齿条位移为

$$s\Big|_0^{\varphi}=\frac{1}{\cos\alpha}\times L\Big|_0^{\varphi}=r\varphi$$

式中，r 为齿轮的分度圆半径，α 为其分度圆压力角。

到此，我们讨论了理想的传动方程式，位移是通过构件之间的作用线传递的，而作用线和运动线又是有区别的：作用线是某一瞬时传递力的方向，而运动线则是被研究质点运动的轨迹。

2. 原始误差与作用误差

在实际机构中由于构件存在着原始误差，必然给仪器（或机构）的从动指示件造成影响。为了求得指示件的误差，大致应按下列步骤进行：

(1)求出机构各个运动副的作用线；

(2)求出每个作用线上的各个原始误差的作用误差。所谓作用误差，就是原始误差换算到作用线方向上的折合值，只有这个折合值才会对机构的工作精度产生直接影响；

(3)为了求得示值误差（或机构总误差），需要将一个作用线上的误差转换到另一个作用线上去，即求出表示各原始误差对机构误差影响程度的传动比。

在求每一个作用线上各原始误差的作用误差时，将会遇到如下几种情况：

(1)原始误差可以换算成（或等于）瞬时臂误差的情况。如图 3－15所示，当主动件 1 转动无限小的角度 dφ 时，从动件 2 沿作用线 l—l 由位置Ⅰ到位置Ⅱ移动无限小的距离 dl，则理想机构沿作用线传递运动的基本公式为

$$\mathrm{d}l=r_0\mathrm{d}\varphi$$

$$L\Big|_0^{\varphi}=\int_0^{\varphi}r_0\mathrm{d}\varphi$$

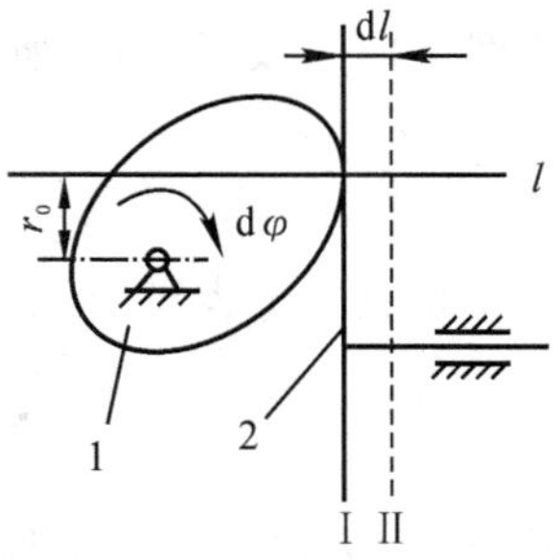

图 3－15　瞬时臂法

1—凸轮；2—推杆

但实际机构的瞬时臂是个变量，如果机构有原始误差，常表现在瞬时臂的附加变化上，实际的瞬时臂增加了多余的变动因素 δ_{r_0}，即

$$r'_0 = r_0 + \delta_{r_0} \tag{3-37}$$

而变量 δ_{r_0} 可由两部分组成：一部分为机构原理本身所要求的变量 δ_{1r_0}；另一部分为由于零件原始误差而引起的变量 δ_{2r_0}。实际机构传递运动的基本公式为

$$dl' = r'_0 d\varphi = (r_0 + \delta_{r_0}) d\varphi = (r_0 + \delta_{1r_0} + \delta_{2r_0}) d\varphi$$

$$L' \Big|_0^{\varphi} = \int_0^{\varphi} r'_0 d\varphi = \int_0^{\varphi} (r_0 + \delta_{1r_0} + \delta_{2r_2}) d\varphi \tag{3-38}$$

显然与理想机构相比，多余的项 $\int_0^{\varphi} \delta_{2r_0} d\varphi$ 就是原始误差造成的从动件作用误差。由此，便可导出原始误差沿作用线传递的基本公式为

$$\Delta F = \delta_{2r_0} d\varphi \tag{3-39}$$

$$\Delta F \Big|_0^{\varphi} = \int_0^{\varphi} \delta_{2r_0} d\varphi \tag{3-40}$$

式中，ΔF 为由于瞬时臂误差 δ_{2r_0} 引起的在作用线方向上的作用误差；φ 为回转件的转角。

例如，如图 3-16 所示，求渐开线齿轮机构，由于偏心 $e = O_1O'_1$ 而引起的作用误差。

由偏心引起的瞬时臂变化量为

$$\delta_{r_0} = e\sin\varphi$$

于是 $\Delta F = \int_{\varphi_1}^{\varphi_2} \delta_{r_0} d\varphi = \int_{\varphi_1}^{\varphi_2} e\sin\varphi d\varphi = e(\cos\varphi_1 - \cos\varphi_2)$

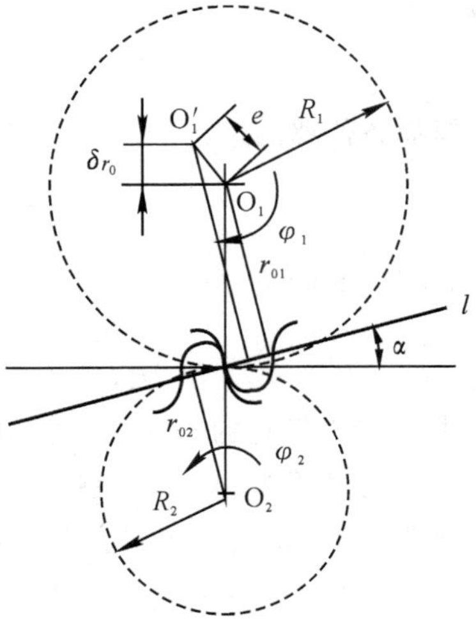

图 3-16 渐开线齿轮机构

(2)原始误差的方向与作用线方向相同的情况。例如，齿形误差、度盘、刻尺间刻划误差以及与杠杆相接触的测杆平面不平行等，这些误差的方向与作用线的方向一致，在这种情况下，一般不必再计算，可直接与其他作用误差相加。

下面举例说明作用误差的求法。

【例 3-10】 如图 3-17 所示，求渐开线齿轮因齿形误差引起的作用误差。

在一个齿上齿形误差所引起的作用误差，由于齿形误差和作用线方向一致(相同)，所以

$$\Delta F \Big|_0^{\varphi} = \Delta f_f \Big|_0^{\varphi}$$

超过一个齿时

$$\Delta F \Big|_0^{\varphi} \approx \Delta F_{pk} \cos\alpha + \Delta f_f \Big|_{k\omega}^{\varphi} \tag{3-41}$$

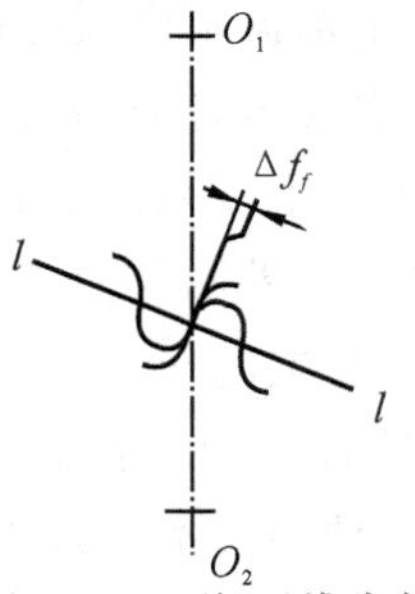

图 3-17 渐开线齿轮齿形误差引起的作用误差

式中，ΔF_{pk} 为 k 个周节的累积误差，系数 $\cos\alpha$ 是为了将误差的方向换算到作用线方向，$k\omega$ 为 k 个周节所对的中心角，则

$$\Delta F = \sum_1^k \Delta f_{pt} \cdot \cos\alpha + \Delta f_f \mid_{k\omega}^{\varphi}$$

式中，$\Delta f_{pt} \cdot \cos\alpha$ 为周节误差。

【例 3 - 11】 求某测微仪测杆正弦机构因平面波度引起的作用误差。

如图 3 - 18 所示，设测杆平面有波度，幅值为 c，波距为 L，波度的零点为 B，测杆在初始位置，OB 等于杠杆臂长，则由于平面波度而引起的在作用线方向上的作用误差为

$$\Delta c = c \cdot \sin 2\pi \cdot \frac{l}{L}$$

式中，l 为杠杆与测杆平面接触点到 B 之间的距离。则

$$l = a - a\cos\varphi = a\frac{\varphi^2}{2}$$

所以

$$\Delta c = c \cdot \sin 2\pi \cdot \frac{a\varphi^2}{2L}$$

考虑最不利情况，可取 $\Delta c = c$。

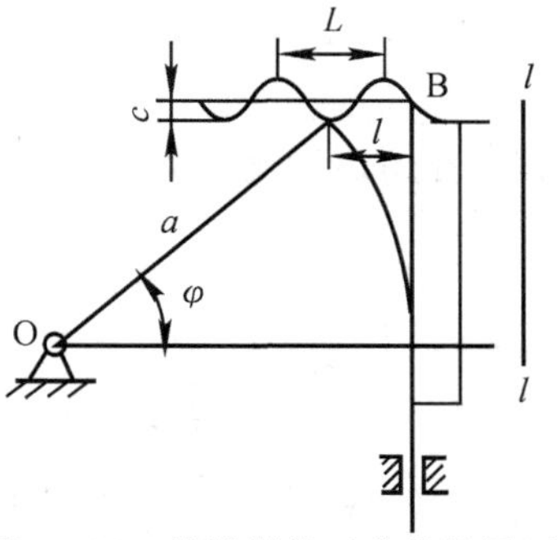

图 3 - 18　某测微仪正弦机构因面波度引起的作用误差

【例 3 - 12】 求摩擦盘与直尺的作用误差。

如图 3 - 9 所示，假定摩擦盘与直尺之间没有滑动，但由于摩擦盘具有尺寸误差 ΔD、偏心 e 和盘缘周期误差，这些也会引起直尺位移的误差。

由于尺寸误差 ΔD 所引起的位移误差为

$$\Delta F\Big|_{\varphi_1}^{\varphi_2} = \int_{\varphi_1}^{\varphi_2} \frac{\Delta D}{2}\mathrm{d}\varphi = \frac{D}{2}(\varphi_2 - \varphi_1)$$

此处 φ 应当用弧度表示，误差大小与转角 $\varphi_2 - \varphi_1$ 成正比，盘径 D 愈大则转角愈小，因而误差也越小。

由于偏心 e 所引起的位移误差为

$$\Delta F = \int_{\varphi_1}^{\varphi_2} \delta_{r_0}\,\mathrm{d}\varphi = \int_{\varphi_1}^{\varphi_2} e\sin\varphi\mathrm{d}\varphi = e(\cos\varphi_1 - \cos\varphi_2)$$

式中，ΔF 为周期性误差，误差的幅度 $\Delta F_{\max} = 2e$。

盘缘周期误差表示为

$$\delta_{r_0} = a\sin n\varphi$$

式中，a 为振幅，n 为频率。这个形式可以包括各种形状误差，当 $n=2$ 时可以近似地看做椭圆形；当 $n=3,4,5\cdots$ 时可以看做等径多边形；当 n 很大时，可以理解为波度；当 n 更大时，可理解为表面粗糙度。因此，由波度所引起直尺的位移误差为

$$\Delta F = \int_{\varphi_2}^{\varphi_2} \delta_{r_0}\,\mathrm{d}\varphi = \int_{\varphi_1}^{\varphi_2} a\sin n\varphi\mathrm{d}\varphi = \frac{a}{n}(\cos n\varphi_1 - \cos n\varphi_2)$$

若 $n=2$，则

$$\Delta F = \frac{a}{2}(\cos 2\varphi_1 - \cos 2\varphi_2)$$

这时误差的幅度 $\Delta F_{\max} = a$。

3. *作用误差向示值误差的转换*

根据以上所述，可以把一个运动副上各个原始误差的作用误差换算到共同的作用线上，并把它们加起来，折合成一个作用误差。但是整台仪器或机构，通常由 n 个运动副组成，每个运动副又有各自的作用线及作用误差。为了将机构的总误差换算到一个作用线上去，只要乘上相应的作用线之间的传动比即可。

作用线上的直线位移可看做某一瞬时的位移，即

$$\Delta L = r_0 \cdot \Delta\varphi \tag{3-42}$$

因此，任何运动副 n 与 m 的直线位移之比应为

$$i'_{mn}=\frac{r_{0n}\cdot\varphi_n}{r_{0m}\cdot\varphi_m}=\frac{r_{0n}}{r_{0m}}\cdot i_{mn}=\frac{r_{0n}\omega_n}{r_{0m}\omega_m} \tag{3-43}$$

式中　i'_{mn}——第 n 个作用线与第 m 个作用线之间的传动比；

r_{0n}, r_{0m}——第 n 个与第 m 个运动副中相应构件的瞬时臂；

φ_n, φ_m——第 n 个与第 m 个运动副中瞬时臂相应构件的转角；

i_{mn}——角转动比，并非直线传动比。

这样第 m 个作用线上的误差 ΔF_m 在第 n 个作用线上的误差折合值 $\Delta F'_n$，可以由下式来表示：

$$\Delta F'_n=i'_{mn}\cdot\Delta F_m=\Delta F_m\cdot\frac{r_{0n}}{r_{0m}}\cdot i_{mn} \tag{3-44}$$

如果开始一件的位移方向不在作用线上，或最后一件所求的位移与作用线的方向不符合，则可把它投影到作用线上，即

$$\Delta L=\Delta s\cos\alpha \tag{3-45}$$

式中　ΔL——作用线上的位移；

Δs——运动线上的位移；

α——作用线与运动线间的夹角。

这样，在具有 n 个作用线的机构中，可将各个作用线上的误差换算到第 n 个作用线上去，总误差折合总值为

$$\Delta F'_n=i'_{1n}\cdot\Delta F_{i1}+i'_{2n}\cdot\Delta F_{i2}+\cdots+i'_{(n-1)n}\cdot\Delta F_{i(n-1)}+\Delta F_{in} \tag{3-46}$$

式中　$\Delta F'_n$——折合到构件第 n 个作用线上的机构总误差；

$\Delta F_{i1}, \Delta F_{i2}, \cdots, \Delta F_{in}$——第一个，第二个，……，第 n 个作用线上的总误差（原始误差所引起的作用误差）；

$i'_{1n}, i'_{2n}, i'_{(n-1)n}$——构件 n 至第一个构件，第二个构件，……，第（$n-1$）个构件作用线之间的直线传动比。

下面举例说明。

【例 3-13】 已知杠杆百分表各个运动副的作用线如图3-19所示。

图中，l_1—l_1 为被测工件与测头之间的作用线；l_2—l_2 为啮合齿轮的作用线；l_3—l_3 为指针与刻度盘之间的作用线。

求折合到杠杆百分表刻度盘上的作用误差。

【解】 l_1 到 l_2 的直线传动比 $i_{12}=\frac{R}{a}\cos\alpha_f\approx\frac{R}{a}$；

l_2 到 l_3 的直线传动比 $i_{23}=\frac{L}{r\cos\alpha_f}\approx\frac{L}{r}$。

折合到刻度圆周上的作用误差为

$$\sum\Delta F_3=\Delta F_1\cdot i_{13}+\Delta F_2\cdot i_{23}+\Delta F_3$$

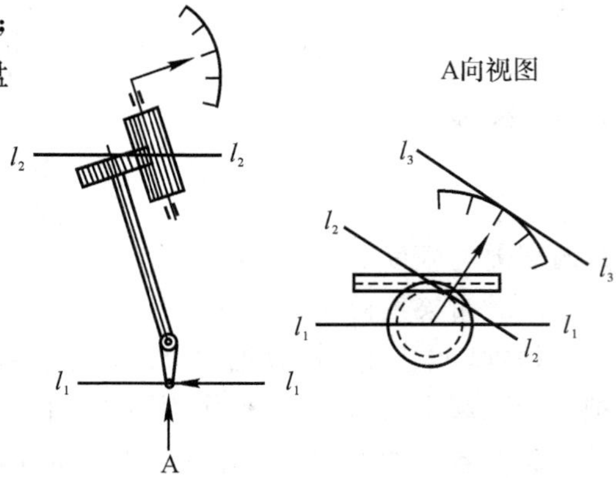

图 3-19　杠杆百分表各运动副作用线示意图

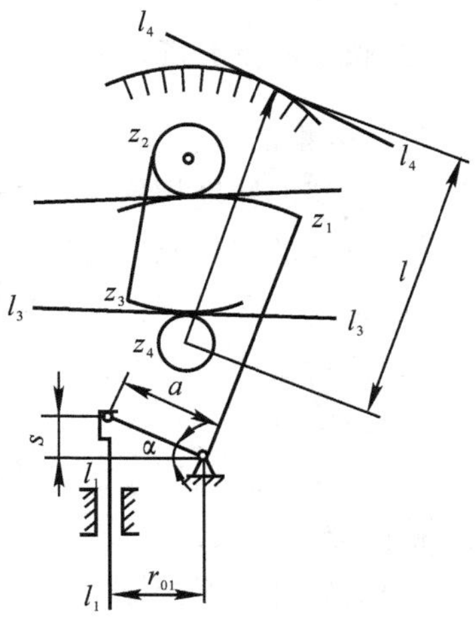

图 3-20　机械测微仪各运动副作用线示意图

【例 3-14】 某机械测微仪，如图 3-20 所示。设有原始误差 Δa 及 Δl（不计其他误差），求由此而造成的换算到指针末端的仪器误差。

【解】 指针末端的仪器误差可表示为

$$\Delta F = i'_{14}\Delta F_{i1} + i'_{24}\Delta F_{i2} + i'_{34}\Delta F_{i3} + \Delta F_{i4} = i'_{14}\cdot \Delta F_{i1} + \Delta F_{i4} \qquad (3-47)$$

而

$$\Delta F_{i1} = -\int_0^{\alpha} \Delta a \cos\alpha \cdot d\alpha = -\Delta a \sin\alpha \qquad (3-48)$$

$$r_{01} = a\cos\alpha \qquad \varphi_1 = \alpha \qquad r_{04} = l \qquad \varphi_4 = \frac{z_1}{z_2}\cdot\frac{z_3}{z_4}\cdot\alpha$$

于是

$$i'_{14} = \frac{r_{04}}{r_{01}}\cdot\frac{\varphi_4}{\alpha} = \frac{l}{a\cos\alpha}\cdot\frac{z_1}{z_2}\cdot\frac{z_3}{z_4}$$

所以

$$\Delta F_{i4} = \int_0^{\varphi} \Delta l d\varphi = \Delta l\cdot\varphi_4 = \Delta l\cdot\frac{z_1}{z_2}\cdot\frac{z_3}{z_4}\cdot\alpha$$

将上述各式代入式(3-47)得

$$\Delta F = -\Delta a\sin\alpha\cdot\frac{1}{a\cos\alpha}\cdot\frac{z_1}{z_2}\cdot\frac{z_3}{z_4} + \Delta l\cdot\frac{z_1}{z_2}\cdot\frac{z_3}{z_4}\cdot\alpha =$$

$$-\frac{l}{a}\tan\alpha\cdot\frac{z_1}{z_2}\cdot\frac{z_3}{z_4}\cdot\Delta a + \frac{z_1}{z_2}\cdot\frac{z_3}{z_4}\cdot\alpha\cdot\Delta l$$

式中　a——杠杆臂长；

α——由于测杆位移 s 引起的杠杆臂的转角；

z_1, z_2, z_3, z_4——相应齿轮齿数；

φ——由位移 s 引起的指针转角；

l——指针长度。

上式中位于 Δa 及 Δl 前的系数，即为原始误差的传动比，它表示了原始误差的影响程度。

3.4　仪器精度设计与误差分配

仪器精度设计包括两方面：一方面要研究与分配，已知仪器允许的总误差，将其经济、合理地分配到零部件上，并制定各零部件的公差和技术要求。另一方面需要设法用误差补偿方法去扩大允许的公差，以解决由于总误差数值很小，致使某些零部件的允许误差（公差）过小的问题。

一、仪器精度指标的制定

仪器的总精确度，应由使用要求来确定。过去常将仪器精确度取为被测结果精度的 1/3，或按经验确定数据，这是不科学的。

在制定仪器精确度指标时，要考虑仪器使用场合，如将一次测量数据作为测量结果的仪器应当用极限误差作为仪器总误差。若以多次测量平均值作为测量结果，则应当用均方误差为仪器的总精密度指标，这时仪器分划值可取仪器允许总误差的 1/2～1/10。

二、仪器精度分配步骤与依据

精度分配的依据是：

(1)仪器的精度指标和总技术条件。

(2)仪器的工作原理、机光电系统图、机械结构的装配图及有关零部件图。它们提供误差源总数、各误差源对仪器误差影响的程度及误差之间的互相补偿的可能性等的确定依据。

(3)仪器生产厂家的技术水平和加工、装配、检验等，以及产品使用的环境条件等。

(4)经济性。

(5)国家、部门、厂家的有关公差技术标准。

精度分配步骤：

(1)明确总精度指标；

(2)形成产品工作原理和总体方案时，主要考虑理论误差和方案误差；

(3)安排总体布局、机光电系统时，分别考虑其原理误差；

(4)完成各零部件的结构设计，进行总精度计算，找出全部误差源，写出各自的误差表达式，制定零部件公差与技术条件，确定补偿方案；

(5)将给定的公差技术条件标注到零件工作图上，编写技术设计说明书。

三、误差的分配方法

仪器总误差包括总系统误差和总随机误差。由于误差性质不同，其分配方法也各异。

1. 总系统误差

系统误差影响较大而数目较少。当系统误差是某一变量的函数时，则可用仪器误差方程来表示。例如用测长机进行长度测量时，误差是长度的函数，仪器误差为$\pm\frac{1+L}{200}\mu m$，若测量的零件长，则测量误差也较大。

系统误差公差制定的过程是：先算出原理系统误差，根据一般经济工艺水平给出原理误差的公差值，算出仪器局部的系统误差，最后折合成总系统误差。

如果总系统误差大于或接近仪器允许的总误差，说明公差不合理，要考虑采取技术措施加以解决或推翻原方案，重新设计；如果总系统误差大于1/2或小于仪器允许的总误差，一般可以先提高有关部分的公差等级，然后再考虑采用某些补偿措施；如果总系统误差小于或接近仪器允许总误差的1/3，则初步认为所分配的公差合理，待制定随机误差的公差时，再进行综合平衡。

2. 随机误差

随机误差的特点是数量多，一般按均方根法综合。在总误差中扣除系统总误差，剩下的是随机总误差，如下式所示：

$$\Delta_{\sum}=\Delta_s-\Delta_e \tag{3-49}$$

式中 Δ_s——仪器总误差；

Δ_e——系统总误差；

$\Delta_{\sum}$——随机总误差。

随机总误差分配，通常有两种方法：一种是按等作用原则，另一种是按不等作用原则。

等作用原则是指各零部件误差相等地作用于总误差，则每个单项误差为

$$\delta=\frac{\Delta_{\sum}}{\sqrt{n+m}} \tag{3-50}$$

式中　$\Delta_{\sum}$——随机总误差；

$\sqrt{n+m}$——包括未定系统误差和随机误差。

不等作用原则

$$\delta_i=\frac{\Delta_{\sum}}{\sqrt{\sum_{i=1}^{m+n} P_{ai}^{\ 2}}} \tag{3-51}$$

式中，P_{ai}为各项随机性误差的作用系数。

3. 公差调正

等作用原则的误差分配法，没有考虑各零部件的实际情况，从而造成有的公差偏大，有的偏小，很不经济。通常是在调研制造行业实际工艺水平和使用技术水平的基础上定出三方面的公差评定等级，即经济公差极限、生产公差极限和技术公差极限，用以作为衡量标准。

经济公差极限：在通用设备上，采用最经济的加工时所能达到的精度。

生产公差极限：在通用设备上，采用特殊工艺装备，不考虑效率因素进行加工时所能达到的精度。

技术公差极限：在特殊设备上，在良好的实验室条件下，进行加工和检验时所能达到的精度。

调正公差时，首先要确定调正对象。一般是先调正系统误差、误差传递系数较大的和容易调正的项目。

应该把低于经济公差极限的允差值都提高经济公差极限。从总极限公差 $\Delta_{\sum}$ 中，将其合成值扣除，则得到新的允许误差 $\Delta'_{\sum}$，经过多次反复调正，使大部分零部件的公差都在经济公差极限内。此时，可能有少数超过技术公差极限。对于这种误差，可采用补偿的办法来解决。

当调正到大多数在经济公差极限内，少数在生产公差极限内，极个别的在技术公差极限内，且系统误差的公差等级比随机误差高，补偿措施少而经济效果显著时，即可认为合格。

如经反复调正仍达不到上述要求，则应考虑改变设计方案。

4. 误差补偿

误差补偿是调正公差的一种有效手段。一般常采用下列三种补偿方式：

(1)误差值补偿法。它是一种直接减小误差源的办法。其补偿的形式有：

1)分级补偿：将补偿件的尺寸分成若干级，通过选用不同尺寸级的补偿件，使误差得到阶梯式的减小，通过修磨补偿垫的尺寸来达到预期的精度要求。

2)连续补偿：如导轨镶条，可用以连续调正间隙。

3)自动补偿：如通过误差校正板，可自动校正误差。

(2)误差传递系数补偿法：通常采用以下三种方式：

1)选择最佳工作区：如偏心误差传递系数中有 $\sin\varphi$ 或 $\cos\varphi$ 项（φ 为偏心相位角）。当零件工作角度范围不大时，可选择在最大偏心区以外的区域工作，从而减少误差。

2)改变误差传递系数。

3)综合补偿。

利用机械、光学、电气等技术手段去抵消某些误差，从而达到综合补偿的目的。

3.5 总体精度分析的目的和方法

一、总体精度分析的目的和任务

由于精度已成为精密加工设备、精密测量仪器和其他精密装备的重要的技术指标之一，因此，对产品进行整机的总体精度分析是保证产品质量的一项必不可缺少的技术分析工作。

总体精度分析就是对决定一台或一种产品总精度的误差整体状况进行科学的定性分析和定量分析。一般说来，要分析误差的来源和误差的性质，研究误差的传递，以及在传递过程中系统误差和随机误差的相互转化，误差的相消和累积，误差的减小以至消除的途径，使得合成后的总误差为最小，达到满足产品精度要求的目的。因此，必须掌握关于系统误差和随机误差的全部知识，特别是误差传递定律和误差合成定律的应用，以及和产品本身有密切联系的专门知识。

必须指出，总体精度分析并不是以所有误差越小越好为原则。显然，完全消除误差是不可能的，误差越小也就越不经济，甚至由于误差过小而使制造和测试成为不可能。因此，产品的总体精度分析的根本目的是用最经济简便的手段达到产品的精度要求，这也是判断总体精度分析工作优劣的主要根据之一。

总体精度分析有两方面的任务：一是根据产品的总精度进行合理的误差分配，以确定各主要零部件的制造技术要求和产品在装配调整中的技术要求。另一任务则相反，根据现有的技术水平和工艺条件，考虑到先进技术的采用，首先确定各零部件的精度，再进行误差的综合而求得产品的总精度。这两方面的任务是相辅相成的。在总体精度分析计算中，这两方面通常是反复循环进行的，直至满足既定的精度要求为止。完成总体精度分析的任务可以解决以下几个具体的问题：

(1)设计产品时(在产品制造出来以前)，预估该产品可能达到的精度，避免设计的盲目性，防止造成不应有的浪费。

(2)在设计产品时，通过总体精度分析，可以在几种可能实现的设计方案中，从精度的观点进行比较，挑选出最佳的设计方案。

(3)在产品的改进设计中，通过总体精度分析(求出各误差传动比等)，可以找出影响总精度的主要误差因素，因而就能卓有成效地提高产品的精度。

(4)在科学实验或精密测量中，根据实验目的及精度要求，通过总体精度分析，可以确定实验方案或测量方法所能达到的精度、实验装置或测量仪器应具有的精度，以及最有利的实验条件，等等。

(5)在产品进行鉴定时，通过总体精度分析，可以合理地制定鉴定大纲，将由实际测量而得到的各主要零部件的误差综合为产品的总误差。

二、总体精度分析的方法和步骤

进行总体精度分析有两个基本方法可以采用。

1. 理论分析法

根据已初步确定的产品设计方案或实验方案，逐项分析计算影响总精度的各原始误差及其影响量，并合成为总误差。其步骤如下：

(1)全面分析误差的来源。找出所有的原始误差,这里指的是对总误差有影响的所谓有效误差。例如齿轮的齿厚误差,它影响齿轮副的传动精度,称之为有效误差;而齿轮的齿宽误差并不影响齿轮副的传动精度,则称之为无效误差。

寻找误差来源时,要做到既不重复又无遗漏,因此,应该有步骤地依次寻找原始误差。例如对电子仪器和精密传动链,可从输入端开始依次寻找直至输出端为止。又如光学精密计量仪器,一般主要由感受部分、传递部分(包括传动放大和光电转换等)和读数(或记录)部分所组成,就可按此顺序来寻找误差源。对于复杂的装置或设备,应划分为几个组成部分(或部件)逐个进行分析。

(2)确定各原始误差的数值。这里指的是原始误差的初步确定,以便进行部分误差和总误差的计算。由于原始误差是各式各样的,因此,确定原始误差数值的方法也不相同。例如,制造误差可根据工艺条件来确定,变形误差需要通过计算才能确定,又如瞄准误差取决于瞄准方式、对比度和出瞳直径等因素,可根据经验数据来确定。若原始误差为随机误差,常需确定其概率分布。当概率分布无法确定时,可假设为均匀分布。

(3)确定部分误差的数值。确定部分误差的数值,实质上是求误差传动比。根据误差传递定律,部分误差与原始误差之比即为误差传动比。常用的求误差传动比的方法有微分法、几何法、球面三角法和矢量微分法等,对于杆件机构常用转换机构法,对于齿轮机构则常用瞬时臂法。

(4)确定总误差的数值。首先要确定部分误差的性质是系统误差,或是随机误差,再按误差的合成方法进行误差的合成。

(5)误差之间的调整和平衡。初次合成的总误差往往不能满足产品的精度要求,这就需要进行误差的调整和平衡,以减小总误差,提高产品的总精度。主要包括以下几个方面:

1)考虑系统误差校正的可能性。某些定值系统误差由于引入修正值而得到校正。但必须注意,若该修正值由实际测定而得,则其检定误差应作为随机误差而计入总误差之中,当检定误差很小时可忽略不计。

2)考虑误差之间的互相补偿。例如光学系统中棱镜的制造误差和位置误差之间的补偿等。

3)减小原始误差。如果要减小变形误差,可以增大刚度或减小作用力。

4)调整误差传动比。各个误差传动比之间往往相差极大,应予适当调整,并使得各个部分误差之间(特别是随机误差)尽可能做到大致相等,切勿相差太大。

完成了各个误差之间的调整和平衡之后,再次进行误差的合成。如此反复进行多次,直至产品的总精度符合规定的要求为止。如果总体精度分析反复进行多次均不能达到规定的要求,则应怀疑产品的工作原理或设计方案的合理性,予以重新考虑。因此,总体精度分析也是提高产品的总体设计水平的一个关键环节。

2. 实验统计法

实验统计法是对所要设计的产品进行所谓模型实验,或对已研制出的产品进行精度测试,即对其精度特性进行多次测量,并对所得测量数据运用概率论及数理统计方法进行分析与处理,以获得关于产品误差的详尽资料(大量数据和误差曲线),从中找出规律性的东西。例如:

(1)产品总误差的大小及变动范围。

(2)系统误差和随机误差的大小及其大致分布规律。

(3)影响总误差的一些主要因素(可依次变动某一因素或同时变动某些因素,测量总误差的变化情况)。

由实验测试所得到的实际产品精度特性就可判断该产品的总精度是否满足规定要求。

上述两种基本方法各有优缺点。理论分析法的优点是能计算出各原始误差所产生各个部分误差的数值及其在总误差中所占的比例,因而便于进行误差的调整、平衡和再分配。理论分析法的缺点是计算得到的总误差往往与实际不符,原因是误差合成时无法充分考虑到误差互相抵偿的一面,同时误差合成的计算公式本身就是近似的;此外,对误差来源的分析可能会有遗漏,对某些原始误差的数值只能给出估计值,等等。

实验统计法的优缺点恰与理论分析法相反。因此,对于高精度的复杂产品,特别是光学精密测量仪器,经常采用两种方法相结合进行总体精度分析才能够取得满意的结果。在一般情况下,理论分析法多用于新产品设计时的总体精度分析,而实验统计法则多用于研制产品的精度检定和原有产品的精度复测。

3.6 仪器精度和测量精度

一、仪器精度

光学精密机械仪器和其他精密仪器,大多数是用于精密测量的。为了获得很高的测量精度,对仪器的设计、制造和装配调整等都提出了极其严格的精度要求。

工欲善其事,必先利其器。但完美无缺的理想仪器是不存在的,用实际仪器进行测量,由于仪器本身的某些缺陷必然产生一定的测量误差。显然,上述的测量误差越小,说明测量仪器越完善,即仪器精度愈高,反之,则仪器精度愈低。

仪器精度是指仪器本身的固有精度,它是由于仪器在原理、结构和制造装配等方面的不完善所造成的。仪器精度的高低可用仪器缺陷所引起的测量误差的大小来评定。因此,仪器精度和测量精度有密切的联系。

测角仪器的仪器精度常用标准偏差来表示,而长度测量仪器常用最大误差来表示。例如经纬仪的仪器精度就是用一个测回水平方向的测量误差(标准偏差)来表示的,对于 DJ6 光学经纬仪,测量精度为±6 弧秒*,仪器精度为±4 弧秒。在进行经纬仪总体精度分析时,也可用半个测回水平方向的测量误差来表示仪器精度,则仪器精度为$\sqrt{2}\times4=5.65$ 弧秒。

根据仪器精度的高低,一般可将测量仪器分为低精度、中等精度和高精度三种。对于测角仪器,例如由瑞士威特厂生产的 T_3 和 T_4 经纬仪属于高精度的。我国生产的 1 S 光学经纬仪 DJ_1 也是属于高精度的仪器。瑞士生产的 T_2 和 T_1 经纬仪,我国生产的 DJ_2 和 DJ_6 经纬仪,都是属于中等精度的仪器。精度为 15～60 弧秒的工程经纬仪 DJ_{15} 和 DJ_{60} 则属于低精度仪器。对于测距仪器,测距精度高达 10^{-5}～10^{-6} s 以上的属于高精度仪器;测距精度低于 10^{-3} s 的,则属于低精度仪器。

二、仪器精度和测量精度的关系

测量精度是与仪器精度、测量条件的影响、测量方法的影响、测量者的主观影响,以及与被测对象有关的综合精度。

* "弧秒",依行业惯例皆用中文表示。

一般说来，仪器精度越高，则测量精度也越高，即高精度的测量必须使用高精度的仪器。但是，仪器精度毕竟是测量精度的一部分，仪器精度往往不能完全决定测量精度，只有低精度仪器，其仪器精度基本上等于测量精度，因为仪器误差大，则由测量条件等其他因素所造成的测量误差相对很小，不起主导作用。对于高精度仪器，就必须十分重视除仪器误差之外的其他因素的影响。在考虑仪器的工作原理和基本结构时，应尽可能使仪器对这些因素的影响不敏感，使仪器更为完善。因此，提高仪器精度不是孤立地进行的，更不是单纯地去提高仪器的制造精度。

仪器设计者和测量工作者，只有掌握了仪器精度和测量精度之间的具体关系，才能更好地设计仪器和使用仪器。例如，由于测量者掌握了误差的规律性，1 S 经纬仪的测量精度可以达到 0.5 s，甚至更高。但是，仪器精度和测量精度之间的具体关系并不是一目了然的，有时是很复杂的，甚至还会产生误解。

例如，在圆环球径仪上测量透镜的曲率半径，试问仪器精度和测量精度之间的关系如何？具体地说，测量半径相等而通光口径不等的两个透镜，试问半径的测量精度是否相同？

由于同一测量者，使用同一仪器，在相同的测量条件下进行测量，被测半径又具有相同的长度，似乎测量精度应该相同，事实不然。下面通过在圆环球径仪上测量透镜的曲率半径，对其精度分析来证明这一点。

如图 3-21 所示，用圆环球径仪测量半径的计算公式为

$$R=\frac{r^2}{2h}+\frac{h}{2} \tag{3-52}$$

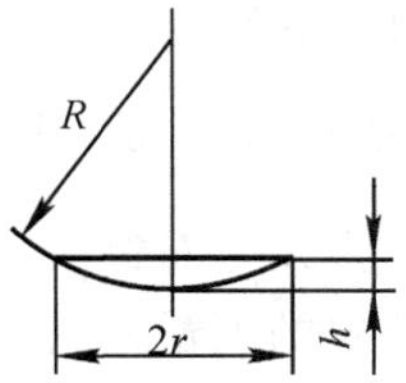

图 3-21　圆环球径仪测量半径示意图

式中　R——被测半径；

r——测环半径；

h——矢高。

由公式，根据误差传递定律，求得半径的标准偏差为

$$\sigma_R=\pm\sqrt{\left(\frac{r}{h}\right)^2\sigma_r^2+\left[\frac{1}{2}\left(1-\frac{r^2}{h^2}\right)\right]^2\sigma_h^2} \tag{3-53}$$

由图 3-21 可以求得　$R^2=(R-h)^2+r^2$

则　$R-h=\pm\sqrt{R^2-r^2}$

因 $R-h>0$，故有

$$h=R-\sqrt{R^2-r^2}$$

令 $\frac{r}{R}=K$，带入上式得

$$h=R(1-\sqrt{1-K^2})$$

将 h 带入式(3-53)，经化简后得

$$\sigma_R=\pm\sqrt{\left(\frac{K}{1-\sqrt{1-K^2}}\right)^2\sigma_r^2+\left(\frac{\sqrt{1-K^2}}{1-\sqrt{1-K^2}}\right)^2\sigma_h^2} \tag{3-54}$$

对于合格的球径仪，在正常的测量条件下使用，可取 $\sigma_r=\pm1\ \mu m$，$\sigma_h=\pm1\ \mu m$，代入式(3-53)，经化简后得

$$\sigma_R=\pm\frac{1}{1-\sqrt{1-K^2}}\ \mu m$$

对于带有小球的圆环球径仪，经过类似的推导，并取小球半径 ρ_r 的 $\sigma_{\rho_r}=\pm0.5\ \mu m$，可得

$$\sigma'_R=\pm\sqrt{\left(\frac{1}{1-\sqrt{1-K^2}}\right)^2+0.25}\ \mu\text{m}$$

【例 3-15】 设两个透镜的凹面半径均为 25.1 mm，它们的通光口径分别为 18 mm 和 30 mm，试求其测量精度。

【解】 口径为 18 mm 的透镜选 8 号测环，$r_1=5.5$ mm；口径为 30 mm 的透镜选 6 号测环，$r_2=10.5$ mm，故有

$$K_1=\frac{r_1}{R}=\frac{5.5}{25.1}=0.22 \quad K_2=\frac{r_2}{R}=0.42$$

将 K 值代入式(3-53)得

$$\sigma_{R_1}=40.8\ \mu\text{m} \quad \sigma_{R_2}=10.8\ \mu\text{m}$$

则其相对误差为

$$\sigma_{R_1}/R=0.16\% \quad \sigma_{R_2}/R=0.043\%$$

由例 3-14 可以看出，虽然没有改变球径仪的仪器精度，但测量精度却大不相同，测量误差竟增大 4 倍之多，这主要是由于球径仪在测量方法上的特点所造成的。虽然各个测环的 σ_r 相等，但由于被测透镜的通光口径不等，所选择的测环号数也不同，因而测量精度不同。仪器设计者应在仪器使用说明书中说明这一点，以便于测量者正确使用仪器，保证测量精度。事实上，应尽可能选择半径大的测环，因为 r 越大，则$\frac{\sigma_r}{r}$和$\frac{\sigma_h}{h}$都越小，故$\frac{\sigma_R}{R}$就越小。

由以上对经纬仪和球径仪的测量精度的简单介绍，可知测量精度不仅与仪器精度有关，还与仪器的测量方法、使用方法(如经纬仪采用测回法和正倒镜法进行测量)以及被测对象等因素密切相关，这在总体精度分析中应予以充分重视。

第4章　机械系统设计

随着科学技术不断的发展，对光电仪器的精度和性能也提出愈来愈高的要求。目前，对于工作台的定位精度或传动精度一般要求达到 0.1 μm，主轴回转精度达到 0.01 μm，分度精度为 0.2″左右。性能上要求能对点、线，以至空间曲面进行检测；自动地采集和处理数据，同时能在线实时进行监测和控制。但实现上述这些要求，仅靠传统的方式是很难达到的。因此，现代的光电仪器大多采用光、机、电、计算机等综合技术来完成高精度的测量任务。其中机械系统是光电仪器不可缺少的重要组成部分，也是光电仪器的关键部件之一。

机械系统设计内容很广。本章着重介绍以下几个部分：

(1)支撑件设计；

(2)主轴系统设计；

(3)导轨设计；

(4)微动装置及误差校正。

4.1　支 撑 件

光电仪器中有着各种各样的支撑件，如基座、床身、立柱、横梁、工作台等。这些支撑件不仅起着支撑和连接各种零部件的作用，同时还起着确定零部件之间相互位置的作用，以保证仪器的精度。

图 4－1 所示为两种三坐标测量机外形图。

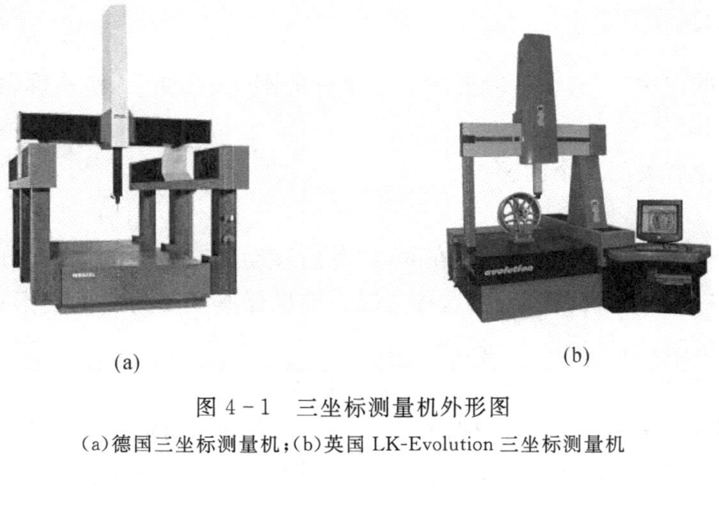

(a)　　(b)

图 4－1　三坐标测量机外形图

(a)德国三坐标测量机；(b)英国 LK-Evolution 三坐标测量机

三坐标测量机是一种以精密机械为基础，结合应用电子技术、计算机技术、光栅与激光干涉技术等先进技术的测量设备。就测量的主体来说，它的主要构成部分有：底座、测量工作台、立柱、x 向及 y 向支撑梁及导轨、z 轴部件，以及 x 向、y 向和 z 向测量系统(包括测量标准，检测头及显示装置等)、测量头及操作系统等。图 4－1(a)和(b)所示为两种测量机外形。图 4－2所示为桥式结构三坐标测量机主要部件分解示意图。

通过对其支撑件的分析，可以看到支撑件的特点如下所示：

(1)支撑件的尺寸较大，是整台仪器的基础支撑件，不仅自身重量较大，而且承受主要的外载荷；

(2)支撑件的结构复杂，它通常与仪器的形式和用途有关；

(3)支撑件的有很多加工面(孔)，而且尺寸精度和相互位置精度要求也较高。

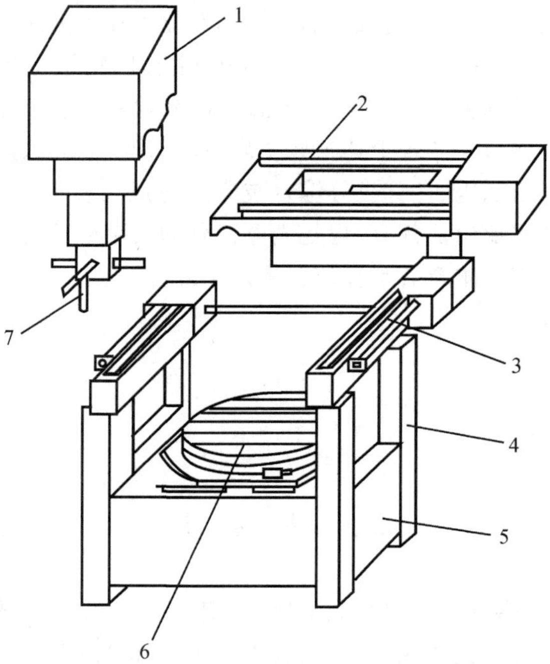

图 4－2　三坐标测量机的主要部件

1—z 轴部件；2—x 向导轨；3—y 向导轨；4—立柱；5—底座；6—测量工作台；7—测量头

一、支撑件的基本要求

根据支撑件的作用特点，设计时要注意支撑件的刚性、热变形、稳定性、精度、抗振性以及结构、工艺性等问题。

下面分别讨论有关的几个问题。

1. 刚度

任何一个物体，受力变形是客观存在的，如龙门移动式三坐标测量机的底座，不仅受自身重力，同时受到各部件的载荷作用，在这种情况下要确保基座受力后的变形在允许范围内，就必须具有足够的刚度，以保证仪器的精度。

确定支撑件刚度的方法有分析计算法和实验法两种。

(1)分析计算法。分析计算法是根据图纸上的尺寸、形状和给定的工作条件，用力学公式计算出受力时的变形量。复杂结构计算时，可进行必要的简化。分析计算法在力学中已学过，现以摇臂式坐标测量机为例介绍这种方法。

要设计的摇臂式坐标测量机结构如图 4-3 所示。横臂 2 可绕立柱 4 回转，横臂上有读数基准尺 5，测轴箱 1 可在横臂上移动，z 向测量轴 6 可作 z 向运动(其上装有读数基准尺)。由于仪器结构庞大，故横臂等会因自重而产生较大变形，从而引起很大的测量误差。下面进行简略的计算。

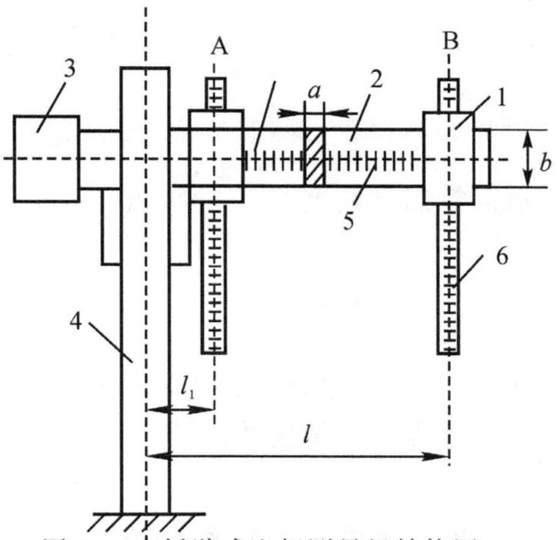

图 4-3　摇臂式坐标测量机结构图

1—测轴箱；2—横臂；3—平衡块；4—立柱

5—基准尺；6—z 向测量轴

假设初步设计时给出测轴箱 1 的自身重力为 200 N，横臂截面面积为 $a\times b=50\ \text{mm}\times 200\ \text{mm}$，长度 $l=3\ 000\ \text{mm}$。下面分析当测轴箱部件处在横臂最外端和最里端两种极端位置时，横臂上 A，B 两点处的挠度及截面转角数值。

1)当测轴箱部件在最外端，即 A 点处时，横臂 A 上点的挠度及截面转角，由下列三部分组成：

(ⅰ)测轴箱部件重力 G 所引起的挠度及截面转角，如图 4-4(a)所示，这是悬臂梁受集中载荷的情况，根据力学公式有

挠度
$$y_{AG}=-\frac{Gl^3}{3E_1I_1}\tag{4-1}$$

截面转角
$$\theta_{AG}=-\frac{Gl^2}{2E_1I_1}\tag{4-2}$$

式中　E——材料的弹性模量；

　　　I——横臂横截面的轴惯性矩。

横臂材料选择用铝合金，$E_1=0.5\times10^{11}$ Pa，$G=200$ N，$l=3\ 000$ mm，$I_1=\frac{ab^3}{12}=\frac{1}{3}\times10^{-4}\ \text{m}^4$，代入式(4-1)和式(4-3)可得

$$y_{Ap}=-1.08\ \text{mm}$$
$$\theta_{Ap}=-5.4\times10^{-4}\ \text{rad}$$

(ⅱ)横臂重力引起的挠度及截面转角。这是悬臂梁受均布载荷的情况，如图 4-4(b)所示，铝合金的密度为 $2.8\ \text{g/cm}^3$，可求出均布载荷 $q=280$ N/m，则可算出挠度和截面转角为

$$y_{Aq}=-\frac{ql^4}{8E_1I_1}=-1.7\ \text{mm}$$

$$\theta_{Aq}=-\frac{ql^3}{6E_1I_1}=-7.56\times10^{-4}\ \text{rad}$$

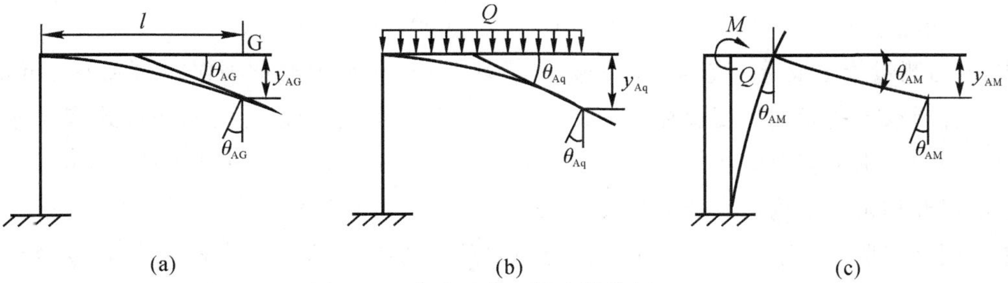

图 4-4　挠度及截面转角计算图

(ⅲ)立柱弯曲引起横臂上 A 点下沉量 y_{AM} 及转角 θ_{AM}。如图 4-4(c)所示，若立柱为圆柱，由直径 $d=200$ mm，可算出轴转动惯量 $I_2=\frac{\pi d^4}{64}=\frac{\pi}{4}\times 10^{-4}\ \mathrm{m}^4$，立柱高 $L=2\ 200$ mm，材料为碳钢，$E_2=2\times 10^{11}$ Pa，则横臂和测轮箱部件重力对立柱产生的弯曲力矩 $M_A=Gl+\frac{ql^2}{2}$，进而算出立柱上 Q 点的转角 θ_{AM} 及横臂上 A 点的下沉量 y_{AM} 为

$$\theta_{AM}=-\frac{M_A\cdot L}{E_2 I_2}=-2.6\times 10^{-4}\ \mathrm{rad}$$

$$y_{AM}=\theta_{AM}l=-0.78\ \mathrm{mm}$$

式中，I_2 为立柱横截面的轴惯性矩。

A 点的总挠度及总截面转角为上面三项之和，即

$$y_A=-3.56\ \mathrm{mm} \qquad \theta_A=-1.56\times 10^{-3}\ \mathrm{rad}$$

2)当测轴箱处在横臂最里端，即 B 点处时，横臂上 B 点的挠度及截面转角，也由上述三部分组成，即

(ⅰ)测轴箱重力 G 引起的挠度及截面转角分别为

$$y_{BP}=-0.002\ 6\ \mathrm{mm} \qquad \theta_{BP}=-0.96\times 10^{-5}\ \mathrm{rad}$$

(ⅱ)横臂重力引起的挠度及截面转角分别为

$$y_{Bq}=-0.055\ \mathrm{mm} \qquad \theta_{Bq}=-26.4\times 10^{-5}\ \mathrm{rad}$$

(ⅲ)立柱受弯曲力矩引起横臂上 B 点下沉量及转角分别为

$$y_{BM}=-0.075\ 2\ \mathrm{mm} \qquad \theta_{BM}=-18.8\times 10^{-5}\ \mathrm{rad}$$

由上面三项可得 B 点总的挠度和总截面转角分别为

$$y_B=-0.13\ \mathrm{mm} \qquad \theta_B=-0.46\times 10^{-3}\ \mathrm{rad}$$

注意：分析计算到此并未结束。分析计算力变形的目的，是要找出力变形对测量精度的影响程度。

3)分析计算力变形所引起的测量误差。

分析讨论：当 $y_A=y_B$ 时，为什么对测量误差不会产生影响？

以上是对仪器受力变形(刚度)的粗略计算。由上述变形引起的测量误差有下列两部分：

(ⅰ)测轴箱由 B 处移到 A 处时，由于 $y_A\neq y_B$，在工件高度方向引起的测量误差为

$$y_A=y_B-3.56-(-0.13)=-3.43\ \mathrm{mm}$$

(ⅱ)由于基准线和测量线不在一条直线上，所引起的阿贝误差(在水平方向引起的测量误差)应为

$$S\theta_A-S\theta_B=1\ 000\times(-1.56\times 10^{-3})-1\ 000\times(-0.46\times 10^{-3})=-1.1\ \mathrm{mm}$$

式中，S 为测量线至横臂上基准尺的距离。若 $S=1\ 000$ mm，则此项误差约为 1.1 mm。

4)分析误差的影响程度及补偿措施。上述计算表明，仪器设计时结构形式和尺寸选择不当，刚度不足，则由变形引起的测量误差就会很大。故必要时应进行刚度计算，达不到精度要求时应修改初定的结构形式及参数大小，或采用其他措施保证仪器有足够刚度。在上例中为了提高刚度采取了以下措施：一是对横臂加配重（见图 4-3 中的平衡块 3)，以减小立柱弯曲变形，二是将等截面横臂改为变截面梁，以提高横臂的抗弯能力，采取上述措施后，刚度

显著提高。

通过上述刚度计算，我们可以看到，由于支撑件的结构形状比较复杂，用力学分析法是比较麻烦也比较粗糙的。20 世纪 70 年代初出现了用有限元法计算复杂构件刚度的方法，其基本方法是将复杂构件分割为有限个诸如三角形、矩形、四边形或其他形式的小单元，单元与单元之间通过节点相互连接成一个整体，然后按给出的边界条件和受力情况等力学特性，对每个节点列出力或位移平衡方程和相应的刚度矩阵，把总体的力学特性视为这些单元体力学特性的总和，最后编出计算程序，通过计算机求解。求出各节点的位移，从而得出零件的刚度，具体方法可参阅有关专著。

(2)实验法。实验法就是对样机(样件)或模型进行刚度实测的方法。早期一般采用专用的加载装置和量具(如千分尺等)，对实物有关部位分段加载并依次测出其变形量。这种方法简单但试验工作量大，也难以描绘出空间变形状态，测量精度低。目前常采用的比较精确的方法有：

1)采用力和位移传感器，测出各测点的力和变形量，并输入 $X-Y$ 记录仪，可自动描绘出力-变形曲线。

2)更精密的方法是运用先进的全息技术，对被测件在加载前后二次感光，然后对此全息照片中的干涉条纹进行计算，即可获得被测件空间变形情况及任意部位的变形量，其精确度极高，但测试手段复杂，测试条件苛刻。

对模型进行测试时，要求模型与实物按几何相似规则制成，然后按物理相似规律对模型加载，并测出变形量。模型比实物易于制造，因而此法便于进行多种结构方案的比较，特别对于大型支撑件有较大的实用意义。

模型的材料有金属及有机玻璃等，以有机玻璃为多，因为有机玻璃具有良好的热塑性和粘接性，便于制造和修改模型。另外，有机玻璃的弹性模量小，用较小的力就可获得较大的变形。不足之处是其机械性能不够稳定，弹性模量会随温度变化，因此使用时必须先掌握其特性。

有关模型试验的相似理论和具体方法可参阅有关著作。

2. 热变形

几乎所有材料的几何尺寸会随着温度的变化而变化。因此热变形对仪器的精度有很大影响。图 4-5(a)所示为由于温度梯度引起的直线性误差 δ，即

$$\tan\frac{\pi}{4}=\frac{\delta}{L/2} \tag{4-3}$$

$$\delta\approx\frac{L\varphi}{8}$$

$$\Delta L=L_2-L_1=\alpha L\Delta t=\varphi H$$

$$\varphi=\frac{\alpha L\Delta t}{H}$$

代入式(4-3)得

$$\delta=\frac{L\varphi}{B}=\frac{\alpha\Delta tL^2}{H}$$

式中，L 为支撑件长度，H 为高度，α 为材料线膨胀系数，Δt 为上下表面温度差。例如，设某铸铁基座的长度 $L=2\ 000$ mm，高 $H=500$ mm，温差 $\Delta t=1$ ℃，$\alpha=11.1\times10^{-6}$/℃，可根据上式求出直线性误差为

$$\delta=\frac{11.1\times10^{-6}\times2\ 000^2\,\mathrm{mm}^2}{8\times500\ \mathrm{mm}}=0.11\ \mathrm{mm}$$

可见温度梯度所引起的变形是不可忽视的。

产生温度梯度的原因很多，除环境温度的变化及仪器内部热源（如光源、电机及传动机构摩擦发热）等外，由于支撑件本身各部分截面积和形状不同，因而热容量不同从而也引起各部分的温度差。图 4－5(b)所示是实测 VG450 万能渐开线齿形检查仪基座和支架的温度变化曲线，可见恒温 12 h 仍不能使仪器基座各部分温度一致。热容量大的基座（图中曲线 1）一直处于升温过程，而热容量小的支架（曲线 2），经过一段时间便与室温（曲线 3）一致。

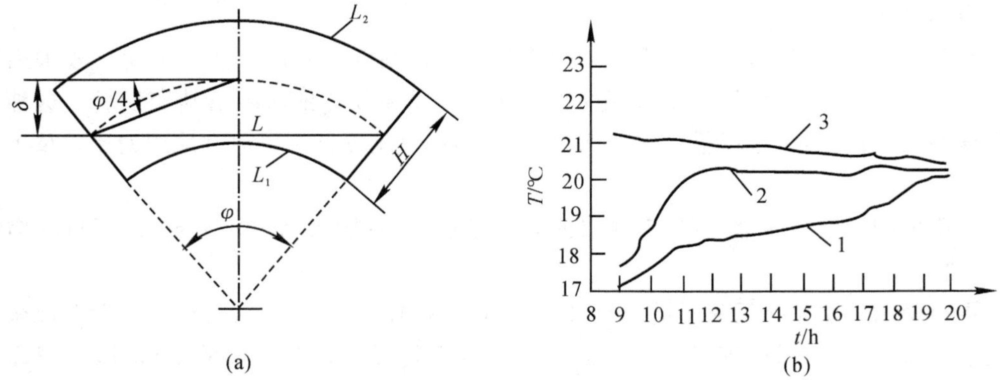

图 4－5　基座（床身）受热变形图

(a)温度梯度引起的变形误差；(b)支撑件温度变化曲线

因此，支撑件设计时应考虑：①合理的总体布局及结构，如可将热源与仪器分离，用冷光源或控制发光时间，应用隔热、散热及冷却装置等。结构上可应用空气静压轴系、导轨等以减小摩擦发热；②应用线膨胀系数小及具有高导热性材料；③使温度敏感的截面有较大的截面积，以加速热传导从而保持各部分温度一致。

3. 抗振性

光电仪器对振动很敏感，在设计支撑件时应设法提高支撑件的固有频率及增大阻尼以免发生共振（一般外界振源的频率多数在 50 Hz 以下）。提高刚度和减轻重量可以提高固有频率，如减小支撑件壁厚，用钢板焊接件替代铸件，应用轻质高强度新材料等。

4. 稳定性

支撑件不稳定主要由内应力引起。由于铸造及热处理时快速冷却或冷却不均匀，焊接时尤其是熔焊会产生较大的内应力，尺寸较大和形状复杂的支撑件也会产生较大的内应力，故支撑件应进行时效处理（自然时效或人工时效），粗加工或焊接后必须退火以消除内应力。当然，要完全消除内应力是十分困难的。

二、支撑件材料的选择

支撑件材料要求有较大的强度、耐磨性、稳定性、较小的热膨胀系数以及良好的铸造性或焊接性。

常用的材料有铸铁、钢板及花岗石等。

1. 铸铁

铸铁的工艺性能好，易于铸造结构复杂的支撑件，价格便宜，但制造周期较长。用于支撑件的铸铁材料品种有：

(1)HT20—40 习惯上称Ⅰ级铸铁，它的抗弯抗压强度高，但铸造性能较差，故适用于结构较简单的支撑件。

(2)HT15—32 称为Ⅱ级铸铁，铸造性能好，适用于结构复杂的支撑件，但机械性能稍差。

(3)高磷铸铁、钒钛铸铁和铜磷钛铸铁，耐磨性比普通铸铁高 2～3 倍，适用于大中型光电仪器支撑件。

2. 钢板

钢板焊接支撑件，因钢材弹性模量比铸铁大，故在同样载荷下壁厚可做得比铸件薄，重量轻。焊接件的制造周期比铸件短，且制造容易，劳动条件也较铸造好，因此对单件小批量生产的支撑件，用钢板焊接代替铸件已是一种趋势，即使有一定批量的支撑件也有的采用钢板焊接，如三坐标测量机的可移动龙门架、立柱、横梁等大多采用钢板焊接件。

3. 花岗石

近十几年来，花岗石已广泛用于光电仪器中，特别是近代发展起来的三坐标测量机更是普遍采用花岗石材料，如图 4-1 所示的三坐标测量机其床身、横梁及测量轴都是由花岗石制成的。这是由于花岗石具有以下一些独特的性能：

(1)花岗石具有极好的稳定性。它是火成岩，在自然界中已存在几十万年，经过这样长时间的自然时效，残余应力已接近消失，内部组织特别稳定，因此能长期保持精度。

(2)花岗石的色泽鲜艳，花纹美观，组织细密坚实。

(3)花岗石有极好的耐磨性，比铸铁高 5～10 倍，不会磁化。

(4)与铸铁相比，花岗石线膨胀系数小、密度小而弹性模量大、刚性好。例如我国“泰山青”花岗石的弹性模量为 1 210～1 280MPa；肖氏硬度为 79.8；线膨胀系数为 $5.7\sim7.3\times10^{-6}$/K；密度为 3.07 g/cm^3，抗压强度为 2.622MPa；抗弯强度为 37.48MPa。

(5)花岗石的抗振性能好。其内阻尼系数比铸铁大 15 倍。因此用它做精度要求高的仪器，其基座能抗振防振。

(6)花岗石耐腐蚀。它能抵抗一般酸、碱气体和溶液的浸蚀。

(7)无毛刺，即使其表面破损也不影响平面度和直线度。

(8)花岗石加工简便，只要经切割、粗精磨及抛光就能获得较高的粗糙度和精度要求。

花岗石的缺点是性脆易碎，不能承受冲击力，此外还会因吸收油和水而发生微小变形，因此不要用液体溶剂去清洗及润滑它的表面。

三、支撑件结构设计

支撑件结构设计时，应考虑如何从结构上满足上述的基本要求。主要是如何提高结构的刚度，减小力和温度变化引起支撑件的变形，以及具有良好的结构工艺性等。

1. 选择合适的截面形状和尺寸

支撑件主要受本身重力及其他零部件重力作用而产生拉伸、压缩、弯曲和扭转变形。产生拉伸及压缩时，变形量与截面积大小有关而与截面的形状无关，故可根据允许变形量决定截面尺寸大小。当受弯曲或扭转时，其变形量不但与截面积大小有关而且与截面形状有关，即与截面抗弯、抗扭惯性矩有很大关系。惯性矩愈大，变形愈小。表 4-1 列出了 8 种截面形状的抗弯抗扭惯性矩，各种形状的截面积相同，均为 100 cm^2，数值中分子表示惯性矩计算值，分母表示惯性矩相对值。由表可以看出：

(1)空心截面的惯性矩比实心截面大,故在相同截面积条件下,减小壁厚加大外形尺寸,可以提高刚度(见表 4－1 中第 1 列和第 3 列)。

(2)方形截面的抗弯刚度比圆形截面大（见表 4－1 中第 2 列),而抗扭刚度比圆形截面小。因此,当支撑件所受的弯矩大于扭矩时,选择方形或矩形截面较好。矩形截面在其高度方向的抗弯刚度比方形截面大,但抗扭刚度小(见表 4－1 中第 4 列和第 5 列),因此以承受一个方向弯矩为主的支撑件,其截面形状常取矩形,且以其高度方向为受弯方向。

(3)封闭截面比不封闭截面的刚度大,因此在可能条件下,应尽量把支撑件的截面做成封闭形状。

表 4－1　横截面积相同的不同断面形状惯性矩比较

形　　状	实心圆形 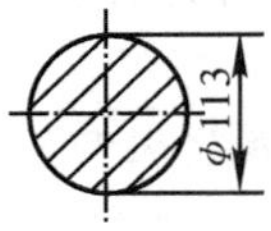	实心方形 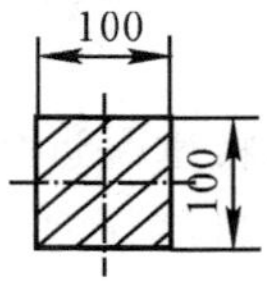	空心圆形 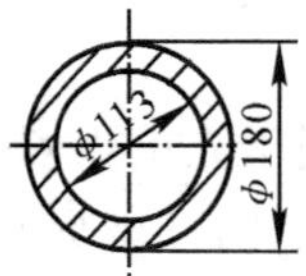	空心方形 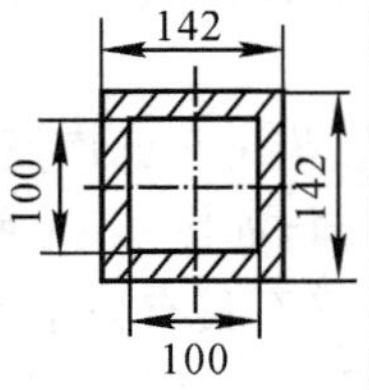	空心距形 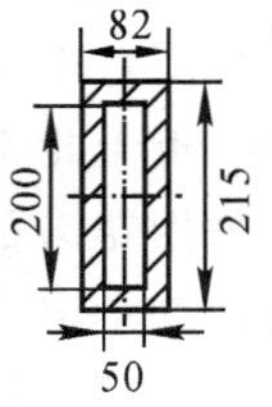
抗弯惯性矩（相对值）	1	1.04	5.04	3.21	8.33
抗扭惯性矩（相对值）	1	0.88	5.04	1.27	0.28

2.设置不同形式的肋(通常称筋板)和加强肋(筋)

为了提高支撑件的刚度,特别是截面不呈封闭形状的支撑件,还应增设筋板和加强筋,其效果比增加壁厚更好。筋板又称隔板,是指连接两壁的内壁,其形状和位置应根据受力的大小和方向而定。图 4－6 为垂直方向受弯曲载荷悬臂梁的筋板布置图。显然,图 4－6(a)所示的抗弯刚度远大于图 4－6(b)所示的抗弯刚度,故此处筋板应尽量布置在受压方向。

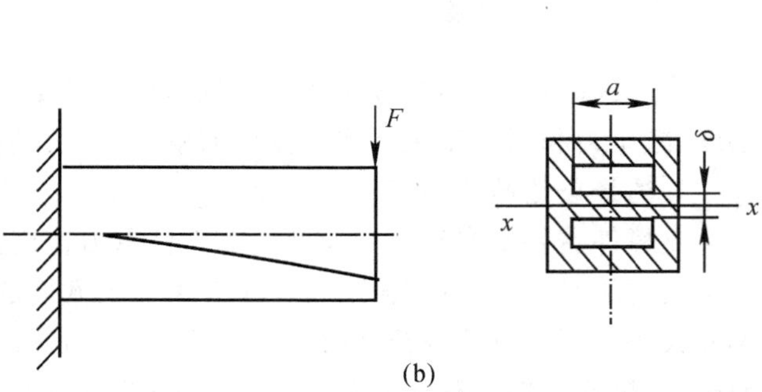

图 4－6　垂直方向受弯曲载荷悬臂梁的筋板布置图

图 4－7 为仪器基座内几种筋板配置示意图。“＋”形和“X”形筋在垂直方向的抗弯刚度差不多,且铸造工艺简单,故应用较广。“ ⚹ ”形筋铸造工艺较复杂,但刚度最好,故大型高精度仪器基座常采用这种筋形。加强筋一般配置在内壁上,主要是为了减小局部变

形，如大中型仪器当导轨和基座铸成一体时，则在连接处要增设加强筋。轴承座与壳体连接处也应有加强筋，以提高导轨和轴撑座的局部刚度，如图 4-8(a)，(b)所示。加强筋形状一般采用直形筋和人字筋，如图 4-8(c)，(d)所示。经刚度试验得知：当受垂直方向均布载荷或水平方向载荷时，直形筋刚度较大；受垂直集中载荷或绕水平轴扭矩时，则人形筋刚度较大。将直形筋和人形筋组合成"个"字形筋(见图 4-8(e))则无论抗弯或抗扭刚度都比较高。

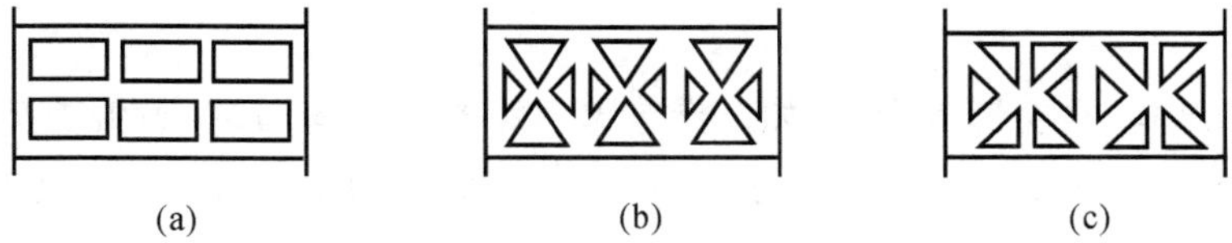

图 4-7　筋板配置示意图

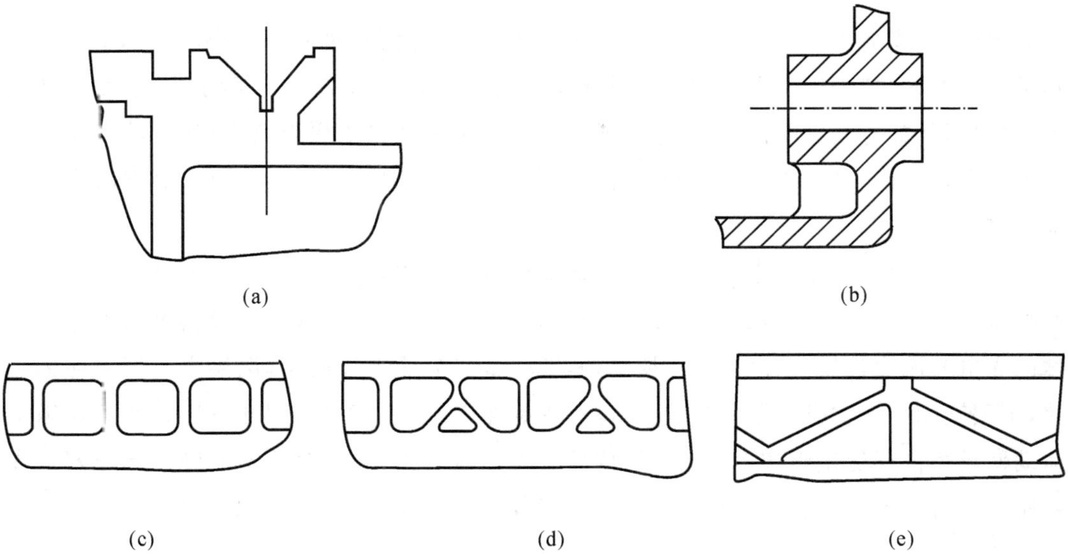

图 4-8　提高支撑件局部刚度的加强筋结构配置示意图

3. 从结构上采取措施减小力变形和热变形

确定支撑件尺寸时应使仪器工作时变形量在允许范围内，即应有足够的刚度。有时单纯从增大支撑件尺寸来提高刚度，会使支撑件变得笨重，反而会因增加自重使变形量加大。因此在大型支撑件设计时，可考虑采用下述的一些结构及措施，以该小变形或变形的影响。

(1)将等截面梁改为变截面梁，以减轻重量及提高抗弯能力。

(2)对横臂加配重，以减小立柱的弯曲变形。

(3)采用反变形结构。使支撑件产生预变形，其大小正好与仪器工作时变形量相等而方向相反，从而达到抵消或减小力变形的目的。

(4)采用卸荷结构，即在同一个移动方向上，设有承载导轨和导向导轨，载荷大部分由承载导轨承担，因而导向导轨由于载荷很小引起的变形也很小。仪器的导向精度是由导向导轨精度决定的。

上述内容将在导轨的卸荷及误差校正装置中进一步叙述。

4. 合理选择基座和床身的支撑方法和支撑点

仪器基座、床身支撑方法和支撑点的数目，对基座及床身的变形有不可忽视的影响，最少的支撑点数是三，三点决定一个平面，因此三点支撑称为运动学定位。三点支撑时，根据三点在仪器基座下的位置，可以算出三点的反作用力大小。而仪器基础在垂直方向微小的变化（这是不可避免的），不会使反作用力有明显的变化，也就不会引起基座的变形，因此光电仪器多数采用三点支撑。

三点支撑的结构，也会影响变形，如三支撑脚用螺栓与基座固结，则由于基座的热胀冷缩以及基础的变化，也会引起基座的附加变形，故必要时仪器的基座或床身应支撑在三个球上。基座底部支撑部位应为一个锥孔，一个 V 形槽及一个平面，这样基座或床身可以自由伸缩，不会产生任何由于约束而产生的变形。

必要时，支撑数目也可以多于三个，如配置得合理，会使基座变形减小。应用多于三点的非运动学支撑时，各点反作用力的大小及基座的变形量，取决于每个支撑的高度。因此要用非常精密的仪器，如电子水平仪、自准直仪或激光干涉仪去调整支撑点高度，使导轨直线度达到规定的要求，而且经过一段时间基础会发生变化，故应定期检查导轨直线度，必要时要重新调整支撑高度。

此外，运动件在基座或床身上移动时，运动件重力作用点的变化，也会使基座或床身变形而影响精度。现代大型仪器如三坐标测量机，是用很厚的花岗石基座以保持基座的精度。高精度的光电光波比长仪，则设计成三层结构，即将基座分成上下两层，两层之间用上述的三球支撑，下层又用三支撑脚支撑在基础上，位置正好在三球支撑下面，因此下层基座不会因工作台运动使重力位置变化而产生变形。因仪器的光电显微镜、干涉台及激光管座等都安装在下层基座上，这样干涉系统及瞄准系统相对位置可保持不变，从而保证了仪器的高精度。

5. 结构工艺性

结构设计时，也要重视铸造和机械加工的工艺可能性。

(1)合理的壁厚。壁厚根据受力大小而定，但也要考虑铸造工艺性，壁厚太薄使液态金属难以充满铸型，或引起浇注不足和冷隔；壁厚太厚又易产生缩孔、组织疏松及增加重量浪费材料。合理的壁厚与铸件材料及大小有关。对铸件尺寸在 200 mm×200 mm～500 mm×500 mm，壁厚取 6～10 mm；铝合金则取 4 mm。

(2)壁厚力求均匀。为了使铸件均匀冷却，避免产生缩孔、变形及裂纹等缺陷，壁厚应均匀一致。如因结构所限不能使壁厚均匀，则需在过渡处设计成圆角或楔形，使其均匀过渡，如图 4－9(a)所示。如果某些部位厚度较大，则应考虑在浇铸时有放冷铁的位置。对于相交的筋，交汇处较厚易产生缩孔（见图 4－9(b)），应在交汇处开孔或错开排列（见图 4－9(c)），这样可使壁厚（筋厚）均匀，避免缩孔的产生。

(3)为了便于清砂，必须开足够大的清砂口。

(4)为了便于机械加工，铸件表面的凸台面（加工面），应处于同一平面上。

(5)为了便于搬运，大型支撑件应设置起吊孔，如不能开起吊孔，则应铸出起吊钩或加工出螺纹孔，用以装起吊螺纹环。

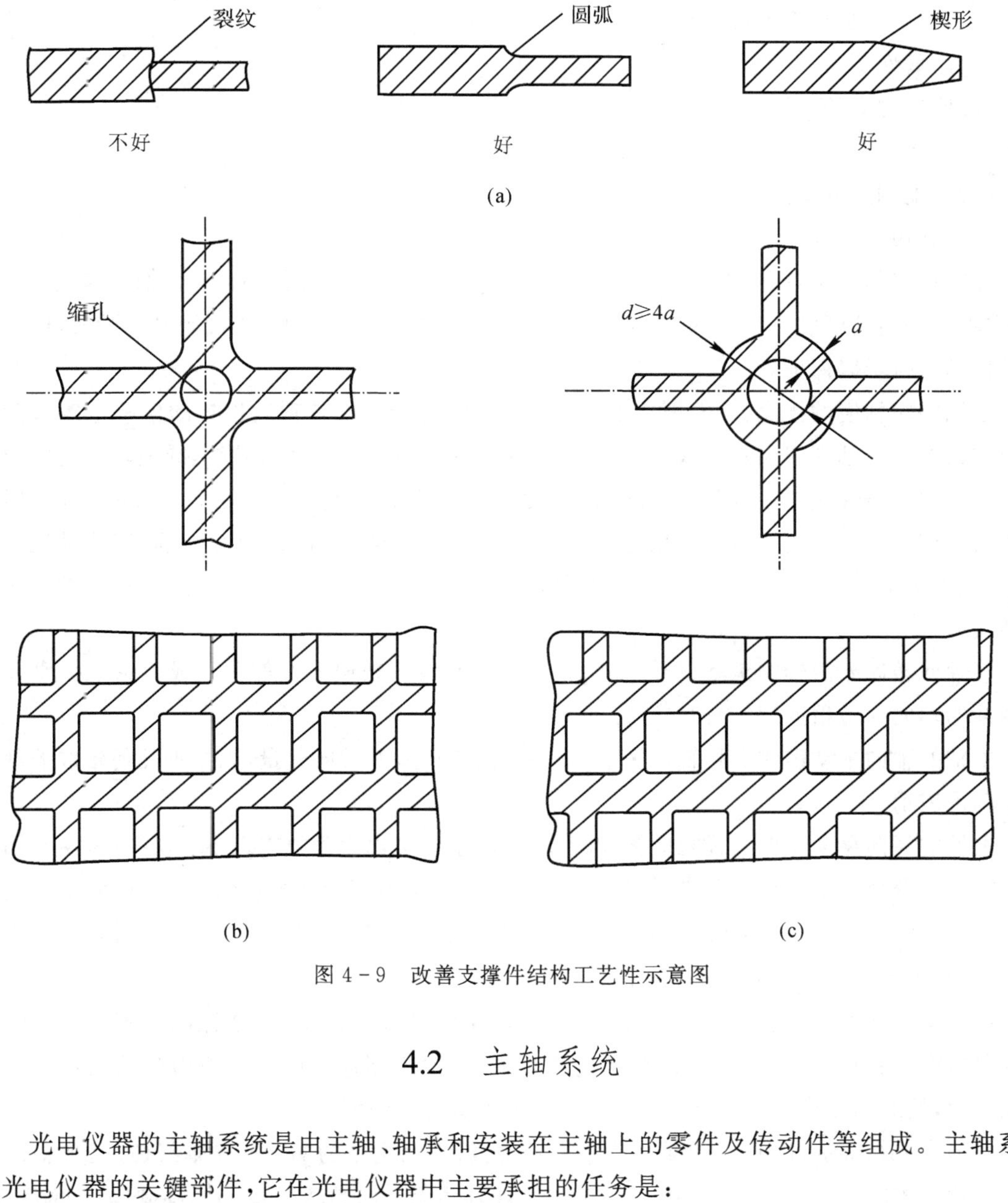

图 4－9　改善支撑件结构工艺性示意图

4.2　主轴系统

光电仪器的主轴系统是由主轴、轴承和安装在主轴上的零件及传动件等组成。主轴系统是光电仪器的关键部件，它在光电仪器中主要承担的任务是：

(1)带动被测零件及测量系统实现精密分度；

(2)实现精密转动，如高精度轴系回转精度可达 0.02～0.07 μm；

(3)建立旋转中心基准。

一、主轴系统设计的基本要求

主轴系统设计主要要求是：主轴在一定载荷转速下具有一定的回转精度。因此在主轴系统设计时，应满足下列基本要求：

(1)回转精度的要求；

(2)刚度要求；

(3)防振动、防热变形的要求；

(4)耐磨性要求；

(5)摩擦力矩的使用要求；

(6)结构简单、制造方便、工作稳定可靠；

(7)装配调整方便要求。

1. 主轴回转精度

光电仪器的轴系，一般都要求有较高的回转精度以满足精密测量的要求，如在现代圆度仪中，主轴的回转精度已达到±0.01 μm。主轴系统应根据仪器使用要求确定其回转精度，并且在结构设计时予以保证。

主轴回转精度的概念：一般把主轴实际回转轴线对理想回转轴线位置的偏移量定义为主轴回转误差。主轴理想回转轴线，是假定的一条没有回转误差的回转轴线，或是轴上空间位置固定不变的一条轴线。主轴几何轴线是指通过主轴轴颈截面轮廓中心的连线，主轴理想回转轴线与几何轴线不一定重合。实用上，可以把主轴的几何轴线看做主轴的实际回转轴线。由于轴颈、轴承加工、装调等误差影响，主轴实际回转轴线位置在回转时会不断变化，引起了主轴回转误差。

主轴回转误差由轴向窜动误差、径向晃动误差及角运动误差三部分组成。它们分别表征了轴系的轴向回转精度、径向回转精度和定向精度。

主轴的轴向窜动误差又称轴向振摆，是主轴回转误差的轴向分量，以主轴几何轴线的纯轴向窜动量表示。

主轴的径向晃动误差又称径向振摆，在仪器轴系中又称为置中或定中心误差，是主轴回转误差的径向分量。主轴径向晃动误差中可分单周径向晃动误差(主轴每转一周，晃动出现一次)。双周径向晃动误差(主轴转两周，晃动出现一次)和随机径向晃动误差(主轴晃动无规律部分)等几种形式。

主轴角运动误差是主轴几何轴线对理想回转轴线的纯角摆动量，在光电仪器中又称为主轴定向精度。主轴回转误差会引起仪器的测量误差，对不同用途的仪器所引起的测量误差大小也不同，故对具体仪器应作具体分析。现以分度头为例说明。

如图 4－10 所示，设 O 为主轴的理想回转轴线，O′为主轴的实际回转轴线(或几何轴线)。度盘读数头瞄准点在 A 点(见图中 4－10(a))，如轴系无径向晃动误差，则主轴转过 θ 角后，瞄准点将在 A′点(见图 4－10(b))，即没有角度误差。若轴系有径向晃动误差，则主轴实际回转轴线偏离理想回转轴线，即由 O 点移动到 O′点(见图 4－10(c))，晃动量为 e，晃动方向与瞄准点纵坐标夹角为 α。此时，虽然主轴仍然转过了 θ 角，但瞄准点不再在 A′点，而在 A″点，因此度盘读出的转角度为∠AO′A″，其大小为 $\theta-\Delta\theta$，$\Delta\theta$ 为转角误差，可从下式求出：

$$\sin\alpha=\frac{A''b}{e}\approx\frac{\Delta\theta R}{e} \tag{4-4}$$

则

$$\Delta\theta=\frac{e\sin\alpha\cdot\rho}{R}$$

式中　ρ——弧度与秒换算系数，$\rho=206\ 265''/\text{rad}$；

R——度盘瞄准点半径（即刻划半径）。

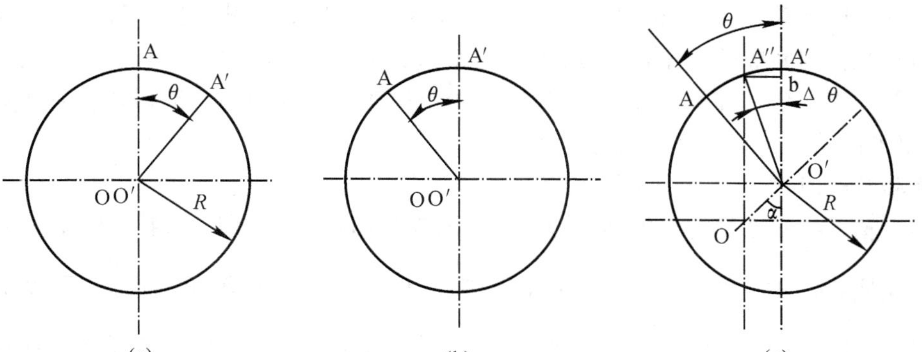

图 4－10　主轴回转误差的分度头示例

式(4－4)即为仪器主轴转角误差与主轴径向晃动误差的关系。由式可见，转角误差 $\Delta\theta$ 不仅与径向晃动误差 e 的大小有关，而且还与度盘刻划半径 R 及晃动方向角 α 有关。因此，欲减小读数误差 $\Delta\theta$，除了减小轴系晃动误差 e 外，还可以采用以下措施：

(1)增大度盘刻划半径 R。取大的度盘刻划半径，可减小转角误差。例如，当 $R=42.5$ mm时，最大转角误差为

$$\Delta\theta_{\max}=\frac{206\ 265}{42\ 500}\times e\approx5e$$

当度盘半径增大到 $R=70$ mm 时，则

$$\Delta\theta_{\max}=\frac{206\ 265}{70\ 000}\times e\approx3e$$

即当主轴晃动误差 $e=1\ \mu$m 时，最大转角误差分别为 5″及 3″。增大度盘虽然可以减小转角误差，但仪器轮廓尺寸也会相应增大，因此设计时要全面考虑。

(2)控制主轴的晃动方向。转角误差与主轴晃动方向 α 有关，当 α 在 0°或 180°附近时，$\Delta\partial$ 最小；当 α 在 90°或 270°附近时，$\Delta\theta$ 最大。故如能测出主轴的晃动方向，而被测对象的角度又不大时，若在 0°或 180°附近测量，就可减小主轴晃动对转角误差的影响。

在分度头类仪器中，还可采用双读数

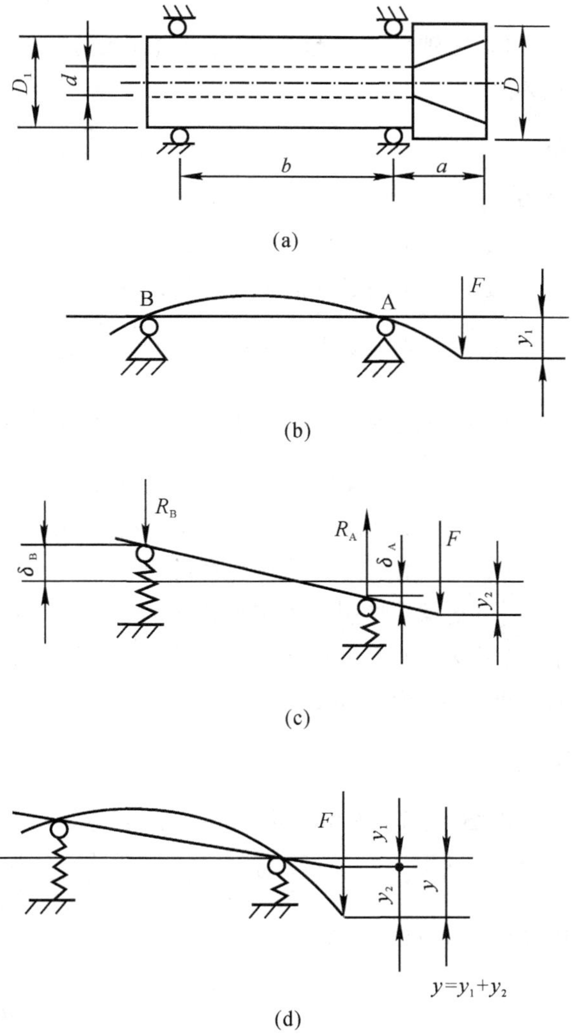

4－11　主轴系统刚度

头或多读数头的平均读数原理减小读数误差，提高仪器精度。这在第 2 章中已详细讨论，不再赘述。

主轴的轴向窜动，对仪器精度也有不同程度的影响。例如光栅分度头，轴向窜动会引起主光栅与指示光栅间间隙的变化，当照明光轴与光栅表面不垂直时，莫尔条纹位置就会变化，引起分度误差。当测量工件产生轴向误差时（如端面跳动），主轴轴向窜动误差会直接影响测量结果，故仪器的轴向窜动精度也应有要求。

2. 主轴系统刚度

仪器主轴系统刚度是指主轴某一测量点处所受外加径向力 F 与主轴产生的径向位移（挠度）y 之比，即主轴的刚度 $K=\frac{F}{y}$。主轴系统刚度是主轴和支撑（轴承和支座）刚度的综合反映，如图4－11所示，y_1 表示主轴本身变形引起的前端的挠度，y_2 表示支撑变形引起主轴前端的挠度，则主轴前端的总挠度应为

$$y=y_1+y_2$$

（1）主轴变形引起主轴前端的挠度 y_1。根据材料力学可知，两支点梁的挠度数值表达式为

$$y_1=\frac{Fa^3}{3EJ_1}\left(\frac{J_1}{J_2}+\frac{1}{a}\right)\times 10^4 \tag{4-5}$$

式中 l——主轴两支撑之间的跨距，cm；

a——主轴前端悬伸长度，cm；

E——主轴材料的弹性模量，MPa；

J_1——主轴两支撑间横截面的惯性矩，$J_1=\frac{\pi(D_1^4-d^4)}{64}$，$cm^4$；

J_2——主轴悬伸部分横截面的惯性矩，$J_2=\frac{\pi(D^4-d^4)}{64}$，$cm^4$；

D_1——两支撑间主轴部分平均直径，cm；

D——主轴悬伸部分的平均直径，cm；

d——主轴向孔的平均直径，cm。

（2）支撑变形引起主轴前端的挠度 y_2。假定主轴为刚体，支撑为变形体，在外力 F 作用下，前后支撑将产生反作用力 R_A 和 R_B，变形量为 δ_A 和 δ_B（见图 4－11(c)），则前后支撑的径向刚度（单位为 N/μm）分别为

$$K_A=\frac{R_A}{\delta_A} \qquad K_B=\frac{R_B}{\delta_B}$$

由图 4－11(c)中所示几何关系，可求出支撑变形引起主轴前端挠度的数值表达式，即

$$y_2=\frac{F}{K_A}\left[\left(1+\frac{K_A}{K_B}\right)\frac{a^2}{l^2}+\frac{2a}{l}+1\right]$$

则主轴前端的总挠度 $y=y_1+y_2$，即

$$y=\frac{Fa^3}{3EJ_1}\left(\frac{J_1}{J_2}+\frac{l}{a}\right)\times 10^4+\frac{F}{K_A}\left[\left(1+\frac{K_A}{K_B}\right)\frac{a^2}{l_2}+\frac{2a}{l}+1\right]$$

要提高轴系的刚度，就是要减小在外力 F 作用下的挠度 y。根据上式，可从下列几方面着手：

1)增大主轴直径。增大主轴直径 D_1 和 D,即增大了截面惯性矩 J_1 和 J_2,从而减小了主轴变形量 y_1,提高了刚度。但主轴直径增大,轴上零件也要相应增大,导致结构增大。因此,增大直径以提高刚度是有限的。

2)合理选择支撑间跨距。图 4-12 所示是挠度和跨距之间的关系。由图 4-12 可见,挠度 y_1 与跨距 l 成正比关系,而挠度 y_2 与跨距的关系是非线性的,所以总挠度 y 与跨距的关系也是非线性的。但总可以找到一个使主轴总挠度最小,即刚度最大的两支撑之间的跨距 l_0。

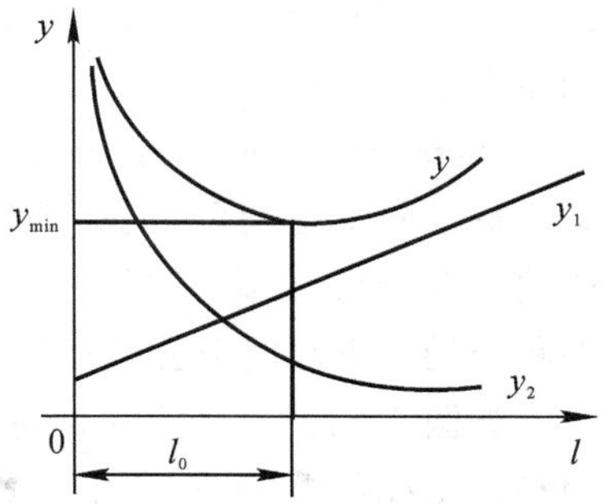

图 4-12 挠度和跨距之间关系

确定合理的支撑间跨距可用做图法,即计算出不同情况的总挠度 y 值后作图以求得 l_0 值,但工作量很大。较为简便的方法是直接对总挠度表达式求极值,即令 $\frac{dy}{dl}=0$,整理后得

$$l_0^3-\frac{6EJ_1}{K_A a}l_0-\frac{6EJ_1}{K_A}\left(1+\frac{K_A}{K_B}\right)=0$$

在选定主轴和支撑结构、材料和轴颈以后,就可根据轴系受力情况,算出两支撑的刚度 K_A 和 K_B,再代入上式计算出支撑跨距 l_0 的值,再在结构设计时进行必要的修正。

3)缩短主轴前端的悬伸长度。这不仅可以提高轴系的刚度,而且也会减小主轴顶端处的振摆,一般取悬伸长度 $a=\left(\frac{1}{2}\sim\frac{1}{4}\right)l_0$。

4)提高支撑刚度。根据试验表明:主轴前端由于支撑变形引起的挠度约占总挠度的 30% ~50%,因此提高支撑的刚度是很重要的。提高支撑刚度的方法除从结构及材料上考虑外,对于滑动轴承应选用黏度较高的润滑油,减小轴与轴承间间隙,对于滚动轴承可采取预加载荷措施,都可有效提高支撑的刚度。

3. 减小主轴系统的振动及热变形

主轴系统的振动和热变形都将影响仪器精度。主轴系统振动主要来源是外界振动和主轴系统中转动部件的不平衡及电机和传动系统振动等引起,而电机及传动系统是其中主要的振源。因此高精度仪器已经很少用齿轮直接传动,而是采用各种隔振和减振结构,以减小轴系的振动,具体方法将在后面详细叙述。

主轴系统的热变形主要是由于主轴轴颈和轴承间摩擦发热和电机发热等引起的,因此必须控制轴系本身和外界热源的影响。其具体方法有:

(1)将热源与主轴系统分离。

(2)应用良好的润滑及摩擦小的结构(如采用气体静压轴承轴系),以减小摩擦发热,必要时还应采取冷却及散热装置。

(3)选用合适的材料,如使轴和轴承材料的线膨胀系数相近,以减小热变形的影响;结构中增加补偿件以抵消发热时尺寸的变化;或从结构上考虑使温度变化对轴系精度影响最小。

(4)合理安排止推轴撑位置。止推轴撑位置不同对轴系精度影响也不同,位置安排不合理甚至还会使主轴“卡住”。

如图 4－13 所示是轴系止推轴承的几种布局。

如图 4－13(a)所示的布局，即止推轴承装在前径向轴承及后径向轴承的外侧，这种布局装配方便，但主轴受热伸长会引起轴向间隙增大，因而增大了轴向窜动误差。

如图 4－13(b)所示的布局，即止推轴承装在后面径向支撑两侧，此布局结构简单，但主轴受热向前伸长，也影响主轴的轴向精度。故以上两种布局都不能用于要求轴向精度较高的仪器。

如图 4－13(c)所示的布局，即止推轴承装在前径向支撑的两侧，避免了主轴受热伸长对轴向精度的影响，但主轴的悬伸长度增大。图4－13(d)所示的布局，即两止推轴承都装在前径向轴承的内侧，克服了上述缺点，但结构复杂，装配不便。

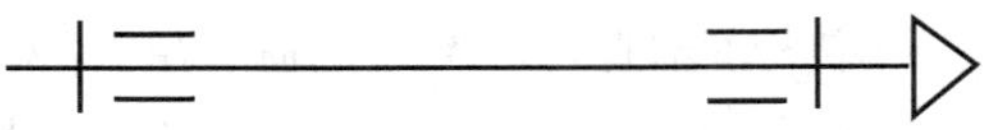
(a)

(b)

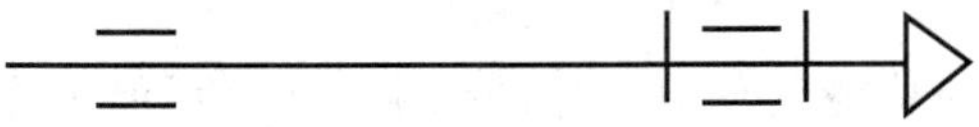
(c)

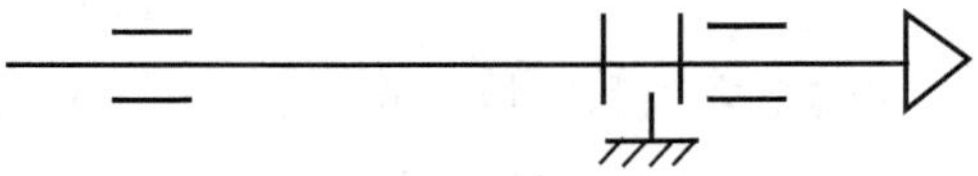
(d)

图 4－13　主轴推力轴承布置

4. 提高主轴和轴承的耐磨性

主轴和轴承的工作表面，应有良好的耐磨性，使轴系精度能长期保持不变。为了提高工作表面的耐磨性，一方面应选用耐磨的材料及进行各种相应的热处理（如淬火、氮化处理等），另一方面是设法减小工作面的摩擦，如用滚动摩擦代替滑动摩擦。近代高精度仪器日益广泛采用液体或气体静压轴系，可使运动工作表面几乎没有磨损，因而轴系回转精度得以长期保持。

5. 结构合理，装调方便

关于轴系结构设计问题，在“精密机械零件”课程中已经叙述。值得一提的是，在高精度轴系设计时，还应重视各组成零件连接和固定的方法，目的是减小装配后产生的内应力以及内应力引起的变形对轴系精度的影响。如图 4－14 所示为圆度仪球轴承中球体与轴的连接，如设计成图 4－14(a)的结构形式，装配时由于螺钉的紧固力，球体会产生局部变形，从而影响球体的圆度，并使轴系回转精度降低。如改成有肩胛的结构形式（见图 4－14(b)），螺钉紧固力作用在轴肩部分，仅轴肩部分产生变形，不会影响球体的圆度。

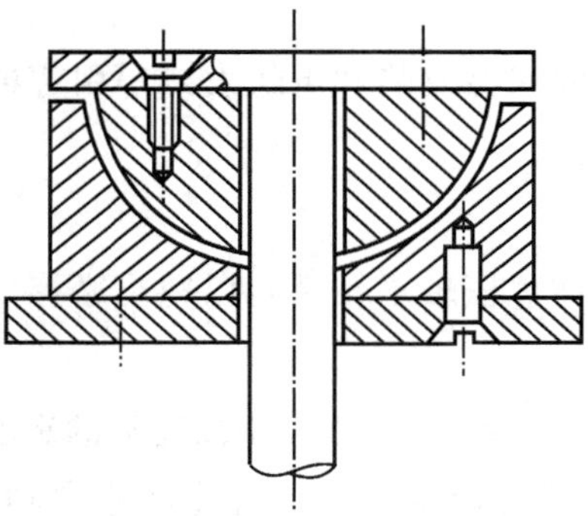
(a)

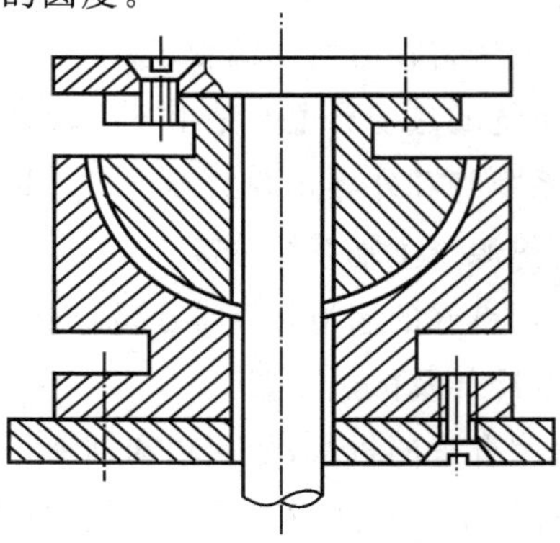
(b)

图 4－14　高精度球轴承

二、轴系的分类和结构形式

轴系因主轴轴颈与轴套之间的摩擦性质不同，可以分为以下几类：

(1)滑动轴承轴系。轴颈与轴套之间注入润滑油介质起润滑作用的轴系。

(2)液体动压轴承轴系。轴颈和轴套都浸在油液中，轴颈与轴套之间形成几个楔形缝隙而不是像滑动轴承轴系那样的均匀间隙，因此，当主轴回转时，油液在楔形缝隙中压力升高，可把主轴与轴套隔开，形成液体摩擦的轴系。

(3)液体静压轴承轴系。轴颈与轴套之间注入具有一定压力的液体介质，在介质压力作用下，使主轴与轴套隔离形成液体摩擦的轴系。

(4)空气静压轴承轴系。空气静压轴承轴系则是在轴颈与轴承间注入具有一定压力的压缩空气，使主轴轴颈与轴套形成气体摩擦的轴系。

(5)滚动轴承轴系。轴颈与轴套之间放入滚动轴承或圆球、滚柱等滚动体作为介质的轴系。滚动轴承轴系有使用标准滚动轴承、非标准滚动轴承的轴系及密珠轴承轴系等。

光电仪器轴系的作用是承受工作时的轴向和径向载荷，并要保证仪器所要求的回转精度。因此轴系设计时，在选择轴系类型的同时，还要考虑合适的结构形式，这样才能更好地满足轴系工作的要求。轴系的结构形式很多，常见的有以下几种(见图 4 - 15)：

(1)圆柱-止推。如图 4 - 15(a)所示，其径向载荷和径向回转精度由径向圆柱形轴承承受和保证，而轴向载荷和轴向精度则由止推轴承承受和保证。这种轴系结构形式最为常见。

(2)圆锥-止推。如图 4 - 15(c)所示，由两个锥形轴承和一个止推轴承构成。其径向载荷及径向精度由锥形轴承承担及保证，而轴向载荷及轴向精度则由止推轴承承受和保证，其特点是径向间隙可以调整。

(3)双锥。如图 4 - 15(d)所示，轴系两端轴承由两个锥角方向相反的圆锥轴承构成，既能承受径向载荷也能承受轴向载荷。

(4)圆柱-圆球。如图 4 - 15(e)所示，轴系两端轴承，一个是径向圆柱形轴承，一个是球形轴承。球形轴承承受径向和轴向载荷。

(5)圆锥-半圆球。如图 4 - 15(f)所示，轴系两端轴承，一个是锥形轴承，一个是半圆球轴承。

(6)双球。(包括圆球-半圆球及双半圆球等)由两个圆球形轴承、两个半圆球轴承或一个球及一个半圆球轴承构成(见图 4 - 15(b))。

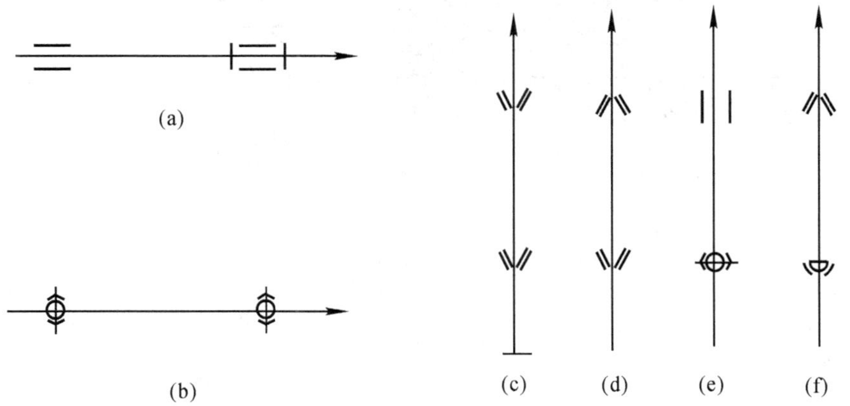

图 4 - 15　轴系的结构形式

在轴承结构设计时，采用哪一种类型轴系和什么样的结构形式，应从多方面考虑，包括轴系的精度要求，轴系的空间位置(立式轴系还是卧式轴系)，轴系的承载大小及制造厂的工艺条件等。

三、滚动轴承轴系

滚动轴承轴系可分为标准滚动轴承轴系和非标准滚动轴承轴系两类。

直接应用标准滚动轴承的轴系称为标准滚动轴承轴系。标准滚动轴承已标准化、系列化，并由轴承厂成批生产。在轴系设计时，只要根据负荷、转速、精度、刚度及空间大小等即可选用所需轴承。详细方法在“精密机械零件”课程中已经介绍，不再赘述。

非标准滚动轴承轴系中不用标准滚动轴承，一般是在轴颈和轴套间直接放入滚动体，因此结构紧凑。此外，轴颈与轴套上一般不加工出圆弧形滚道，因此容易达到较高的尺寸和形状精度。在光电仪器中，由于结构尺寸的限制(或希望结构小巧)，或因标准滚动轴承无法满足轴系精度要求时，就自行设计非标准滚动轴承轴系。非标准滚动轴承轴系又可分为普通非标准滚动轴承轴系和密珠轴系两种。

1. 普通非标准滚动轴承轴系

如图 4-16 所示的小模数渐开线齿形仪轴系就是普通非标准滚动轴承轴系。它具有以下特点：

(1) 径向回转精度由基圆盘 1 的内孔、主轴 2 的外圆以及两排滚珠 6 保证；轴向精度则由基圆盘的端面 A、主轴的肩胛端面 B 及滚珠 7 保证；没有圆弧滚道，结构简单，精度容易保证。

(2)顶针中心与轴系回转中心的重合不是靠加工达到的，而是将顶针 3 与主轴分为两件，利用四只螺钉 5 精确调节顶针座 4 达到要求的。

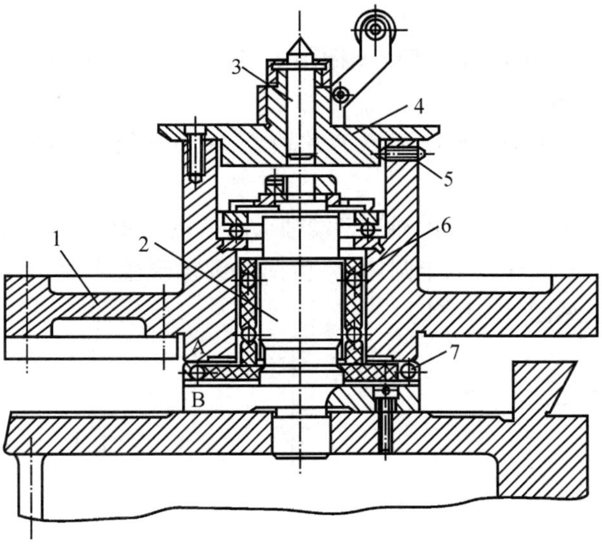

图 4-16　小模数渐开线齿形仪主轴系统

1—基圆盘；2—主轴；3—顶尖；4—顶尖座；5—螺钉；6，7—滚珠

轴向滚珠尺寸及数量的确定方法如下：

(1)滚珠个数的确定。由图 4-17(a)所示可得

$$z=\frac{180^\circ}{\arcsin\ (t/D_0)} \tag{4-6}$$

式中　t——隔离圈两孔中心的距离，一般取 $t=(1.2-1.5)d$，其中 d 为预选的滚珠直径；

D_0——隔离圈滚珠孔中心所在圆周的直径。

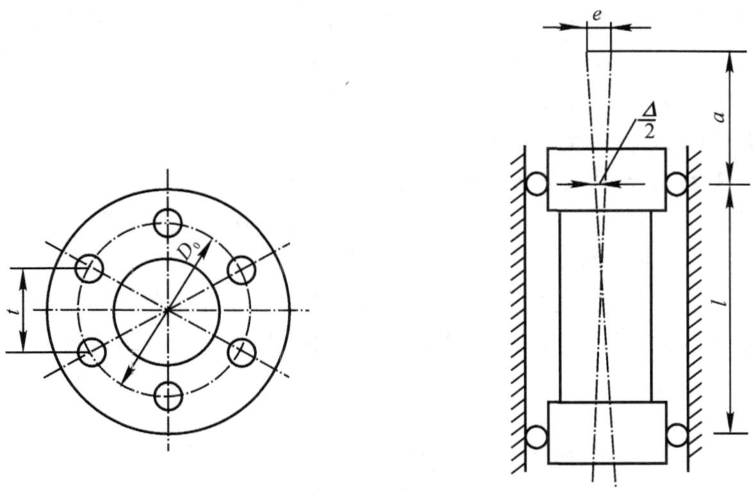

图 4-17　滚珠个数计算及滚珠形状误差对主轴回转精度的影响示意图

(2)每个滚珠承载大小 Q 的确定。其计算公式为

$$Q=\frac{P}{K^2}$$

式中　P——最大的轴向载荷；

K——承载因数，考虑到由于端面与主轴中心线不垂直而使滚珠受载不均匀，通常取 $K=0.8\sim0.85$。

(3)滚珠直径 d 的确定。设计时先预选滚珠直径 d，再根据强度和变形进行验算确定。

1)根据强度验算滚珠直径，即

$$d=\sqrt{\frac{Q_k}{c}} \tag{4-7}$$

式中　Q_k——计算负载，$Q_k=Q\alpha_1\alpha_2\alpha_3$。其中，$\alpha_1$ 为座圈转动因数，内圈转动时取 1，外圈转动时取 1.1～1.4；α_2 为负载情况因数，没有冲击时取 1，轻微冲击时取 1.2；α_3 为工作时间因数，1 000 h 取 1，2 500 h 取 1.32，5 000 h 取 1.62，10 000 h 取 2。

c——滚珠材料的许用负荷强度，约为 800～1 000MPa。

根据强度计算结果，选取标准的滚珠直径(查阅有关手册)及精度等级等。

2)根据变形验算滚珠直径。由材料力学可知，滚珠变形量的计算公式为

$$\delta=2\times0.755\sqrt[3]{\frac{2Q^2}{d}\left(\frac{1}{E_1}+\frac{1}{E_2}\right)^2} \tag{4-8}$$

式中，E_1，E_2 分别是滚珠和轴等接触平面的材料弹性模量。

由式(4-8)可以看出，当轴向载荷和滚珠个数一定时，大直径滚珠比小直径滚珠变形小，即刚性好。但轴和轴承结构尺寸确定后，当取大的滚珠直径时，滚珠个数比小滚珠少，每个滚珠的负荷增加。从式(4-8)可知滚珠变形与 Q 的 2/3 次方成正比，与 d 的 1/3 次方成反比，所以个数少的大直径滚珠变形反而比个数多的小直径滚珠变形大。故当结构尺寸和负荷已定时，一般可根据刚度要求选择最小的滚珠直径，直径小、数量多的滚珠组成的滚动轴系刚度较大。不过滚珠直径也不能太小，因为直径小数量就多，会使轮系摩擦力矩增大，影响主轴回转

的灵活性。

轴向轴承滚珠的尺寸差和形状误差，轴肩及基圆盘工作端面的形状误差和与轴线的垂直度误差都会引起顶尖的径向晃动及轴向窜动，因此在高精度轴系中，买来的高精度滚珠还需进一步精化，轴与轴套的工作面都应精研，并应严格控制工作端面与轴线的垂直度误差。

对于立式轴系，径向载荷较小，滚珠直径可选小些，使轴系结构更紧凑。滚珠在一个截面内排列的个数，主要应考虑如何使轴颈圆度误差对轴系回转精度影响较小。滚珠的个数可按式 N＝$N=2^z n$ 确定。式中，n 为轴颈圆度的波峰数；z 为指数，根据载荷大小、材料强度、轴系刚度及传动力矩大小等选定，可选 1，2，3…等正整数。例如椭圆直径 $n=2$，滚珠数可取 4，8，16，32 个；对三棱轴，$n=3$，则滚珠数 N 可取 6，12，24 等。

立式轴系中滚珠尺寸差和轴颈、轴套形状误差对轴系的定中心精度影响较大，图 4－16(b)所示为误差对轴系精度最不利的情况。当滚球形状误差为 Δ 时，顶尖的径向跳动量为

$$e=\frac{\Delta(a+l/2)}{l}$$

式中，l 为轴系上下二排滚珠之间的距离，a 为主轴悬伸长度。设滚珠直径为 6 mm，误差 $\Delta=0.2\ \mu\text{m}$，当 $l=a$、$l=2a$ 及 $l=3a$ 时，可求得顶尖处的跳动量 e 为 0.3 μm，0.2 μm 及 0.17 μm。如果将滚珠进一步精化，则轴系的精度还可以提高。

2. 密珠轴承轴系

密珠轴承轴系基本结构是由主轴、轴套以及介于两者之间并具有过盈配合的滚珠所组成的。没有圆弧滚道，轴颈、轴套及滚珠的尺寸和形状精度要求很高，再通过密集分布及有过盈配合的误差平均作用，可使轴系达到很高的精度。例如图 4－18 所示的 1″数字式光栅分度头轴系，主轴径向晃动及轴向窜动误差均小于 1 μm，就是采用了径向密珠轴承及有预加载荷的密珠止推轴承。径向密珠轴承的外环 3 和 7 与壳体内孔静配合后用同心棒研磨，内环 4 和 6 与主轴 5 过盈配合后再对外圆进行精加工，以保证内环外圆与主轴内锥孔同心，滚珠装配时，有 5 μm 的过盈量。因主轴较短并考虑装配方便，止推轴承 8 和 9 装在径向轴承两侧，通过螺母 1 及弹簧 2 调节预紧力。

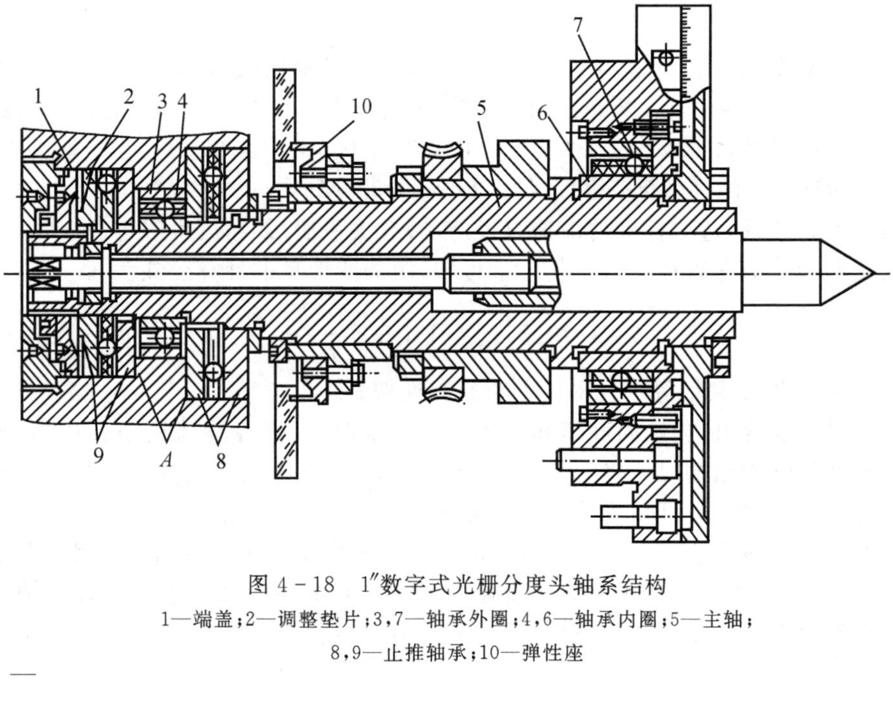

图 4－18　1″数字式光栅分度头轴系结构

1—端盖；2—调整垫片；3，7—轴承外圈；4，6—轴承内圈；5—主轴；

8，9—止推轴承；10—弹性座

密珠轴承具有以下特点：密集的滚珠起着轴承组成件误差平均效应作用，即减小了轴颈、轴套及滚珠误差对轴系回转精度的影响，又提高了轴系精度；滚珠一般按多头螺旋线排列，每个滚珠公转时都有自己滚道而互不重复，减小了滚道的磨损，从而提高了轴系的寿命。过盈配合相当于预加载荷，通过微量的弹性变形起着消除间隙、减小形状误差影响的作用，不仅提高了轴系回转精度，而且增大了轴系的刚度。因此，在严格控制轴颈、轴套及滚球形状误差及滚珠粒间尺寸差的基础上，适当选择滚珠的密集度和过盈量，以及合理的滚珠排列方式，是密珠轴承结构设计时主要应解决的问题。

(1)滚珠的密集度。适当提高滚珠密集度可以改善轴系回转精度，如光栅式齿轮单啮仪中密珠轴系，在上、下颈各放一排滚珠时测得的主轴径向晃动量为 0.45 μm，后改用三排滚珠，则主轴的径向晃动减小到 0.23 μm，所以适当提高密集度是有利的。但过多地增加滚珠数量，不仅会引起轴向结构尺寸的增大，而且摩擦力矩也随之增大，影响主轴回转的灵活性。密集度一般可根据主轴回转速度、灵活性要求以及结构尺寸等用类比法或试验法确定。

(2)滚珠的排列方式。滚珠排列方式最好使各个滚珠的滚道互不重叠，在直径的方向上相对排列。仍以 1″数字式光栅分度头为例，径向轴承滚珠排列方式为如图 4－19 所示的隔离圈孔的排列。

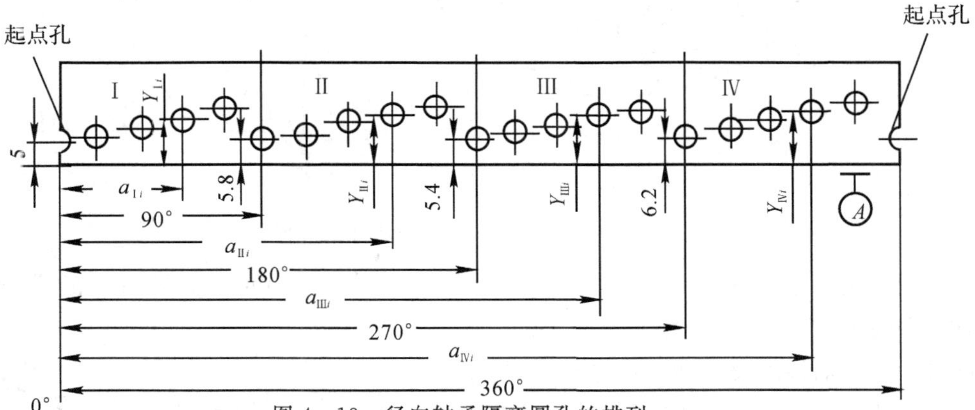

图 4－19　径向轴承隔离圆孔的排列

滚珠共 20 个，分布在四个象限内且按螺旋线排列。两相邻孔中心夹角 $\alpha=\frac{360°}{20}=18°$，相邻滚珠滚道轴向间距取 0.4 mm，则每个象限滚道间距应为 4×0.4 mm＝1.6 mm，则各象限孔的中心坐标应为：

$$\mathrm{I}\begin{cases}\alpha_{\mathrm{I},i}=0°+18°i\\ y_{\mathrm{I},i}=5+1.6i\end{cases}\begin{cases}\alpha_{\mathrm{I}0}=0°\\ y_{\mathrm{I}0}=5\end{cases}\begin{cases}\alpha_{\mathrm{I}1}=18°\\ y_{\mathrm{I}1}=6.6\end{cases}\begin{cases}\alpha_{\mathrm{I}2}=36°\\ y_{\mathrm{I}2}=8.2\end{cases}\begin{cases}\alpha_{\mathrm{I}3}=54°\\ y_{\mathrm{I}3}=9.8\end{cases}\begin{cases}\alpha_{\mathrm{I}4}=72°\\ y_{\mathrm{I}4}=11.4\end{cases}$$

$$\mathrm{II}\begin{cases}\alpha_{\mathrm{II},i}=90°+18°i\\ y_{\mathrm{II},i}=5.8+1.6i\end{cases}\begin{cases}\alpha_{\mathrm{II}0}=90°\\ y_{\mathrm{II}0}=5.8\end{cases}\begin{cases}\alpha_{\mathrm{II}1}=108°\\ y_{\mathrm{II}1}=7.4\end{cases}\begin{cases}\alpha_{\mathrm{II}2}=126°\\ y_{\mathrm{II}2}=9\end{cases}\begin{cases}\alpha_{\mathrm{II}3}=144°\\ y_{\mathrm{II}3}=10.6\end{cases}\begin{cases}\alpha_{\mathrm{II}4}=162°\\ y_{\mathrm{II}4}=12.2\end{cases}$$

$$\mathrm{III}\begin{cases}\alpha_{\mathrm{II},i}=180°+18°i\\ y_{\mathrm{II},i}=5.4+1.6i\end{cases}\begin{cases}\alpha_{\mathrm{III}0}=180°\\ y_{\mathrm{III}0}=5.4\end{cases}\begin{cases}\alpha_{\mathrm{III}0}=198°\\ y_{\mathrm{III}1}=7\end{cases}\begin{cases}\alpha_{\mathrm{III}2}=216°\\ y_{\mathrm{III}2}=8.6\end{cases}\begin{cases}\alpha_{\mathrm{III}3}=234°\\ y_{\mathrm{III}3}=10.2\end{cases}\begin{cases}\alpha_{\mathrm{III}4}=252°\\ y_{\mathrm{III}4}=11.8\end{cases}$$

$$\mathrm{IV}\begin{cases}\alpha_{\mathrm{IV},i}=270°+18°i\\ y_{\mathrm{IV},i}=6.2+1.6i\end{cases}\begin{cases}\alpha_{\mathrm{IV}0}=270°\\ y_{\mathrm{IV}0}=6.2\end{cases}\begin{cases}\alpha_{\mathrm{IV}1}=288°\\ y_{\mathrm{IV}1}=7.8\end{cases}\begin{cases}\alpha_{\mathrm{IV}2}=306°\\ y_{\mathrm{IV}2}=9.4\end{cases}\begin{cases}\alpha_{\mathrm{IV}3}=324°\\ y_{\mathrm{IV}3}=11\end{cases}\begin{cases}\alpha_{\mathrm{IV}4}=342°\\ y_{\mathrm{IV}4}=12.6\end{cases}$$

$(i=0,1,2,3,4)$

图 4-20 所示为该轴系止推轴承隔离板孔的排列，共有 48 个孔，每个象限两排滚珠，两相邻孔中心线的夹角 $\alpha=\frac{360°}{24}=15°$，相邻滚珠滚道间距取 0.3 mm，则每个象限内滚珠滚道间距应为 0.3×4 mm=1.2 mm。

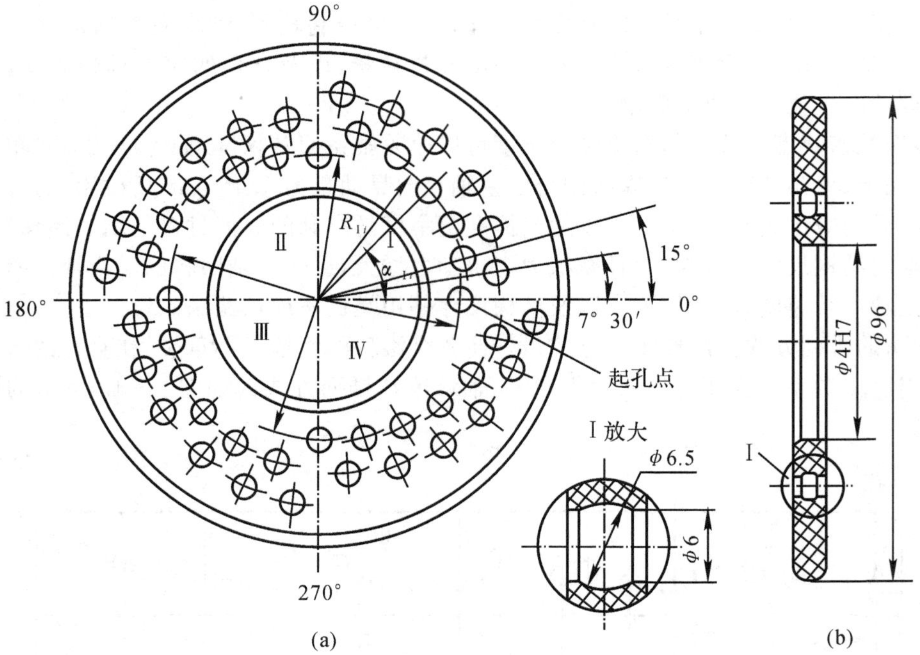

图 4-20　止推轴承隔离板孔的排列

(3)过盈量。过盈量应认真选取。如上所述，合适的过盈量可提高轴系的精度，增大轴系的刚度，一般不宜过大，因为过大的过盈会增大轴系摩擦力矩，加快磨损，同时也会影响旋转平稳性，甚至引起爬行、迟滞等现象，对轴系精度反而不利。最小过盈量可配合表面粗糙度确定，因为滚珠在滚动时会把粗糙度轮廓的峰顶压平，开始磨损也比较快，然后接触表面增大，磨损减小并趋向稳定。为了防止滚道出现间隙，所以对中等以上载荷的轮系，最小过盈量为

$$\Delta_{\min}=2R_{z1}+4R_{z2}+2R_{z3}$$

式中，R_{z1}，R_{z2}及R_{z3}分别为轴颈、滚珠及轴套表面粗糙度的平均高度。对于轻载的轴系，最小过盈量可取上述过盈量的一半。

最大过盈量应根据材料的强度、主轴的转速及轴系灵活性要求确定。因为过盈量太大会引起接触表面产生塑性变形，破坏轴系的精度，故过盈量在避免轴系因间隙晃动及保证需要刚度的前提下，以取小值为好。

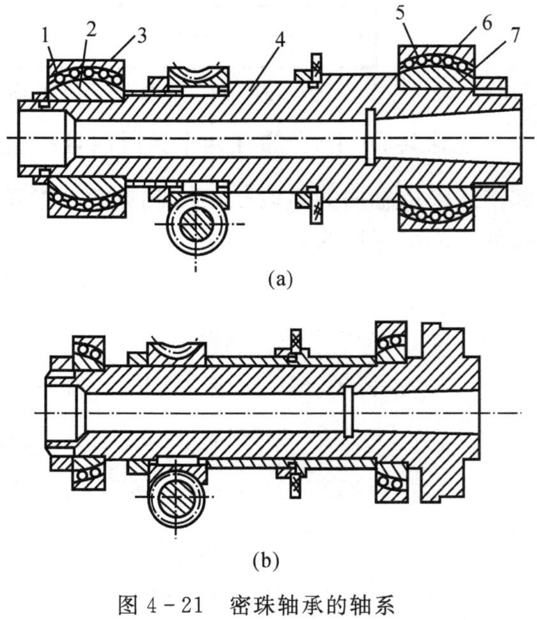

图 4-21　密珠轴承的轴系

(a)双列；(b)单列

1，5—滚珠；2，7—轴承内圈；3，6—轴承外圈；4—主轴

密珠轴系由于结构较简单、紧凑又能达到较高的回转精度，因此在光电仪器中使用比较广泛。图 4－21(a)所示为德国莱兹厂(Leitz)生产的 1″数字式光栅分度头采用的密珠双圆球轴系，其特点是滚珠多、刚性好，能同时承受径向和轴向载荷，且轴线自位性好。图 4－21(b)所示为法国 OPL 型 2″光学分度头轴系，为双半圆球密珠轴承，刚性比双球的略差，但工艺性较好。

四、精密轴系的驱动方法

如前所述，主轴系统的振动将直接影响轴系的回转精度，电机及传动系统的振动是主要振源之一，故对于高精度轴系设计时应重视轴系的传动方法及其结构，以保证轴系的回转精度。下面介绍几种精密轴系的驱动方法。

1. 设计的概念及特征

在传动中，皮带是一种挠性件，可以起到隔离及吸收电机和变速机构振动的作用，但传动时的单向受力及传动的不平稳性仍将影响轴系的回转精度。图 4－22 所示的卸荷皮带轮较好地解决了上述的缺陷。皮带轮的单向拉力由支架 3 承受，支架则固定在壳体 2 上。皮带轮再借助弹性块 5 驱动主轴，从而避免了主轴 1 的单向皮带拉力，传动也较平稳。

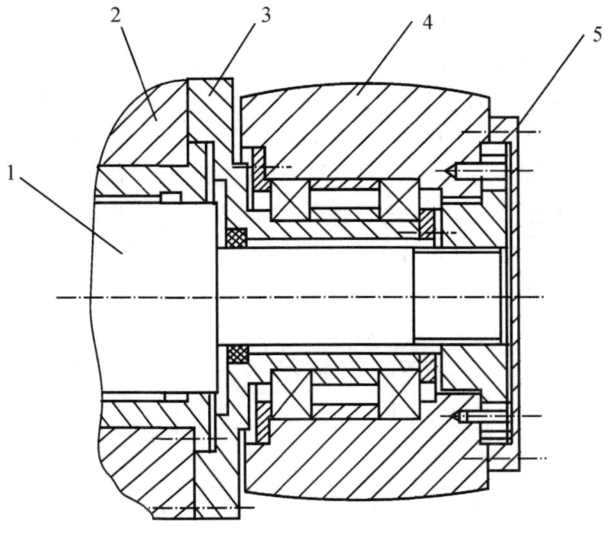

图 4－22　卸荷皮带轮

1—主轴；2—壳体；3—支架；4—皮带轮；5—弹性块

对静压轴承轮系可设计成卸荷轴承解决皮带单向拉力对回转精度的影响，其方法是在皮带拉力相反的方向上，轴承中减少一个或两个节流孔，如图 4－23(a)所示。图 4－23(b)所示则是在轴承上与皮带拉力相反方向处开一个卸荷槽，以平衡皮带的拉力。

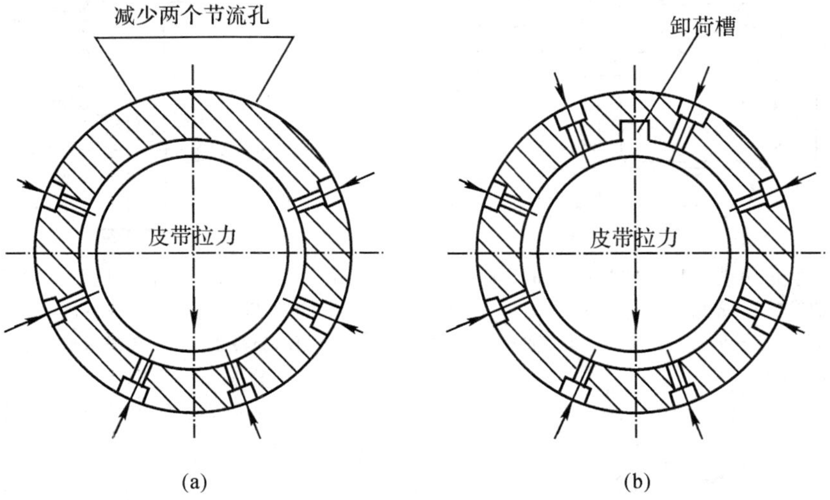

图 4－23　卸荷轴承

2. 挠性联轴器传动

应用弹性元件或吸振材料制成的并以力偶形式传递扭矩的联轴器称为挠性联轴器。这类联轴器可以避免主轴单向受力及减小传动系统振动的影响。在"精密机械零件"课程中已介绍过弹性联轴器，一种是主轴的扭矩是由传动轴法兰盘上的销子带动弹性圆盘，再把运动传递给主轴法兰盘上的销子从而使主轴旋转。弹性圆盘通常用橡胶、皮革、夹布胶木等非金属材料制成，利用这些材料的吸振性能吸收传动系统及电机的振动，并允许主轴和传动轴两轴线有微小的径向偏移和歪斜。另一种是弹性薄膜式联轴器，主轴和传动轴之间用弹性薄膜连接，薄膜的材料有硅钢及磷青铜等。这种联轴器的特点是几乎没有空回，也允许两轴线有不大的相对偏斜。弹性薄膜也可用波纹管代替。

下面介绍两种小负荷高精度轴系中应用的挠性联轴器：

(1)用弹簧的挠性联轴器。图 4－24 所示是激光扫描排字机的扫描头，根据扫描的要求，装有扫描棱镜 1 的轴系的径向晃动和轴向窜动误差都不能大于 2 μm，轴系结构为精密滚动轴承轴系。为了达到上述精度要求，必须采取隔离电机等的振动措施。

电机与扫描头分开，由皮带及皮带轮 6 带动传动轴旋转，再利用弹簧的挠性联轴器带动主轴旋转。具体结构是在主轴和传动轴转盘 4 及 5 上都装有两根销子，四根销子之间用四根弹簧相连。传动轴通过弹簧将运动传递给主轴。此结构简单，但传递的扭矩极小。这种结构隔振效果好，也允许两轴线有不大的偏斜。

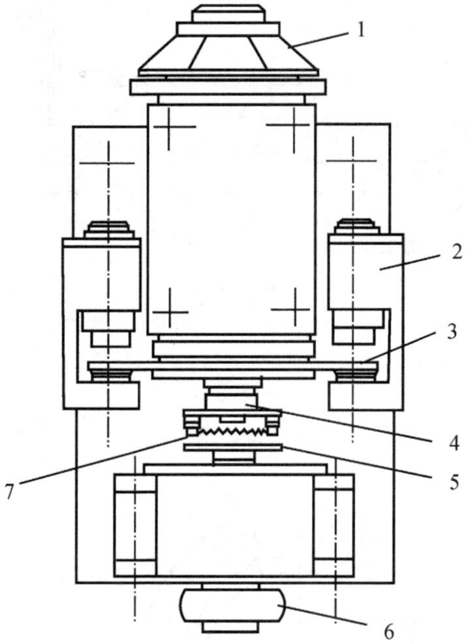

图 4－24　激光扫描排字机的扫描头示意图

1—扫描棱镜；2—光栅读数头；3—圆光栅；
4—主轴转盘；5—传动轴转盘；6—皮带轮；
7—弹簧主轴转盘

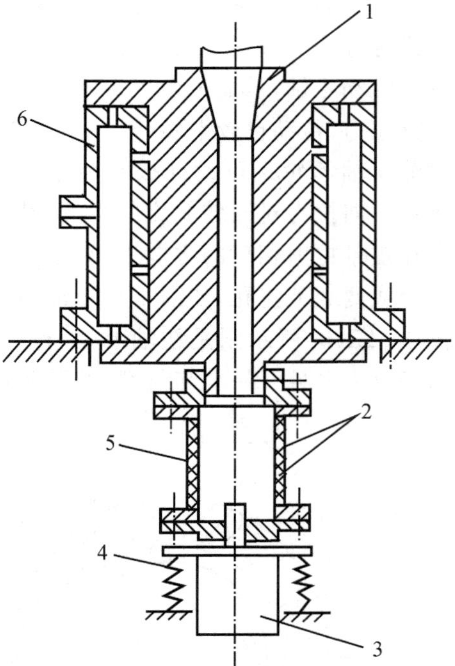

图 4－25　高速台式圆度仪的轴系示意图

1—主轴；2—尼龙布套；3—电机；4—减振弹簧；
5—泡沫塑料芯；6—气体静压轴承

(2)用纺织物的挠性联轴器。图 4－25 是测量轴承环用的高速台式圆度仪的轴系，为空气静压轴承轴系，轴系回转精度要求极高。其径向晃动和轴向窜动误差要求都不大于 0.1 μm。所以隔离电机等的振动影响极为重要，因传递扭矩很小，故在主轴 1 和电机 3 输出轴之间采用尼龙布套作为联轴器。布套有内外两层，中间用泡沫塑料充填以增强其刚度。电机的扭矩就是靠尼龙布套传递给主轴的。这种结构吸振效果极佳，但也只适宜于小扭拒轴系驱动。电机安装在仪器壳体上也用弹簧隔振。

3. 由电机直接传动

将电机的转子直接与主轴相连(或转子是主轴的一部分),转子相对于定子是非刚体接触,减少了产生振动的环节,所以轴系振动非常小,主轴旋转平稳,故适用于超高精度轴系驱动。这种结构形式,在美国、日本、英国、德国等国家普遍应用于光电仪器及精密机械轴系中;在国内常用于力矩电机和直流测速发电机,如图 4－26 所示。工件 3,6 是力矩电机的定子和转子,2 和 4 是测速发电机的转子和定子。转子都与主轴连接,定子则与壳体相连。测速发电机是用做速度反馈,以稳定主轴的转速(也可以用圆光栅等转角信息反馈进行稳速)。

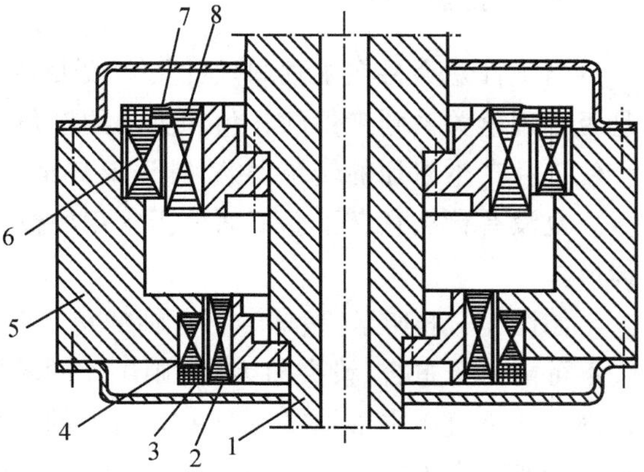

图 4－26

1—主轴;2—测速发电机转子;3—测速发电机电刷;4—测速发电机定子;5—壳体;6—力矩电机定子;7—力矩电机电刷;8—力矩电机转子

4. 空气叶轮驱动

图 4－27(a)所示是用空气叶轮驱动的精密磨头,转速达 1.1×10^5 r/min,主轴 10 由径向和止推静压轴承支撑,并利用叶轮喷嘴 9 喷出压力空气推动叶轮 4 并驱动主轴旋转。

叶轮的结构是在叶轮外圆柱面上加工出等分的逐渐加深的圆弧形槽,如图 4－27(b)所示(左图为沿叶轮圆周局部展开图)。

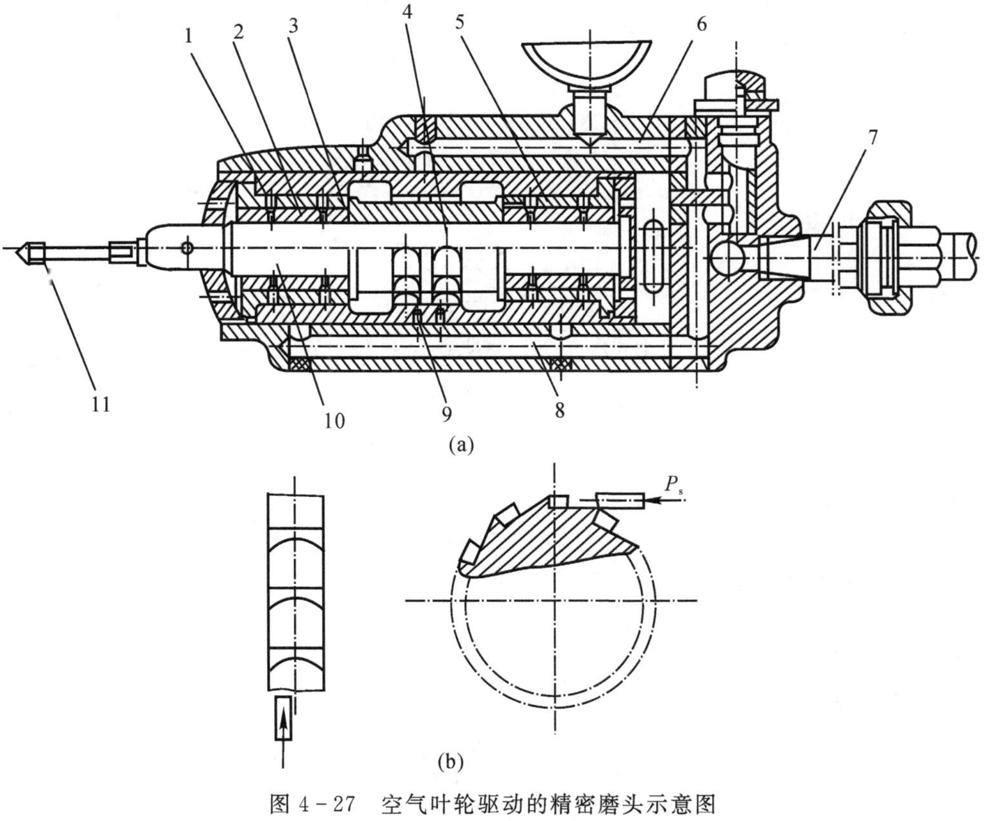

图 4－27　空气叶轮驱动的精密磨头示意图

1—径向轴承小孔节流器;2—径向轴承;3—止推轴承节流小孔;4—叶轮;5—轴承座;6—叶轮供气通道;7—进气管;8—轴承进气通道;9—叶轮喷嘴;10—主轴;11—砂轮

五、夹持器设计

当工件是夹持在主轴和顶针架两顶尖之间进行测量时，主轴带动工件旋转的夹持器设计是否合理就关系到工件的转角和主轴的转角是否同步的问题，也就是说夹持器设计的不合理会使工件产生附加的转角误差，其误差甚至会超出仪器的精度指标。这样，主轴本身回转精度再高也没有什么意义了。下面分析常用的拨球夹持器可能产生的附加转角误差及其合理的结构形式。

如图 4－28 所示，拨球 1 将主轴的角运动传递给拨杆 2 和工件 3。由于工件轴线与主轴轴线不可能完全重合（设夹角为 α），则工作的转角会有附加的误差。图 4－28 中左图为拨球运动轨迹。在垂直于主轴轴线 A—A 截面上的投影是半径为 R 的圆；右图为拨杆的运动轨迹，在垂直于被测件轴线截面上的投影显然是一个以 O 为对称中心的椭圆，长轴为 $2R$，短轴为 $2R\cos\alpha$，R 为拨球回转半径。

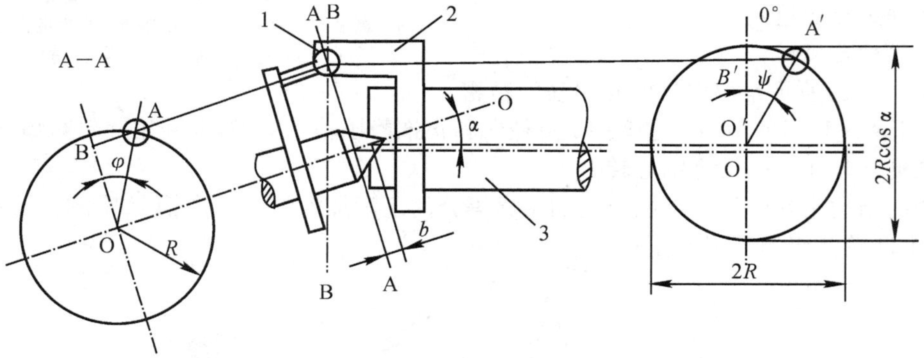

图 4－28　拨球夹持器的结构形式

1—拨球；2—拨杆；3—被测工件

由图 4－28 可得

$$\tan\psi=\overline{A'B'}/\overline{B'O'}$$

因为

$$\overline{A'B'}=\overline{AB}=R\sin\varphi$$

$$\overline{B'O'}=\overline{B'O'}-\overline{OO'}=R\cos\varphi\sin\alpha-b\sin\alpha$$

所以

$$\tan\psi=\frac{\sin\varphi}{\cos\varphi\cos\alpha-\dfrac{b}{R}\sin\alpha} \tag{4-9}$$

式中　φ，ψ——主轴和工件的转角；

　　　b——A—A 截面至主轴与工件轴线交点的距离。

将式（4－9）展开成泰勒级数，舍去高次项，可得

$$\psi=\varphi+\frac{b\alpha}{R}\sin\varphi+\frac{1}{2}\left(\frac{1}{2}+\frac{b^2}{R^2}\right)\sin 2\varphi\cdot\alpha^2$$

则转角误差 δ 应为

$$\delta=\psi-\varphi=\frac{b\alpha}{R}\sin\varphi+\frac{1}{2}\left(\frac{1}{2}+\frac{b^2}{R^2}\right)\sin 2\varphi\cdot\alpha^2$$

由上式可见，当 $\alpha=0$ 时，不存在转角误差。当 $b=0$ 时，$\delta=\dfrac{1}{4}\alpha^2\sin 2\varphi$，则 φ 在 0°，90°，180°，

270°时，$\delta=0$；当 φ 在 45°，135°，225°时，转角误差最大，即 $\delta_{max}=\pm\frac{1}{4}\alpha^2$。若取 $\alpha=20''$则 δ 的值也可以忽略不计。这就说明，当$b=0$时，δ 为 α 的二次误差，α 不大时可以忽略不计。

当 $b\neq0$ 时，存在 α 的一次误差，一般说来 α 不可能为零，故合理的夹持器设计应使 $b=0$。以下几种夹持器结构形式可使 $b=0$：

(1)拨球装在主轴上(见图 4－29(a))，可准确保证 $b=0$，但必须注意的是，由于 α 的存在，拨球在回转过程中同时存在球与拨杆槽的相对滑移(拨球嵌在拨杆槽中)，因此必须有较高的配合精度，特别是接触表面的平面度及与轴线的平行度，否则也会产生附加转角误差。

(2)拨球装在被测工件上(见图 4－29(b))，采用这种结构时，每次装夹被测件都要经过多次调整才能保证 $b=0$，故使用不太方便。

(3)弹性夹持器。用弹性片 2 代替拨球，结构上保证 $b=0$，如图 4－30 所示。这种形式的夹持器装夹比较方便，没有空程和不会磨损，传动精度也比较高。

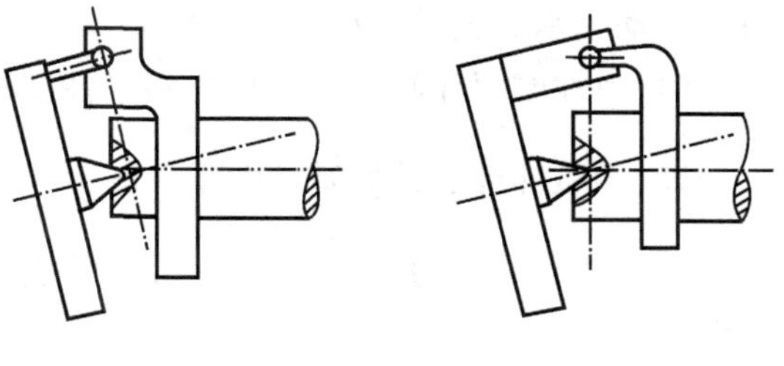

(a)　　　　(b)

图 4－29　夹持器结构形式

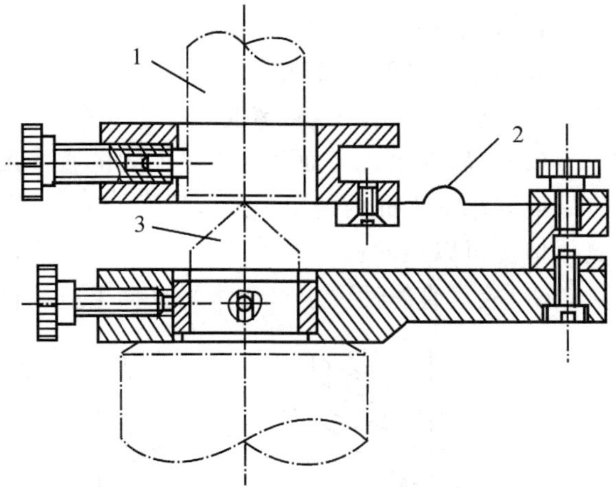

图 4－30　弹性夹持器

1—被测工件；2—弹性片；3—主轴顶针

4.3　导　　轨

一、导轨的功用及分类

1. 导轨的功用

在光电仪器中，导轨部件是应用最广也是最重要的部件之一。导轨部件由运动导轨(动导轨)和支撑导轨(静导轨)组成。动导轨上有工作台或拖板、头尾架及其他夹持部件、测量装置等。而静导轨则一般与仪器基座、立柱、横梁等支撑件连接在一起。因此，导轨部件的功能是不仅能可靠地承受外加载荷，而更主要的是能保证运动件定位和运动时的运动精度及与有关部件的相互位置精度。

2. 导轨的分类

按导轨面间的摩擦性质，导轨可以分为：

(1)滑动摩擦导轨。两导轨面直接接触，形成滑动摩擦的导轨。

(2)静压导轨。两导轨面间通入压力油或气体，使动导轨“浮起”形成液体或气体摩擦的导轨。其中又可分为液体静压导轨和气体静压导轨。

(3)滚动导轨。两导轨面为滚动摩擦的导轨，根据滚动体的不同可分为：滚珠导轨，滚柱导轨和滚动轴承导轨等。

(4)弹性摩擦导轨。是利用材料弹性变形使运动部件作精密小位移运动的特殊导轨。

二、导轨部件设计的基本要求

导轨部件设计的基本要求是:导向精度高、刚度大、耐磨、运动灵活平稳以及良好的结构工艺性等。

1. 导向精度

导向精度是导轨的主要精度指标,它指的是运动导轨沿给定方向作直线运动的准确程度。对导轨来说主要指运动的直线性,对其他基准线来说则是运动的方向性。

导向精度高低主要取决于导轨面的几何精度、装配精度及其他因素的影响,其大小可以用线值或角度值表示。导轨精度指标主要有以下几项:

(1)导轨在垂直平面及水平平面内的直线度。图 4-31(a)和(b)分别表示 V 形导轨在垂直平面和水平平面内的直线度,其误差为 δ。垂直平面和水平平面上的直线度要求,根据仪器具体情况可以相同也可以不同。例如,有的应用线纹尺作基准元件的仪器,其垂直平面误差影响较小,故其直线性要求可比水平平面上直线性要求低。

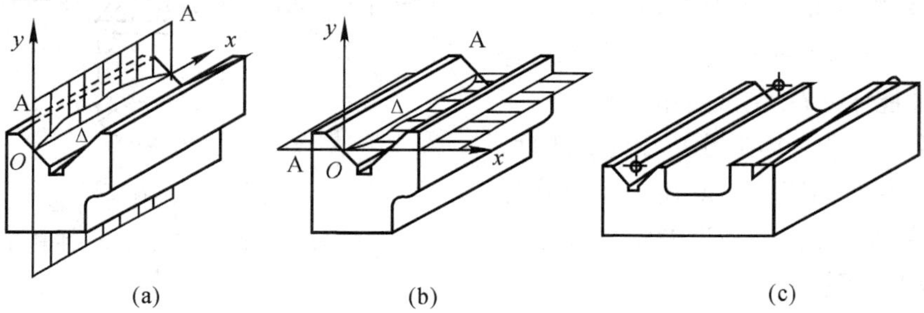

图 4-31　导轨在垂直平面及水平平面内的直线度及导轨间的平行度

(2)导轨间的平行度和垂直度。图 4-31(c)所示为两导轨的平行度。这项误差使运动件在运动时发生"扭曲"而影响导向精度。具有两个以上坐标的光电仪器,还应规定坐标之间即导轨间的垂直度。

实际上测量平面或测量空间中任何一点的测量误差是很复杂的,它是各个坐标误差及其他误差在这一点处的综合。对于单坐标测量系统,有导轨水平面上直线度误差和垂直平面上直线度误差,此外还有拖板运动时三项角度误差:绕导轨纵向轴线的角度误差,称为摆动误差;绕垂直于导轨的水平轴线的角度误差,称为俯仰误差;绕垂直于导轨平面方向轴线的角度误差,称为偏转误差。几项误差的矢量和即为单坐标仪器导轨误差引起的总误差(还不包括基准器的误差)。对于平面直角坐标系统,除两副导轨的 10 项误差外,还有两副导轨间相互垂直度误差,故为 11 项误差的综合(若包括两个基准器误差则为 13 项误差)。对于直角坐标的三坐标测量系统,则除三副导轨的 15 项误差外,还有三副导轨间 3 项相互垂直度误差,故为 18 项误差的综合(若包括基准器误差则共有 21 项误差)。

2. 刚度

导轨的刚度是指在外力作用下导轨抵抗变形的能力。导轨刚度取决于导轨本身的尺寸参数、结构、材料及与其连接的支撑件的刚度。在导轨设计时,根据仪器精度确定导轨应达到的刚度,除应合理选择上述有关参数外,必要时可以采用卸荷的方法,减小载荷,以减小导向导轨的变形(见导轨的卸荷和平衡)。

3. 耐磨性

光电仪器导轨面的磨损,是仪器精度丧失的主要原因之一,因此提高导轨面的耐磨性是延长仪器寿命的重要途径。除合理选用导轨类型外(如选用静压导轨,导轨的磨损就非常小),还可采取以下措施:

(1)降低滑动摩擦导轨面的比压。比压是指导轨接触面部分单位面积上承受载荷的大小,即

$$p=\frac{W}{A}$$

式中,W 表示载荷,A 为导轨承载面积。

导轨比压取得大,导轨磨损就快;比压取得太小,导轨尺寸增大。对高精度导轨,允许平均比压约为 4 N/cm^2,最大比压可取 7~8 N/cm^2。如果运动导轨要求有较高的灵敏阈,则比压可取得更小一些。

滚动摩擦导轨,则应通过合理选择滚动体的形式、大小和数量,以及导轨截面形状,使滚动体与导轨接触处的弹性变形在限定范围内。

(2)良好的防护和润滑。导轨上加装防护罩可以防止灰尘及污物落入导轨,减小导轨的磨损,同时还可以使仪器更加美观。良好的润滑可以减小导轨的磨损,减小摩擦发热,以及防止低速爬行。

(3)选用合适的导轨材料及热处理。滑动摩擦导轨的动导轨和静导轨,一般不用硬度相同的材料,因为硬度不同的材料的磨损比硬度相同的材料小。据国外资料,静导轨硬度最好比动导轨硬度大 1.1~1.2 倍(若用相同的材料,则应进行不同硬度的热处理)。这是因为动导轨一般较静导轨短,磨损后修复或更换比较容易。

滑动摩擦导轨的动导轨与静导轨所用材料搭配常用铸铁与铸铁、铸铁与淬火钢、有色金属与铸铁及有色金属与钢等。

对铸铁导轨进行淬火,可以使其表面硬度从 HB240~280 提高到 HB650 左右。这是提高耐磨性的重要方法。

在精加工后的导轨面上涂一层磷酸盐润滑薄膜,耐磨性可提高 3 倍,摩擦因数减小 30%~50%,还可以应用以聚四氟乙烯为主的塑料导轨,它具有摩擦因数小、耐磨、成本低等特点,特别适用于润滑不良或无法润滑的导轨,如垂直导轨及横梁导轨等。

滚动摩擦导轨则常用耐磨合金钢制造,精加工后进行热处理和研磨,可进一步提高导轨耐磨性和寿命。

上述是减小磨损的一些措施,但多数导轨的磨损仍是不可避免的,故设计时可采取调整的方法对磨损进行补偿,或采取均匀磨损措施。

4. 运动的平稳性

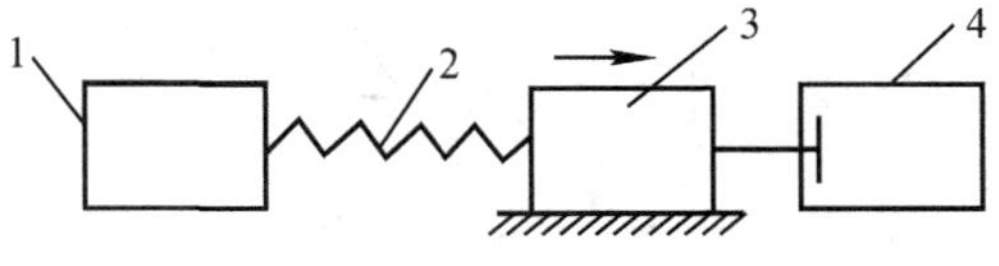

图 4-32 产生爬行运动的力学模型

导轨运动的不平稳主要表现为导轨低速运动时的运动不均匀即爬行。产生爬行的原因可用力学模型进行解释。如图 4-32 所示,主动件 1 以匀速运动,通过传动体 2(如齿轮、丝杠、螺母传动等)推动被动件 3(如工作台),传动件不可能是绝对刚体,故图中用弹簧进行模

拟。在主动件向右以极低的速度作匀速运动时，首先压缩弹簧 2，2 作用于被动件 3 的力在开始时小于被动件 3 导轨间的静摩擦力，3 不动，随着 1 的继续运动，弹簧 2 压缩量增大，被动件受到 2 的推力越来越大，当此力超过静摩擦力时，被动件开始运动，此时静摩擦转变为动摩擦，摩擦阻力减小，被动件 3 的速度增大，而且随着速度增大，摩擦阻力又进一步减小。同时，又由于弹簧储存的内能释放，也使速度增大，超过了 1 的速度，因此弹簧开始伸长，推力下降，被动件的速度也开始减慢。当推力等于摩擦力时，理应达到平衡，使被动作作匀速运动，但由于被动件的惯性作用，速度仍然较快，使弹簧进一步伸长，推力迅速下降。如果推力小到不能维持被动件运动时，被动件速度可能降低到零，即运动将出现停顿。接着上述现象再次重复，被动件就一快一慢，甚至一跳一停地运动，即所谓爬行。若运动速度较快，由于惯性较大和导轨间存在的黏性阻尼（相当于图 4-32 中的阻尼器 4），开始时的不均匀运动将逐渐平稳，最后接近于匀速运动，爬行即行停止。

综上所述，发生爬行的因素是：存在动静摩擦因数的变化，传动件刚性不足，被动件质量较大及运动速度太低。

通过理论分析可求出不发生爬行的临界速度为

$$v_C = \frac{\Delta f p_N}{\sqrt{4\pi\xi j m}}$$

式中 p_N——作用在导轨而上的正压力；

Δf——静摩擦因数与动摩擦因数之差；

ξ——阻尼比；

j——传动件刚度；

m——被动件的质量。

由上式可见，为防止爬行应尽可能减小 Δf 及提高传动机构的刚度。

三、导轨的截面形状

单个导轨截面形状是多种多样的，根据几何学观点，它们的形状有：平面形、三角形、矩形和圆柱形等几种，如表 4-2 所示。在这些基本截面形状的基础上，可以派生出各种特殊形式的导轨，如用两根圆柱代替 V 形导轨，可根据被设计的仪器特点灵活应用。

表 4-2　导轨截面形状及其特点

名　称	截　面　形　状	特　点　及　其　应　用
三角形导轨	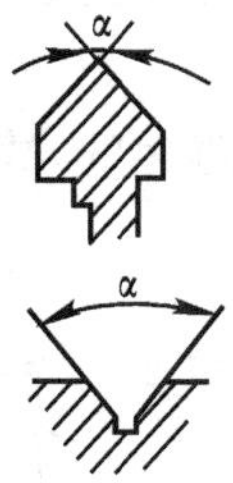	导向精度随顶角 α 的大小而导。α 愈小导向精度愈高，顶角一般取 90°。两侧面磨损后，能自动补偿间隙。凸形导轨有利于排除污物，但不易保存油液，凹形导轨则相反，水平与垂直两方向误差互相影响使制造与检修困难，适用于大中型仪器导轨

续表

名　称	截　面　形　状	特　点　及　其　应　用
矩形导轨		导向精度低于三角形导轨，但摩擦因数低，刚度高，加工、检修方便。水平和垂直两方向导轨的误差不会相互影响，可分别设计、承载能力大、新制的导轨精度可以很高，但磨损后不能自动补偿，需用镶条调节，适用于大、中、小型仪器导轨，一般用在载荷大、刚度高的部件
圆柱形导轨	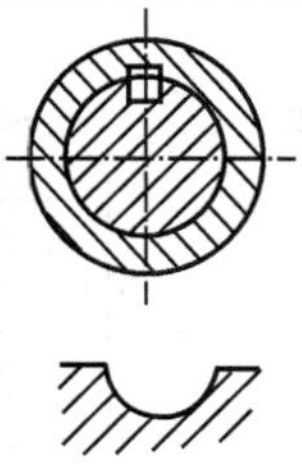	制造简单，可达到精密配合，对温度变化比较敏感，间隙小很易卡住，间隙大会使精度下降，磨损后不易调整间隙，适用于小型仪器的立柱等部件
燕尾导轨		尺寸紧凑，调整间隙方便，能承受倾复力矩，但制造、检修复杂，刚度较差，摩擦力大，适用于受力小、层次较多、尺寸紧凑、速度低的部件

四、导向原理

导轨的导向原理有运动学原理和弹性平均效应原理。

1. 运动学原理

运动学原理就是要限制动导轨 5 个自由度，即应有 5 个约束点。不同几何形体接触其约束点数是不同的。

图 4-33 所示是一个典型的按运动学原理设计的导轨。用三粒高精度的滚珠 1 与平面组成水平导轨，限制了 3 个自由度，两只聚四氟乙烯球端 2 与平面组成垂直面导向导轨，限制了两个自由度。水平方向的约束力由弹簧杠杆机构 3 的轴承提供，其接触点称为辅助接触点，而约束数仍为 5。

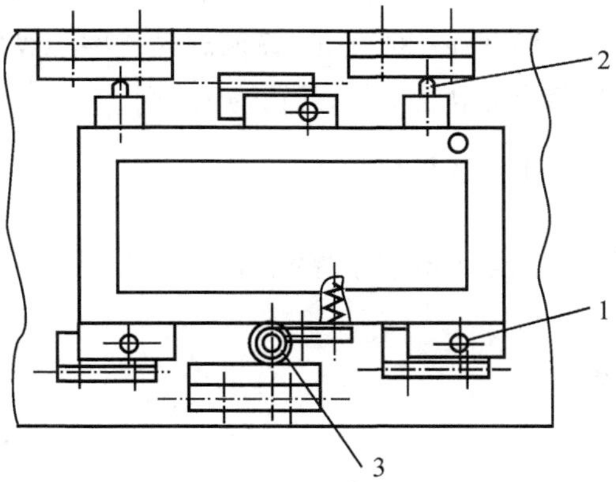

图 4-33　按运动学原理设计的导轨
1—精密滚珠；2—聚四氟乙烯接触头；3—轴承

完全按运动学原理设计的导轨，一般只适用于轻载荷、小量程仪器。当载荷较大或量程较长时，应考虑导轨的变形及运动可靠性问题。所以常用的是四个支撑点的导轨，实际上是过定位。但因导轨和滚动体均非绝对刚体，因此虽为过定位但仍能保证四个支撑点良好的接触和可靠的工作。当然，这要求有较高的导轨精度和精心的装配和调整。

2. 弹性平均效应原理

所谓弹性平均效应原理就是把导轨及滚动体等都看成是弹性体，因此可以在两导轨面间放入许多滚动体。虽然这些滚动体存在着微小的尺寸差，导轨面也存在形状误差，但因承受载荷而产生弹性变形，这样导轨及滚动体的误差由于这种弹性变形而得到平均，既提高了导轨的承载能力，又提高了导向精度，故在中型、特别是大型光电仪器滚动导轨中大多用此原理进行设计。

五、普通滑动摩擦导轨

普通滑动摩擦导轨是指两导轨面直接接触的导轨，其特点是结构简单，制造容易及接触刚度高；缺点是摩擦阻力大，容易磨损，动、静摩擦因数差别大，因此在低速时易产生爬行。导轨设计时，除要考虑如何限制其5个自由度以及如何达到规定的导向精度外，还要考虑运动导轨上（工作台上）有一定的承载面积。因此必须有两副相隔一定距离的导轨组成。这两副导轨的组合形式很多各有特点。

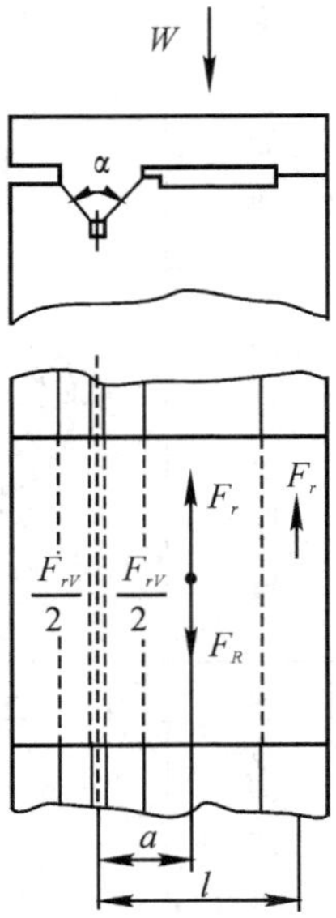

图 4－34　三角形和平面组合导轨

1. 常用的导轨组合形式

（1）三角形和平面组合。图 4－34 所示结构是用三角形导轨导向。平导轨和三角形导轨上工作台有一定的稳定承载面积。这是过定位的结构，应通过配刮或其他工艺方法使两副导轨面接触良好，但具有因形状简单对热变形影响较小等优点，故应用还比较普遍。缺点是两副导轨磨损不均匀，三角形导轨比平导轨磨损快，磨损后不能通过调整进行补偿。这种导轨设计时，还应注意合理安排牵引力的位置，使三角形导轨摩擦力 F_{rv} 和平导轨摩擦力 F_{rp}，组成的合力 F_r 与牵引力 F_R 在同一条直线上，否则就会产生力偶，传动时使导轨发生偏斜，影响导轨导向精度。

如图 4－34 所示，设两副导轨中心线的距离为 l，摩擦因数为 f，摩擦阻力的合力 F_r 距离三角形导轨为 a，总载荷为 W，则

平面导轨摩擦力
$$F_{rp}=\frac{1}{2}Wf \tag{4-10}$$

三角形导轨上摩擦力
$$F_{rv}=\frac{Wf}{2}\frac{1}{\sin\frac{\alpha}{2}} \tag{4-11}$$

因为
$$F_{rv}a=F_{rp}(l-a) \tag{4-12}$$

所以
$$a=\frac{F_{rp}}{F_{rv}+F_{rp}}l=\frac{l}{1/\sin\frac{\alpha}{2}+1}$$

由此可知，合力的位置与三角形导轨半角大小有关。合力的位置也就是传动机构牵引力所在的正确位置。

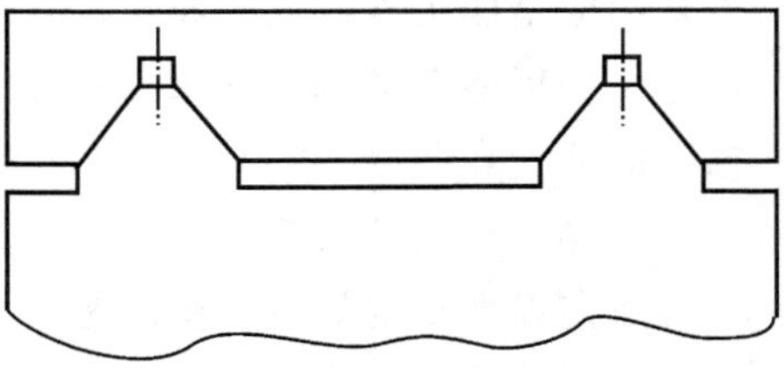
图 4－35　双三角形导轨

（2）双三角形导轨。如图 4－35 所示，两副三角形导轨能同时起支撑和导向作用，磨损均匀，使用寿命长。这种也是过定位的结构形式，因此需要精心进行配刮或磨削加工，工艺性较差。双三角形导轨对温度比较敏感，

即热变形对导轨精度影响较大。这种组合的特点是导向精度较高，磨损对精度影响不大，传动件牵引力应布置在两副导轨的中间位置。

(3)双矩形导轨。如图 4－36 所示，导轨承载面 1 和导向面 2 都是平面而且彼此分开，且容易制造和维修。辅助导轨面 3 和压板构成自封闭导轨，导向面处用镶条调节间隙，故接触刚性较差。

导向面的位置可有三种情况。图 4－36(a)所示为导向面在两副导轨的外侧，这种结构加工容易，但因两导向面间跨距大，热变形影响间隙变化也较大，从而影响导向精度。图 4－36(c)所示为把导向面布置在两副导轨的内侧，热变形对间隙及导向精度影响较小，但工艺性较差。图 4－36(b)所示为导向面布置在一副导轨的两侧，导向面间的距离最小，温度变化影响小，加工和测量都较容易达到较高精度，因此可减小导轨面间的间隙，导向精度较高，但这种结构传动件牵引力不可能与摩擦力的合力在同一条直线上，故传动时运动导轨易倾斜，甚至卡住。上述几种结构的选择，应根据具体情况而定，如载荷很小而温度影响较大，则可采用如图 4－36(b)所示的形状。

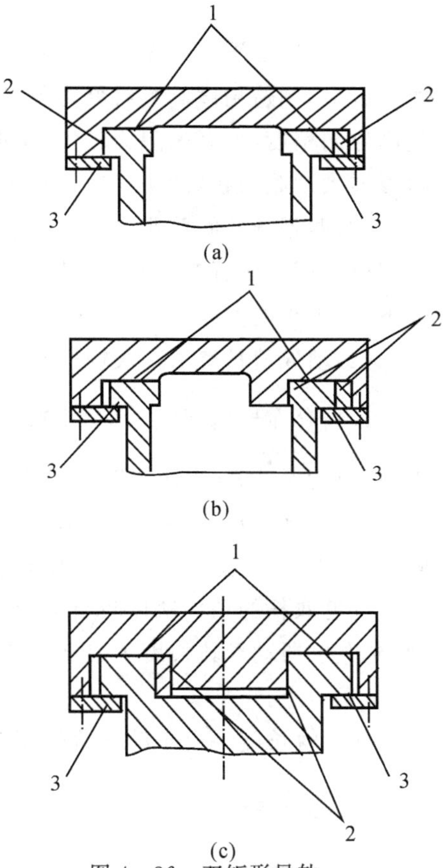

图 4－36　双矩形导轨
1—承载面；2—导向面；3—辅助导轨面

(4)圆柱导轨和防转导轨的组合。一副圆柱形导轨仅限制了 4 个自由度，作为直线运动导轨还要限制绕其本身轴心线回转的自由度，这就需要再加一副约束回转的导轨。图 4－37 所示为千分表表杆运动的圆柱导轨和球-槽组合的防转导轨。

测量杆 1 上下移动是靠一副圆柱形导轨(上下有两只导套，图中未画出)，导柱 2 与测量杆固结，另一端做成球端，与导向槽 3 滑动配合，限制了测量杆旋转的自由度，起一个约束点的作用。类似的防转导轨副可以做成圆柱与平面，小轴承与导向槽等导轨组合。还可以做成两副圆柱导轨组合，但因为是过定位，故工艺要求较高。

除上述常见的导轨组合形式外，还可根据不同性能要求组合成各种形式的导轨。也可以把滑动摩擦导轨与滚动摩擦导轨组合在一起，使导轨兼有滑动摩擦导轨承载大的特点又有滚动摩擦导轨运动灵活的优点。

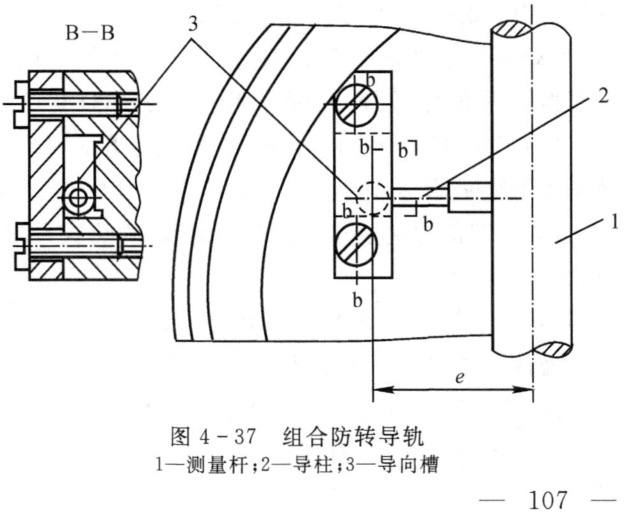

图 4－37　组合防转导轨
1—测量杆；2—导柱；3—导向槽

2. 导轨主要尺寸的确定

导轨主要尺寸是指导轨面的宽度、

三角形导轨角度、面导轨的跨度以及动导轨和静导轨的长度等。

(1)导轨面宽度 B。导轨面宽度与导轨承载大小有关,在动导轨长度 L 已定的条件下,若外载荷大,则宽度 B 也应增大。如已知仪器承载能力为 W,根据仪器精度要求选取合适的比压 p,则导轨宽度 B 应为

$$B=\frac{W}{pL} \tag{4-13}$$

(2)三角形导轨的角度。三角形导轨的角度一般取 90°。因为刮研导轨的箱形研具截面为正方形,制造精度高且维修方便,对温度也不敏感,因此 90°导轨精度较高。取小于 90°可以提高导向精度,但摩擦阻力较大,角度过小还会使动导轨移动时有楔紧作用。取大于 90°的导轨可增大承载面积,减小比压,但导向精度较低。

(3)两副导轨间跨距 l。取小的导轨跨距可以减小整机的外形尺寸,节约材料,但跨距小,当载荷作用点偏置时,会使运动部件不稳定。较合适的跨距应在保证运动部件工作稳定的条件下,取较小的值。

(4)动导轨长度 L。取较长的动导轨对导向精度及工作可靠性都有利,因为:

1)当存在导轨间隙 Δ 时,引起运动部件的倾侧,其角度误差 $\delta\alpha=\frac{\Delta}{L}$。可见导轨长度 L 愈大,则角度误差 $\delta\alpha$ 愈小,即导轨面间隙对导轨转角误差的影响较小。

2)当牵引力 R 与导轨摩擦阻力的合力 F 不在同一条直线上时,力矩 M 将使运动导轨倾侧,并增大运动阻力,严重时会使导轨发生自锁。导轨长度 L 增大将会使阻力减小。

可见取长的动导轨比较有利,但这会使仪器外形尺寸增大,既笨重又浪费材料。根据经验,光电仪器动导轨长度 L 和跨距 l,可取 $L=(1.2\sim1.8)l$,如结构上允许,L 也可以取为跨距 l 的 2 倍以上。

静导轨长度决定于动导轨长度和导轨工作行程。

六、静压导轨

1. 液体静压导轨

液体静压导轨是在两条相对运动的导轨面间,通入压力油使运动导轨浮起,形成液体摩擦的导轨。根据这一特点,液体静压导轨具有以下优点:

(1)由于导轨面间的压力油是靠外部供油实现的,故无论工作台运动或静止,均能满足液体摩擦而无磨损、无爬行,能长期保持精度,且有良好的抗振性能。

(2)工作台运动时,液体静压导轨能起着平均效应的作用,因而工作台运动精度远远超过导轨本身的精度,从而减小了导轨制造中微小不准确所产生的影响。

(3)承载能力决定于有效载荷面积、供油压力和节流器形式等,无论轻载或重载均能满足要求。

(4)由于是完全液体摩擦,因此启动功率非常小,机械效率高。

液体静压导轨的主要缺点是,需要一套可靠的供油装置来增加仪器的空间和重量。

由于它具有上述优点,国外一些仪器,如英国 Hydrocord 型三坐标测量机和 Talycenta 圆度仪均采用静压导轨,而且精度很高,如 Talycenta 圆度仪静压导轨的直线度达 0.5 μm。

(1)液体静压导轨工作原理。设在工作台导轨面开有 h 个油腔,每个油腔有适当宽度的节流边 S(见图4-38),导轨间隙为 h_0。来自油泵 5 的压力油流经溢流阀 4,调节压力为 p_s(称为供油压力)。这时流过节流器 2 (以符号表示)进入工作台 1 的每个油腔的压力油,其压力已降为 p_r(称为油腔压力),油腔中的油又经过轴承间隙流回油池。

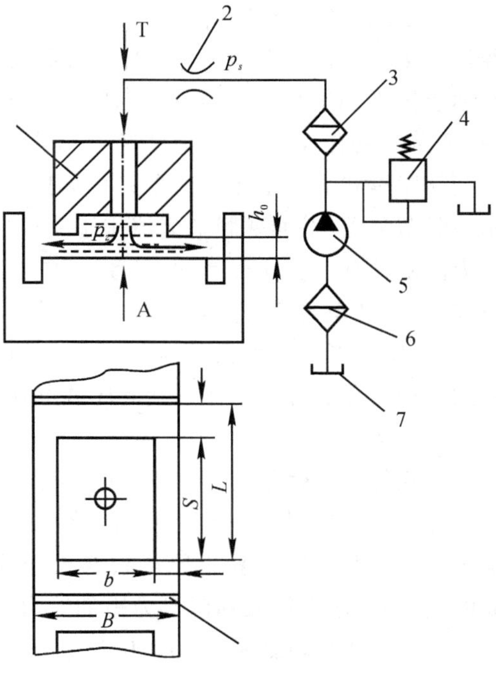

图 4-38　液体静压导轨工作原理
1—工作台;2—节流器;3—精滤油器;4—溢油阀;5—油泵;6—粗滤油器;7—油箱

当作用于工作台上的载荷增加时,油腔压力将随外载荷的变化而变化,保证工作台处于液体摩擦状态下运动。如何使油膜刚度保持在允许范围内,即具有一定的油膜刚性以承受外载荷的变化而变化,关键是节流器在起作用。

常用的节流器如图 4-39 所示。图 4-39(a)所示为金属做的小孔节流器;图 4-39(b)所示为毛细管节流器。在油路中加上这样一个简单的节流器之后,供油压力 p_s 使油液通过后,由于黏滞摩擦,压力降了 Δp,则油腔压力 $p_r=p_s-\Delta p$。有了压力降,当工作台受到载荷 T 作用时,导轨间隙减小,向外溢的油液阻力增大,油腔压力也就相应增大。这可根据电路与油路的相似性来说明。即

$$Q_{(\text{流量,相当于电流})}=\frac{p_{r(\text{油腔压力,相当于电压})}}{R_{h(\text{轴承间隙阻力,相当于电阻})}}$$

因为

$$Q=\frac{p_s}{R_h+R_{(\text{节流器阻力})}}$$

所以

$$p_r=\frac{p_s}{1+\dfrac{R}{R_h}}$$

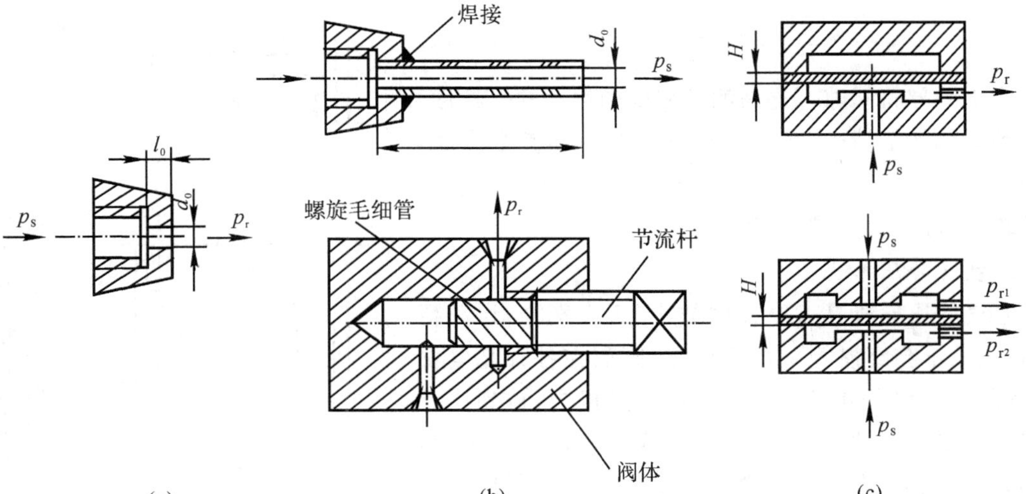

(a)　　(b)　　(c)

图 4-39　常用的节流器形式
(a)小孔节流器;(b)毛细管节流器(单面膜);(c)薄膜节流双面膜

由上式可知，导轨间隙 h_0 减小，阻力 R_h 增大，油腔压力 p_r 升高；反之则下降。如果外载荷的增量 ΔT 与油腔压力的增量 Δp_r 能满足 $\Delta T=(\Delta p_r \cdot F)n$（式中，$F$ 为油腔有效面积，n 为油腔数），则工作台可处于液体摩擦状态下工作。如果采用如图 4－39(c)所示薄膜节流器（双面薄膜节流器用于闭式导轨），节流阻力能随外载荷变化而变化，可使工作台垂直方向的位移极小，甚至为零，即达到很大的刚性。

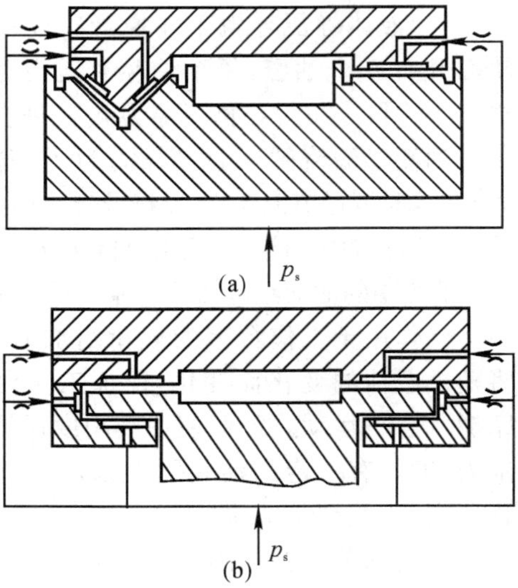

图 4－40　静压导轨

(a)开式静压导轨；(b)闭式静压导轨

(2)结构形式。根据导轨承受载荷的情况不同，其结构形式分为开式静压导轨和闭式静压导轨，如图 4－40 所示。

开式静压导轨如图 4－40(a)所示。它是在动导轨上开油腔，平导轨不少于两个油腔，三角形导轨不少于四个油腔。开式静压导轨只能承受垂直于导轨面的载荷，而承受偏载和倾侧力矩的能力较差。

闭式静压导轨如图 4－40(b)所示。因在动导轨的上下及左右两侧都开油腔，故不仅能承受垂直于导轨面的载荷，而且也能承受偏载和较大的倾侧力矩，但结构较开式静压导轨复杂，工艺性差。

(3)油腔结构及其参数的确定。油腔形状一般用“工”“王”“口”字形，如图 4－41 所示。这几种形状虽然不同，但只要尺寸 L,B,l,b 相等，便具有同样大小的承载能力，即具有相等的有效承载面积。

油腔尺寸与节流边有关，节流边太小，油腔压力难以建立；节流边过大，则油腔有效承载面积减小。承载能力下降。一般参考下式：

$$\frac{L-l}{B-b}=1\sim2 \tag{4-14}$$

取小的导轨间隙可提高油膜刚度和运动的平稳性，但受到导轨加工精度、表面粗糙度及节流器参数限制，一般 $h_0=0.02\sim0.06$ mm。动导轨全长的直线度和两条导轨平行度约为导轨间隙的 1/4～1/3。

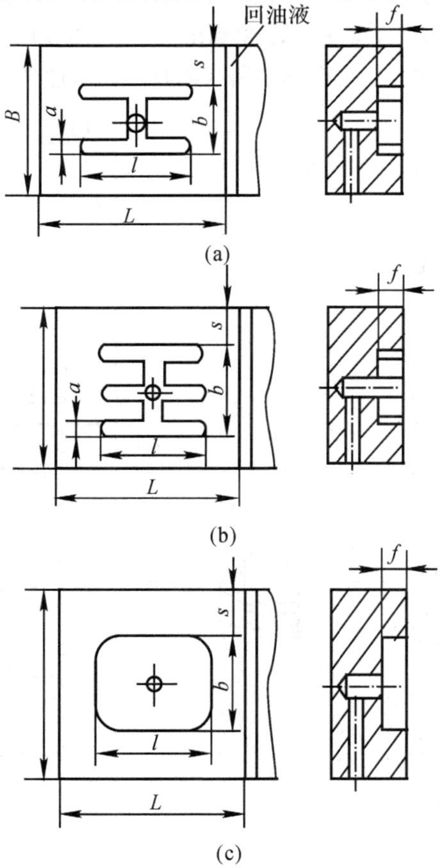

图 4－41　油腔结构

2.空气静压导轨

空气静压导轨具有摩擦因数小、工作平稳、运动精度高、几乎不会磨损等一系列优点，因而在各种光电仪器，特别是大型光电仪器如三坐标测量机中，得到广泛的应用。图 4－1 所示的龙门移动式三坐标测量机中，x,y,z 三个坐标的运动导轨全部应用空气静压导轨，其空气轴承的布置如图 4－42 所示。x 导轨有 6 个气垫，其中 16,24,20 是承载气垫，使整个龙门架垂直浮起；

21,23 为导向气垫。气垫 22 起平衡和预载荷作用,以保证气垫 21,23 与导向面之间的间隙和刚度。y 向和 z 向导轨上都有 9 只气垫,故全部有 24 只气垫。气膜厚度为 $4\pm0.5\ \mu m$,供气压力为 60 N/cm^2。

(1)气垫结构形式。气垫结构形式如图 4 - 43 所示。图 4 - 43(a)所示是具有中央进气孔的圆形气垫,气体由圆板中央进气孔进入,沿径向流出。图 4 - 43(b)所示是具有单环形槽进气孔的圆形气垫,有两个封气面,在环形槽气腔内有许多节流小孔,气体从这些小孔进入后,沿内外封气面流出。图 4 - 43(c)所示是具有双环形槽供气的圆形气垫。图 4 - 43(a)所示的结构耗气量最小,承载能力也小,图 4 - 43(b)及图 4 - 43(c)所示的结构耗气量大,承载能力和刚度也较大。这些结构形式的气垫既可用于导轨中,也可用于轴系的静压止推轴承中。

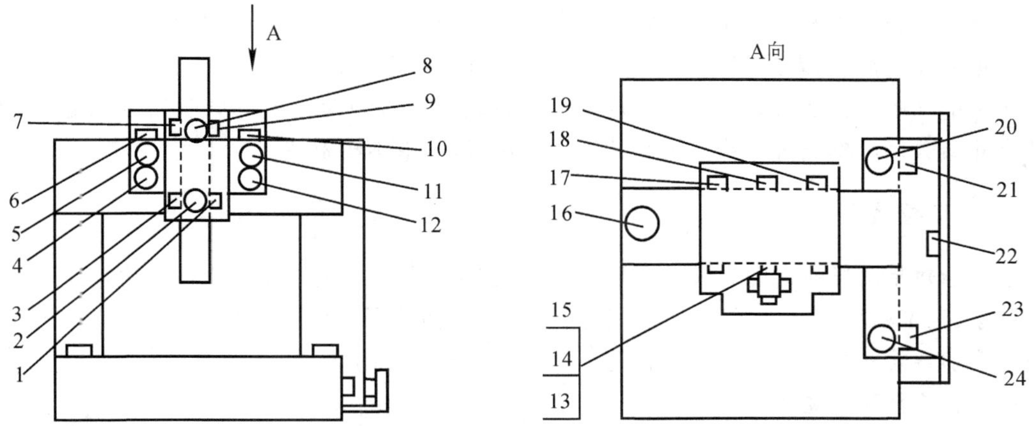

图 4 - 42　空气静压导轨空气轴承的布置图

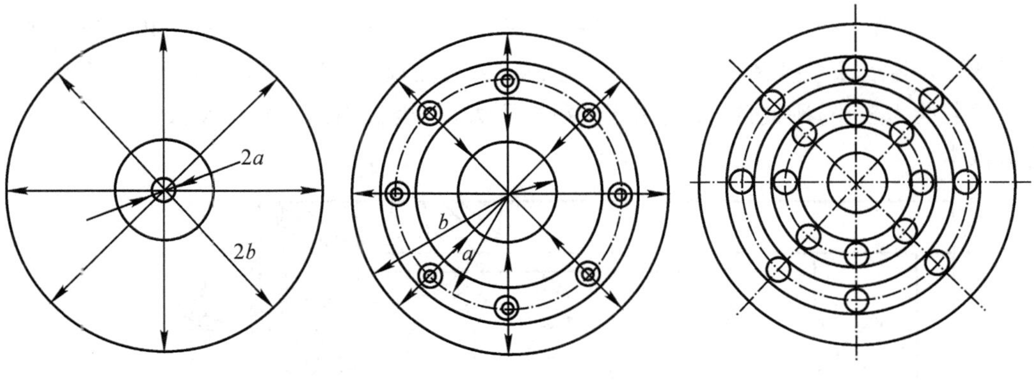

图 4 - 43　气垫结构形式示意图

(2)计算方法。设计计算方法基本上与空气静压轴系的相同。

1)计算气体在圆板间流出的流量 q_{V1}。对中央进气的两平行圆板,可推导出流量公式为

$$q_{V1}=\frac{\pi h^3(p_r^2-p_0^2)}{12\mu RT\ln\left(\frac{b}{a}\right)} \tag{4-15a}$$

式中,h 为气垫厚度,a 为气腔的半径,b 为气垫的半径。p_r 为气腔压力,p_0 为大气压力。

对具有环形槽进气孔的圆形气垫,式(4 - 15a)可变换为

$$q'_{V1}=\frac{\pi h^3(p_r^2-p_0^2)}{12\mu RT}\left[\frac{1}{\ln\left(\frac{b}{c}\right)}+\frac{1}{\ln\left(\frac{c}{a}\right)}\right] \tag{4-15b}$$

式中，c 为节流孔分布圆半径。

若满足 $\frac{b}{c}=\frac{c}{a}$ 即 $c^2=ab$，则从环形槽向外流出和向内流入的流量相等，这是环形槽的基本设计条件。

2）节流小孔进气流量 q_{V2} 与空气静压轴承中的式（4-16）相同。

$$q_{V2}=cA\rho_0\sqrt{2RT}\sqrt{\frac{\gamma}{\gamma-1}\left[\left(\frac{p_r}{p_s}\right)^{\frac{2}{\gamma}}-\left(\frac{p_r}{p_s}\right)^{\frac{\gamma+1}{\gamma}}\right]} \tag{4-16}$$

3）计算气腔压力及承载能力。根据流量连续性原则，流经节流小孔的流量应等于流经两平行圆板之间的流量，即式（4-15a）与式（4-15b）相等，解等式即可求出气腔压力。

从单个气腔压力及有效承载面积再乘以气腔数（气垫数）即可求得导轨的承载能力、刚度以及尺寸参数。可参照气体静压轴承计算方法进行，这里不再赘述。

七、滚动导轨

滚动导轨是两导轨面间为滚动摩擦的导轨，其主要特点是摩擦因数小、运动轻便灵活、无爬行现象、定位精度高、润滑简单、摩擦发热小。但结构比滑动摩擦导轨复杂，制造较困难，成本高。滚动导轨的抗振性比上述导轨差。

1. 滚动导轨的种类

滚动导轨按滚动体不同可分为：滚珠导轨；滚柱（针）导轨及滚动轴承导轨等。现分述如下：

（1）滚珠导轨。图4-44所示为常见的双V形滚珠导轨，动导轨和静导轨一般都加工成90°V形槽，因与滚珠点接触，故角度要求不太高，工艺性较好，摩擦因数小，导轨运动灵活。这种导轨承载能力较小，刚度低，故适用于外载荷不大、行程较小而导轨运动要求灵活的仪器及精密机械中。

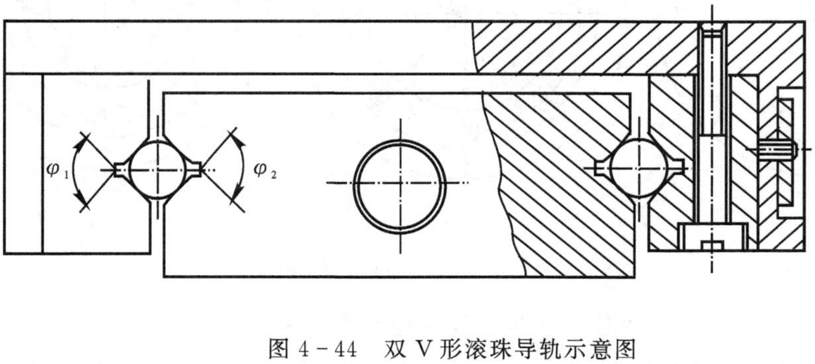

图4-44　双V形滚珠导轨示意图

图4-45（a）所示为19JA万能工具显微镜立柱的横向导轨。底座4上的导轨3为双V形滚珠导轨，立柱横向滑台上导轨2为V形和平面滚珠导轨。为了提高承载能力及减小磨损提高寿命，其V形导轨面用和钢球尺寸相同的圆柱研磨棒研出一条宽约1 mm的沟槽，以增加与滚珠的接触面积，实践证明这种方法效果很好。

为了克服V形滚珠导轨承载小、磨损快的不足，设计出了双圆弧滚珠导轨，如图4-45（b）

所示。导轨圆弧半径 R_2 大于滚珠半径 R_1，其比值 $R_1/R_2=0.85\sim0.95$，接触角 $\theta=45°$。由于接触面积增大，因而提高了承载能力和耐磨性，但灵敏阈略有降低，加工也比较困难。

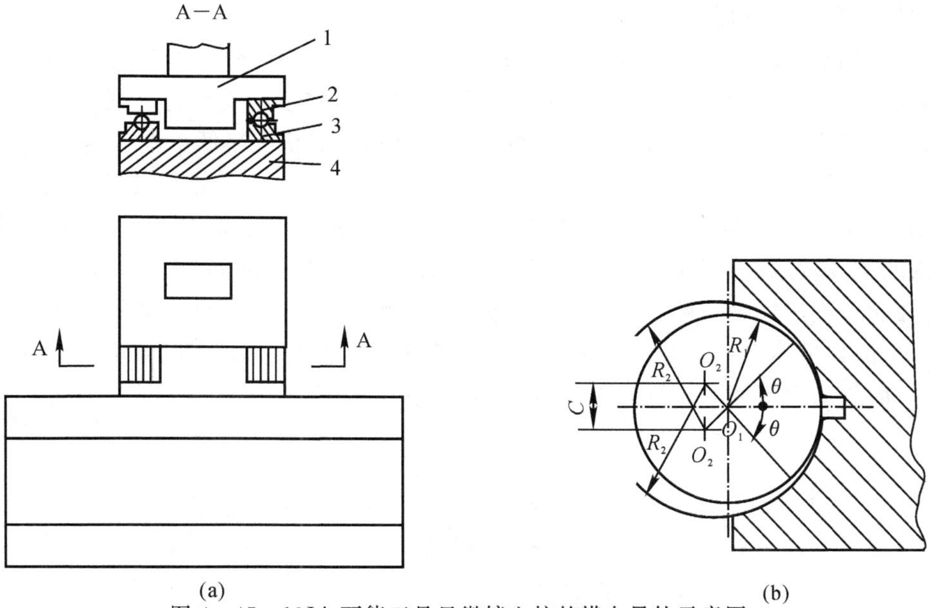

图 4-45 19JA 万能工具显微镜立柱的横向导轨示意图

1—主显微镜立柱底座；2，3—导轨；4—仪器底座

(2)滚柱(针)导轨。滚柱或滚针导轨的结构形式如图 4-46 所示，其中，图 4-46(b)和(c)中所示为滚柱采用十字交叉排列，这种导轨比滚珠导轨的承载能力大，耐磨性好，且对导轨面上的局部缺陷不敏感。但一副导轨的 V 形角差值要小，因为接触面比滚珠导轨大，故摩擦力较大，导轨运动的灵活性比较差。因此滚柱(针)导轨多用于重型仪器上，如重型万能工具显微镜导轨。图 4-46(a)所示为光电光波比长仪工作台导轨结构，它是一种 V 形和平面滚柱导轨，并用弹簧 1 将阻尼块 2 压在两条辅助面 3 上，组成一个阻尼器，使导轨能在任何需要的位置上稳定地定位。对导轨的技术要求很高，如基座上导轨直线度为 0.005/1 000 及 0.01/全长，工作台导轨的直线度和平行度均为0.005/1 200。

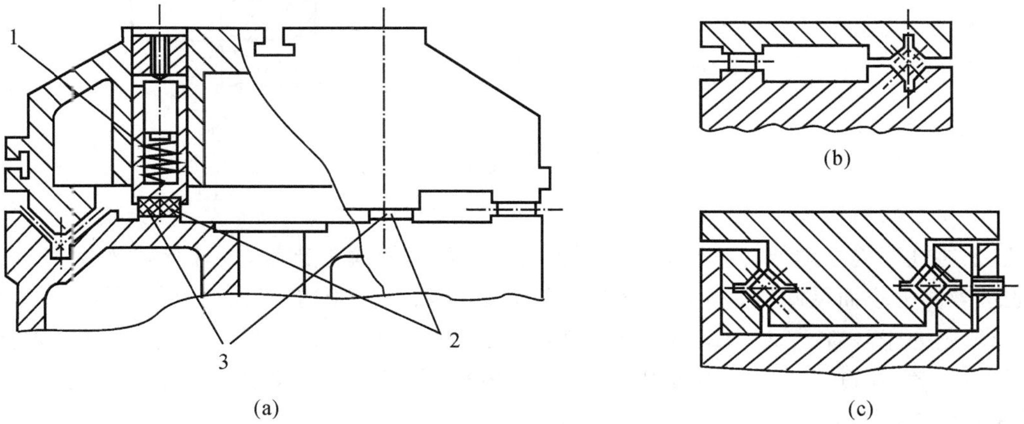

图 4-46 滚柱(针)导轨的结构形式示意图

1—弹簧；2—阻尼块；3—辅助导轨面

滚针比滚柱细且长，因此结构比滚柱导轨紧凑，在同样导轨长度上，滚针数量也比滚柱多。因此承载能力比滚柱导轨更大，对导轨的误差更有平均作用。所以滚针导轨宜用于外载荷大而且要求结构紧凑的仪器上。

(3)滚动轴承导轨。滚动轴承导轨应用标准滚动轴承，轴承不仅代替了上述的滚动体，而且一般安装在运动件(如工作台)上代替运动导轨(也可以安装在支撑件上代替静导轨)，其主要特点是：承载能力大，装调方便，适用于各种光电仪器。但精度略低于滚珠滚柱导轨，如要提高精度，则应对标准滚动轴承进行精化。图 4-47(a)所示为一种万能工具显微镜的滚动轴承导轨布局，图 4-47(b)所示为三坐标测量机主轴滚动轴承导轨的布局。导轨精度要求高时应设计特殊的滚动轴承，如图 4-47(c)所示。这种轴承由于其内环固定，而外环在导轨面上滚动，故外环比标准滚动轴承厚，而且外圆轴也做成圆弧形，以解决轴承安装轴轴线与导轨面不平行所产生的接触不良的问题。轴承中的滚珠都经过分选和精化，因此精度高于标准滚动轴承，轴承径向跳动常常要求达到 0.5～1 μm 范围内。

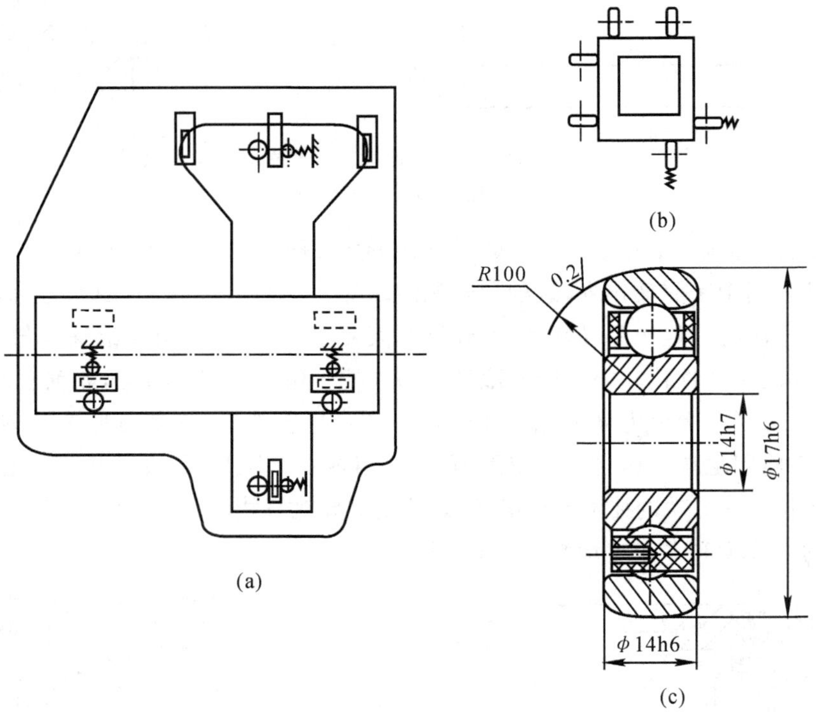

图 4-47　几种滚动轴承导轨

2.滚动导轨的组合设计

以上所述三类滚动导轨各有特点，从承载能力及灵敏阈上比较，滚珠导轨理论上为点接触，故承载能力小而灵敏性好。滚柱滚针导轨为线接触，故承载能力大而灵敏阈稍差，而滚动轴承导轨则介于两者之间，但调整方便是其特出的优点。故导轨设计时可根据仪器具体要求，选择其中一类，也可以用不同类型组合在一起，以便更好地满足仪器使用要求。下面是几种根据不同要求而组合的导轨。

(1)因承载和导向要求不同而组合的导轨。水平运动的矩形导轨其水平面除要保证平直外主要作用是承载面，而垂直面主要起导向作用。因此要求水平面上能承受较大的载荷，而垂直导向面则要求运动灵活。故水平导轨可采用承载能力较大的滚柱或滚针导轨，而在垂直面上采用滚珠或滚动轴承导轨。图 4 - 48(a)所示就是滚柱与滚动轴承组合的导轨，承载大刚度高，而导轨运动灵活性也较好。图 4 - 48(b)所示是水平导轨面用两种滚动体相间排列的导轨，其滚珠直径稍大于滚柱直径，没有外加负荷时滚珠承载，保证运动轻便灵活，而加载后由于滚珠及接触处弹性变形，则载荷由滚珠及滚柱共同承担，提高了导轨承载能力。

(2)为改善导轨结构工艺性而组合的导轨。为了保证导轨的导向精度而又便于加工和装配，往往把导轨的承载面和导向面分开，而且导向面又往往用滚动轴承导轨(见图 4 - 48(a))，这是因为可以通过调整机构，较易达到轴承装配的要求。

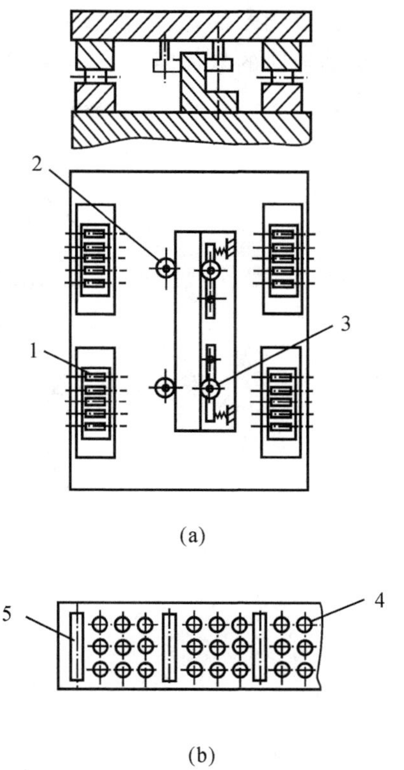

图 4 - 48　根据不同要求而组合的导轨

1—滚针；2，3—滚动轴承；4—滚珠；—滚柱

图 4 - 49 所示是另外两种结构工艺性较好的导轨例子。图 4 - 49(a)所示是用两根圆柱体代替 V 形导轨，由于圆柱体容易加工达到较高精度，而装配时也容易保证两圆柱体的平行度，且圆柱接触处磨损后维修方便，因为只要转过一定角度就可恢复精度。图 4 - 49(b)所示是用圆柱体代替凸 V 形导轨作动导轨。这种结构还可使 V 形导轨的角度要求不高，因此改善了 V 形导轨的工艺性。以上两种结构因均为点接触，故仅适用于要求导轨灵敏阈高而外载荷较小的仪器中。

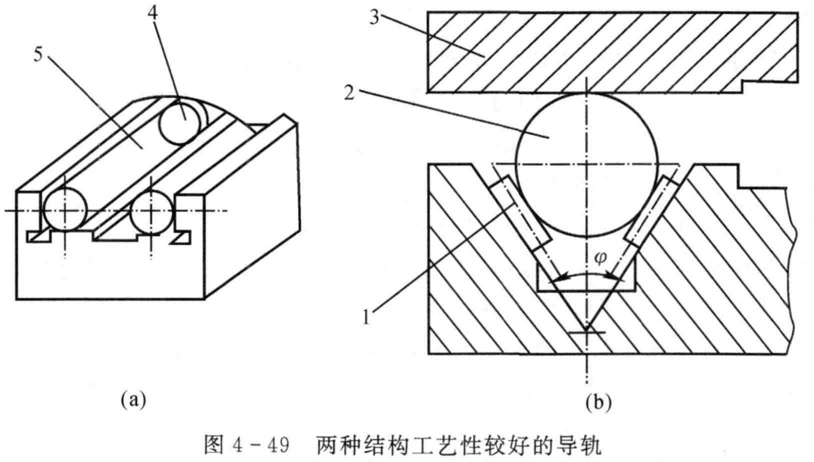

图 4 - 49　两种结构工艺性较好的导轨

1—滚针；2，5—圆柱体；3—工作台；4—滚珠

(3)要求运动灵活，又要求定位可靠、刚度大的组合的导轨。图 4 - 50 所示是丝杆动态检查仪中的尾架导轨。

尾架移动时，由于滚动轴承 2 在弹簧力作用下将尾架托起，因而变成滚动导轨，运动轻便灵活，定位时使弹簧压缩，靠滑动导轨面接触承载，因而接触面积大，刚度高且定位可靠，移动时不存在滑动摩擦，故不易磨损，导轨寿命长。

滚动导轨的摩擦阻力、承载能力及几何参数选择等问题可参阅《精密机械零件设计》等有关著作。

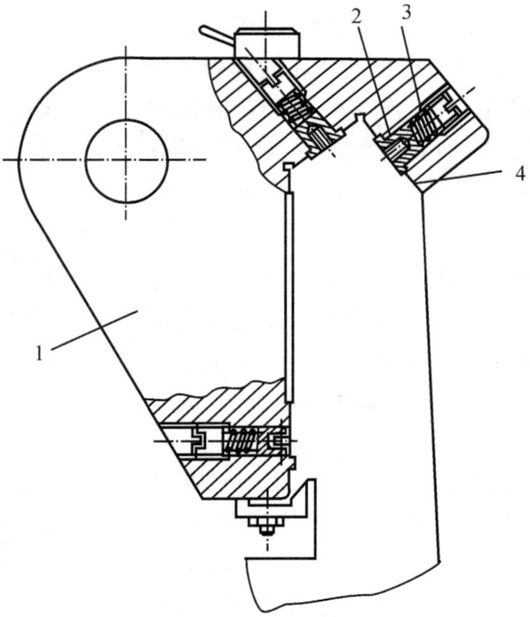

图 4－50　丝杆动态检查仪中的尾架导轨

1—尾架；2—滚动轴承；3—弹簧；4—滑动导轨

八、弹性摩擦导轨

弹性摩擦导轨是利用材料的弹性变形，使运动部件作小位移运动的特殊导轨。这种导轨的典型机构就是平行片簧机构，如图 4－51(a)所示。它是由定板 1、动板 3 及两平行片簧板 2 组成。动板 3 可在力 F 作用下相对于定板作平移运动。片簧机构的特点是：

(1)定板与动板之间无外摩擦，而只有片簧内分子间的内摩擦，即弹性摩擦，故称为弹性摩擦导轨。因无外摩擦，故摩擦力极小又不会磨损，导轨寿命长。同时也不会像普通导轨那样会因尘埃杂物导致导轨的磨损和损坏。

(2)传动中无间隙存在，因此灵敏阈高，精度高。

(3)因无外摩擦阻力，导轨运动轻便，能量损耗小，片簧变形所产生的反作用力稳定。

(4)运动部件可做成任何需要的复杂形状。

(5)动板相对于定板在小位移时基本上作平移运动。图 4－51(b)所示是片簧导轨在孔径测量仪上的应用实例。仪器应用光波干涉原理测量，将被测孔径与量块进行比较，反射镜 5 和测球 6 紧固在动板上，定板 8 可在滚动导轨上移动。当测球 6 与被测孔壁两侧接触时，反射镜分别位于 S_1 及 S'_1 处。若 S_1 到分光镜分光面的距离 L_1 等于分光面到小量块表面的距离 L_2 时，在视场内出现第一组干涉条纹。同样，当 L'_1 等于 L'_2 时，在视场上将出现第二组干涉条纹，因仪器用白光光源，如两次出现的零级干涉条纹都正好与分划板上指标线重合，则表示测球移动的距离正好等于两量块尺寸之差，否则可移动光路中的补偿光楔 4 改变光程，使零级干涉条纹与指标线重合。从光楔 4 的读数鼓轮上可读出差值，从而可算出被测孔径的大小。此处平行片簧导轨的作用是当测球与孔壁接触时，防止因定板位移精度不高而产生测力变化过大和测杆的变形而引起的误差。片簧材料是磷青铜，厚 0.06 mm，位移量（动板相对于定板）仅 0.03 mm左右，测力约 0.003～0.0 055 N，仪器精度为±0.5 μm。

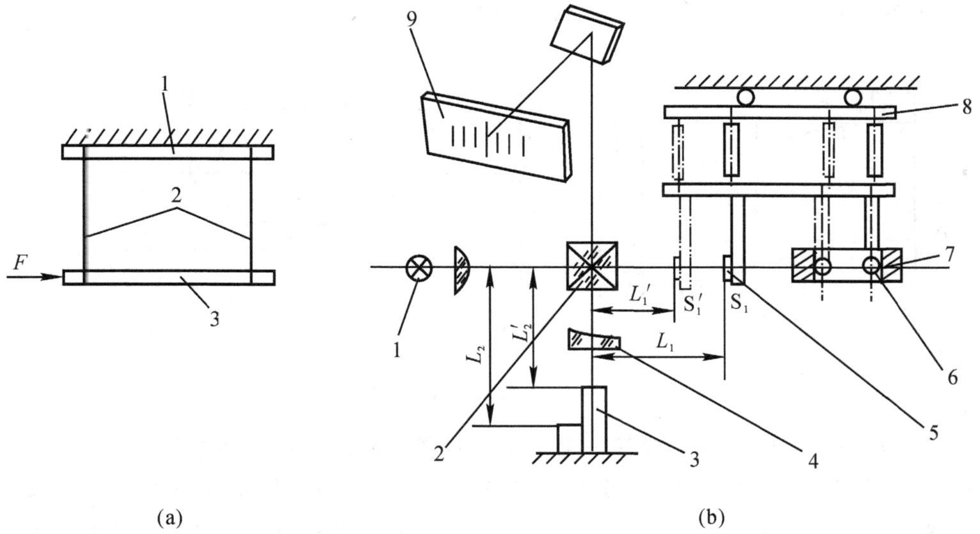

图 4-51　平行片簧机构

（a）

1—定板；2—片簧；3—动板；

（b）

1—光源；2—分光镜；3—量块；4—光楔；5—反射镜；6—测头；7—工件；8—定板；9—投影屏

另一种弹性摩擦导轨，片簧是圆周固定的且开有螺旋槽的圆片，如接触式干涉仪的测杆导轨，测杆与圆片中心部分固定，上下两组每组各两片弹簧圆片，其材料为 65 Mn，厚度为0.2 mm。

图 4-52 所示为一种称为柔性支系的微动台（美国国家标准局制造），它也是一种弹性摩擦导轨，用压电晶体驱动，是一种二级杠杆与柔性铰链结合的整体式结构，结构十分紧凑，微动台的位移量为 50 μm。下面就平行片簧机构的原理及结构设计进行较详细的讨论。

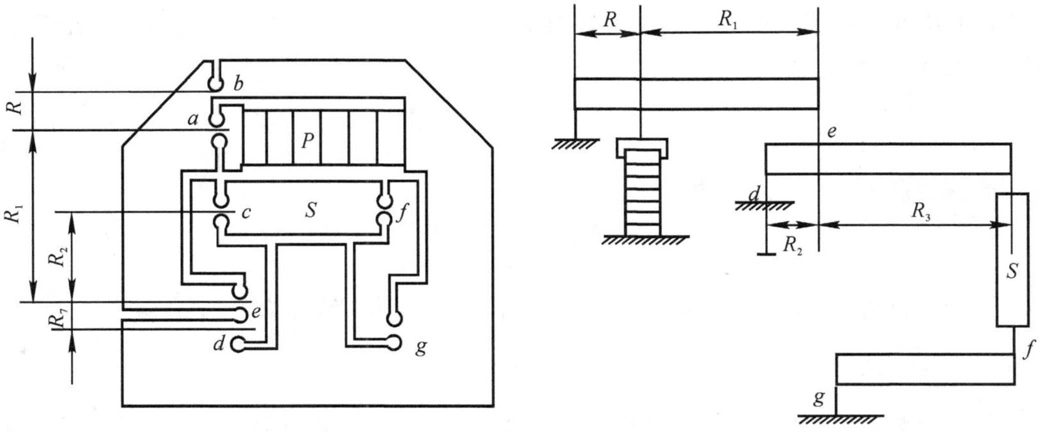

图 4-52　柔性支系的微动台

1. 平行片簧机构力和位移的关系

理论和实践证明：当定板和动板长度相同（指两片簧间距离相同），两片簧的自由长度相同，作用力垂直于片簧且作用点在片簧长度的 1/2 处时，则机构作理想的平移运动，在片簧机构设计时，应尽可能满足上述条件。

图 4－53 所示为平行片簧机构的力和位移的关系图。

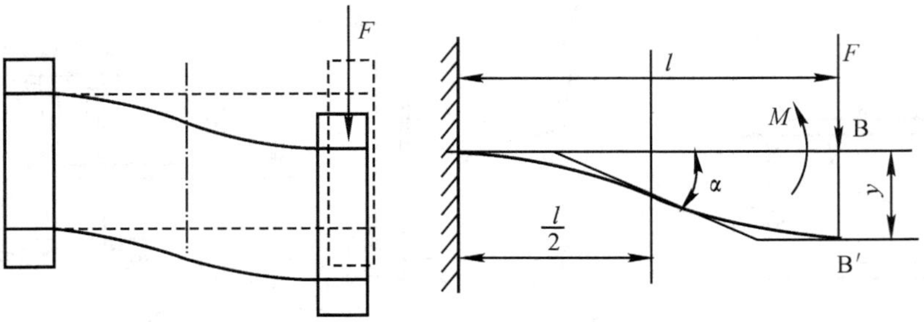

图 4－53　平行片簧机构的力和位移的关系图

图 4－53(a)所示为结构简图，当其一端受外力 F 作用时即发生平移运动。为便于分析其受力和变形的关系，现取一片片簧进行分析。如图 4－53(b)所示，片簧受力后由 B 点移至 B′点。因为片簧端点只能平移不能转动，所以 B′点的切线仍在水平位置。这可以设想为动板对 B 点有一个力矩 $\boldsymbol{M}$，此力矩阻止片簧在受力弯曲时在 B 点的回转。片簧可视为一悬臂梁，在外力 $\boldsymbol{F}$ 作用下的转角 α 可由下式表示：

$$\alpha=\frac{\boldsymbol{F}l^2}{2E\boldsymbol{I}} \tag{4-17}$$

式中，E 为片簧材料的弹性模量，$\boldsymbol{I}$ 为其截面轴惯性矩。

在力矩 $\boldsymbol{M}$ 的作用下，B 端向反方向回转，其转角 α' 应为

$$\alpha'=\frac{\boldsymbol{M}l}{E\boldsymbol{I}}$$

只有当 $\alpha=\alpha'$ 时，B′点的切线才可能仍在水平方向，所以

$$\frac{\boldsymbol{F}l^2}{2E\boldsymbol{I}}=\frac{\boldsymbol{M}l}{E\boldsymbol{I}} \qquad \boldsymbol{M}=\frac{\boldsymbol{F}l}{2}$$

B 点的挠度 y 应等于作用力 F 和力矩 $\boldsymbol{M}$ 所产生的挠度的代数和。由材料力学知识可知，力 F 和力矩 $\boldsymbol{M}$ 产生的挠度 y_1 及 y_2 应为

$$y_1=\frac{\boldsymbol{F}l^3}{3E\boldsymbol{I}} \qquad y_2=-\frac{\boldsymbol{F}l^3}{4E\boldsymbol{I}} \tag{4-18}$$

则合成挠度 $y=y_1+y_2$ 应为

$$y=\frac{\boldsymbol{F}l^3}{3E\boldsymbol{I}}-\frac{\boldsymbol{F}l^3}{4E\boldsymbol{I}}=\frac{\boldsymbol{F}l^3}{12E\boldsymbol{I}}$$

上式是一片片簧所产生的变形，则平行片簧导轨的力和位移关系应为

$$y=\frac{\boldsymbol{F}l^3}{24E\boldsymbol{I}}$$

片簧各参数和材料确动定后，L，E，$\boldsymbol{I}$ 都是常数，从上式可见力和位移成线性关系。因此片簧机构还可以用在需要力和位移成线性关系的弹性传动元件中。

因为片簧很薄，所以在受压方向(动板向定板方向受力)的刚度很差。所以一般建议动板应在定板下面，或都处于垂直于水平面方向。

2. 平行片簧机构设计时几个问题

(1)材料及几何参数的选择。决定平行片簧导轨特性的主要是片簧，即片簧的材料及几何参数。片簧材料常用的是弹簧钢片(如 65 Mn)和铜合金片(主要是磷青铜和铍青铜)及特殊弹性材料。弹簧钢片的刚度较大，但容易疲劳破坏，应根据具体要求选择。

片簧的尺寸一般希望长一些，有利于动板位移的平行性，但刚度较小；宽度希望大一些，有利于增大侧向抗扭、抗压刚度。厚度则视使用要求而异，如在测力机构中，可视测力的大小及测力恒定程度要求而定，要求测力小而测力恒定时，应选取厚度小的片簧。

(2)带夹板平行片簧导轨。片簧厚度小时，片簧在一定位移量时力的变化也小，但带来的缺点是刚度小，且动板的运动平移性也难以保证。解决这个矛盾的方法是应用带夹板的平行片簧，如图 4－54(a)所示。

这种结构使导轨的抗压及抗扭刚度有了很大提高。加夹板后片簧的四个自由长度 c 应相等，c 的大小可在 1～2 mm 范围内选择，扭矩大时选取较小的值。

图 4－54(b)所示是有夹板和无夹板平行片簧运动特性比较，横坐标代表动板位移量 s，纵坐标代表动板转角误差 θ，曲线 1 为无夹板片簧特性曲线，2 为有夹板片簧特性曲线。可以看出，有夹板时运动的平移性要比无夹板时好(即运动时转角 θ 小)。

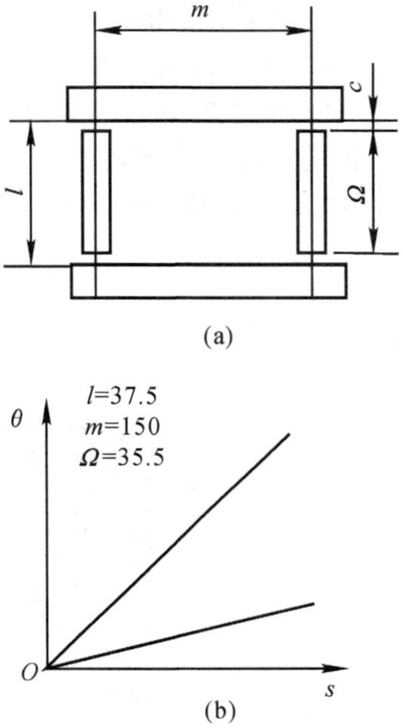

图 4－54　带夹板的平行片簧及有夹板和无夹板平行片簧运动特性比较

(3)几何尺寸偏差对导轨的影响。平行片簧的尺寸参数 l 和 m 长度不一致会影响动板的平移性，即动板移动时会产生一定的转角误差 θ。

1)动板和定板长度相等，均为 75 mm，片簧的长度一片为 75 mm，另一片为 75.25 mm，位移 10 mm 时，因片簧长度误差而产生的最大转角误差 $\theta=6''$。

2)片簧长度相等，均为 75 mm，而动板与定板长度公称尺寸为 75 mm，而两块长度差为0.25 mm，同样位移 10 mm 时，最大转角误差达 $\theta=87''$。

由此可见，两片簧长度差对转角 θ 的影响远小于动板与定板长度差对转角的影响。因此应严格保证动板、定板长度的一致性，这一点是比较容易保证的。

其他尺寸参数，如片簧厚度、宽度的一致性，对片簧导轨性能也有影响，也应规定一定的精度要求。

(4)片簧紧固在动板、定板上的方法。如上所述，两片簧的长度应该一致，同时还希望有较高的横向刚度，这与片簧的紧固方法有很大关系。如用螺钉直接紧固是达不到要求的。紧固时应用压板压紧，压板与片簧接触的工作边缘应与动板(或定板)工作边缘相重合，且边缘应保持锐边不可有倒角，以使片簧弯曲时长度不会因紧固不好而发生变化，以保证平移精度。

九、水平导轨的卸荷和垂直运动部件的平衡

1. 水平导轨的卸荷

采用某些措施，例如增加辅助导轨以减轻外载荷对主导轨的作用，从而减小主导轨的力变形和磨损，使主导轨的精度得以长期保持，并能提高滑动导轨的运动灵活性，这种导轨称为卸荷导轨。图 4－55(a)所示是一种具有卸荷的滑动导轨。图中 2 为主导轨，1 是卸荷用的辅助导轨面，其结构是有四只滚动轴承 3 在弹簧 4 作用下压在辅助导轨面上，螺钉 5 用来调节弹簧

力，即可调节所需的卸荷力。由于载荷的一部分由辅助导轨面 1 承受，因此作用在主导轨上的载荷减小，从而减小了主导轨的摩擦力和磨损，并提高了滑动导轨的运动灵活性。图4－55(b)所示是横梁导轨的一种卸荷方法，仪器增加了一根辅助横梁 1，通过弹簧 4 使测量部件 3 的一部分重力转移到辅助横梁上，减小了主横梁导轨 2 的载荷，不仅使主横梁导轨磨损减小，还减小了主横梁的力变形，提高了仪器的精度和寿命。图 4－55(c)所示为用重锤代替弹簧的横梁导轨卸荷的方法，其结构简单、卸荷力稳定。

卸荷导轨设计时应注意以下几个问题。

(1)卸荷用的辅助导轨只起承载作用不起导向作用，因此其导轨面的技术要求可以降低些。

(2)卸荷机构不可影响导向精度，故卸荷机构不能设计成刚性支撑，而应是一种弹性支撑。

(3)关于卸荷力大小的确定。卸荷力大小要合适，太小起不到卸荷作用，过大会使主导轨承载过小而不稳定，反而影响导向精度。根据经验，卸荷力一般取作用在导轨面上总载荷的 2/3 左右。这样，每个卸荷支撑的卸荷力 F 应为

$$F=\frac{2}{3n}W \qquad (4-19)$$

式中，n 为卸荷支撑数，W 为作用在导轨面上的总载荷。

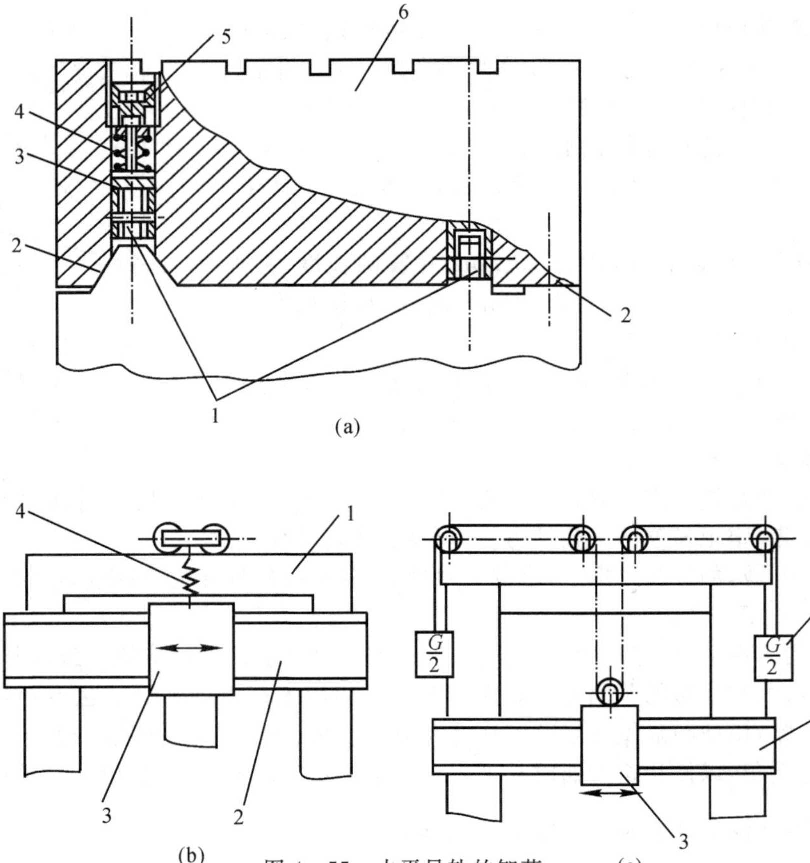

图 4－55　水平导轨的卸荷

(a)

1—卸荷辅助导轨面；2—主导轨；3—滚动轴承；4—弹簧；5—调节螺钉；6—工作台

(b)

1—辅助梁；2—主横梁；3—测轴箱；4—拉簧

(c)

1—卸荷配重；2—横梁；3—测轴箱

2. 垂直运动部件的平衡机构

垂直运动部件，需要加一相当于运动部件同等重量的反向力进行平衡，以使部件沿导轨上下移动时轻便而且平衡，停止时稳定可靠。对平衡机构的要求是：运动部件上下移动过程中平衡力的大小和方向应保持不变；平衡力随运动部件重量改变可以调节；平衡可靠并应有防止因机构某部分损坏而使运动部件坠落的保护机构。

(1)重锤平衡机构。利用重锤平衡运动部件的重量，这是仪器中常见的方法。特点是结构简单，制造方便。在任何位置上平衡力不变，可用加减重锤重量的方法去平衡运动部件重量的变化，缺点是增大了仪器的体积和重量。

(2)弹簧平衡机构。用弹簧的拉力代替重锤平衡运动部件的重量。由于弹簧的拉力随变形量大小而改变，故必须采取平衡力恒定机构。图 4-56 所示为一种三坐标测量机上用的拉簧凸轮平衡机构。平衡力恒定的方法是利用两只直径大小和方向不同的凸轮，使平衡弹簧的伸长量远小于运动部件的位移量，因而减小了平衡力的变化。如能合理选择两只凸轮的大小、形状及方向，可使弹簧长度变化较小而平衡力基本保持不变。弹簧平衡机构比重锤平衡机构轻巧，占用空间位置也小，但机构较复杂，且平衡力不可能完全恒定。

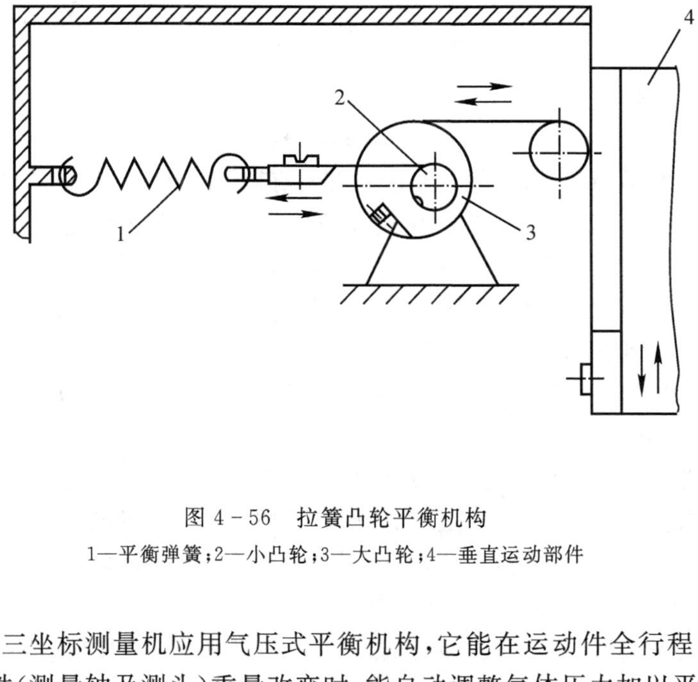

图 4-56　拉簧凸轮平衡机构

1—平衡弹簧；2—小凸轮；3—大凸轮；4—垂直运动部件

现在国外一些三坐标测量机应用气压式平衡机构，它能在运动件全行程中保持平衡力恒定，而且在运动部件(测量轴及测头)重量改变时，能自动调整气体压力加以平衡。

第5章　光电仪器的光电系统设计

光电系统是光电仪器的重要组成部分，其组成框图如图 5－1 所示。光源是传递信息的媒介，是被测对象的辐射源。光源发出的光经过照明光学系统后成为汇聚光束、发散光束、平行光束或其他形式的结构光束，作为载波作用于被测对象。光学变换可通过光学元器件，如透镜、平面镜、棱镜、光栅、码盘、波片、偏振器、调制器、狭缝、滤波器等来实现。经光学变换后的光载波中含有被测对象的信息称为光信息。光信息被光电探测器接收，并转换为易于处理的电信号，再经电路和逻辑变换等处理，最后显示测量或用于控制。

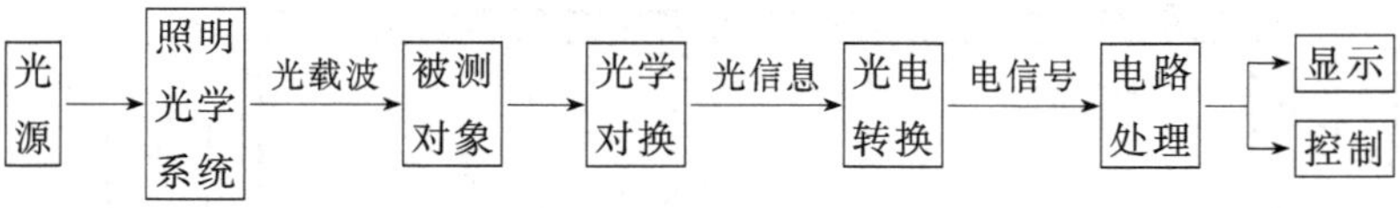

图 5－1 光电系统组成框图

由上述光电系统的组成可以看出，光电系统具有以下特点：

(1) 非接触测量。现代光电仪器已由过去的单一化模式向多元化、智能化方向发展，由接触式测量向非接触式测量方向发展。而光电技术可以在不改变被测物质性质的条件下进行测试，光电系统的最大优点是非接触测量。光束通过被测物体在绝大多数情况下，不会改变其性质。这是光电系统受到普遍重视的原因之一。

(2) 精度高。由于光电系统采用光作为信息载体，所以其测控精度容易达到与光波波长相同的量级，即零点几微米。

(3) 信息处理能力强。近代光电测试技术要求获得尽可能多的信息，而光电系统可以提供被测对象信息含量最多的信息，而且，光是所有介质中传播速度最快的，所以信息处理的速度很快。光电系统还具有电的传输、运算、控制方便等特点，尤其适用于与计算机直接联机，构成自动化、数字化测控系统，并向智能化方向发展。

本章将对光电探测器、光电探测器的偏置、光辐射的调制，以及相关的光学系统进行重点介绍和讨论。

5.1　光电探测器及其选用

电磁波谱从 X 射线到无线电波，其波长范围从 0.1×10^{-10} m 一直延伸到数千米，其中 0.01～1 000 μm 的波长范围包括了紫外光、可见光和红外光谱区，统称为光学光谱区，适用于这一范围的辐射探测器称之为光探测器。

光探测器可分为两大类：热探测器和光子探测器。在光子探测器中，入射光辐射引起材料中电子的激发，因而可以观察到某种电信号的输出。由光电的转换方式可以将光子探测器分为光发射器件和固体器件。在光发射器件中，受激发的电子由光敏电极发射到周围的媒质上，这里说的媒质可以是真空或者是气体。而在固体器件中，是由光子引起材料中电子能量分布的变化，从而形成输出信号。

本章的目的在于选择和所研究的测量方法相适应的器件，以及在器件选定之后正确地应用这些器件。但要注意到，由于器件性能的分散给器件的相互间的比较带来困难，但是把各类器件中的高性能器件作一个比较对于选择器件来说会是一个有益的帮助。

一、光探测器的性能指标

所有的光探测器都是为了探测某个特定波段或是一个宽波段上的辐射能，并能输出一个和所吸收的能量成比例的信号。为了表征和比较各种探测器的性能，就必须定义一定的指标来定量描述这种转换的效率和器件的信噪比的大小，光谱响应以及对输入信号变化的响应速度。

1. 响应度(Responsivity)

任何探测器的最基本性质之一是响应度，用符号 R 来表示，其定义为每单位输入所对应的输出。如果辐射是由斩波器调制的，应将均方根电压信号和均方根入射辐射的功率用来计算响应度。

根据上述定义

$$R=\frac{U_s}{P}=\frac{U_s}{EA} \tag{5-1}$$

式中　U_s—— 探测器输出的电压；

P—— 输入的辐射功率；

E—— 辐照度，W/cm^2；

A—— 光敏面积。

对于红外和激光辐射探测器，其响应度通常使用 V/W 或 A/W 为单位。即式(5-1)中的 V_s 可改为 I_s，即输出电流的大小。对于可见光则常用 mA/lm 来表示，因为 lm(流明)是光通量的单位。

【例 5-1】　光子探测器的量子效率为 1，用来探测 He-Ne 激光器发出的辐射。求响应度 R。

【解】输出的电流

$$I_s=\eta\cdot\frac{P}{h\gamma}e$$

式中　I_s—— 探测器的输出电流；

η—— 量子效率，它是由辐射造成的每秒钟所发生的电子事件的数目和每秒钟到达探测器的光子数目的比值，理想器件的量子效率是 1，实际器件介于 0.6 ～ 0.7 之间或更低；

h—— 普朗克常数；

γ—— 光辐射的频率。

因为

$$\gamma=\frac{c}{\lambda}$$

所以

$$h\gamma=\frac{hc}{\lambda}=\frac{1.24}{\lambda}e$$

式中，e 为电子电量，$e=1.6\times10^{-19}$ 库仑。

即
$$R=\frac{I_s}{P}=\frac{\eta e\lambda}{hc}=\frac{1.6\times10^{-19}\times0.6328}{6.624\times10^{-34}\times3\times10^{14}}=0.5\ \text{A/W}$$

2. 噪声等效功率和噪声等效辐照

响应度有效地定义了器件的灵敏度，但它并没有指明可以检测的最小辐射通量。

这个最小可探测的辐射通量是指：造成输出信号 U_s 等于噪声电平 U_n 的均方根输入辐射功率。换句话说，当信噪比等于 1 时的入射辐射功率称之为噪声等效功率(NEP)，即

$$\text{NEP}=\frac{P}{U_s/U_n} \tag{5-2}$$

$$\text{NEP}=\frac{U_n}{R} \tag{5-3}$$

当描述一个系统的性能时引入噪声等效辐照(Noise Equivalent Irradddiance，NEI) 的概念。它是当输出信号等于探测器噪声时的辐射通量密度，即

$$\text{NEI}=\frac{E}{U_s/U_n}=\frac{\text{NEP}}{A_L} \tag{5-4}$$

式中，A_L 是聚光透镜的面积。

对于一个系统来说，NEI 是指当系统电路输出的信噪比等于 1 时在入射光瞳处所要求的通量密度。

3. 探测度

由前述定义可以看出，探测器的性能越好，其 NEP 的值越小。为了合乎习惯取 NEP 的倒数定义为探测度 D(Detectivity)，其单位为 W^{-1}，即

$$D=1/\text{NEP} \tag{5-5}$$

当用探测度来表征器件时，必须说明入射辐射的波长、探测器的工作温度、斩波器的频率、器件上所加的偏置电流、探测器的面积，以及放大器的带宽。

辐射源通常是在标准温度(通常是 500K) 下的黑体。探测器总是选在容易达到的温度工作。例如通常的环境温度为 300K，固体 CO_2 的温度为 195K，液氮的测试为 77K 等。调制频率选得足够低以使探测度不受器件时间常数的限制。

4. 比探测度

探测度对于比较不同的器件来说不是一个理想的参量。因为探测度和敏感区的面积和带宽 Δf 的平方根成反比，所以引入了比探测度(Specific Detectivity) 来克服这个缺点。比探测度的表达式为

$$D^*=D(A\Delta f)^{1/2} \tag{5-6}$$

或
$$D^*=\frac{(A\Delta f)^{1/2}}{\text{NEP}} \tag{5-7}$$

比探测度是在入射到探测器上的辐射功率为 1 W，探测器的敏感区的面积为 1 cm^2，测量噪声的带宽为 1 Hz 的条件下测量的。

比探测度可以比较不同尺寸的探测器。探测器的噪声一般来说和它的敏感区的面积的平方根成比例，这时候用比探测度来作比较很合适。但是有些探测器的探测度不与 $A^{1/2}$ 成比例，例如高莱管、热辐射计、金属-氧化物-金属结器件等。对于这类器件采用 NEP 或 D 作为比较参量。

D^* 可以定义为对于单色辐射或黑体辐射的响应。对于前一种情况称之为光谱比探测度

用 $D^*(\lambda, f, \Delta f)$ 表示。其中 λ 是测定 D^* 时所用的波长，通常是光探测器的峰值波长；f 是斩波器的频率，Δf 是系统的带宽，通常取 1 Hz。黑体辐射的比探测度用 $D^*(T, f, \Delta f)$ 来表示。其中 T 是黑体的绝对温度，常用值是 500K。

5. 响应时间和频率响应

响应时间(Response Time) 对于任何探测器都是至关重要的，因为这个参数常常决定了这种器件对于某种应用是否适宜。响应时间表征了器件对突然变化的输入信号的反应速度。

一列上升和下降时间都非常短的光脉冲照射到探测器上，即认为该光波是方波。响应时间定义为光电信号上升到峰值的 $1-e^{-1}$ 或下降到峰值的 e^{-1} 所需的时间。

频率响应(Frequency Response) 是输出信号以输入辐射调制频率为变量的函数曲线。一般来说，响应从零到某个频率范围是平滑曲线，而在该频率处输出下降 6 dB 单位频带。

6. 光谱响应

当把探测器用于某一特定用途而且想知道它的灵敏度时，就必须知道光谱响应。光谱响应描述了输出信号对于输入信号波长的函数关系，这时规定每单位波长间隔上的辐射通量保持为常量。按这种规定画出的理想光谱响应曲线如图 5-2 所示。

因为热探测器的响应和所吸收的能量成比例，且每单位波长间隔上的辐射通量是常量，所以响应曲线为水平的直线。而对于光子探测器来说，响应和光子到达的速率成比例。因为每个光子的能量和波长成反比，所以在相同的辐射通量的情况下，长波具有更大的光子到达速率，因此光子探测器的光谱响应曲线随波长的增加而线性增加直到截止频率为止，截止频率是由探测器的材料决定的。

还有一种不同的规定：横坐标上每单位波长间隔所到达的光子速度保持为常量。按这种规定作出的理想光谱响应曲线如图 5-3 所示。因为每个单位波长间隔上的光子速率保持为常量，所以电子探测器的响应曲线为一水平的直线，直到截止波长为止，而热探测器的输出随波长的增加而下降，这是因为每个光子的能量随波长的增加而下降的缘故。

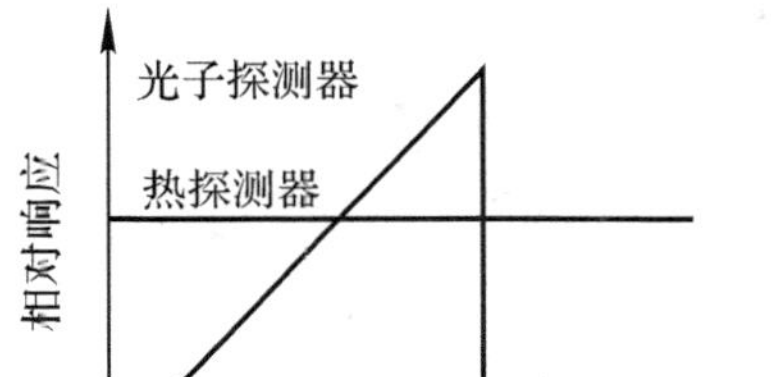

图 5-2　辐射通量为常量的理想光谱响应曲线

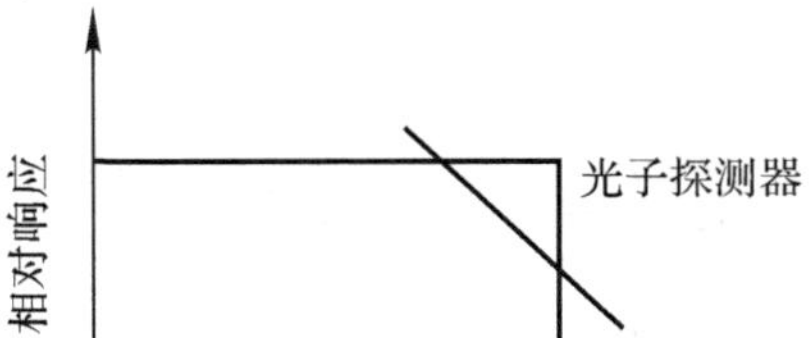

图 5-3　光子速度为常量的理想光谱响应曲线

二、探测器的噪声

所有的探测器的性能都受到随机噪声的限制，它决定着可以测量的最小功率。噪声源可能在探测器内，也能在入射辐射之中，还可能在与测量系统有关的电子线路之中。任何系统的设计目的都必须是减少电子噪声源，使之低于探测器的输出，使探测系统的内部噪声极小化从而保证整个系统的噪声主要是入射辐射噪声。

噪声是由于随机过程引起的，不可能用某一特定时刻的振幅来表示。它的值通常是用电压或电流的均方根的和决定的。

在没有电偏置的情况下，由于自由载流子在电阻材料中的随机运动而造成的基本噪声过程称之为热噪声或 Johnson 噪声。

在光导器件中，由于载流子密度起伏造成的噪声称之为产生-复合噪声简称 G－R 噪声。

在结型器件中观察到了扩散载流子的散粒噪声(Shot Noise)，热探测器呈现热噪声。

还有一种噪声是 $1/f$ 噪声或者称之为闪变噪声，这种噪声的功率和频率 f 成反比关系。

1. *Johnson 噪声*

Johnson 噪声发生在所有的电阻材料中，而且是在没有电偏置的情况下出现的。因 1928 年 Johnson 首次作了演示而得名。这种噪声的开路电压 U_{OC} 和短路电流 I_{SC} 的表达式分别为

$$U_{OC}=(4kTr\Delta f)^{1/2} \tag{5-8}$$

$$I_{SC}=(4kT\Delta f/r)^{1/2} \tag{5-9}$$

式中 k—— 玻尔兹曼常数，$k=1.380\ 658\times 10^{-23}$ J/K；

T—— 元件的绝对温度；

r—— 电阻；

Δf—— 电子系统带宽；

可以看出，这个噪声和频率无关，因此称之为“白”噪声。对于给定的样品来说噪声和温度有关。

【例 5－2】 计算 1 kΩ 电阻在 300K(室温)和 600K 时的噪声等效功率 NEP，设 $\eta=1$，$\lambda=0.632\ 8$。

【解】

$$I_s=\left(\eta\frac{p_s}{h\nu}e\right)^2$$

$$I_n=\frac{4kT\Delta f}{r}$$

$$\text{NEP}=\frac{P}{I_s/I_n}=\frac{h\nu}{\eta e}\sqrt{\frac{4kT\Delta f}{r}}$$

$$\frac{h\nu}{e}=\frac{1.24}{\lambda}=2$$

$$300\text{K 时}\frac{kT}{e}=0.026,\text{NEP}=\sqrt[2]{\frac{4(0.026)\times(1.6\times 10^{-19})\Delta f}{1\ 000}}\approx 8\times 10^{-12}\sqrt{\Delta f}$$

$$600\text{K 时}\frac{kT}{e}=0.052,\text{NEP}=\sqrt[2]{\frac{4(0.052)\times(1.6\times 10^{-19})\Delta f}{1\ 000}}\approx 12\times 10^{-12}\sqrt{\Delta f}$$

2. *产生-复合噪声*

产生-复合噪声(Generation-Recombination)是在光和热的作用下，在半导体中的自由载流子的产生和复合的起伏引起了平均载流子的浓度的变化所致。宏观效果是电阻发生变化引起噪声。G－R 噪声源的谱是平的，在大致等于自由载流子寿命倒数的频率处下降 6dB 单位频带。

Long 和 Kruse 于 1967 年和 1977 年先后推导了适用于非本征半导体和近本征半导体的 G－R 噪声表达式。

非本征半导体器件的短路 G－R 电流为

$$I_{SC}=2I_B\left(\frac{\tau\Delta f}{N_0(1+\omega^2\tau^2)}\right)^{1/2} \tag{5-10}$$

非本征半导体的开路 G－R 电压为

$$U_{OC}=2I_Br\left(\frac{\tau\Delta f}{N_0(1+\omega^2\tau^2)}\right)^{1/2} \tag{5-11}$$

式中　I_B—— 偏置电流；

r—— 电阻；

τ—— 自由载流子寿命；

N_0—— 自由载流子总数；

ω—— 角频率。

在近本征探测器中，起伏是由于本征振荡的变化。如果试样是 N 型半导体，则电子迁移率大于空穴迁移率。

近本征半导体的短路电流和开路电压分别为

$$i_{SC}=\frac{2I_B}{N}\left(\frac{P\tau\Delta f}{1+\omega^2\tau^2}\right)^{1/2} \tag{5-12}$$

$$U_{OC}=\frac{2I_Br}{N}\left(\frac{P\tau\Delta f}{1+\omega^2\tau^2}\right)^{1/2} \tag{5-13}$$

式中　N—— 自由电子总数；

P—— 空穴的总数。

3. 散粒噪声

散粒噪声(Shont Noise)是在结型器件中发现的噪声源。它是由随机的热运动产生的。它引起结的中性区扩散率的变化，而振荡复合起伏发生在中性区和耗尽区。常用的二极管的电流电压特性是

$$I=I_0\left[e\times p\left(\frac{eU}{kT}\right)-1\right] \tag{5-14}$$

式中　I—— 二极管电流；

I_0—— 反向偏置饱和电流；

U—— 所施加的电压；

e—— 电子电荷；

T—— 绝对温度。

散粒噪声电流为

$$i_n=[(2eI+4eI_0)\Delta f]^{1/2} \tag{5-15}$$

零偏置时的电阻 r_0 为

$$r_0=\frac{kT}{eI_0} \tag{5-16}$$

所以在零偏置时，即当 $I=0$ 时的散粒噪声电流为

$$i_n=\left(\frac{4kT\Delta f}{r_0}\right)^{1/2} \tag{5-17}$$

这等价于在零偏置环路电阻时的 Johnson 噪声电流。在反向偏置情况下，$I=-I_0$，则噪声电流为

$$i_n=(2eI_0\Delta f)^{1/2} \tag{5-18}$$

光子发射真空管也呈现散粒噪声，它是由于电子在集电极上到达的速率的变化引起的。其噪声电流的公式的形式和式(5-18)相同，但是这时 I_0 代表光阴极的暗电流，它是由于热发

射、场发射或者是极间漏电流引起的。

散粒噪声的功率谱是平滑的。

4. 温度噪声

只有在热探测器上才能观察到的一种噪声源是温度噪声。这是由于热从探测器向环境传播的速率的起伏引起温度的变化所致。

如果把探测器表示成一个热容体。它和一个温度为常数的很大的散热器相连，二者之间的热传导为 G。当没有入射辐射时，探测器的平均温度也应为 T。这个温度的起伏就成为探测器的噪声源，称之为温度噪声。它的能量的均方起伏可表示为

$$\Delta W_T = (4kT^2 G\Delta f)^{1/2} \tag{5-19}$$

式中，k 是玻尔兹曼常数。

5. 1/f 噪声(闪变噪声)

在半导体和光电管中均存在的一种噪声叫 $1/f$ 噪声。因为噪声的功率谱近似和频率的倒数有关，所以噪声电流的形式为

$$i_n = \left(\frac{kI_B^{\alpha}\Delta f}{F^{\beta}}\right)^{1/2} \tag{5-20}$$

式中，I_B 为偏置电流；α，β 为器件的特征量。在大多数情况下 $\alpha \approx 2$，$\beta = 0.8 \sim 1.5$。

在半导体器件中，这个噪声和触点的电压势垒、表面漏电流等有关。为了避免 $1/f$ 噪声，提高器件的性能，要求精心制造器件。对于使用者来说使器件工作在零偏置状态是减少这种噪声的有效途径。

三、热探测器

通过监测探测器上的温度变化可以推断出所吸收的辐射能的数量。因此热探测器所使用的材料都是对温度有较大的依存性的材料。

热探测器的本质决定了它有宽广的光谱响应，缺点是它们的响应度远远小于光子探测器的响应度，而且响应时间典型值为毫秒数量级。这是在很多情况下嫌慢的。但是目前热探测器方面取得的重要进展之一是热释电探测器已经出现了微微秒数量级响应时间的器件。常用的热探测器如表 5-1 所示。

表 5-1　常用热探测器

器　件	工　作　原　理
热电偶	两种不同材料的结构，当温度变化时产生电压
高敏电阻	电导率变化
高莱管	气体的热交换
蒸发管	在薄膜上的蒸发凝聚速率
热释电和热磁器件	材料的电、磁特性的变化
热发射器件	从充氧阴极上的发射速率
吸收边界变像管	半导体光转换
液　晶	光学性质变化

1. 热探测器的噪声

当考虑热探测器的性能时，必须考虑由于热辐射使系统温度升高以及由于热探测器的温度特性而引起的输出信号的变化。

假设热探测器是理想的，即在不考虑 Johnson 噪声和放大器噪声的情况下，主要限制器件性能的因素就是背景辐射的起伏。

在多数情况下，环境温度为 300K，它对应的最大辐射强度在 10 μm 波长附近。

热探测器的响应和波长无关，而且它接受从半球形视场内发出的背景辐射。这时噪声源是惟一的温度噪声。该噪声能量的均方起伏可表示为

$$\Delta W_T = (4kT^2G\Delta f)^{1/2}$$

如果热传导的方式是纯辐射，则 G 值为

$$G = 4\sigma A\eta T^3 \tag{5-21}$$

式中，σ 是 Stefan-Boltzman 常数；η 是发射率，则

$$\eta(\mathrm{NEP}) = \Delta W_T = (16\sigma\eta kT^5A\Delta f)^{1/2} \tag{5-22}$$

$$\mathrm{NEP} = \left(\frac{16\sigma\eta kT^5A\Delta f}{\eta}\right)^{1/2} \tag{5-23}$$

所以

$$D^* = \left(\frac{16\sigma kT^5}{\eta}\right)^{-1/2} \tag{5-24}$$

【例 5-3】 理想热探测器工作在 300K，当把背景看做黑体辐射时，且发射率 $\eta=1$。求背景噪声限制下的比探测度。

【解】

$$D^* = (16\sigma\eta kT^5)^{-1/2}$$

式中

$$K = 1.380\times10^{-23}\ \mathrm{J/K}$$

$$\sigma = 5.670\times10^{-8}\ \mathrm{J\cdot s^{-1}m^{-2}\cdot K^{-4}} = 5.670\times10^{-12}\ \mathrm{J\cdot s^{-1}m^{-2}\cdot K^{-4}}$$

$$T = 300\ \mathrm{K}$$

所以

$$D^* = 1.81\times10^{10}\ \mathrm{cm\cdot Hz^{1/2}\cdot W^{-1}}$$

由式(5-24)可以看出，D^* 是背景温度的函数，用降低工作温度的方法可以提高热探测器的使用效果。在前面的计算中，如果背景温度为 3 K(相当于在宇宙空间工作)，此时的比探测度为

$$D^* = 1.8\times10^{15}\mathrm{cm\cdot Hz^{1/2}\cdot W^{-1}}$$

此外，限制探测器的视场也可以使 D^* 值提高，如果热屏蔽把视场限制到 2θ。背景通量被减少，即

$$D^*(2\theta) = \frac{D^*(2\pi)}{\sin\theta} \tag{5-25}$$

热探测器的主要噪声源是温度噪声、Johnson 噪声和放大器噪声。

2. 典型器件及其性能

热释电材料由 TGS，$LiTaO_3$，SBN(铌酸钡锶)，钛酸铅锌基的陶磁材料，聚乙烯氟化物膜 PVF 和 PVF_2 等。对于大面积器件使用 TGS，$LiTaO_3$ 材料较好 。聚合膜用于高频(大于 10 Hz)器件。小型探测器用 SBN 材料。TGSS 是很好的材料，但是它易吸水而且相当脆弱，主要缺点是其启里温度低(49 ℃)。当温度高于居里点时，TGSS 材料的极化下降到零。

各种热敏探测器的性能如表 5-2 所示。

表 5-2　典型热探测器性能

探测器名称	截止波长 μm	工作温度 K	响应度 $V\cdot M^{-1}$	D^* $cm\cdot Hz^{1/2}\cdot W^{-1}$	响应时间 μs
半导体热电偶	50	300	5	3×10^9	10 000
金属膜热电偶（在散热器上）	50	300	5×10^{-8}	1×10^6	0.03
薄膜热电偶（在聚合膜上）	50	300	100	3×10^8	100
热敏电阻	300	300	100	2×10^8	1 000
冷却锗热敏电阻	1 000	4	2×10^8	7×10^{-13}(HEP)	300
高莱管	1 000	300	10^3	2×10^{-10}(NEP)	10 000
TGS① 热释电	300	300	10^3	1×10^9	1 000
$LiTaO_3$ 热释电	500	300	10^8	10^8	0.1

注：①TGS 是 Triglycine-sulphate（硫酸三甘肽）的缩写。

四、光发射器件

1. 光发射器件的噪声

(1) 光二极管。光二极管的主要噪声源是散粒噪声和 Johnson 噪声。它们的均方电压分别为

$$\overline{U}_S^2 = R(2ei\Delta f) \tag{5-26}$$

$$\overline{U}_J^2 = 4kTR\Delta f \tag{5-27}$$

通过调节负载电阻可以确定主要噪声源。如果选用低阻值(100 kΩ)，U_J^2 将是主要的噪声源，这时有较好的频率响应。如果信号小而允许较长的响应时间，可选用较大的阳极电阻(100 MΩ)。

(2) 光电倍增管。光电倍增管的噪声源有暗电流，散粒噪声和 Johnson 噪声。当光阴极上没有照明时，收集到的电流决定了可以探测到的最小光通量。暗电流主要是由于热或电场的发射（特别是在光阴极和第一倍增极之间）也被后面的倍增极放大。可以用若干方法减少暗电流的作用。例如，入射辐射聚集在光阴极的一个小面积上要比从大面积上得到的信噪比要好。如果光电倍增管被冷却到 −20 ℃（通常的管子）或者 −80 ℃(NEA)，器件可以把暗电流下降一个数量级。还有一个产生暗电流的原因是高能粒子在窗片上造成的闪烁以及由于电子造成的管壳的场致发光。

由于光电倍增管内部有放大作用，设其倍数为 G，散粒噪声也被放大，即

$$(\overline{U}_S^2)^{1/2} = GR(2ei\Delta f)^{1/2} \tag{5-28}$$

而 Johnson 噪声仍为

$$\overline{U}_S^2 = 4kTR\Delta f \tag{5-29}$$

2. 典型器件及其性能

典型器件包括：光电二极管、光电倍增管、通道电子放大器、像管，像增强管等，其中光电倍增管较常用。这些典型器件的光敏表面的材料、窗口材料和性能如表 5-3 所示。

表 5－3　几种典型器件的性能参数

编　号	光发射材料	窗片材料	峰值响应波长 μm	截止波长 μm	响应度 $\mu A \cdot lm^{-1}$
S-1①	Ag-O -Cs	钙玻璃	0.8	1.2	60
S-11	Cs8Sb			0.6	80
S-20	S-K-Ne	钙玻璃	0.42	0.9	500
	(CS) 半透明				
	CaAs(CsO)			0.9	2 000
	NEA②				
	InAs1-xPx			1.1	1 100

注：①"S-"表征了光阴极材料和窗片材料的特定组合。用 S 和后面的数码来表示 S 数的含义是国际公认的，它是在 1964 年由电子工业联合会规定。

② 表中 NEA 是 Nagative Electron Afinity 的缩写，是反电子亲合的意思，因此这种器件有高的量子效率。

五、固体光子探测器

尽管固体光子探测器也是光子探测器，但它和光发射器件不同，没有从材料表面的电子发射。光激发的载流子保留在探测器的材料中，因此称之为内光子探测器。

常用的器件有以下几类：

光导器件
- 本征器件：如铅盐，锑镉汞
- 非本征器件：如掺杂的硅和锗
- 自由载流子器件：InSb

光伏器件（结型器件）
- 同质结　InSb，锑镉汞（CMT）锑化锡铅
- 异质结　PbTe/LTT，GaAs/Ga1-xAIxAs
- 肖特基势垒器件　Pt/Si　Cr/CMT
- 雪崩器件　Si，Ge

光电-磁效应器件　InSb

CCD　CID　MIS 器件

PIN－FET 器件

1. 固体光子探测器的噪声

(1) 光导探测器(Phetoconductive Detector) 的噪声。首先，在忽略外来辐射的条件下，各种噪声源的噪声曲线如图 5－4 所示。由图可以看出，在低频段 $1/f$ 噪声是主要的，在中频段 G－R 噪声是主要的，在高频段 Johnson 噪声是主要的，它们的转换位置在 1kHz 和 1MHz 左右，这随器件不同而有差别。

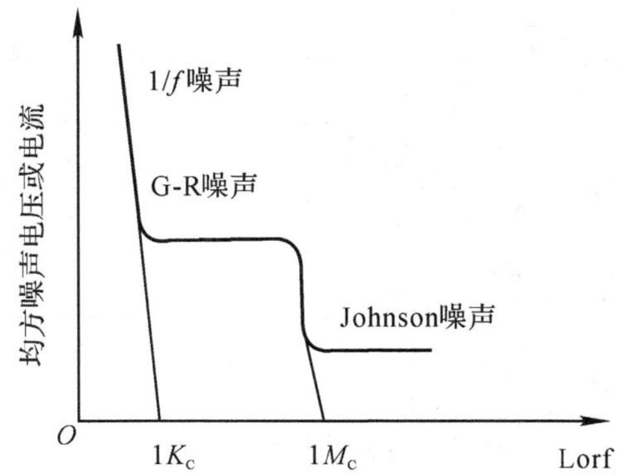

图 5－4　各种噪声源的噪声曲线

其次，在背景通量远远超过信号通量的情况下，光导器件的等效噪声功率为

$$(NEP)_{pc} = 2E\lambda \left(\frac{A\Phi_B \Delta f}{\eta}\right)^{1/2} \qquad (5-30)$$

$$D_{pc}^{*}=2.52\times10^{18}\lambda\left(\frac{1}{\Phi_B}\right)^{1/2} \tag{5-31}$$

式中，Φ_B 为器件敏感范围的总背景光子通量，它是波长为零到探测器截止波长这整个范围内的总光通量。这个光通量是背景温度的函数而且是在 2π 视场角内计算的。

$E\lambda^2$ 为信号辐射的光子能量。

由此可见，器件的峰值探测度是器件的截止波长的函数。

(2) 光伏探测器(Photovoltaio Detector) 的噪声。因为光伏探测器没有因载流子的产生和复合的起伏所产生的附加噪声，所以其背景噪声限制的等效噪声功率为

$$(\mathrm{NEP})_{pv}=E_{\lambda}\left(\frac{2A\Phi_B\Delta f}{\eta}\right)^{1/2} \tag{5-32}$$

$$D_{pv}^{*}=\frac{\lambda}{hc}\left(\frac{\eta}{2\Phi_B}\right)^{1/2} \tag{5-33}$$

对于理想探测器

$$D_{pv}^{*}=3.56\times10^{18}\lambda\left(\frac{1}{\Phi_B}\right)^{1/2} \tag{5-34}$$

2. 典型器件的性能

典型的固体光子探测器的性能如表 5-4 所示。

表 5-4　典型的固体光子探测器的性能

	材　料	截止波长 μm	峰值波长 μm	工作温度 K	响应度 V/m(A/m)	D^* $\mathrm{m\cdot Hz^{1/2}\cdot W^{-1}}$	响应时间 μs
光伏器件	S_1	1.1	0.8	295		2×10^{12}	1 000
	GaAs	0.9	0.8	295		4.5×10^{11}	1 000
	Ga	1.8	1.6	295		4×10^{11}	
	Ph_{1-x}	13	11	77	5×10^2	5×10^{10}	0.1
	SnTe (LTT)						
	Ph_{1-x}	13	11.5	77		3×10^9	
	SnSe						
	InSb	5.6	5.3	77		7×10^{10}	1
	InAs	3.7	3.4	295		7×10^9	2
	InAs	3.5	3.2	193		7×10^{10}	1
	InAs	3.4	3.0	77		7×10^{11}	1
	Hg_{1-x} CdTe (CMT)	12	10	77		1×10^{10}	0.005

续表

	材 料	截止波长 μm	峰值波长 μm	工作温度 K	响应度 V/m(A/m)	D^* $m \cdot Hz^{1/2} \cdot W^{-1}$	响应时间 μs
	Tl_2S	1.1	0.9	295		2×10^{12}	530
	PbS	2.5	2.3	295	1A/W	1×10^{11}	300
	PbS	3.5	2.8	193	5A/W	6×10^{11}	1 000
	PbS	4	3.0	77	1A/W	1×10^{11}	1 000
	PbSe	5	3.8	295	3×10^3 V/W	1×10^{10}	2
	PbSe	6	4.8	193	6×10^3 V/W	2×10^{10}	30
	PbSe	7.5	5.0	77	9×10^3 V/W	3×10^{10}	40
	PbTe	5.1	4.0	77		3×10^9	25
	InSb	7.3	6.5	295		4×10^8	0.2
	InSb	6.5	5.5	195		1×10^{10}	
	InSb	5.6	5.3	77	1×10^5 V/W	6×10^{10}	0.5
	InAs	3.8	3.6	295		1×10^8	0.2
	InAs	3.5	3.2	193		3×10^{11}	0.5
	$Hg_{1-x}Cd_xTe$ (CMT)	5.5	4.9	295	1×10^4 V/W	4×10^9	0.3
		5.5	5	193		4×10^{10}	0.2
		13	11	77		5×10^{10}	0.1
		27	20	77		1×10^{10}	
		36	30	20		6×10^{10}	
非本征光导器件	Ge-Au	11	5	77	10^4 V/W	2×10^{10}	0.1
	Ge-Hg	14	10	30	10^4 V/W	3×10^{10}	0.1
	Ge-Cu	27	20	20		2×10^{10}	0.1
	Ge-Zn	40	36	4		3×10^{10}	0.01
	Ge-GA	50	100	4	10^4 V/W	3×10^{11}	0.5

六、位敏光探测器(*Position Sensitive Device*)

1. 概述

最简单的位敏器件是分裂的光二极管，把光二极管的光敏面分为两半，它的作用如同两个靠得很近的光电二极管并且有一个公共的电极，而且通过相同的负载电阻。图 5-5(a) 所示是其结构原理，图 5-5(b) 所示为其应用方法，图 5-5(c) 所示是其输出电压变化曲线。

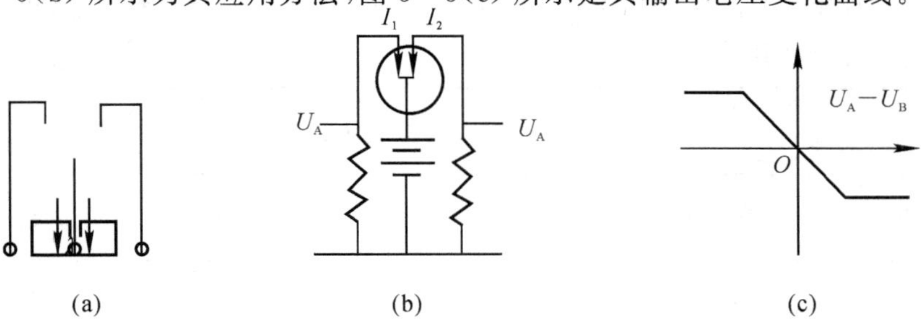

图 5-5 位敏光二极管

只有当光斑落在分界线上，每个半部得到辐射能相同时输出相等，总输出为零。总的作用范围是器件光敏面的一半，两个半部输出的差和光斑移动量 d 相对应。类似的还有一维的和二维的矩阵阵列形式器件。这种方式存在着明显的缺点：

(1) 输出的线性依赖于光斑的形状和分布。

(2) 曲线的斜率和照明成比例。

(3) 位置敏感范围小。

在 Posicon 器件克服了这种缺点，这是一种肖特基势垒结构，如图 5-6 所示。图 5-6(a) 所示是其原理示意图，图 5-6(b) 所示是其输出特性。入射光穿过金属膜。在本征层释放出空穴-电子对。被分流的电流按照各自路经的电阻比进行。因此在很大的范围内两电流的差值和光斑照射位置成比例。

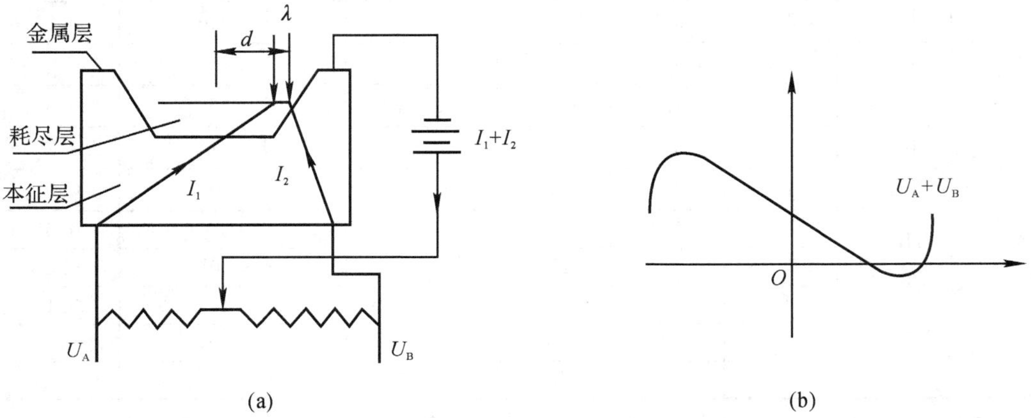

图 5-6　位敏 Posicon 示意图

2. 器件的性能

(1) 位置灵敏度(Position Sensitivity)。对于给定的噪声水平，灵敏度高可使位置测量的分辨率提高，即

$$位置灵敏度 = \frac{\partial i}{\partial x}$$

(2) 线性度(Linearity)。如果光斑是均匀的。分割型器件的线性应该较好。实际上使用高斯光束，中间的刻痕有一定的宽度(通常为 0.1 mm) 因而使线性度下降。分割器件多用于在零点附近作微小偏差测量。

横向器件有接近于理想的线性，对于单轴的情况更是如此。

(3) 最小可探测位移 $\sigma(x)$(Minimum Detected Displacement)。最小可探测位移和系统的位置灵敏度与噪声有关，如下表所示。

	全范围线性度	中央部线性
单轴测量	±0.4%	±0.1%
双轴测量(二维)	±8%	±4%

(4) 响应时间。

分割器件的响应时间 $< 50\ \text{ns} \sim 1\ \mu\text{s}$；

横向器件的响应时间为 $1 \sim 100\ \mu\text{s}$。

七、光化学接收器 —— 感光底片

照相方法需要许多时间即便是立即成像也要一分钟，所以与目视和光电方法相比照相方法要慢许多，但是照相方法有其独特的特点：

(1) 可以记录，保存信息，二维记录信息量大。

(2) 它是光场强度的长时间积分的结果，可以求得记录对象的长时间的平均值。

主要技术指标有：

(1) 光学密度。光学密度反映底片上的不透明度，表达式为

$$D = \lg \frac{1}{T} \tag{5-35}$$

式中，T 为底片透过率；D 为光学密度。

(2) 曝光量。曝光量用 H 表示，即

$$H = Et$$

式中，E 为底片上的照度(lx)；t 为曝光时间(s)。

(3) 感光特性曲线。图 5-7 所示为底片的感光特性曲线。图中，D_O 为总灰雾度，是未曝光部分显影后的密度；r 为衬度系数，也称灰度系数，其表达式为

$$r = \tan a = \frac{D_C - D_B}{L} \tag{5-36}$$

当其他条件相同时，r 大的感光材料摄得的影调硬些(或说反差大些)。有些底片可用改变显影时间来控制 r，但有一定限度。

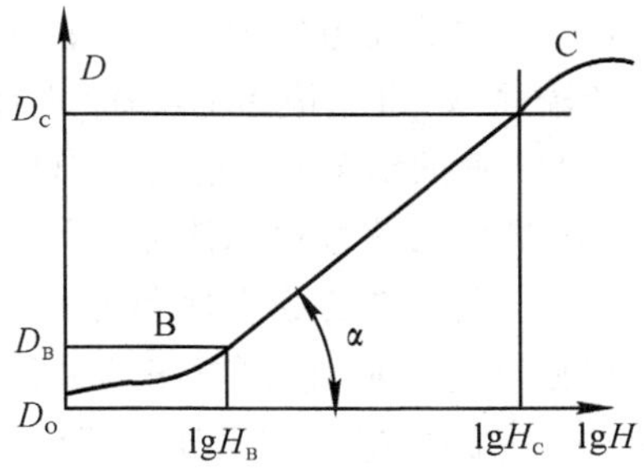

图 5-7　感光特性曲线

L 为宽容度，代表曲线上线性范围的大小

$$L = \lg H_C - \lg H_B \tag{5-37}$$

如果曝光处于 D_O 和 D_B 之间($H < H_B$)称为曝光不足。处于 D_C 以上称为曝光过度。曝光量应处于 H_C 和 H_B 之间才能正确反映景物的明暗层次。

(4) 底片的鉴别率 R。表示感光材料记录景物细节的能力，以线数 / mm 为计量单位。

(5) 底片的速度又称感光度。是相对灵敏度的一种表示方法，通常用总灰雾度再加上 0.1 个单位时曲线所对应点的相对值。

中国标准
$$S = \frac{3}{H_{D_0} + 0.1} \tag{5-38}$$

德国标准(DIN)
$$S = 10\lg \frac{1}{H_{D_0} + 0.1} \tag{5-39}$$

美国标准(ASA)
$$S = \frac{0.8}{H_{D_0} + 0.1} \tag{5-40}$$

【例 5-4】　求 24DIN 的胶片对应于 ASA 的数值。

【解】

$$24=10\lg\frac{1}{H_{D0}+0.1}$$

$$\frac{1}{H_{D0}+0.1}=10^{2.4}=251.18$$

$$\frac{0.8}{H_{D0}+0.1}=200.9\ \text{相当于}\ 200\text{ASA}$$

5.2 光电信号检测电路设计

一般情况下，光电检测电路由光电器件、输入电路和前置放大器组成。光电器件把被测光信号转换成相应的电信号，而输入电路则是为光电器件提供正常的工作条件，进行电参量的变换(如将电流或电阻变换为电压)，同时完成和前置放大器的电路匹配。光电器件输出的微弱电信号由前置放大器进行放大，前置放大器另一作用是匹配后置处理电路与检测器件之间的阻抗。检测电路的设计应根据光电信号的性质、强弱、光学的和器件的噪声电平以及输出电平和通频带等技术要求来确定电路的连接形式和电路参数，保证光电器件和后续电路最佳的工作状态，并最终使整个检测电路满足下述要求：

(1) 灵敏的光电转换能力。使给定的输入光信号在允许的非线性失真条件下具有最佳的信号传输系数，得到最大的功率、电压或电流输出。

(2) 快速的动态响应能力。满足信号通道所要求的频率选择性或对瞬变信号的快速响应。

(3) 最佳的信号检测能力。具有保证可靠检测所必需的信噪比或最小可检测信号功率。

(4) 长期工作的稳定性和可靠性。

根据这些要求，检测电路的设计通常包括的步骤为：电路静态计算、电路动态计算、噪声估算和放大电路的选择与设计。下面将分四部分介绍它们的具体内容。

一、缓慢变化的光信号检测电路的设计

缓慢变化的光信号通常采用直流电路进行检测，直流电路的设计重点在于确定电路的静态工作状态即进行静态计算。由于光电检测器件伏安特性的非线性，一般采用非线性电路的图解法和分段线性化的解析法来计算。对于种类繁多的光电器件，我们根据这些器件伏安特性的性质将其分为恒流源型、光伏型和可变电阻型三种基本类型，并且以光电二极管或光电池为例介绍它们在各种工作状态下的电路计算方法。

1. 恒流源型光电检测电路的静态计算

在图 5-8 中给出了恒流源型光电检测器件的伏安特性，它是一组以输入光照度 E 或光通量 Φ 为参量的曲线簇。在工作电压较小的范围内曲线呈弯曲的趋势，并且有一个转折点 M。随着工作电压的升高，曲线逐渐平直。对于不同的输入光通量，各曲线间近似平行且间距随光通量增大趋于相等。这种输出电流随器件端电压增大而变化不大的性质称为恒流源特性。具有这种伏安特性的光电检测器件有光电管、光电倍增管(见图 5-8(a))、光电二极管(工作在反向偏置电压状态下，曲线见图 5-8(b))和光电三极管(见图 5-8(c))等。图 5-1 所示的伏安特性和晶体三极管集电极特性曲线形状类似，区别是光电器件的光电流是由输入光功率控制而晶体

三极管是由基极电流控制。这表明，可以采用与晶体管放大器相类似的方法对恒流源型光电器件进行分析和计算。

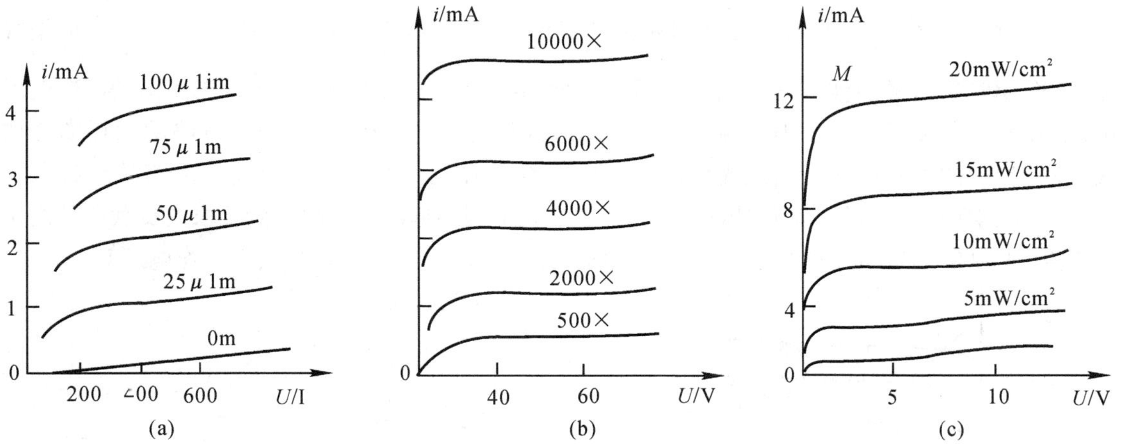

图 5－8　恒流源型光电检测器件的伏安特性

(a) 光电倍增管；(b) 光电二极管；(c) 光电三极管

(1) 图解计算法。我们利用包含非线性元件的串联电路的图解法对恒流源器件的输入电路进行计算。图 5－9(a) 给出了在反向偏置电压作用下光电二极管的基本输入电路。图中 U_b 是反向偏置电压，R_L 是负载电阻，与输入光通量 Φ 成正比的电压信号 U_o 就是从 R_L 的两端输出的。U_b，R_L 和光电二极管串联连接。对于这种简单电路可列出回路方程为

$$U(I) = U_b - IR_L \tag{5-41}$$

式中，$U(I)$ 是非线性函数。式(5－41) 可利用图解法进行计算。如图 5－9(b) 所示，在伏安特性上画出负载线 $U_b - IR_L$，它是一条斜率为 $-1/R_L$，且通过 $U = U_b$ 点的直线，与纵轴交于 U_b/R_L 点。由于串联回路中流过各回路元件的电流相等，负载线和对应于输入光通量为 Φ_0 时的器件的伏安特性曲线的交点 Q 即为输入电路的静态工作点。当输入光通量由 Φ_0 改变为 $\pm\Delta\Phi$ 时在负载电阻 R_L 上会产生 $\mp\Delta U$ 的电压信号输出和 $\pm\Delta I$ 的电流信号输出。

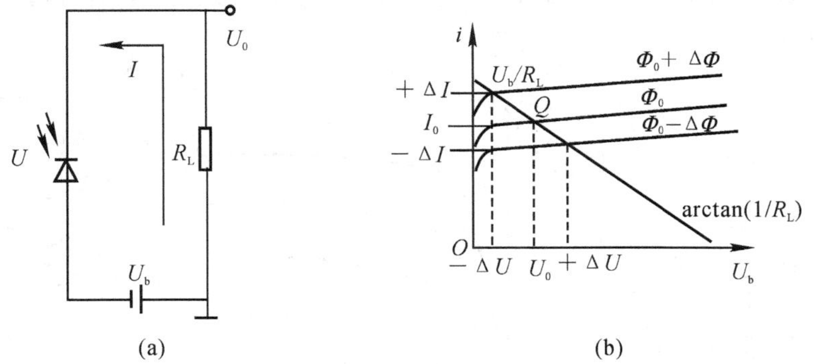

图 5－9　计算光电二极管输入电路的图解法

(a) 基本电路；(b) 图解法计算

上述图解法特别适用于大信号状态下的电路分析。例如在大信号检测情况下可以定性地输出信号的波形畸变；在用做光电开关的情况下可以借助图解法合理地选择电路参数使之能可靠地动作，同时保证不使器件超过其最大工作电流、最大工作电压和最大消耗功率。图 5－10 给出了输入电路参数 R_L 和 U_b 对输出信号的影响。在图 5－10(a) 中，当偏置电压 U_b 不变时，对

于同样的输入光通量 $\Phi_0 \pm \Delta\Phi$，负载电阻 R_L 的减小会增大输出信号电流而使输出电压减小。但 R_L 的减小会受到最大工作电流和功耗的限制。为了提高输出电压应增大 R_L，但过大的 R_L 会使负载线超过特性曲线的转折点 M 进入非线性区，而非线性区光电灵敏度 $S=\dfrac{\Delta I}{\Delta\Phi}$ 不再是常数，这会使输出信号的波形发生畸变。另一方面，在图 5－10(b) 中，对于相应的 R_L 值，当偏置电压 U_b 增大时输出信号电压的幅度也随之增大，并且线性度得到改善，但电路的功耗随之加大，并且过大的偏置电压会引起光电二极管的击穿。在利用图解法确定输入电路的负载电阻 R_L 和反向偏压 U_b 的值时，应根据输入光通量的变化范围和输出信号的幅度要求使负载线稍高于转折点 M，以便得到不失真的最大电压输出，同时保证 U_b 不大于器件的最大工作电压 U_{max}。

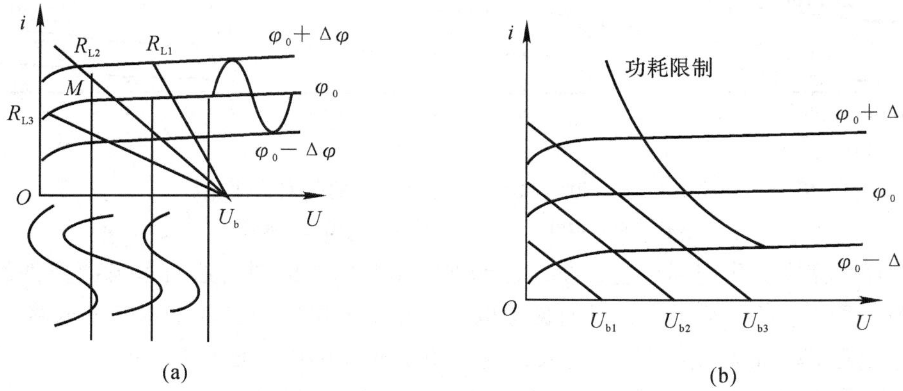

图 5－10 输入电路的 R_L 和 U_b 对输出信号的影响

(a) 负载电阻影响；(b) 电源电压影响

(2) 解析计算法。输入电路的计算也可以采用解析法。如果对实际非线性伏安特性曲线按照一定的画法进行分段折线化可以得到如图 5-11 所示的所谓折线化伏安特性曲线，具体画法视伏安特性曲线的形状而异。通常是在转折点 M 处将曲线分作两个区域。如图 5－11(a) 所示的情况是作直线与原曲线相切；如图 5-11(b) 所示的情况是经过转折点 M 和原点 O 连线，得到折线化特性的非线性部分，在用一组平行的直线分别和实际曲线的恒流部分逼近，得到折线化特性的线性工作部分。

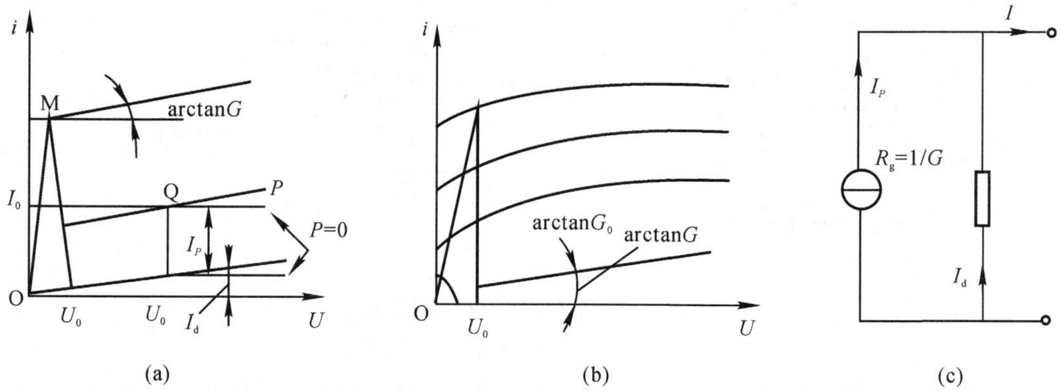

图 5－11　伏安特性的分段折线化和微变等效电路

(a) 折线化一；(b) 折线化二；(c) 等效电路

折线化伏安特性可用下列参数确定：

1) 转折电压 U_0：对应于曲线转折点 M 处的电压值。

2) 初始电导 G_0：非线性区近似直线的初始斜率。

3) 结间漏电导 G：线性区内各平行直线的平均斜率。

4) 光电灵敏度 S：单位输入光功率所引起的光电流值。设输入光功率为 P，对应的光电流为 I_P，则有

$$S = I_P / P$$

式中的光功率 P 可以是光通量 Φ，也可以是光照度 E。光通量和光照度之间的关系为

$$\Phi = AE \tag{5-42}$$

式中，A 为器件光敏面受光面积。

利用折线化的伏安特性，可将线性区内任意点 Q 处的电流 I 表示为两个电流分量的组合。这两个电流分量分别是与二极管端电压有关的由结间漏电导形成的无光照电流（暗电流）I_d 和与端电压无关仅取决于输入光功率的电流 I_P。因此，在线性区内的伏安特性可以解析地表示为

$$I = f(U, \Phi) = I_d + I_P = GU + S\Phi \tag{5-43}$$

当输入光通量在确定的工作点附近作微小变化时，只需对式(5-43)作全微分即可得到微变等效方程为

$$\mathrm{d}I = \frac{\partial I}{\partial U}\mathrm{d}U + \frac{\partial I}{\partial \Phi}\mathrm{d}\Phi = g\mathrm{d}U + S\mathrm{d}\Phi \tag{5-44}$$

式中，$g = \frac{\partial I}{\partial U}$ 是微变等效漏电导，$S = \frac{\partial I}{\partial \Phi}$ 是微变光电灵敏度，它们是微变伏安特性的微变参数。图 5-11(c) 所示的是伏安特性满足式(5-43)的理想的光电二极管等效电路，它是由等效恒流源 I_P 和结间漏电阻 $R_g = 1/G$ 并联组成的。

在以输入光通量变化范围 $\Phi_{min} \sim \Phi_{max}$ 为已知条件的情况下，用解析法计算输入电路的工作状态可按下述步骤进行。

1) 确定线性工作区域。由对应最大输入光通量 Φ_{max} 的伏安曲线弯曲处即可确定转折点 M。相应的转折电压 U_0 或初始电导值 G_0 可由图 5-12(a) 所示关系决定。在线段 MN 上有关系

$$G_0 U_0 = GU_0 + S\Phi_{max} \tag{5-45}$$

由此可解得

$$U_0 = \frac{S\Phi_{max}}{G_0 - G}$$

或

$$G_0 = G + \frac{S\Phi_{max}}{U_0} \tag{5-46}$$

式(5-46)给出了折线化伏安特性的 4 个基本参数 U_0, G_0, G, S 之间的关系。

2) 计算负载电阻和偏置电压。为保证最大线性输出条件，负载线和与 Φ_{max} 对应的伏安特性曲线的交点不能低于转折点 M。设负载线通过 M 点，此时由图 5-12(a) 中所示的关系可得

$$(U_b - U_0) G_L = G_0 U_0$$

当 U_b 已知时，可计算出负载电导 G_L 或电阻 R_L 为

$$G_L = G_0 \frac{U_0}{U_b - U_0} = \frac{S\Phi_{max}}{U_b\left(1 - \frac{G}{G_0}\right) - \frac{S\Phi_{max}}{G_0}}$$

$$R_L = 1/G_L = \frac{U_b(1 - G/G_0)}{S\Phi_{max}} - \frac{1}{G_0} \tag{5-47}$$

当 $R_L = 1/G_L$ 已知时，可计算偏置电源电压 U_b 为

$$U_b = \frac{S\Phi_{max}(G_L + (G_0)}{G_L(G_0 - G)} \tag{5-48}$$

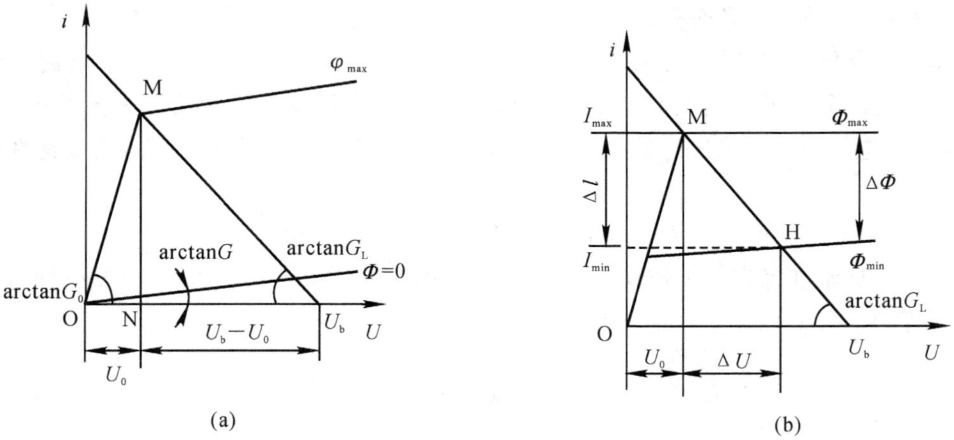

图 5-12　用解析法计算输入电路

(a) 确定线性区；(b) 计算输出信号

（ⅰ）计算输出电压幅度。由图 5-12 (b) 可知，当输入光通量由 Φ_{min} 变化到 Φ_{max} 时，输出电压幅度为 $\Delta U = U_{max} - U_0$，其中 Φ_{max} 和 U_0 可由图中 M 和 H 点的电流值计算得到，即

$$G_L(U_b - U_{max}) = GU_{max} + S\Phi_{max} \qquad \text{（在 H 点）}$$

$$G_L(U_b - U_0) = GU_0 + S\Phi_{max} \qquad \text{（在 M 点）}$$

解上面两式得

$$U_{max} = \frac{G_L U_b - S\Phi_{min}}{G + G_L}$$

$$U_0 = \frac{G_L U_b - S\Phi_{max}}{G + G_L}$$

所以

$$\Delta U = S\frac{(\Phi_{max} - S\Phi_{min})}{G + G_L} = S\frac{\Delta\Phi}{G + G_L} \tag{5-49}$$

式(5-49)表明输出电压幅度与输入光通量的增量和光电灵敏度成正比，与结间漏电导和负载电导成反比。

（ⅱ）计算输出电流幅度。由图 5-12(b) 可知，输出电流幅度为

$$\Delta I = I_{max} - I_{min} = G_L \Delta U$$

将式(5-49)代入上式，可得

$$\Delta I = G_L \Delta U = S \frac{\Phi_{max} - \Phi_{min}}{1 + G/G_L} \tag{5-50}$$

通常 $G_L \gg G$，式(5-50)可简化为

$$\Delta I = S(\Phi_{max} - \Phi_{min}) = S\Delta\Phi \tag{5-51}$$

(ⅲ)计算输出电功率。由功率关系 $P = \Delta I \Delta IU$ 可得

$$P = G_L \Delta U^2 = G_L \left(\frac{S\Delta\Phi}{G + G_L}\right)^2 \tag{5-52}$$

2. 光伏型光电检测电路的静态计算

如图 5-13(a)所示的是光伏型光电器件的伏安特性，它是一组以入射光功率为参量的曲线簇，分布在伏安坐标系的第四象限。由于器件的端电压 U 和电流 I 的方向相反，对外电路形成电势，所以具有赋能元件的性质，可对负载供电。具有这种伏安特性的光电器件包括光电池和工作于光电池状态下的光电二极管等。

由第二章可知，光电池的输出电流可以写成如下形式：

$$I = I_0(e^{U/U_T} - 1) - I_P \tag{5-53}$$

式中，$U_T = kT/q \approx 26\ mV(t=300\ K 时)$，$I_P = SE$。如果使伏安特性倒转到第一象限即对电流的正方向作相反地规定，那么伏安特性可表示为

$$I = I_P - I_0(e^{U/U_T} - 1)$$

或

$$U = U_T \ln \frac{I - (I_P + I_0)}{I_0} \tag{5-54}$$

相应的等效电路表示在图 5-13(b)中。光伏型光电器件输入电路的计算将根据前述的表达式和相应的伏安特性曲线以及电路方程进行。

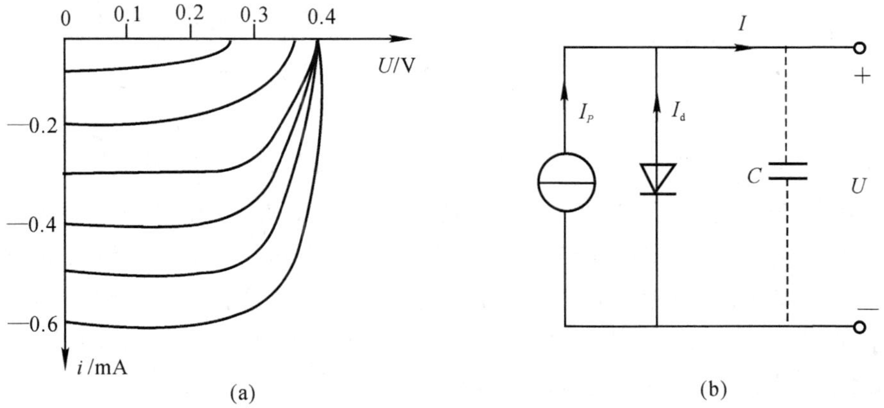

图 5-13　光伏型光电器件的伏安特性曲线和等效电路

(1)光伏型器件输入电路的形式。对于光伏器件，输入电路的基本形式主要有三种，如图 5-14 所示。在图 5-14(a)所示的电路中光伏器件直接和负载电阻连接，这种电路称做无偏置电路；在图 5-14(b)所示的电路中，负载电阻上除串联光伏器件外尚有与器件端电压方向相

反的偏置电源,组成反向偏置电路;图 5－14(c) 所示的电路 是作为能量变换器使用的太阳能电池充电电路。通常光电池多采用图 5－14(a) 和 5－14(c) 所示的电路,光电二极管多采用图 5－14(b) 的电路。下面以光电池为例介绍无偏置电路的静态计算方法。

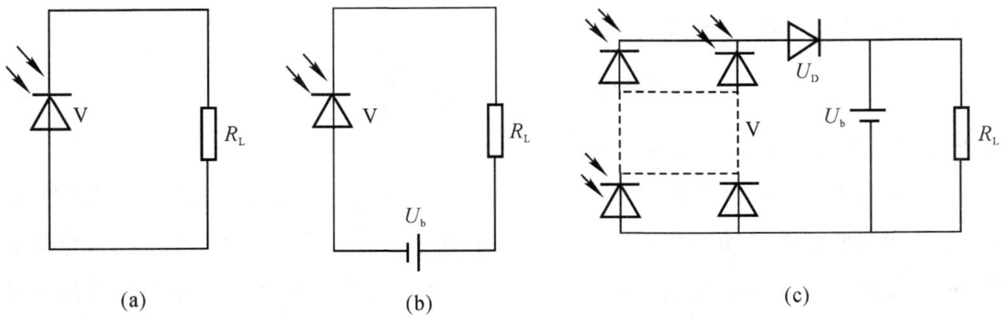

图 5－14　三种基本的光伏型光电输入电路

(a) 无偏置电路;(b) 偏置电路;(c) 太阳能电池电路

(2) 无偏置输入电路的静态计算。图 5－15 给出了无偏置光电池输入电路的等效电路(见图 5－15(a)) 及其计算图解(见图 5－15(b))。对图 5－15(a) 所示的回路建立电路方程,有

$$U = IR_L$$
$$I = I_P - I_0(e^{U/U_T} - 1) \tag{5-55}$$

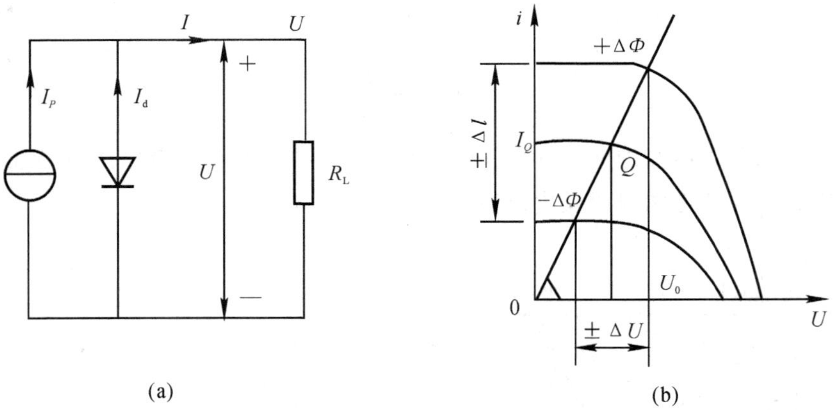

图 5－15　无偏置状态下光电池的输入等效电路和图解法

利用图解法,若给定输入光通量 Φ_0,只要选定负载电阻 R_L,工作点 Q 即可由负载线与光电池相应的伏安特性曲线的交点确定。该点处的电流 I_Q 与电压 U_Q 即为 R_L 上的输出值。相对 Φ_0 的光通量增量 $\pm\Delta\Phi$ 将形成对应的电流变化 $\pm\Delta I$ 和电压变化 $\pm\Delta U$。由于光电池伏安特性的非线性,负载电阻的选择会影响光电池的输出信号。 例如在图 5－16(a) 中,对应于光通量的增加量 $\Delta\Phi = \Phi_1 - \Phi_2$,在短路状态下(即 $R_L = 0$),输出电流增量 $\Delta I = I_{SC1} - I_{SC2}$,输出电压为零。随着 R_L 的增大,输出电压随之增大,直到某一临界电阻 R_C 之后负载上的电压变成饱和,而输出电流逐渐变小,如图 5－16(b) 所示。另一方面,输入光通量也影响输入电路的工作状态。由图 5－16(a) 可以看出,对确定的负载电阻,如 R_C,当输入光通量较小时,负载上的输出电流和电压近似地随入射光通量成正比增加,而当入射光通量较大时,输出电流和电压逐渐呈现饱和状态,负载电阻愈大情况愈明显(见图 5－16(a) 中 R_2 的情况)。

可以利用式 (5－15) 定量地描述负载电阻和入射光通量对电路工作状态(I,U,P) 的影响，即

$$I = I_P - I_0\left(e^{\frac{IR_L}{U_T}} - 1\right) \tag{5-56}$$

$$U = U_T \ln \frac{I_P - U/R_L + I_0}{I_0} \tag{5-57}$$

$$P = IU = \frac{U_T U}{R_L} \ln \frac{I_P - U/R_L + I_0}{I_0} \tag{5-58}$$

根据上述公式，在同一入射光通量下，负载电阻对光电池输出电压、电流、功率的影响曲线表示在图 5-16(b) 中。由图 5-16(b) 可见，根据所选负载电阻的数值可以把光电池的工作曲线分作四个区域，分别由图中 Ⅰ，Ⅱ，Ⅲ，Ⅳ 表示，对应的四个工作状态为短路或线性电流放大、空载电压输出、线性电压放大和功率放大。下面讨论前三种工作状态。

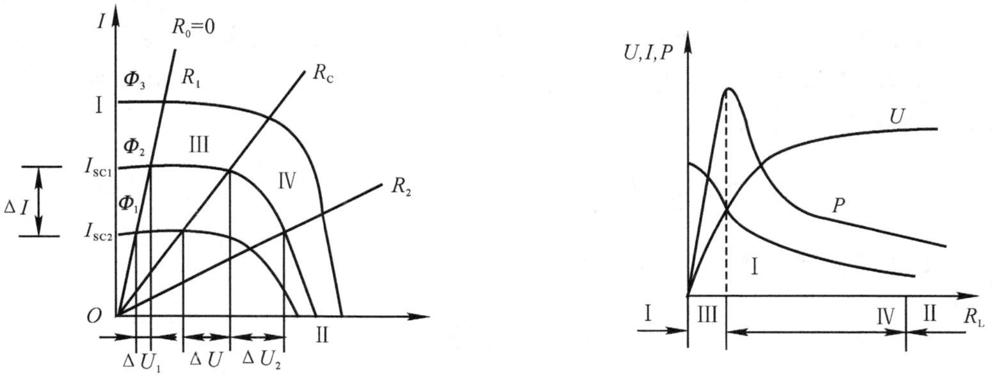

(a)　　　　　　　　　　　　　　(b)

图 5－16　负载电阻对光电池输出电压、电流和功率的影响

1) 短路或线性电流放大。这是一种电流变换状态。在这种状态下，后续电流放大级作为负载从光电池中吸取最大的输出电流。为此要求负载电阻或后续放大电路输入阻抗尽可能小。由图 5－16(a) 中可看到由于 R_L 很小，输出电流接近于短路电流，它与光通量有良好的线性关系，即

$$I = I_P - I_0\left(e\frac{IR_L}{U_T} - 1\right)\Bigg|_{R_L \to 0} = I_{SC} = S\Phi \tag{5-59}$$

$$\Delta I = S\Delta\Phi \tag{5-60}$$

此外，在短路状态下器件的噪声电流较低，改善了信噪比，所以最适用于弱光信号的检测。短路电流随受光面积的大小而改变，同一个光电池的短路电流或低负载时的负载电流与受光面积的变化曲线如图 5－17 所示，图中 A 为受光面积。

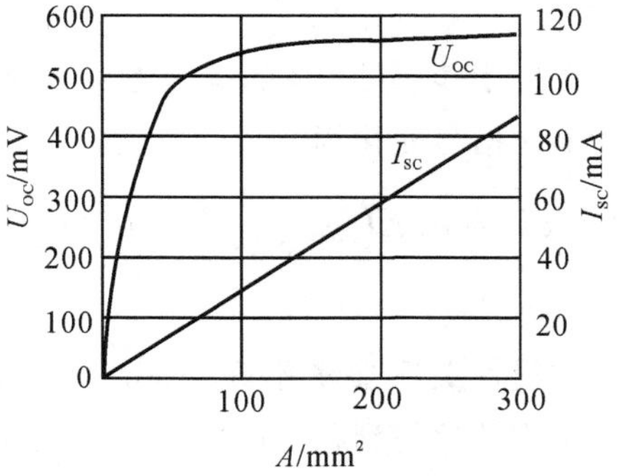

图 5－17　短路电流和开路电压随受光面积的变化曲线

2) 空载电压输出。这是一种非线性电压变换状态。此时光电池应通过高输入阻抗变换器与后续放大电路连接，相当于输出开路。开路电压可写成

$$U_{OC}=\frac{kT}{q}\ln\left(\frac{I_P}{I_0}+1\right)\approx U_T\ln\frac{I_P}{I_0}=U_T\ln\frac{S\Phi}{I_0} \tag{5-61}$$

式(5－61)表明光电池的开路电压随入射光通量的增大按对数规律增大，并且由于与光电池面积成正比，所以同一光电池的开路电压与光电池光敏面受光面积的对数成正比，如图5－17所示。必须指出的是光电池的开路电压并不会无限增大，它的最大值受结势垒高度的限制。通常光电池的开路电压为0.45～0.6 V，在入射光强从零到某一定值作跳跃变化的光电开关等的应用中，利用了U_{OC}的变化不需加任何偏置电源即可组成控制电路的特点，这是它的一个优点。此外，由伏安特性可以看到对于较小的入射光通量，开路电压输出变化较大，这对弱光信号的检测特别有利。但光电池开路电压与入射光功率呈非线性关系，同时受温度影响大，其频率特性也不理想，如果希望得到大的电压输出，则采用光电二极管或光电三极管等。

3）线性电压输出。从图5-16(b)中的Ⅲ区域可见，这种工作状态在串联的负载电阻上能得到与输入光通量近似成正比的信号电压，负载电阻增大有助于提高输出电压。但当输出电压增大到一定临界值时，输出信号开始发生非线性畸变。为了确定负载电阻的临界条件，我们将式(5－56)展开成幂级数形式为

$$I=S\Phi-\frac{IR_L}{U_T}I_0\left[1+\frac{1}{2!}\left(\frac{IR_L}{U_T}\right)+\frac{1}{3!}\left(\frac{IR_L}{U_T}\right)^2+\cdots\right]$$

当$\frac{IR_L}{U_T}\ll 1$时，忽略高阶项，上式可简化为

$$I=\frac{S\Phi}{1+I_0R_L/U_T}$$

由于$I_0\ll I$，所以只要满足条件

$$\frac{IR_L}{U_T}\ll 1 \tag{5-62}$$

就可以得到输出电流和输入光功率的线性关系

$$I=S\Phi$$

令最大线性允许光电流为I_C，相应的光通量为Φ_C，则可得到输出最大线性电压的临界负载电阻R_C为

$$R_C\ll\frac{U_T}{I_C}=\frac{26}{S\Phi_C}$$

对应于$\Phi_{max}\pm\Delta\Phi$的输入光功率变化，负载上的电压信号变化为

$$\Delta U=R_C\Delta I_P=\frac{26}{S\Phi_C}S\Delta\Phi=26\frac{\Delta\Phi}{\Phi_{max}} \tag{5-63}$$

在线性关系要求不高的情况下，可以利用图解法简单地得到临界电阻 的值。如图5－18所示，在电压轴上作临界电压$U_C=0.7U_{OC}$的垂直线，与对应的伏安特性曲线相交于M点，这样也可以得到临界电阻的负载线。由于临界电阻

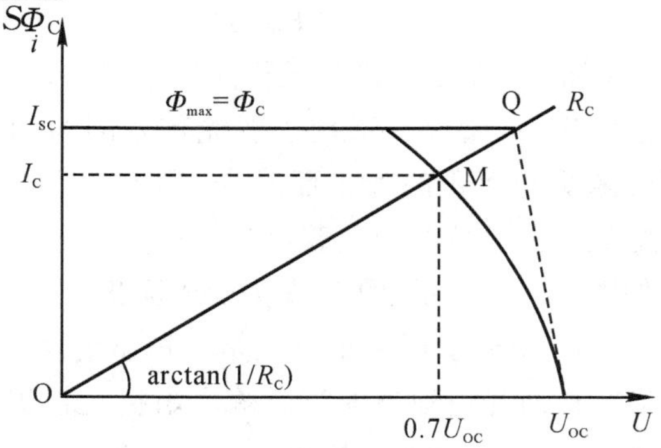

图5－18　光电池近似线性区间的确定

R_C 上的电压 U_C 为

$$U_C \approx R_C I_C = 0.7 U_{OC}$$

所以，R_C 可近似计算为

$$R_C \leqslant \frac{0.7U_{OC}}{I_P} = \frac{0.7U_{OC}}{S\Phi_{max}} \tag{5-64}$$

式中，U_{OC} 是对应 Φ_{max} 时的值，倍数 0.7 是经验数据。对应的输出电压变化为

$$\Delta U = R_C \Delta I_P = \frac{0.7U_{OC}}{S\Phi_{max}} A\Delta\Phi = 0.7U_{OC}\frac{\Delta\Phi}{\Phi_{max}} \tag{5-65}$$

3. 可变电阻型光电检测电路的静态计算

图 5-19 给出了阻值随输入光通量改变的光敏电阻的伏安特性，它是一组以输入光功率为参量的通过原点的直线簇。由图中可以看出，在一定范围内光敏电阻的阻值不随外电压改变，仅取决于输入光通量 Φ 或光照度 E，并有

$$R = \frac{U}{I} = \frac{1}{G} = \frac{1}{G_P + G_d}$$

式中，G 是亮电导，G_P 是输入光功率电导，D_d 是暗电导。

阻值随温度改变的热敏电阻也属于可变电阻型器件，其电阻值表达式为

$$R_T = R_0(1 + \alpha T)$$

式中，R_T 为温度为 T 时的电阻，R_0 为当温度 $T=0$ 时的电阻；α 为电阻温度系数，T 为温度。当温度变化 ΔT 时，电阻的变化量 ΔR_T 为

$$\Delta R_T = R_0 \alpha \Delta T$$

(1) 简单输入电路。图 5-19(a) 所示是最简单光敏电阻输入电路，电路的图解计算法表示在图 5-19(b) 中，由于是线性电路，所以其图解计算比较简单，在建立负载线之后即可确定对应于输入光通量 $\Phi_1 \sim \Phi_2$ 变化的负载电阻上的输出信号。

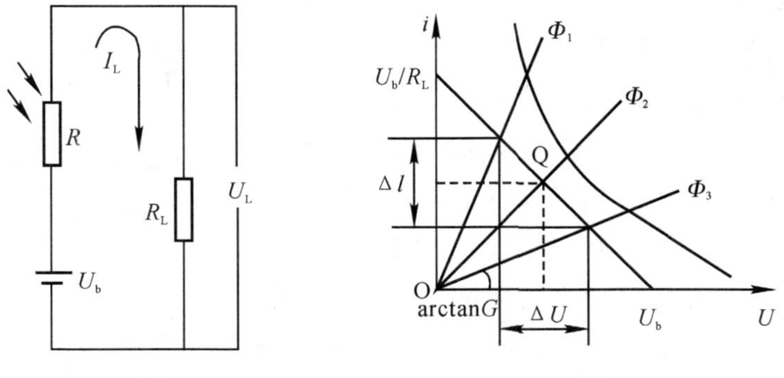

图 5-19　最简单的光敏电阻电路和电路图解法

(a) 光敏电阻电路；(b) 图解法

电路的工作状态也可以用解析法按线性电路规律计算，由图 5-19(a)，有

$$I_L = \frac{U_b}{R + R_L} \tag{5-66}$$

$$U_L = \frac{R_L}{R+R_L}U_b \tag{5-67}$$

当输入光通量变化时，光敏电阻阻值变化 ΔR，从而引起负载电流变化 ΔI，将式(5－66) 对 R 求微分，可得

$$DI_L = \frac{-U_b}{(R+R_L)}\Delta R$$

由于 G_P 可以写成下面形式：

$$G_P = S_g E = S\Phi$$

所以

$$\Delta R = \frac{-S\Delta\Phi}{(G_P+G_d)^2} = -R^2 S\Delta\Phi$$

故

$$\Delta I = \frac{R^2 U_b S}{(R+R_L)^2}\Delta\Phi \tag{5-68}$$

$$\Delta U_L = R_L \Delta I_L = \frac{R_2 U_b S}{(R+R_L)^2} R_L \Delta\Phi \tag{5-69}$$

式(5－67) 和式(5－68) 给出了由于输出光通量的变化而引起的负载电流和电压的变化量。下面讨论两种典型的工作状态。

1) 恒流偏置。当负载电阻比光敏电阻大得多即 $R_L \gg R$ 的情况下，式 (5－66) 变成

$$I_L = \frac{U_b}{R_L}$$

这时候可以认为负载电流与光敏电阻阻值无关，近似保持常数。这种电路称做恒流偏置电路。同样道理，式 (5－68) 变成

$$\Delta I_L = SU_b\left(\frac{R}{R_L}\right)^2\Delta\Phi \tag{5-70}$$

式(5－70) 表明输出信号电流取决于光敏电阻和负载电阻的比值，与偏置电压成正比。此外可以证明恒流偏电压置的信噪比较高，因此适用于高灵敏度测量，这是它的优点。但是由于 R_L 很大，则使光敏电阻正常工作的偏置电压需要很高 (达 100 V 以上)，这给使用带来不便。通常可用晶体管来实现恒流偏置，如图5－20 所示。它利用晶体管在线性工作区时的集电极和发射极间等效交流电阻很大，近似于恒流特性来实现偏置。但由于在电路中引入了晶体管及 R_e 等，将给检测电路引入额外的噪声。

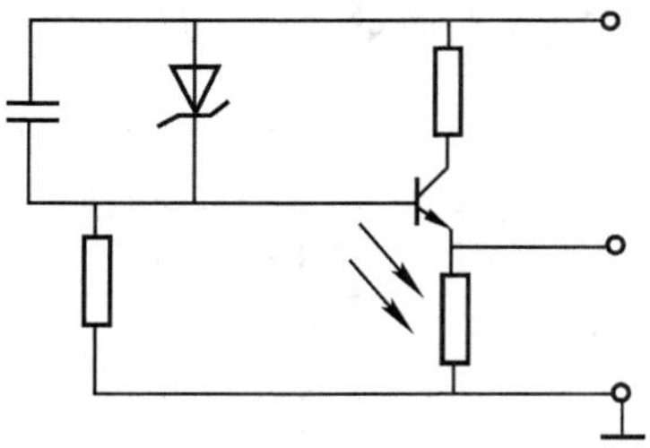

图 5－20　有源恒流偏置电路

2) 恒压偏置。如果选取 $R_L \ll R$ 则加在光敏电阻上的电压近似为电源电压 U_b，与 R 无关。这种偏置称为恒压偏置。在响应度要求不是太高，而探测器本身噪声又比较大时，一般都采用这种偏置电路。此时，负载 R_L 上的信号电压由式 (5－68) 变成

$$\Delta U = SU_b R_L \Delta\Phi \tag{5-71}$$

式(5－71) 表明恒压偏置的输出信号与光敏电阻的阻值无关，仅取决于 $S\Delta\Phi$，即光电导的相对变化。这样，检测电路在更换光敏电阻阻值时对电路初始状态影响不大，这是该种电路的

优点。

(2) 电桥输入电路。为避免可变电阻型器件受环境温度的影响，常采用电桥电路(见图5-21)。以热敏电阻为例，选择性能相同的两个热敏电阻 R_{T_1} 和 R_{T_2} 作电桥测量臂的电阻；普通电阻作为补偿臂电阻，外加电源电压为 U_b。在无外来辐射照射时，调节补偿电阻 R_2，使电桥平衡。此时

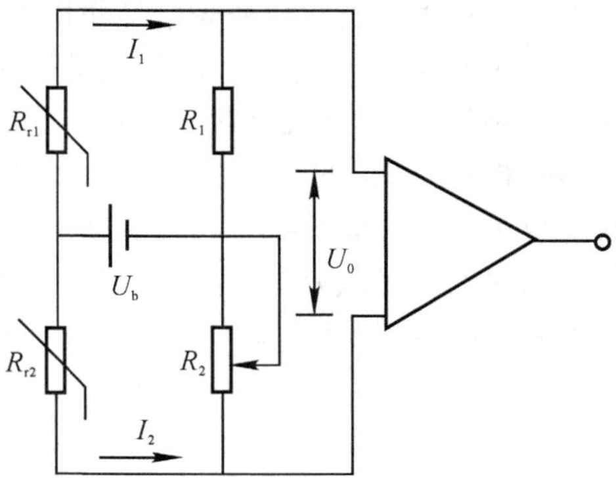

图 5-21　热敏电阻电桥电路

$$R_{T_1}R_2 = R_{T_3}R_1$$

电桥输出信号为 $U_o = 0$。当有辐射作用于热敏电阻 R_T 上时，温升 ΔT 引起电阻的改变为

$$R_{T_1} = R_{01} + \Delta R$$

式中，R_{01} 为热敏电阻 R_{T_1} 的暗电阻。此时电桥平衡破坏，开路电压 U_{OC} 为

$$U_{OC} = \frac{U_b(R_{01}+\Delta R)}{R_{01}+R_1+\Delta R} - \frac{U_b R_{T_2}}{R_{T_2}+R_2} = \frac{U_b R_2 \Delta R}{(R_{01}+R_1+\Delta R)(R_{T_2}+R_2)}$$

在弱辐射作用下有 $\Delta R \ll R_{01}+R_1$，取 $R_1 = R_2 = R$ 和 $R_{01} = R_{02} = R_0$，其中 R_{02} 是 R_{T_2} 的暗电阻。则上式可变为

$$U_{OC} = \frac{U_b R}{(R_0+R)^2}\Delta R \tag{5-72}$$

由式(5-72)可见输出电压 U_o 与热敏电阻变化量 ΔR 成比例，并与负载电阻 R 有关。令

$$\frac{dU_o}{dR} = 0$$

可计算出当 $R = R_0$ 时 U_o 取最大值为

$$U_{o,max} = \frac{U_b}{4}\frac{\Delta R}{R} \tag{5-73}$$

二、变光信号检测电路的设计

在许多场合下，光电检测电路接收到的是随时间变化的光信号，如瞬变光信号或各种类型的调制光信号，这类信号称为交变光信号，其特点是信号中包含着丰富的频率分量，当信号微弱时，还需要多级放大等。与缓变光信号检测电路的设计不同，在分析和设计交变光信号检测电路时，需要解决下面的动态计算问题：

(1) 确定检测电路的动态工作状态，使在交变光信号作用下负载上能获得最小非线性失真的电信号输出。

(2) 使检测电路具有足够宽的频率响应，以能对复杂的瞬变光信号或周期光信号进行无频率失真的变换和传输。

1. 光电信号输入电路动态工作状态的计算

为提供光电检测器件正常的工作条件，首先要在交变光信号输入电路中建立直流工作点。另一方面输入电路和后续电路通常是依靠阻容连接等多种方式耦合的。后续电路的等效输入阻抗将和输入电路的直流负载电阻并联作为检测器的交流负载。这是不同于上一节中静态计算的主要区别之一。现以光电二极管和光电池为例介绍其交流检测电路的动态计算方法。

(1) 光电二极管交流检测电路。图 5-22(a) 给出了反向偏置光电二极管交流检测电路的基本形式。首先确定在交变光信号作用下电路的最佳工作状态。假定输入光照度为正弦变化即 $e=E_0+E_m\sin\omega t$,光照度的变化范围为 $E_0\pm E_m$。若在信号通频带范围内,耦合电容 C_c 可认为是短路,则等效交流负载电阻是 R_b 和 R_L 的并联。对应的交流负载线 MN 应该通过特性曲线的转折点 M,如图 5-22(b) 所示,以便能充分利用器件的线性区间,其斜率由 R_b 和 R_L 的并联电阻决定。交流负载线与光照度 $E=E_0$ 对应时的伏安特性曲线相交于 Q 点,该点对应交变输入光照度的直流分量,是输入直流偏置电路的静态工作点。 通过 Q 点作直流负载线可以得到偏置电阻 R_b 和电源 U_b 的值。下面来计算负载 R_L 上的输出电压和输出功率值。

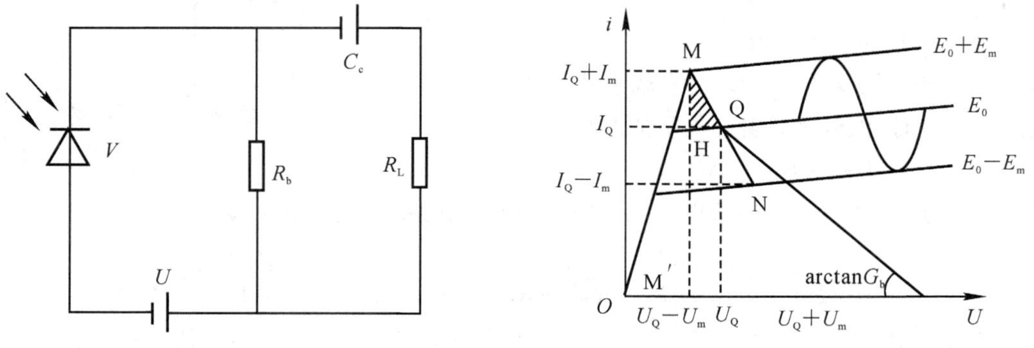

(a) (b)

图 5-22 反向偏置光电二极管交流检测电路及图解计算

(a) 检测电路;(b) 图解法

负载电阻上的输出电压峰值 U_m 可利用图 5-22(b) 中所示阴影三角形 MHQ 的关系计算。若交流负载线的斜率是 G_L+G_b,设交流负载总电流峰值为 I_m,则有

$$U_m=\frac{I_m}{G_L+G_b}$$

另一方面,在图中的线段 MH 上有电流关系

$$I_m=S_E E_m-gU_m$$

代入上式,有

$$U_m=\frac{S_E E_m}{G_b+G_L+G} \tag{5-74}$$

负载电阻 R_L 上的输出功率 P_L 为

$$P_L=\frac{1}{\sqrt{2}}I_L\frac{1}{\sqrt{2}}U_m=\frac{1}{2}I_L U_m$$

式中,$I_L=U_m/R_L=G_L U_m$ 是负载 R_L 上的电流。将式(5-34) 代入上式,有

$$P_L=\frac{G_L}{2}\left(\frac{S_E E_m}{G_b+G_L+g}\right)^2 \tag{5-75}$$

由 P_L 对 R_L 求偏微分,计算最大输出功率下的负载电阻 $R_{Lo}=1/G_{Lo}$,可得

$$G_{Lo}=G_b+g$$

把上式代入式(5-34) 和式(5-35) 可得阻抗匹配条件下负载的输出电压峰值 U_{mo}、最大输出有效功率 P_{Lm} 和输出电流峰值 I_{mo} 分别为

$$U_{mo}=\frac{S_E E_m}{2G_{Lo}} \tag{5-76}$$

$$P_{Lm} = \frac{(S_E E_m)^2}{8G_{Lo}} = \frac{1}{2} G_{L_o} U_{mo}^2 \tag{5-77}$$

$$I_{mo} = 2P_{Lm}/U_{mo} = \frac{1}{2} S_E E_m \tag{5-78}$$

最大功率输出条件的直流偏置电阻 R_{bo} 和电源电压 U_b 可用解析法计算。静态工作点 Q 的电流值由伏安特性有

$$I_Q = gU_Q + S_E E_0$$

由负载线有

$$I_Q = (U_b - U_Q) G_b$$

求解两式，得

$$U_Q = \frac{G_b U_b - S_e E_0}{g + G_b}$$

另一方面，在工作点 Q 处的电压 U_Q 为

$$U_Q = U_{mo} + U_M = \frac{S_E S_m}{2(G_b + g)} + U_M$$

比较前二式可计算出 G_{bo} 和 R_{bo} 为

$$\left.\begin{aligned} G_{bo} &= \frac{S_E(E_m + 2E_0) + 2gU_C}{2(U_b - U_C)} \\ R_{bo} &= \frac{2(U_b - U_C)}{S_E(E_m + 2E_0) + 2gU_C} \end{aligned}\right\} \tag{5-79}$$

(2) 光电池交流检测电路。图 5-23(a) 是光电池交流检测电路。图 5-23(b) 是处于线性区域的工作特性图解，图中直流负载是通过原点且斜率为 G_b 的直线。当输入光照度为 $e = E_0 + E_m \sin \omega t$ 时，光电池特性曲线中对应于 $E = E_0$ 时的曲线与直流负载线相交于 Q 点，Q 是静态工作点。交流负载线通过 Q 点，斜率为 $G_b + G_L$，该负载线与最大输入光照度 $e = E_0 + E_m$ 对应的光电池曲线相交于 M 点。M 点的电压 U_M 应满足

$$U_M = U_Q + U_m \leqslant 0.7U_{OC} \tag{5-80}$$

式中，U_M 是与正弦输入的光照度相对应的输出电压峰值。

对于 $G_b = G_L = C_{Lo}$ 的最大功率输出条件下的输出电压、功率和电流有类似式(5-76)、式(5-77) 和式(5-78) 的形式。偏置电阻的数值可计算为

$$R_{bo} = R_{L0} = \frac{2U_m}{S_E(2E_0 + E_m)} \tag{5-81}$$

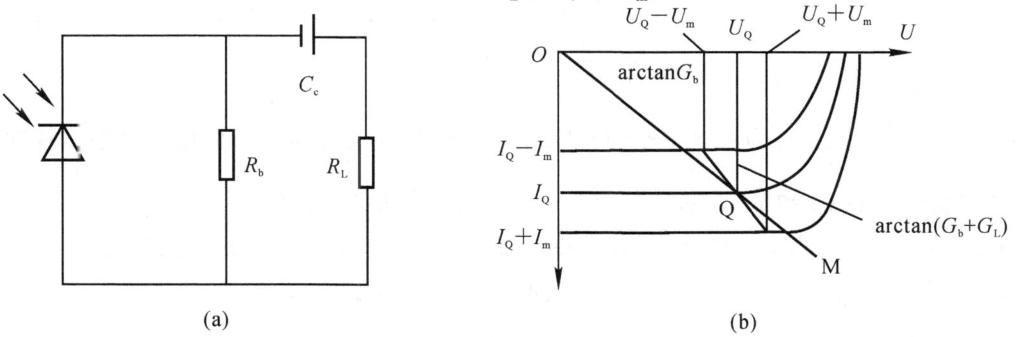

图 5-23　光电池交流检测电路及图解计算

(a) 检测电路；(b) 图解法

2.光电检测电路的频率特性

光电检测电路的频率特性以及光电器件自身的惯性和检测电路的耦合电容、分布电容等非电阻性参数的存在使光电检测电路需要一个过渡过程才能对快速变化的输入光信号建立稳定的响应。通常采用时域分析法和频域法来表征这种动态响应能力，在检测技术中常采用频域分析法。需要指出的是，在光电器件以各种耦合方式和电路器件组成检测电路时，其综合动态特性不仅与光电器件本身有关，而且主要取决于电路的形式和阻容参数，需要进行合理设计才能充分发挥器件的固有性质，达到预期的动态要求。工程上描述检测通道频率响应的参数是通道的通频带 Δf，它是检测电路上限和下限截止频率所包括的频率范围。Δf 愈大，信号通过能力愈强。

本节将以器件等效电路为基础，介绍检测电路的频率特性，并给出根据被测信号的技术要求设计检测电路的实例。

(1) 光电检测电路的高频特性。除热释电探测器件外，大多数的光电、热电探测器件对检测电路的影响突出地表现在对高频光信号响应的衰减上。因此，我们首先讨论光电检测电路的高频特性。现以图 5-22 所示的反向偏置光电二极管交流检测电路为例，该电路的微变等效电路如图 5-24 所示，这里忽略了耦合电容 C_c 的影响，因为对于高频信号 C_c 可以认为是短路的。列出该电路的电路方程为

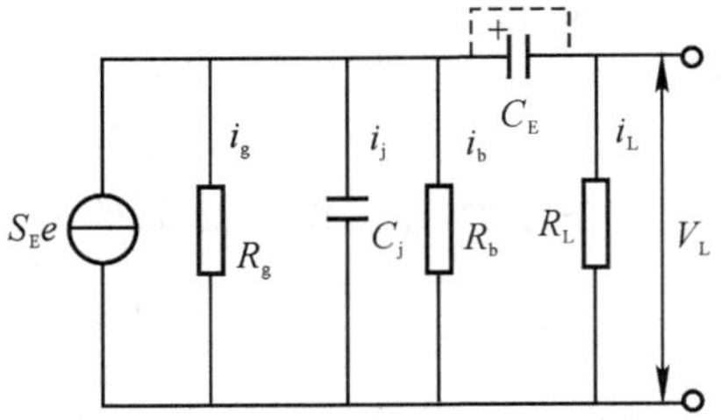

图 5-24 反向偏置光电二极管检测电路微变等效电路图

$$\begin{cases} i_L + i_g + i_j + j_b = S_E e \\ \dfrac{i_g}{g} = \dfrac{i_j}{j\omega C_j} = \dfrac{i_L}{G_L} = \dfrac{i_b}{G_b} = U \end{cases}$$

式中，$e = E_0 + E_m \sin \omega t$ 是输入光照度；i_L 是负载电流；i_b 是偏置电流；C_j 是光电二极管结电容；i_j 是结电容电流；i_g 是光电二极管反向漏电流。式中各光、电量均是复数值。

求解上述方程可得

$$U_L = \frac{S_E e}{g + G_L + G_b + j\omega C_j} \tag{5-82}$$

$$i_L = U_L / R_L$$

将式(5-82)改写成

$$U_L = \frac{S_E e/(g + G_L + G_b)}{1 + j\omega\left(\dfrac{G_j}{g + G_L + G_b}\right)} = \frac{S_E e/(g + G_L + G_b)}{1 + j\omega\tau} \tag{5-83}$$

式中，$\tau = \dfrac{G_j}{g + G_L + G_b}$ 称为检测电路的时间常数。由式(5-83)可见检测电路的频率特性不仅与光电二极管参数 C_j 和 g 有关，而且取决于放大电路的参数 G_L 和 G_b。

对应检测电路的不同工作状态，频率特性式(5-83)可有不同的简化形式。

1) 当给定输入光照度，希望在负载上获取最大功率输出时，要求

$$R_L = R_b, g \ll G_b$$

此时

$$U_L = \frac{\frac{R_L}{2} S_E e}{1 + j\omega\tau} \tag{5-84}$$

时间常数
$$\tau = \frac{R_L}{2} C_j$$

上限频率
$$f_{HC} = \frac{1}{2\pi\tau} = \frac{1}{\pi R_L C_j} \tag{5-85}$$

2）当电压放大并希望在负载上获得最大电压输出时，要求

$$R_L \gg R_b（例如 R_L \geqslant 10R_b）且 G_b \gg g$$

此时

$$U_L = \frac{S_E e R_b}{1 + j\omega\tau} \tag{5-86}$$

时间常数和上限频率分别为

$$\tau = R_b C_j \tag{5-87}$$

$$f_{HC} = \frac{1}{2\pi R_b C_j}$$

3）当电流放大并希望在负载上获取最大电流时，要求

$$R_L \ll R_b，且 g 很小$$

此时

$$U_L = \frac{S_E e R_L}{1 + j\omega\tau} \tag{5-88}$$

时间常数和上限频率分别为

$$\tau = R_L C_j$$

$$f_{HC} = \frac{1}{2\pi R_L C_j} \tag{5-89}$$

由式(5-84)和式(5-87)可见，为了从光电二极管中得到足够的信号功率和电压，负载电阻 R_L 和 R_b 不能很小。但阻值过大又会使高频截止频率下降，降低了通频带宽度，因此负载的选择要根据增益和带宽的要求综合考虑。只有在电流放大的情况下才允许 R_L 取得很小，并通过后级放大得到足够的信号增益。因此，常常采用低输入阻抗高增益的电流放大器使检测器件工作在电流放大状态，以提高频率响应。而放大器的高增益可在不改变信号通频带的前提下提高信号的输出电压。

(2) 光电检测电路的综合频率特性。在前面的讨论中为了强调说明负载电阻对频率特性的影响，忽略了电路中隔直流电容和分布电容等的影响，而这些参数是确定电路通频带的重要因素。下面我们来介绍检测电路的综合频率特性。

图 5-25(a) 是光电二极管交流检测电路，图 5-26(b) 是它的等效电路，C_0 是电路的布线电容，C_i 是放大器的输入电容，C_c 是级间耦合电容。输入电路的频率特性可写成

$$W(j\omega) = \frac{U_L(j\omega)}{E(j\omega)} = \frac{KT_0\omega}{(1 + jT_1\omega)(1 + jT_2\omega)} \tag{5-90}$$

式中

$$K = \frac{S_E R_g R_b}{R_g + R_b}$$

当$R_g \gg R_b$时，有$K=S_E R_b$；$T_1, T_2 = T(1 \pm \sqrt{1-4T_3^2/T^2})$；$T_3^2 = T_4 T_5 + T_4 T_6 + T_6 T_0$；$T_4 = C_i(R_L /\!/ R_b) = C_i/(G_L + G_b)$；$T_5 = C_c(R_b /\!/ R_G) = R_b C_c$。
输入电路的振幅频率特性$|W(j\omega)|$可表示成

$$|W(j\omega)| = \frac{kT_0\omega}{\sqrt{(1+T_1^2\omega_2)(1+T_2^2\omega_2)}} \tag{5-91}$$

将式(5-91)用对数表示时，可以得到对数频率特性

$$20\lg|W(j\omega)| = 20\lg kT_0\omega - 20\lg T_1\omega - 20\lg T_2\omega \tag{5-92}$$

式(5-92)的图解表示在图5-25(c)中，图中的虚线表示实际的对数特性，折线是规整化的特性。

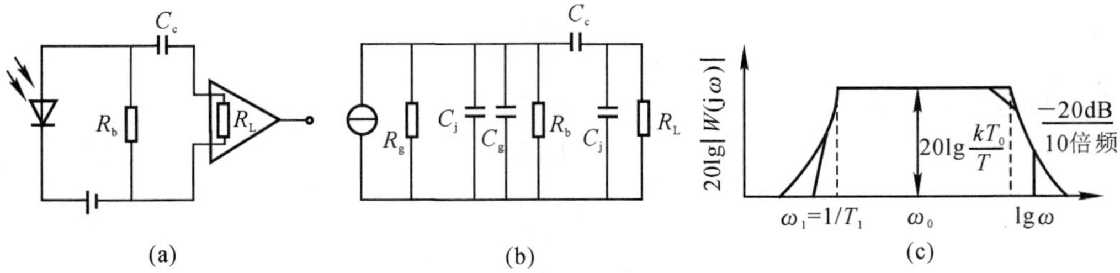

图5-25 光电二极管交流检测电路及其等效电路和对数频率特性

(a) 检测电路；(b) 等效电路；(c) 对数频率特性图

由图5-25(c)中可以看到综合对数频率特性可分为三个频段：

1) 高频段($\omega > \omega_2 = 1/T_2$)。在此频段内，频率特性可简化为

$$W_H(j\omega) = \frac{kT_0/T_1}{1+j\omega T_2} \tag{5-93}$$

对应的对数频率特性曲线以-20 dB/10倍频的斜率下降，在$\omega=\omega_2=1/T_2$处曲线数值比中频段下降3 dB，ω_2称做高频或上限截止频率。频率特性的高频衰减主要是因为电路中各电容给出的容抗$1/j\omega C_0$，$1/j\omega C_j$和$1/j\omega C_i$随ω的增加而减少，且电容分流作用的加大使输出信号变小的缘故。

2) 中频段($\omega_1 < \omega_2 < \omega_3$)。此频段的中心频率为$\omega_0$，频率满足$\omega T_0 \gg 1$和$\omega T_2 \ll 1$，相应的频率特性为

$$W_M(j\omega) = kT_0/T_1 = 常数 \tag{5-94}$$

这表明在中频段范围内的输入电路可看做是理想的比例环节。通常将$\omega_1 = 1/T_1$和$\omega_2 = 1/T_2$之间的频率区间称做电路的通频带。

3) 低频段($\omega < \omega_1 = 1/T_1$)。此频段内的频率特性可简化为

$$W_L(j\omega) = \frac{jkT_0\omega}{1+j\omega T_1} \tag{5-95}$$

相应的对数频率特性曲线以20 dB/10倍频的斜率上升，在$\omega=\omega_1=1/T_1$处曲线转平，曲线数值比中频段下降3 dB，ω_1称做低频或下限截止频率，这是检测电路可能检测的低频信号的极限。频率特性低频衰减的物理原因是电路中串联耦合电容C_c的容抗$1/j\omega C_c$随ω的减少而增大，信号在电容上压降的提高使输出信号变小。

(3) 光电检测电路频率特性的设计。在保证所需检测灵敏度的前提下获得最好的线性不失真和频率不失真是光电检测电路设计的两个基本要求，前者属于静态设计的基本内容，后者

是检测电路频率特性设计需要解决的问题。多数情况下快速变化的复杂信号可以看做是若干不同谐波分量的叠加，对于确定的环节，描述它对不同谐波输入信号的响应能力的频率特性是惟一确定的，对于多级检测系统可以用其组成单元的频率特性间的简单计算得到系统的综合频率特性，有利于复杂系统的综合分析。

信号的频率失真会使某些谐波分量的幅度和相位发生变化导致合成波形的畸变。因此，为避免频率失真，保证信号的全部频谱分量不产生非均匀的幅度衰减和附加的相位变化，检测电路的通频带应以足够的宽裕度覆盖住光信号的频谱分布。检测电路频率特性的设计大体包括下列三个基本内容：

1）对输入光信号进行傅里叶频谱分析，确定信号的频谱分布。

2）确定多级光电检测电路的允许通频带宽和上限截止频率。

3）根据级联系统的带宽计算方法，确定单级检测电路的阻容参数。

下面通过一个实例说明频率特性设计的方法。

【例 5-5】　由 $2DU_1$ 型光电二极管和两级相同的放大器组成光电检测电路。被测光信号的波形如图 5-26 所示，脉冲重复频率 $f=200$ kHz，脉宽 $t_0=0.5\ \mu s$，脉冲幅度 1 V，设光电二极管的结电容 $C_j=3$ pF，输入电路的分布电容 $C_c=5$ pF，设计该电路的阻容参数。

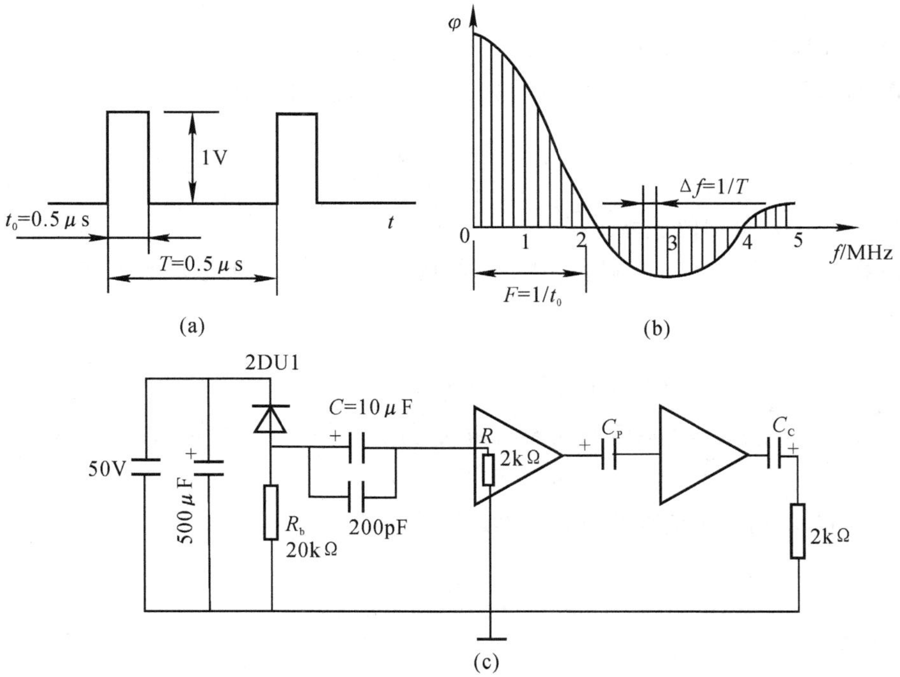

图 5-26　光电检测电路

(a) 信号波形；(b) 信号频率；(c) 电路形式

【解】　(1) 首先分析输入光信号频谱，确定检测电路的总频带宽度。

根据傅里叶变换函数表，对应图 5-26(a) 所示的时序信号波形，可以得到如图 5-26(b) 所示的频谱分布图。周期为 $T=1/f$ 的方波脉冲时序信号，其频谱是离散的，谱线的频率间隔为

$$\Delta f=1/t=200\ \text{kHz}$$

频谱包络线零值点的分布间隔为

$$F=1/t_0=2\ \text{MHz}$$

选取频谱包络线的第二峰值作为信号的高频截止频率，如图 5-26(b) 所示对应第二波峰包含 15 个谐波成分，高频截止频率 f_{HC} 取为

$$f_{HC}=200\ \text{KHz}\times 15=3\ \text{MHz}$$

此时可认为是不失真传输。

频谱的零频分量确定信号的直流成分，不影响变化的波形，但为采用交流放容耦合电路隔直。取低频截止频率为200 Hz，则检测放大器的总频带宽为 $f_H=3$ MHz，$f_L=200$ Hz，带宽近似为 $\Delta f\approx 3$ MHz。

(4) 确定级联各级电路的频带宽。根据设计要求，检测电路由输入电路和两级相同的放大器串联组成，设三级带宽相同，根据电子学中系统频带宽的计算公式，相同 n 级级联放大器的高频截止频率 $f_{n,HC}$ 为

$$f_{n,HC}=f_{HC}\sqrt{2^{\frac{1}{n}}-1} \tag{5-96}$$

式中，f_{HC} 是单级高频截止频率。

将 $f_{n,HC}=f_H=3$ MHz 和 $n=3$ 代入上式，可算出单级高频截止频率 f_{HC} 为

$$f_{HC}=\frac{3}{\sqrt{2^{1/3}-1}}\text{MHz}\approx 6\ \text{MHz}$$

即单级高频截止频率为 6 MHz。

类似地，单级低频截止频率 f_{LC} 和多级低频截止频率 $f_{n,LC}$ 之间有下列关系

$$f_{n,LC}=\frac{f_{LC}}{\sqrt{2^{\frac{1}{n}}-1}} \tag{5-97}$$

对于 $f_{n,LC}=200$ Hz，可据此计算出 $f_{LC}=102$ Hz。

(5) 计算输入电路参数。带宽为 6 MHz 的输入电路宜采用电流放大方式，此时利用前述有关公式可计算出

$$R_L=\frac{1}{2\pi f_{HC}(C_j+C_0)}=\frac{1}{2\pi\times 6\times 10^6\times 8\times 10^{-12}}\approx 3.3\ \text{k}\Omega$$

可选为 2 kΩ，此处 R_L 为后级放大器的输入阻抗，为保证 $R_L\ll R_b$，取 $R_b=(10\sim 20)R_L$，即

$$R_b=10R_L=20\ \text{k}\Omega$$

耦合电容 C_c 的值是由低频截止频率决定的，即

$$f_{LC}=\frac{1}{2\pi(R_L+R_b)C_c}$$

$f_{LC}=102$ Hz，所以 C_c 的值为

$$C_c=\frac{1}{6.28\times 22\times 10^3\times 10^2}=0.07\ \mu\text{F}$$

取 $C_c=1\ \mu$F，对于第一级耦合电容可适当增大 10 倍，取电容值为 10 μF。

(6) 选择放大电路。选用二级通用的宽带运算放大器，放大器输入阻抗小于 2 kΩ，放大器通频带要求为 6 MHz，取为 10 MHz。

按前述计算得到的检测电路如图 5-26(c) 所示。图中，输入电路的直流电源电压 50 V，低于 $2DU_1$ 型光电二极管的最大反向电压。并联的 500 μF 电容用以滤除电源的波动，为减少 C_c 电解电容寄生电感的影响，并联了 $C_p=200$ pF 的电容。

5.3　时变光信号的调制检测

一、调制的基本原理和分类

1. 载波和调制

在光电系统中，光通量是信息的载体。光通量“载荷”信息的方法有多种形式。例如：物质在燃烧过程中所形成的光辐射本身就包含着物质内部结构成分的信息。更多的情况是通过人工的变换方法把被测信息“载荷”到光通量上。例如图 5－27 中的透过率测量系统中使恒定的光通量通过被测介质，随介质吸收情况不同则输出光通量数值改变，于是被测介质透过率的信息即被载荷到光通量上。这里，光通量作为载体称做载波。使光载波信号的一个或几个特征参数按被传送信息的特征变化，以实现信息检测传送目的的方法称做调制。

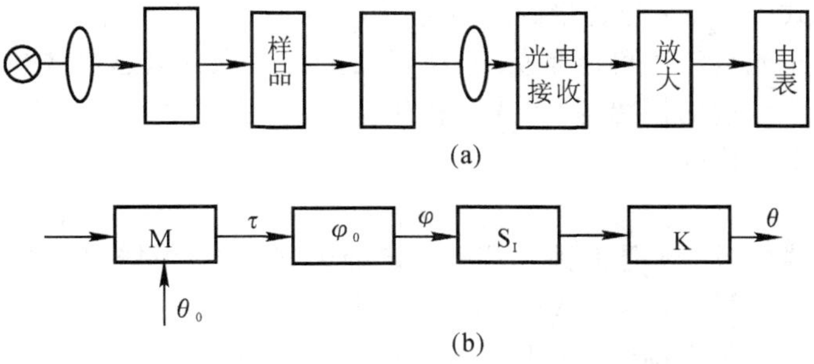

图 5－27　指零法单通道测量系统

光载波可以利用复合光波合成的非相干光通量，也可以利用窄带单色、有确定初相位的相干光波。许多种光学参量都可以作为载波的特征参数。例如非相干光通量的幅度、频率、相位和脉冲时间；相干光的波振幅、光频、相位、偏振方向以及光束的传播方向或光学介质的光学常数等。众多的可调制参量增加了光载波信号的处理灵活性和多样性。

光载波可以是只随信息而不随时间变化的，这称做是将信息直接调制到光载波上的广义调制。在更多的情况下是使载波光通量人为地随时间或空间变化，形成多变量的载波信号，然后再使其特征参数随被测信息改变。这种方法称做二次调制，因为它是对已随时间调制的光通量特征参数的再调制。调制技术给辐射参数以确定的时间或空间变换，初看起来似乎增加了信号的复杂性，但是它可以改善光电系统的工作品质，有助于传输过程的信号处理，提高传输能力。并能更好地从背景噪声干扰中分离出有用信号，提高信噪比和测量灵敏度。此外调制信号可以简化检测系统的结构，改善工作条件。有时利用调制还可以扩大目标定位系统的视场和搜索范围，因此调制技术是光电检测系统中常用的方法。

2. 光学调制的分类

光学调制按时空状态和载波性质可分为以下几种类型：

(1) 按时空状态分类：

1) 时间调制：载波随时间和信息变化。

2) 空间调制：载波随空间位置变化后再按信息规律调制。

3) 时空混合调制：载波随时间、空间和信息同时变化。

(2) 按载波波形和调制方式分类：

1) 直流载波：载波不随时间而只随信息变化。

2) 交变载波：载波随时间周期变化。

(3) 连续载波：调幅波、调频波、调相波。

(4) 脉冲载波：脉冲调宽、调幅、调频等。

光通量的调制可以在辐射源或光路系统中进行，能实现调制作用的装置称做调制器。从已调制信号中分离提取有用信息的过程称做解调。本节主要介绍有关时间调制的基本方法，以及常用的调制器和解调器的基本原理和应用。

3. 典型的调制方法

(1) 连续波调制。连续波调制的光载波通常具有谐波的形式，用下列函数描述

$$\Phi(t)=\Phi_0+\Phi_m\sin\omega t$$

式中，Φ_0 是光通量的直流分量，一般不载任何信息；Φ_m 和 ω 是载波交变分量的振幅和频率。由于光载波不可能是负值，所以载波的交变分量总是叠加在直流分量之上。被测信息可以是交流分量的振幅、频率或者初相位调制，使之随信息发生变化。一般情况下，调制后的载波具有下列形式：

$$\Phi(t)=\Phi_0+\Phi_m[V(t)]\sin\{\omega[V(t)]t-\varphi[V(t)]\} \tag{5-98}$$

式中，$V(t)$ 是由被测信息决定的调制函数，根据调制参量的不同可以分为

振幅调制 (AM)：调制参量为 $\Phi_m[V(t)]$；

频率调制 (FM)：调制参量为 $\omega[V(t)]$；

相位调制 (PM)：调制参量为载波的初始相位 $\varphi[V(t)]$。

1) 光信号的振幅调制。光载波信号的幅度瞬时值随调制信息成比例变化，而频率、相位保持不变的调制方法称做幅度调制或调幅。此时，若式(5-98) 中的 $\Phi_m[V(t)]$ 为

$$\Phi_m[V(t)]=[1+mV(t)]\Phi_m \tag{5-99}$$

则式 (5-98) 变成下列形式：

$$\Phi(t)=\Phi_0+[1+mV(t)]\Phi_m\sin\omega t \tag{5-100}$$

式中，$V(t)$ 是调制函数，规定 $|V(t)|\leqslant 1$；m 是调制度或调制深度，表示 $V(t)$ 对载波幅度的调变能力，并有

$$m=\frac{\Delta\Phi_m}{\Phi_m}=\frac{\text{被调制波的最大幅度变化}}{\text{载波幅度}}\leqslant 1$$

下面来分析调制函数为正弦变化的最简单情况下调幅波的形成和频谱分布。此时，被传送信息按单一谐波规律变化如图5-28(a) 所以，即

$$V(t)=\sin(\omega t+\varphi)$$

式中，$\Omega=2\pi f$ 是被测信息的谐波变化角频率。对应的载波信号表达式为

$$\Phi(t)=\Phi_0+[1+m\sin(\Omega t+\varphi)]\Phi_m\sin\omega t \tag{5-101}$$

相应信号波形表示在图 5-28(b) 中。将式(5-101) 展开可以得到正弦调制函数下调幅波的频谱为

$$\Phi(t)=\Phi_0+\Phi_m\sin\omega t+\frac{1}{2}m\Phi_m\{\cos[(\omega-\Omega)t-\varphi]-\cos[(\omega+\varphi)t+\varphi]\} \tag{5-102}$$

相应的频谱图表示在图 5-28(c) 中。由图和式(5-102) 可见，正弦调制函数的调幅信号除零

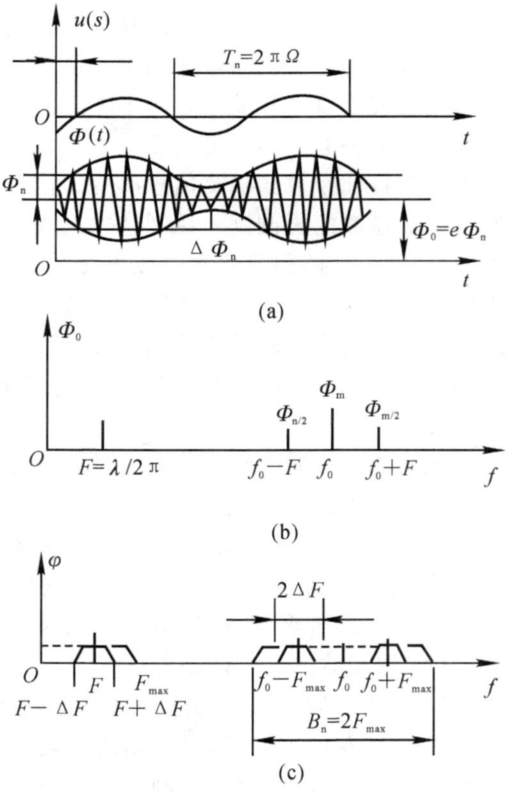

图 5-28 调幅波的波形和频谱

频分量 Φ_0 外尚包含有三个谐波分量：以载波频率为中心频率的基频分量，振幅为基波振幅的一半频率分别为中心频率与调制频率的和频及差频的两个边频分量。和正弦调制函数本身的单一谱线相比，调幅波的频谱由低频移向高频，并且增加了两个边频。

可以证明，对于频谱分布为 $F_0+\Delta F$ 的任意复杂函数 $V(t)$，其对应调幅波的频谱由中心载波频率的一系列边频组成，这些边频是 $f_0\pm F_1, f_0\pm F_2, \cdots, f_0\pm\Delta F$。式中 $F_1, F_2\cdots$ 是 ΔF 内的频谱分量，频谱图如图 5-28(d) 所示。若调制信号具有连续性的带宽 $F_{\max}$，则调幅波的频带是 $f_0\pm F_{\max}$，带宽为 $B_m=2F_{\max}$，其中 $F_{\max}$ 是调制函数的最高频率(见图 5-28(a) 中虚线)。

确定调制载波的频谱是选择检测通道带宽的依据。例如若载波频率为 $f_0=5\text{kHz}$，调制信号频率 $f_0=100\text{Hz}$，则调幅后的载波分布在 $f_H=5-0.1=4.9\text{kHz}$ 和 $f_L=5+0.1=5.1\text{kHz}$ 之间，带宽为 0.2kHz，使通道具有选择性滤波，可减少噪声和干扰的影响，有利于提高信噪比。

2) 光信号的频率调制。光载波频率按调制信号幅度改变，偏离开原有的载波频率，其瞬时偏离值与调制信号瞬时值成正比，载波的振幅保持不变，这种调制方法称做频率调制或调频。此时，式 (5-98) 中的调制项可表示成

$$\omega[V(t)]=\omega_0+\Delta\omega V(t) \tag{5-103}$$

式中，$V(t)$ 是调制函数，规定 $|V(t)|\leqslant 1$；$\Delta f=\dfrac{\Delta\omega}{2\pi}$ 是载波频率相对于中心频率 f_0 的最大频率偏差称为频偏。当调制函数 $|V(t)|=1$ 时，载波频率的变化最大，为 $\omega_0\pm\Delta\omega_0$。将式(5-103) 代入式(5-98) 中，可得

$$\Phi(t)=\Phi_0+\Phi_m\sin\left[\omega_0 t+\Delta\omega\int_0^t V(t)\,dt\right] \tag{5-104}$$

若 $V(t)=\cos(\Omega t+\varphi)$，其中，$\Omega=2\pi F$ 是调制频率。此时式 (5-104) 变为

$$\Phi(t)=\Phi_0+\Phi_m\sin[\omega_0 t+m_f\sin(\Omega t+\varphi)] \tag{5-105}$$

式中，$m_f=\dfrac{\Delta\omega}{\Omega}=\dfrac{\Delta f}{F}$，称做调制指数。$\Delta f$ 和 F 分别是频偏和调制频率。m_f 表示了单位调制频率的变化引起频偏变化的大小。m_f 在设计时确定，$m_f>1$ 时称宽带调频；$m_f\ll 1$ 时称窄带调频。调频信号如图5-29 所示。

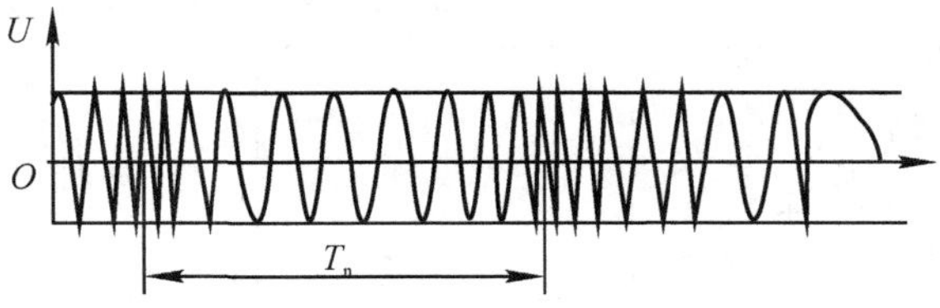

图 5-29　调制信号波形

将式(5-105) 展开，即

$$\Phi(t)=\Phi_0+\Phi_m\{\sin\omega_0 t\cdot\cos[m_f\sin(\Omega t+\varphi)]+\cos\omega_0 t\cdot\sin[m_f\cdot\sin(\Omega t+\varphi)]\}$$

在 $m_f\ll 1$ 的窄带调频的简单情况下，可以认为

$$\cos[m_f\cdot\sin(\Omega t+\varphi)]\approx 1$$

$$\sin[m_f\cdot\sin(\Omega t+\varphi)]\approx m_f\sin(\Omega t+\varphi)$$

$$\Phi(t)=\Phi_0+\Phi_m[\sin\omega_0 t+m_f\cdot\cos\omega_0 t\cdot\sin(\Omega t+\varphi)]=$$

$$\Phi_0+\Phi_m\sin\omega_0 t+\frac{1}{2}\Phi_m m_f\sin\{[(\omega_0+\Omega)t+\varphi]-\sin[(\omega_0-\Omega)t-\varphi]\} \tag{5-106}$$

由此可知，当频率调制指数 m_f 很小，载波频率变化范围 $\Delta\omega$ 不大时，按余弦规律调频的载波信号的频谱和振幅调制都是由三个谐波分量组成的。

一般情况下，当调制信号有复杂的形式时，调频波的频谱是以载波频率为中心的一个带域，带宽随 m_f 而异，对于 $m_f\ll 1$ 的窄带调频，带宽 $B_f=2F$；对于 $m_f>1$ 的宽带调频，带宽为

$B_f = 2(\Delta f + F) = 2(m_f + 1)F$，例如对光通量调频，若 $F = 300$ Hz，则当

$m_f = 40$ 时　　　　$B_f = 24.6$ kHz

$m_f = 4$ 时　　　　$B_f = 3$ kHz

$m_f = 0.4$ 时　　　　$B_f = 0.86$ kHz

光辐射调频不仅可对交变光通量进行，也可对光频振荡进行。例如可对激光器调频得到中心载波频率为 $f_0 = 5 \times 10^{14}$ Hz、调制频率 $\Delta f_{max} = 44$ MHz 的频率调制，此时的相对频偏为 9×10^{-8}。

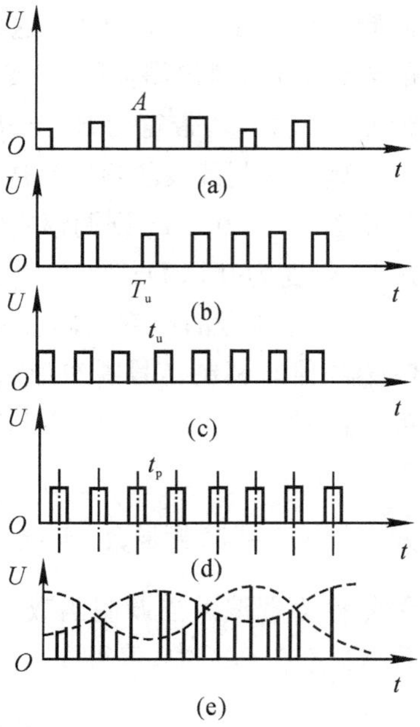

图 5－30　脉冲调制的类型

（2）脉冲调制。将直流光通量用斩光盘调制，使光通量间歇通断可以得到连续的光脉冲载波。若使载波脉冲的幅度、重复频率、脉宽、相位等参量或它们的组合按调制信息改变，可以得到如图 5－30 所示的各种类型的脉冲调制方式。其中图5－30(a) 所示是脉幅调制，它的脉冲幅度 A 随信号改变。图5－30(b) 所示是脉冲频率调制。脉冲的幅度 A 和持续时间 t_u（或称脉宽）保持不变，只改变脉冲的重复周期 T_u。图 5－30(c) 中，脉冲序列的幅度 A 和重复周期 T_u 不变，只是脉冲的持续时间 t_u 随调制信息改变，称为脉宽调制。脉冲的振幅、脉宽、周期保持不变，只是相对于确定时间的脉冲位置 t_p 随信息改变，称为脉冲相位调制，如图 5－30(d) 所示。表 5－5 列出了这些脉冲调制方法中各调制参数的变化。表中“—”表示脉冲参数保持不变，“0”表示脉冲参数随信息改变。

表 5－5　不同脉冲调制方法中脉冲参数的变化

脉冲参数 / 调制类型	幅度 A	周期 T_u	脉宽 t_u	相位 φ
脉　幅	0	—	—	—
频　率	—	0	—	—
脉　宽	—	—	0	—
相　位	—	—	—	0
复　合	0	—	0	—

调制方法不仅能提高光电系统测量的灵敏度，而且能在同一光学通路中实现多个信息的多路传输。图 5－30(e) 中表示了两个同样采用脉冲调制的光信号，它们的脉宽不同。将这两个信号放在同一信道中传送，只要在接收端设置脉宽鉴别电路，利用光脉冲宽度不同的特点就能将它们分离到两个通路上。在各自的通路里从已调幅的脉冲序列中解调出信号包络线即可得到被传送的信息。利用激光器的多路信号传输广泛应用于光导纤维的光通信中。

为了定量理解复杂脉冲信号的波形关系，需要对脉冲序列进行频谱分析。这通常是较为复杂的，可根据信号傅里叶分析的有关书籍和图表进行。

(3) 其他参数的调制。表征光波几何的或物理特性的参量除了有光强，变化频率之外还有许多其他的参数。例如光传输中偏振面的方向和光束的传播方向等。这些参量也可以作为调制的对象，用来传送有用的信息。

当光波在旋光性物质中传播时，偏振面的转动可以用来取得有关该物质性质的信息。例如在糖溶液或松节油中传播，偏振光通过该溶液后偏振面的转角 $\Delta\varphi$ 不仅与通过溶液的路程长度有关，而且还正比于溶液的浓度 c，即

$$\Delta\varphi = alc \tag{5-107}$$

式中，a 是溶液的旋光率。

因为偏振面的旋转角有方向性，例如葡萄糖为右旋，果糖为左旋，所以测量偏振面的旋转角可以测量溶液的浓度和物质的性质。这样，对于糖溶液浓度的测量，可以采用指零法光度测量方法，也可以采用调制入射偏振角方式进行调制测量。如图 5-31 所示，周期性地改变起偏器偏振角的位置，使入射光辐射的电场强度矢量 $\boldsymbol{E}$ 相对平均位置周期性变化，单位时间内 $\boldsymbol{E}$ 的变化数为调制频率，最大偏转角为 $\varphi_{\max}$。当未插入溶液试样时，检偏器的输出光通量是平均值为零的交变分量。插入溶液后输出光通量的平均值改变。利用后面提及的解调方法可以判断平均值的大小和极性。调制偏振角的测量方法可应用于偏振糖度计中。典型的工作参数为：照明波长 $\lambda = 0.59\ \mu\text{m}$，调制幅度 $f_0 = 50$ Hz，最大偏振角 $\varphi_{\max} = 0.35°$，光束传播方向的调制可以通过周期性地改变光路中光学元件，例如反射镜的方位角来实现，主要用于对空间目标的扫描中。

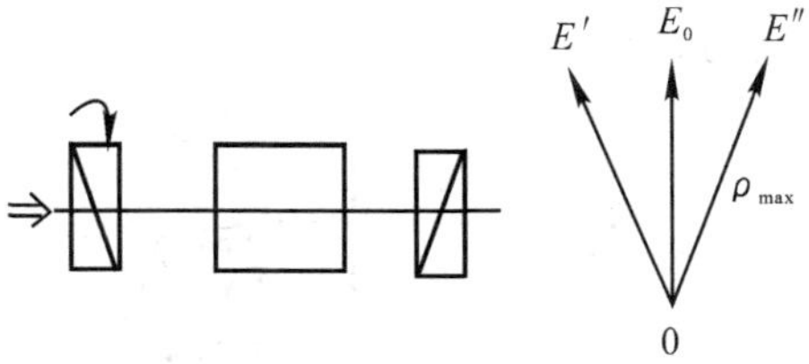

图 5-31　偏振角调制

二、调制器

将可以实现单色光波或复合光通量调制作用的装置称做调制器，调制器包括机电调制器、电光调制器、幅射源调制器和电子调制器。下面介绍前三类调制器的基本形式。

1. 机电调制器

常用的机电调制器包括机电振子、旋转光闸以及利用电致伸缩的压电型调制器。利用遮光或改变透过率方式的调制器主要用做光通量的幅度调制和二次调制。改变光束反射、折射方向的调制器有时兼有扫描和搜索的扩大视场作用。

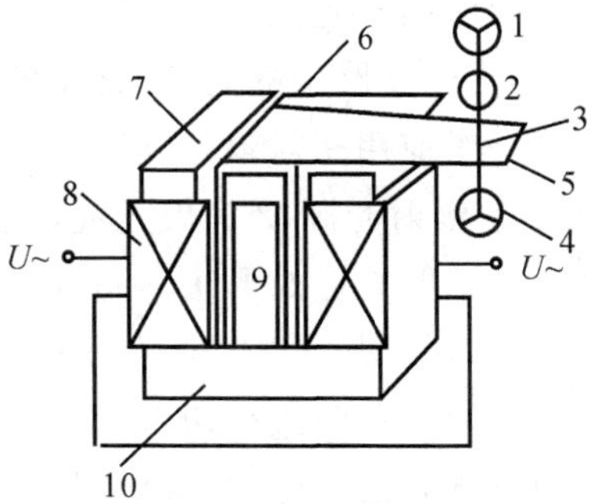

图 5-32　极化继电器形式的振子调制器

机电振子是光电测量中得到广泛应用的调制器，它有许多成熟的技术方案。图 5-32 表示了极化继电器形式的振子调制器结构示意图，电磁驱动部分包括两个并联的软磁回路 7，磁轭上装有绕阻 8，绕组外加交流电源形成交变磁场分量。磁通由可动衔铁 6 和气隙 10 构成闭合磁路，磁路中间装有永久磁铁 9 形成恒定磁场。交变磁场和恒定磁场构成差分磁路在气隙中叠加。在交流电源的正负周期内使两个气隙中磁场交替增加和减弱，不均衡的磁场强度推动衔铁 6 振动。衔铁 6 固定于组成平行四边形结构的

两片弹簧钢片上，在磁力推动下平行振动。衔铁上装有带通光狭缝 3 的玻片 5，部分遮掉来自光源 1 和成像透镜 2 的光束，在光敏元件上得到调制后的光通量。

图 5-33 为其他形式的机电振子示意图。图 5-33(a) 所示是电磁式振子，电流通过线圈 3 在铁心 2 上形成交变磁场，从而使电枢 1 振动。电枢靠自身的弹性或专用的弹簧恢复到平衡位置。由于活动电枢在绕组电流的每个半周期内都动作，因此它的振动频率二倍于激磁电流频率。这种振子的缺点是振动的两个方向不对称，因为它们分别是由电磁力和机械弹力推动的。图 5-33(b) 所示是作往复运动的电动式振子，用永久磁铁 2 和磁轭形成直流磁场，活动线圈 3 通以交变电流，使动圈作往复直线运动。弹簧片 4 起支撑动圈和产生恢复力矩的作用。图5-33(c) 所示是一种角振动调制器，也是电动式振子。它包括激励线圈 2 和 1，其中一个线圈通直流电流，另一线圈通交流电流，在电流磁场作用下产生的力矩使活动线圈绕支撑弹性片 3 偏转。

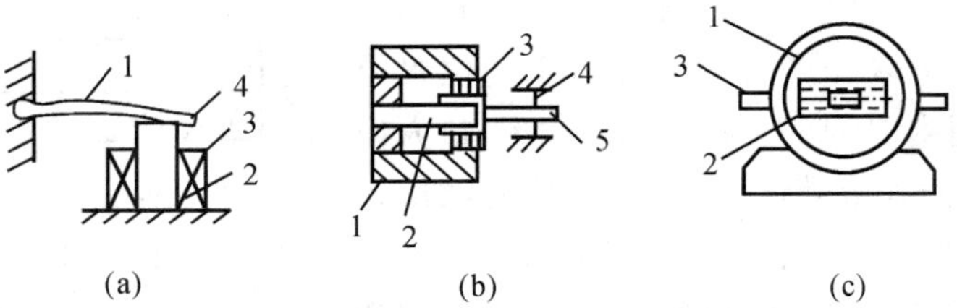

图 5-33　各种类型机电振子示意图

机电式调制振子结构紧凑，调制方法简单，并且不改变入射光辐射的频谱分布，这是它的优点。但是由于它的机电时间常数的限制，最大调制频率不高，通常为几百到几千赫。此外，振动振幅和平衡位置的稳定性会直接影响检测系统的工作质量。机电式振子能以各种方式和光学元件组合，组成调制光通量或光束传播方向的测量装置。在观察反射表面的散射状态（如透反射仪）和透反射目标上的光学反差（如光电显微镜）等方面都有许多应用，它们是早期光电仪器的基本元件。

旋转光闸是另外一种形式的机电调制器。在金属或玻璃圆盘上用光学或机械方法加工成不同形状的通光孔，用电机带动圆盘旋转，组成旋转调制盘。投向圆盘的光束被调制盘交替遮断，相当于光路中的光闸，给光束加入调制信号。典型的旋转光闸如图 5-34 所示。旋转光闸的第一个应用是对辐射光源的直流光通量进行调制。基本的光路布置如图 5-34(a) 所示。图中，1 为辐射光源，2 为聚光镜，3 为调制盘，4 为调制盘电机。根据调制盘通光孔的形状和调制盘面上照明光斑的形状不同，可以得到谐波形式、方波脉冲形式或锯形波等各种波形的调制光通量。对如图 5-34(b) 所示的扇形光孔调制盘，若调制盘面上的光斑为圆形，其直径 D 与光斑和扇形光孔两边相切点间的圆弧长相等，并且透光与遮光扇形区划分均匀，则能得到近似正弦的调制光通量变化，其调制频率为

$$f=\frac{n}{60}N \tag{5-108}$$

式中，N 是透光扇形数目；n 是调制盘转速(r/min)。在图 5-34(c) 所示的调制装置中，辐射光源 1 装在转鼓 2 的内部，转鼓面上刻有矩形通光槽，在转鼓外侧的半径方向上装有矩形狭缝光栏 3。在转鼓转动过程中只有当光源、通光槽孔、狭缝光栏三者成一条直线时才有光源光线穿过狭缝，产生的调制光通量波形近似连续脉冲序列。脉冲频率取决于转速和波形的数目，脉宽

由狭缝和通光孔的比例确定。这些调制盘除能调制光通量外还能作为转角传感器用来测量定轴转动物体的转速，构成各种形式的光电转速计。

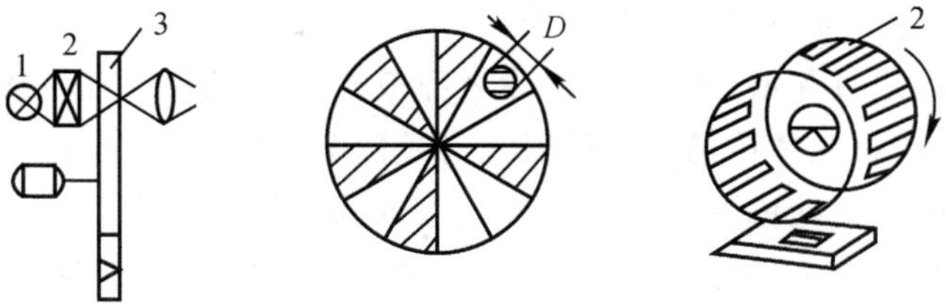

图 5-34　用旋转光闸调制直流通量

旋转光闸的第二个用法是交替转接两路光束，如图 5-35 所示。图中，旋转圆盘 1 半周透光，半周全反射。随着调制盘的旋转，两个通道的照明光束 2 和 3 被交替反射、透射到光电接收器 4 上，完成转接光束的作用。光束交替调制器用于双光束分光测量中，此外，调制盘还可以用做光斑二维坐标探测器，在活动目标跟踪定位等军事应用中广泛使用。

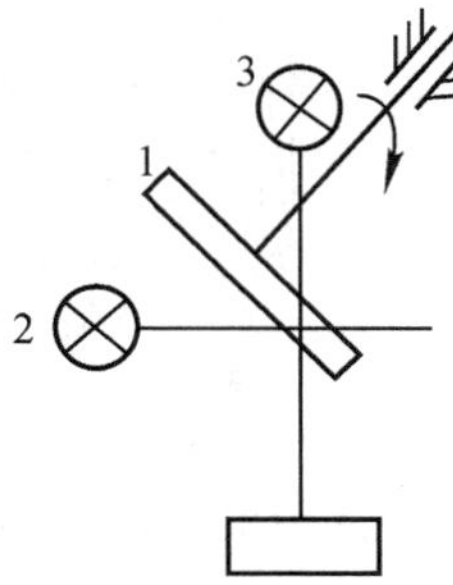

图 5-35　光束交替调制器

机电调制器还包括利用压电效应的压电振动调制器。在这种器件中，振动位移的产生是利用了某些晶体具有的反压电性质，即在外电场作用下晶格会产生形变造成器件边缘的宏观位移，称为电致伸缩陶瓷或压电晶体。根据外加电场相对于晶轴方向的不同，变形可以是纵向位移或横向切变。压电陶瓷的振动量较小（在几微米到几十微米之间），可用于激光器谐振腔的调整和激光振荡的频率稳定。

2. 光控调制器

对于光学性质随方向而异的一些介质，常发生一束入射光分解为两束折射光的现象，称做双折射，相应的介质叫做各向异性材料。由于它们两个方向折射率不同，所以这种材料具有旋光性，可以改变入射偏振光的偏振方向。材料折射率各向异性的性质能在电场、磁场和机械力等外力作用下形成和改变。利用这些光控效应可以进行光波振幅、频率、相位、偏振面等光学参数的调制。

根据引起光控效应外因形式的不同，光控效应可以分为电光效应、磁光效应和声光效应。它们所能实现的调制作用如表 5-6 所示。这里仅就其主要应用加以简要说明。

表 5-6　不同光控效应能完成的调制类型

光调制类型	典型光调制器
振幅调制	电光光强调制器
频率调制	声光频移器
相位调制	电光相位调制器
偏振面调制	磁光调制器
光束方向调制	声光偏转器

(1) 光调制器。

1) 泡克耳斯调制盒。泡克耳斯效应是一种线性电光现象，在外加电场作用下，晶体的折射率会发生变化，感应折射率的变化与电场和外加电压成正比。最常使用的泡克耳斯器件是磷酸二氢钾 KDP(KH_2PO_4)和磷酸氘钾 KD^*P(KD_2PO_4),后者的外加电压比前者要低一半。

图 5-36(a) 表示利用泡克耳斯盒调制光通量的示意图。在晶体 3 上加有电极,外加电压沿光束的传播方向建立电场。晶体放在起偏器 1 和检偏器 2 之间,它们的偏振面彼此垂直,当晶体未加外加电压时,通过起偏器的线偏振光全部被检偏器遮挡。在电场影响下晶体折射率改变,产生旋光作用,透过晶体传播的线偏振光变成椭圆偏振,并在检偏器的偏振方向产生光束分量,因此光束部分透过检偏器形成了受外电压调制的输出光束。在某一确定的外加电压作用下,晶体的输出光束会由椭圆偏振伸直为线偏振,并和检偏器偏振方向重合,这时调制器处于全开状态,有最大光通量透过检偏器输出。利用这种调制器使外加电压具有谐波、脉冲或被测信息的电压形状时,通过调制盒的输出光即按幅度调制,得到与输入电信号成比例的谐波、脉冲或随信息改变的输出光通量。

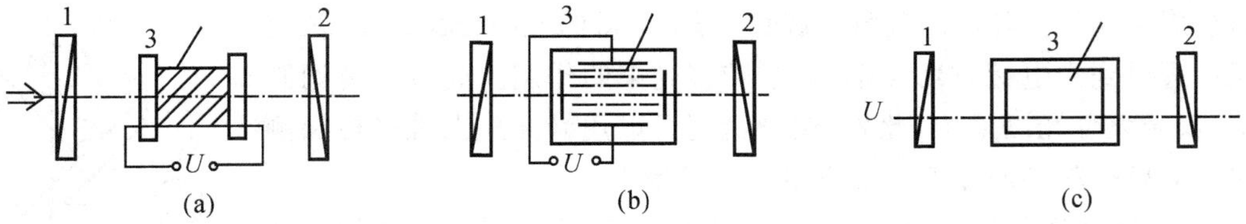

图 5-36 光控调制器

常用的 KDP 调制器的工作参数是:晶体尺寸 30 mm × 30 mm × 30 mm,透过因数为 10% ~ 30%,调制度为 90%,频率范围为 0 ~ 10^{10} Hz,调制电压达数千伏,消耗功率为几十到数百瓦。

2) 克尔调制盒。克尔效应是一种二次电光效应,在外电场作用下晶体的折射率变化与电场强度的平方成正比。常用的克尔调制盒材料是硝基苯($C_6H_5NO_2$)和钛酸钡($BaTiO_7$)。

图 5-36(b) 所示为克尔调制器的工作示意图。充有硝基苯的透明槽 3 里面装有两个平面电极,并放置在两个偏振器 1 和 2 之间。两个偏振面正交,偏振取向与外电场成±45°。电场电力线与光束传播方向垂直。在外电场作用下,和 KDP 调制器相类似,会形成光束的调制,克尔盒调制器透过因数约为 25%,光频范围为 0.4 ~ 2.1 μm,调制度为 90%,最高调制频率 10^{10} Hz。

(2) 其他光控调制器。图 5-36(c) 所示为一种能以极短的通断时间建立光闸的调制方法。在正交放置的偏振器 1 和 2 之间放置装有 CS_2 的透明槽 3,如前面提到的那样,在未加外部激励时入射光束将不能通过该装置,但是若对该介质作用以强功率的短脉冲激光时,则材料的旋光作用会使输入光束偏振方向改变,因而能透过该装置形成持续时间为纳秒级的超短光脉冲。这种装置的旋光作用是在外部光幅射的激发下形成的。

此外,利用外加磁场和机械力激励的磁光和声光效应也能用于光束的调制,构成各种调制器和偏转器。

3. 辐射源调制器

在光辐射源供电源上施加交变或脉冲的激励电压,实现电源调制的方法在许多情况下比起在电路中加入调制器的方式更为简单有效。

常用的光源例如白炽灯或气体放电灯都具有较大的发光惰性。因此,用它们实现电源调制的利用效率和调制频率都较低。特别是白炽灯,即使采用细灯丝的专用灯泡,对于调制频率为 100 ~ 200Hz 的调制度也不超过百分之几,因此白炽灯的电源调制只能在很低的频率下进行。

在直接利用工业频率 50Hz 激励时，会产生 100Hz 的调制光通量。为了提高调制度，常将工频电源经半波整流后再接到白炽灯上。这时会产生 50Hz 幅度较大的调制光通量。在工业测量中这是一种提高调制度的简单易行的方法。

利用气体放电光源可以得到几千赫的调制频率和 80% 的调制度。但大功率的气体放电灯调制器是比较笨重的设备。半导体发光二极管可以得到很高的调制频率，其上限频率可达到上百兆赫，且驱动设备简单、发光效率较高，是目前应用最广泛的光通量调制器。此外对于半导体激光器等许多激光器也有许多利用激励电源调制光强度的应用实例。

三、调制信号的解调

从已调制信号中分离出有用信息的过程称做解调。实现解调作用的装置是解调器。解调是从载波信号中检测出有用信息的过程，所以也称做检波。解调或检波是信号调制的相反过程。在时域分析中，调制是将有用信息及其时间变化加到载波的特征参量之上，而解调则是从这些调制了的特征参量上再现出所需信息。从频域分析的角度考虑，调制是将信号的频谱向以载波频率为中心频率的高频方向变换，而解调则是将变换了的频谱分布复原或反变换为初始的信号频谱分布。

不同的调制信号有不同的解调方法。下面介绍调幅波解调的直线律检波能检测调制信号幅度与确定载波相位数值的解调相敏检波。

1. 直线律检波

(1) 二极管的检波特性。解调是信号变换的非线性过程，需要利用非线性元件来实现。光载波的调幅信号在经过光电变换后的隔直处理后通常具有包络线对称的双极性性质。为了检出单边包络线，再现调制信号，应采用具有良好单向导电特性的二极管检波器，所以调幅波的检波通常要用二极管实现。图 5 - 37(a) 给出了检波二极管的伏安特性，这是一种典型的单向导电的特性。对于正极性信号幅度较大 (1 V 或更大) 的情况，伏安特性可看做是通过原点的理想直线，其输入信号和输出信号成正比，工作于大幅度信号输入状态下的检波称做直线律检波。单向导电特性可用下式表示：

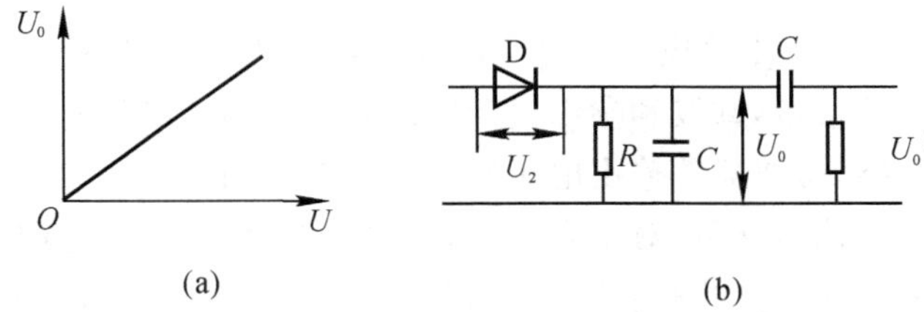

图 5 - 37　检波二极管的伏安特性和检波电路

$$U_o = \begin{cases} K_d U_i & U_i > 0 \\ 0 & U_i \leqslant 0 \end{cases} \tag{5-109}$$

(2) 调幅信号的解调。用直线律检波器的解调调幅信号是最简单的情况。正弦规律调幅的光载波信号经光电变换及隔直处理后具有下列形式：

$$U_i = (1 + m\sin \Omega t)\sin\omega t \tag{5-110}$$

式中，m 是调制度；Ω 是调制频率；ω 是载波频率。代入式(5 - 109)，并作傅里叶级数展开，得

$$U_o = K_d \frac{2}{\pi}\left\{(1 + m\sin\Omega)t - \sum_{n=1}^{\infty} \frac{1}{4n^2 - 1}\left[\cos 2n\omega t + \frac{m}{2}\sin(2n\omega + \Omega)t - \frac{m}{2}\sin(2n\omega - \Omega)t\right]\right\} \tag{5-111}$$

式中，n 是高次谐波的阶次。由式可见，输出信号除{ }括号中的第一项是低频信号，是希望提

取的调制信号之外，其余各项都是高频项，并且高频幅值逐次衰减。频谱图如图 5-38(a) 所示，当 $\Omega \ll \omega$ 时，利用低通滤波器滤除高频分量即可得到有用的信号波形为

$$U_o = K_d \frac{2}{\pi}(1 + m\sin \Omega t) \quad (5-112)$$

式(5-112) 与式(5-109) 比较，检波器的输出信号和输入信号的包络线成比例。实现了调幅波的解调。

(3) 检波电路。图 5-37(b) 给出了基本的二极管检波电路，检波负载 R, C 和二极管 D 连接，在电阻上取出包括直流分量的检波电压，其中 U_i 为输入双极性信号。在 $U_i > 0$ 的正半周内二极管导通，对负载电容 C 充电。在 $U_i < 0$ 的负半周内二极管截止，电容 C 对电阻 R 放电，形成有直流分量的脉动电压 U_0，经隔直电容 C_c 输出，在负载电阻 R_L 上得到解调的输出信号，如图 5-38(c) 所示。

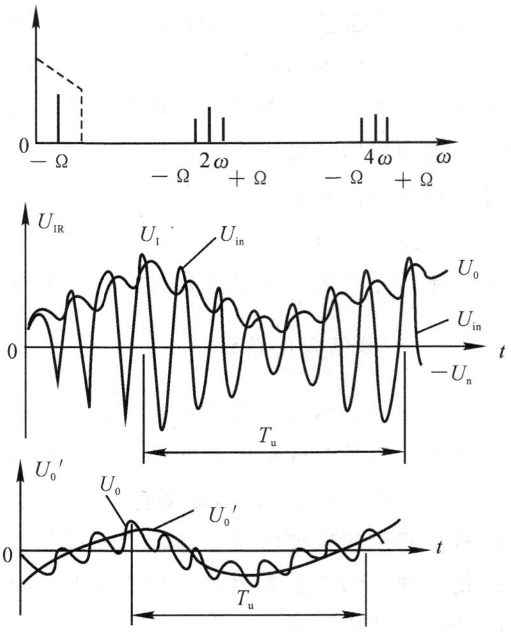

图 5-38 调幅解调信号的频谱和检波信号波形

2. 相敏检波

(1) 相敏检波和同步解调。对于相位调制的载波信号，载波和参考信号间的相位差随被测信号改变。这种信号的解调，应该对载波的相位敏感，检波器的输出电压应反映出相位的变化。相应解调器的输出特性如图 5-39(a) 所示。在其他情况下，对于有些调幅信号，不仅要求检测变量变化的大小，而且希望确定变化的方向或极性，它的输出特性如图 5-39(b) 所示。对这种有极性变量的调制，通常可用载波的幅度大小表示变量的数值而用载波的相位正反的输出特性表示变量的极性。显然为处理这种调幅信号也需要有对相位敏感的解调方法。这种方法不仅能检测出调制信号的幅度，而且能确定载波相位数值的解调，称做相敏检波或同步检相，它的基本原理是乘积检波。

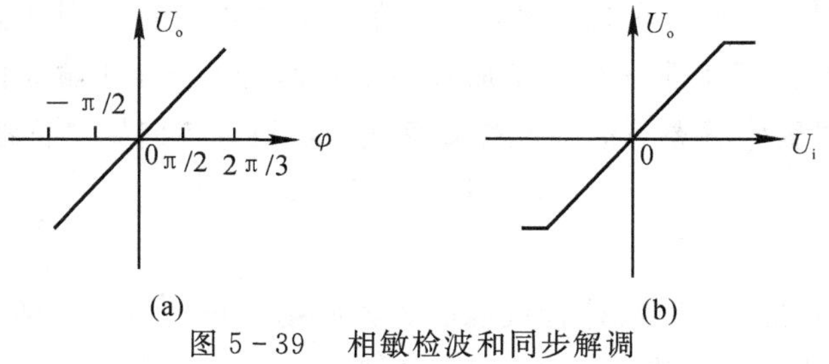

图 5-39 相敏检波和同步解调

(2) 相敏检波的基本原理。相敏检波的原理如图5-40 所示，它由解调低通滤波器串联而成。这里，解调器被看成是已调制信号和参考信号间的模拟乘法器，所以又称做乘积检波。

设载波受单一频率谐波调幅，其调幅信号 U_1 为 $U_1 = U_m \cos\Omega t \cos\omega t$；用做相位比较的参考信号 U_c 为 $U_c = U_{cm}\cos(\omega t + \varphi)$。其中，两信号间的相位差 P 可以作为变量。为简单起见，设 $U_m = U_{cm}$。在解调器中，信号 U_1 和 U_c 相乘，则输出信号 U_o 为

$$U_o = U_1 \times U_c = U_m^2[\cos\Omega t \cdot \cos\omega t][\cos(\omega t + \varphi)] =$$

$$\frac{1}{2}U_{\mathrm{m}}^{2}\cos\Omega t[\cos(2\omega t+\varphi)+\cos\varphi]=$$
$$\frac{U_{\mathrm{m}}^{2}}{2}\cos\varphi\cdot\cos\Omega t+\frac{U_{\mathrm{m}}^{2}}{4}\cos[(2\omega+\Omega)t+\varphi]+$$
$$\frac{U_{\mathrm{m}}^{2}}{4}\cos[(2\omega-\Omega)t+\varphi] \tag{5-113}$$

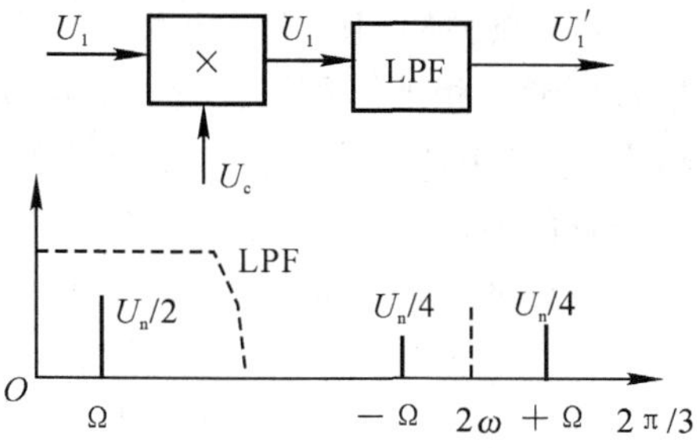

图 5-40　相敏检波的原理框图及频谱图

式(5-113)表明，乘法器的输出信号包括：$\cos\Omega t$，$\cos(2\omega+\Omega)t$ 和 $\cos(2\omega-\Omega)t$ 三项。频谱分布如图 5-40(b) 所示。当 $\omega\gg\Omega$ 时，用低通滤波器可以滤除 U_{o} 中的高频项，因此相敏检波器的最终输出为

$$U_{\mathrm{o}}=\frac{U_{\mathrm{m}}^{2}}{2}\cos\Omega t\cdot\cos\varphi \tag{5-114}$$

式(5-114)表明：① 相敏检波器消除了高次谐波的影响，使输出信号幅度与载波信号的幅度成正比。因此能解调和再现调幅信号 $U_{\mathrm{m}}\cos\Omega t$；② 相敏检波器的输出信号和载波与参考信号间的相位差有关。在载波信号幅度不变的条件下能单值地确定载波信号和参考信号间的相位差。相敏检波的这些性质，在调制信号的处理中得到广泛地应用。它具有下列的功能：

1) 对于幅度不变而单纯相位调制的情况，能解调出相位调制信息，可用于以调制盘检测光学目标方位角的测量。

2) 对有极性的调幅信号，载波信号的相位差只取 $\varphi=0$ 和 $\varphi=180^{\circ}$ 两种状态。这时利用式(5-114)有

$$\varphi=0\quad U_{\mathrm{o}}=\frac{U_{\mathrm{m}}^{2}}{2}\cos\Omega t$$
$$\varphi=180^{\circ}\quad U_{\mathrm{o}}=-\frac{U_{\mathrm{m}}^{2}}{2}\cos\Omega t \tag{5-115}$$

这表明，当载波与参考信号同相位时，输出信号为正值，反之为负值。这个性质可用做几何位置偏差的极性判断。解调信号的波形如图 5-41(a) 所示。

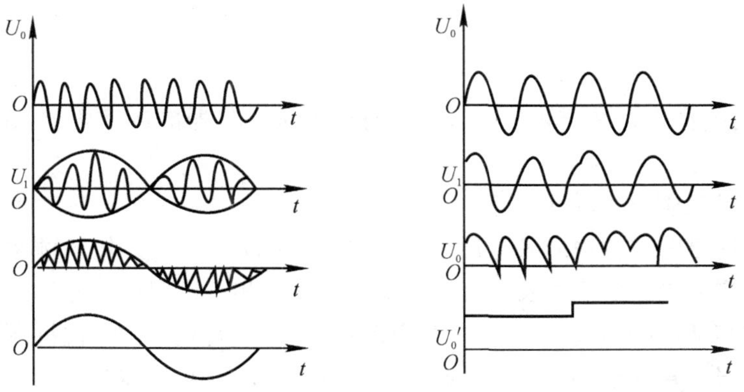

(a)　　(b)

图 5-41　相敏检波电路的工作波形

3) 对于幅度和相位同时变化的情况。相敏检波器的输出信号取决于载波信号和参考信号相位的瞬时值比较：同极性输出为正值，反极性输出为负值，信号波形如图 5-41(b) 所示。这种方法在扫描调制测量中得到应用。

(3) 典型的相敏检波电路。相敏检波的实际电路有许多类型。图 5-42 给出了常用的二极管环形检相电路和三极管相敏电路。图中,已调制的载波信号通过放大器 K 由输入变压器输入,参考电压由中心抽头变压器引入。在参考电压的正负半周期内分别控制两对二极管或三极管的通断,使输入信号在负载电阻上全波整流输出。输出电流的流向取决于参考电压和信号电压的相位关系,以达到检相整流的目的。

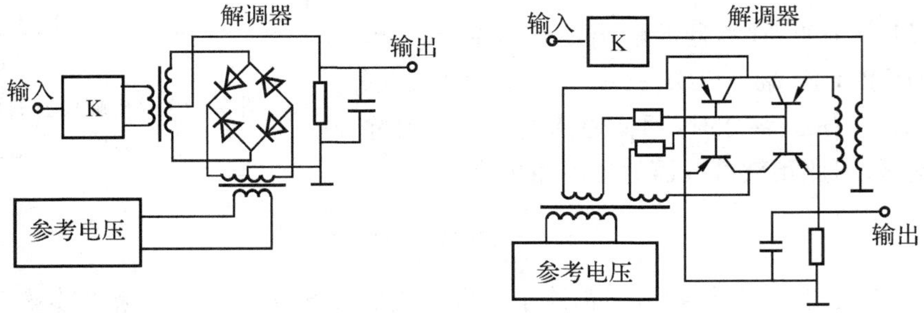

图 5-42　二极管和三极管环形检相电路

5.4　光电仪器中的光学系统参数的确定

在光电仪器中,光学系统主要用于产生需要的光载波和进行光学变换,因此,光学系统是光电仪器中的主要环节之一,其参数决定于使用要求。由于光电仪器种类很多,难于对各种光电仪器中的光学系统逐一论述。本节仅从总体设计的角度出发,对光电仪器中常用的光学系统加以讨论。

由于光电仪器中采用的探测和接收方式的不同,仪器中的光学系统参数的确定方法亦不同。目前应用较多的是目视观测和光电探测两种方式。因此本节分别按这两种情况讨论光学系统参数的确定问题。另外,因光源是传递信息的媒介,是被测对象的辐射源,所以,本节首先要叙述的是光源及其选用光源时应考虑的一些原则。

一、光源

只有正确地选择光源,才有可能充分而又有效地满足仪器的使用要求,在选择光源时,一般应考虑以下几个方面:

1. 光源的光谱能量分布特性

光源的光谱能量分布首先应满足使用上的要求,例如在干涉仪中,光源往往作为标准器,因此它的单色性应能满足精度以及光程差的要求。在非相干照明中。光源的光谱分布应与接收器的光谱响应相适应,必要时可加滤色片以除去不需要的辐射。在目视仪器中,视场的背景最好是适宜于人眼的黄绿色,而将有害的红外部分(它可能引起仪器热变形) 滤去。若仪器中有几个不同的接收器共用一个光源,则光源的光谱分布要能兼顾各个接收器。总之,匹配得恰当就可以用最小的能量获得最佳的效果,这不仅是节省能源问题,而且可以尽量排除多余能量所造成的有害结果。

热辐射光源辐射出连续光谱,其能量分布在较宽的波长范围内,图 5-43 所示为钨丝灯泡在温度为 2 856 K 时的光谱分布。某些气体放电光源,其辐射能量集中在几个狭窄的谱线上,如气体激光。图 5-44 所示为低压汞灯的线状光谱,这类光源适于作相干光源。还有一些光源的光谱分布介于线状光谱与连续光谱之间,如图 5-45 所示。

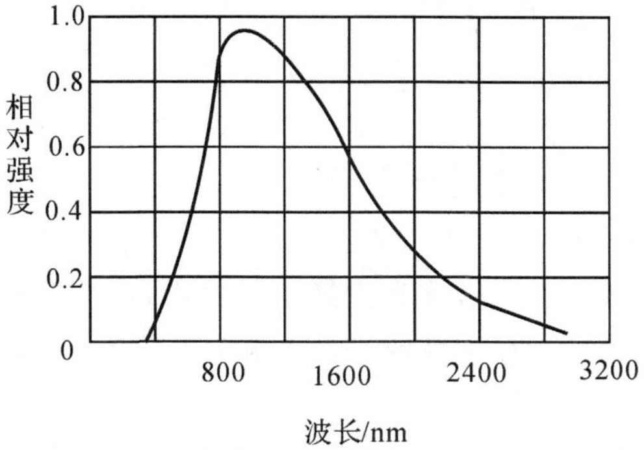

图 5-43　钨丝灯泡的光谱分布

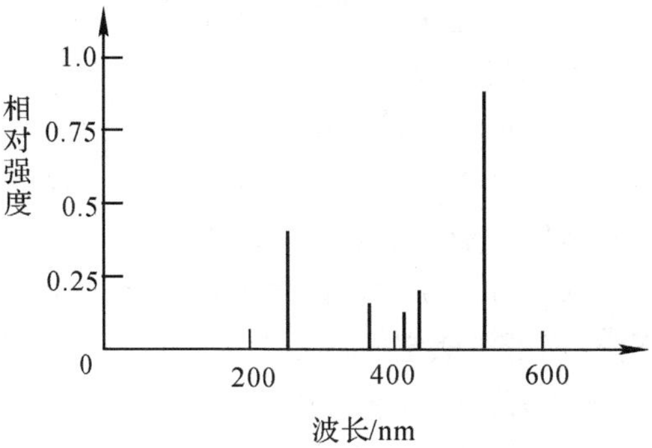

图 5-44　低压汞灯光谱分布

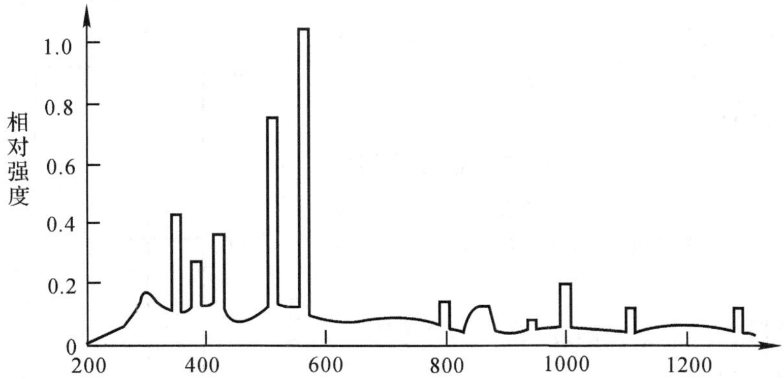

图 5-45　超高压汞山灯光谱分布

2. 光度特性

光源的亮度和光强的极坐标分布必须根据使用要求及接收器的性能来选择。在光电接收仪器中,光强大一些有利于提高信噪比和后继电路的处理。在目视系统中应保证视场有足够的限度。对大屏幕投影系统,这类问题较为突出,为保证投影屏上有足够的照度常采用高亮度的光源。光源的光强极坐标分布决定了灯泡的使用方向。另外,聚光镜系统的孔径角亦应与光源光强的极坐标分布相适应。

3. 发光面的形状、尺寸及灯的结构尺寸

在临界照明中是将灯丝(发光面)成像在被照明物体上,因此发光面形状与物体相似才能获得均匀而又有效的照明。在柯勒照明中,灯丝的像成在系统的入瞳上,若灯丝(发光面)的形状与入瞳相似,就能充分利用入瞳的孔径而传递较多的光能。因此应根据物面形状或入瞳形状来选择光源的发光面形状。另外,发光面的尺寸、光源的结构尺寸还影响整个仪器的结构尺寸,必须按仪器的使用要求及仪器的总体安排来选用合适的光源结构尺寸。若现有的品种不能满足要求,可考虑按设计要求直接向生产厂家定货。

4. 其他因素

光源的供电系统复杂与否、使用时是否需要人工冷却、使用寿命、更换方便程度以及经济性等,在选用光源时都应考虑到。

设计时,可采取一定措施来改变光源的性能,例如对普通钨丝灯,改变灯丝电压,则电流、温度、光通量、发光效率和使用寿命亦随之变化。据实验结果，它们具有以下规律(见图 5－46)：

实际寿命／额定寿命＝(实际电压／额定电压)$^{-13}$ (5－116)

实际光通量／额定光通量＝(实际电压／额定电压)$^{3.4}$ (5－117)

实际发光效率／额定发光效率＝(实际电压／额定电压)$^{1.9}$ (5－118)

实际电流／额定电流＝(实际电压／额定电压)$^{1/2}$ (5－119)

实际耗电功率／额定耗电功率＝(实际电压／额定电压)$^{1.5}$ (5－120)

实际色温／额定色温＝(实际电压／额定电压)$^{2.7}$ (5－121)

从图 5－46 中可以看出：高于额定电压，则色温、发光效率和光通量都提高，但寿命却急剧下降，而低于额定电压寿命大大增长。电压降低 10％，寿命为原来的 4 倍；降压 20％，寿命增为 18 倍；降压 30％ 则增为 100 倍。

在光电接收装置中，要求光源稳定，为减少更换和调整光源的次数，可将白炽灯光源降压使用(应注意此时色温也随之变化，接收器要与之适应)。另外还要采取以下措施：

(1) 用稳压直流电源供电。由于灯丝有热惯性，交流供电时产生的闪频现象虽然人眼发现不了，但用光电元件就能发现，造成输出不稳定。

(2) 将电源的引线焊在灯头上。仪器中往往使用低压灯泡，其灯丝电阻较低，若灯头与灯座接触不紧密，或由于仪器的轻微震动，就会改变电阻而使输出不稳定甚至计数错误。

光源是光学仪器中一个重要部分(当然也有些仪器根本不用人工照明)，设计者应根据使用要求选择合适的光源。有时甚至光源就决定了仪器设计的方案。新型光源的出现可能引起仪器结构的很大变化。当然仪器设计者也可根据光源对仪器设计的局限性向光源研制者提出新的要求。

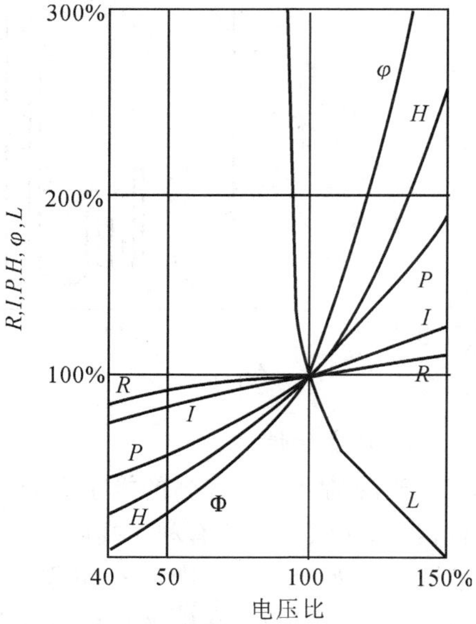

图 5－46 白炽灯实际电压与各参数关系

R— 电阻；I— 电流；P— 功率；

H— 发光效率；Φ— 光通量；

L— 寿命

二、接收器

光学仪器中最常用的接收器就是眼睛，光电元件及光化学接收器。现将其中有关仪器设计的参数分别介绍如下：

1. 人的眼睛

光学仪器总是直接或间接观察的，因此人眼的视觉特性是重要的设计起始数据。由于眼睛的构造较复杂，视觉性能还与视神经和大脑有关，因此对人眼的一些性能的了解只是大量实验的统计结果，至今尚不清楚其机理。有关眼睛的一些特性和参数，在应用光学课程中已介绍过了，这里仅将其与仪器设计直接有关的数据列举于下：

(1) 眼睛的光学参数：

焦距：$f=-16.68$ mm　　　$f'=22.29$ mm

视场：眼球不动时为 5°

眼球转动：水平面内由光轴往耳朵方向 ——95°；

水平面内由光轴往鼻子方向 ——65°；

垂直面内向上 ——60°；

垂直面内向下 ——72°。

眼瞳直径：在目视仪器中仪器的出瞳应与眼睛相适应，因此瞳孔大小是一个重要的起始数据，它的大小与视场亮度有关，其关系如表5-7所示。

表5-7　亮度与瞳孔直径的关系

适应视场亮度/(cd·m^{-2})	10^{-5}	10^{-3}	10^{-2}	10^{-1}	1	10	10^2	10^3	2×10^4
瞳孔直径/mm	8.17	7.80	7.44	6.72	5.66	4.32	3.04	2.32	2.24

瞳孔位置：瞳孔在角膜里面至角膜顶点约4 mm，至眼睫毛终端约8 mm，所以目视仪器的出瞳距至少要5 mm，对欧美人来说，此距离还应稍大些。

(2) 眼睛的曲光度调节。人的明视近点为250 mm，明视远点为无穷远，即曲光度调节范围为4个屈光度。但随着年龄增长，调节能力减小，因此在目视仪器中视度有±5屈光度的调节范围。

(3) 眼睛的响应阈值。据实验确定，最小的可探测的视觉刺激是由58～145个蓝-绿光($5\,100\times10^{-10}$m)的量子轰击角膜引起的，这一刺激约有5～14个量子到达并作用于视网膜上。

当观察亮度不等而相互靠近的两个面时，能否区别取决于衬度及照度。各种照度下的衬度阈值见表5-8，表中 $\Delta L=|L_0-L_B|$，其中 L_0 是物体亮度，L_B 是背景亮度。实验时是用眼睛观察，观察的时间不限。

表5-8　最小分辨角、衬角阈值与照度关系

照度/lx	最小分辨角/(′)	衬度阈值($\Delta L/L_B$)/(%)
100 000	0.7	4.8
1 000	0.7	1.7
100	0.8	1.8
10	0.9	2.1
1	1.5	3.7
0.1	3	7.8
0.000 1	50	60

(4) 眼睛的分辨率。在对比良好且直视时，不同照度下分辨率的实测值如表5-8所示。从表中可以看出，保持照度在50～100 lx范围内可获得较高的分辨率。表中所列为统计数字，个别的分辨率可达30″甚至10″。当斜视时(这时成像远离黄斑区)，分辨率很快降低。

眼睛分辨率可以用视网膜的结构来解释。在黄斑区只有锥状细胞，当两个相邻点的像落在同一个细胞上，则无法分辨。锥状细胞的直径大约是 3 ～ 6 μm，取其平均值为 5 μm，眼球平均焦距 $f'=20$ mm，则可算出一个锥状细胞对眼球的张角为

$$\alpha''=(0.005/20)\times 2\times 10^5=50''$$

这数值与要测值很接近*。

(5) 眼睛的瞄准精度。瞄准就是使标志物与被观测物（或像）相重合，可以用人眼也可以用光电系统来实现。瞄准精度则是指标志物与被观测物相互重合的程度。瞄准与分辨不是一回事，但又有关系。如图 5-47 所示，两条线落在视网膜上的距离虽小于一个锥状细胞的直径，但由于每条线同时分布在几个细胞上，几个细胞与大脑的综合作用，还是能区别出是两条线，即未瞄准。因此可以看出，瞄准精度比分辨率高。瞄准精度还与物体的形状、照度、对比、瞄准方式等一系列因素有关。表 5-9 为几种仪器中常用的瞄准方式及其瞄准精度，表中数据是在照度适中、对比良好时得出的，若条件差，瞄准精度还要降低。

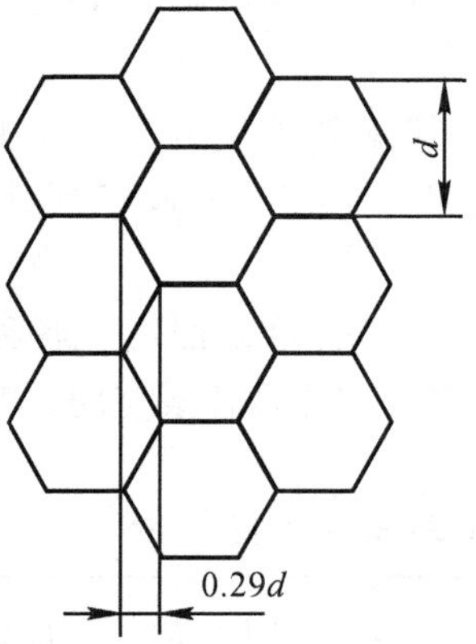

图 5-47　瞄准误差模型

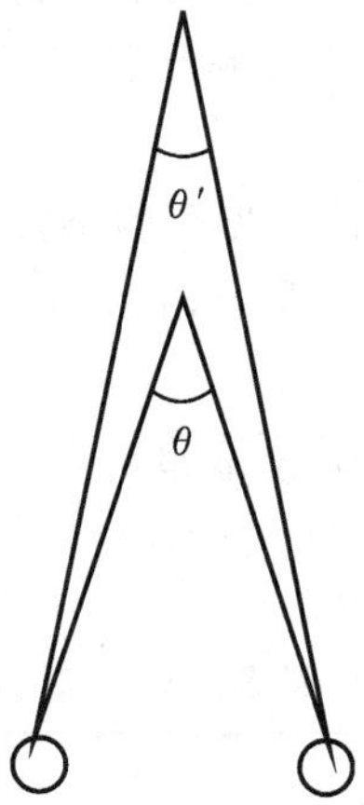

图 5-48　双目体视效应

(6) 双眼视觉。处于不同距离的物体对观察者有不同的张角，如图 5-48 所示。人们正是根据这个张角大小来判断物体的远近，因而有体视感觉。当 $|\theta'-\theta|\leqslant 10''$ 时，人眼就判别不出其差别了，亦即分辨不出物体的远近了，此即人眼的体视灵敏度。

双眼的有关参数如下：

双目瞳孔间的距离：55 ～ 74 mm。

双目光轴允许的最大不平行性：

水平面内的会聚：3°；

水平面内的发散：1°；

垂直面内的发散：30′。

观察舒适时允许的不平行性：

水平面内的会聚：1°；

水平面内的发散：20′；

垂直面内的发散：10″。

* 将眼睛看做是一光学系统。则由于光的衍射所限制的分辨率为 $\alpha''=140''/D$（当光的波长为 0.546 μm 时），设瞳孔直径 $D=2.5$ mm，则 $\alpha''=140''/2.5\approx 60''$。可见视网膜结构是与眼球匹配得很合理的。

为保证以上要求得到满足，应将上列数据按光学系统的放大率换算成对仪器的要求。

表 5－9　瞄准方式与瞄准精度

瞄准方式	简　　图	在明视距离的瞄准精度	说　　明
单实线重合	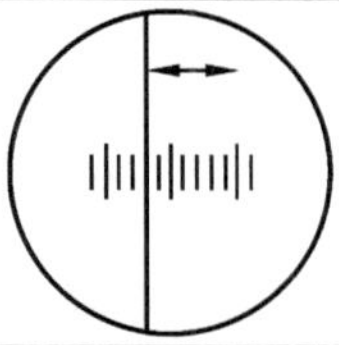 A	±60″	
单线线端对准	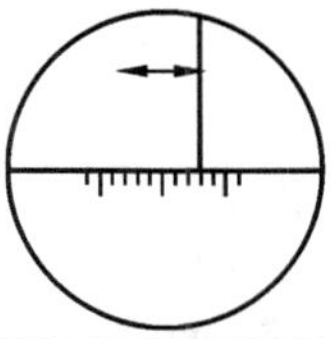 B	±10″～20″	
虚线对实线（或工作轮廓）	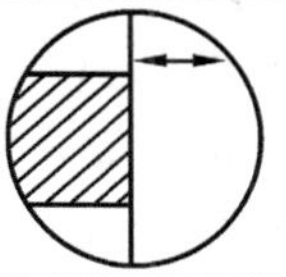 C	约±20″	此数据取自上海光学仪器厂
双线线端对准	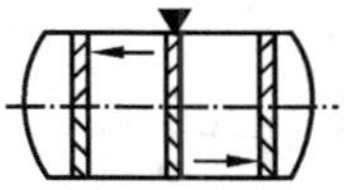 D	±5″～10″	对准时上、下线条同时等速相对移动，亦称“符合对准”或“重合对准”
双线对称跨单线	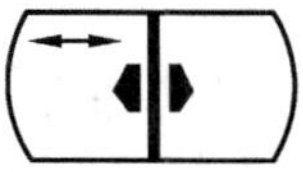 E	±5″	刻线边缘应平整，且刻线与缝宽应严格平行，否则瞄准精度大大降低

2. 光电接收器

由于人眼的光谱响应、频率响应等均有一定的限制，并且容易疲劳，因此测量结果易受主观因素的影响，光电接收器件由此应运而生。光电接收器亦称光电探测器。由于各种光电接收器的性质不同，不可能用同一术语来说明其全部特征，现仅讨论与仪器设计有关的参数及其选择原则：

(1) 灵敏度。灵敏度是指输出信号电流（或电压）与输入光通量或辐射通量之比，单位为安／流明（或毫安／流明，或微安／流明）或安／瓦。有的元件的灵敏度还与附加偏压有关，将偏压为 1 V 时的灵敏度称为比灵敏度，单位为毫安／(流明・伏)。例如一般光电倍增管的灵敏度为30～70 uA/lm，硫化铅探测器的比灵敏度为 $1.4\times10^{3}\sim60\times10^{3}\mu A/(lm\cdot V)$。灵敏度高的元件对光源和光学系统的光信号的能量要求低，易于匹配。

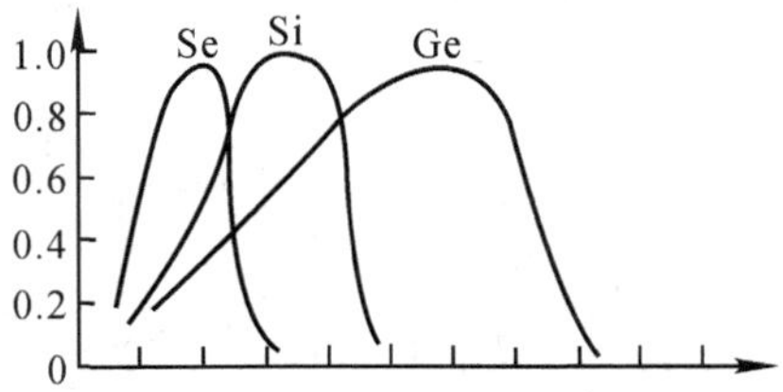

图 5－49　几种材料的光谱响应

(2) 光谱响应。光电元件对特定波长的灵敏度就是它的光谱特性。图 5－49 所示为 Se，Si，Ge 三种材料的光谱响应。从图中可见硅与钨丝灯的光谱辐射特性（见图 5－43）很近似，硒与人眼的光谱响应较接近。

确定光电元件对某一特定光源的响应 R，可用下式计算：

$$R=\int_{0}^{\infty} R_{\lambda} \Phi_{\lambda} \mathrm{d}\lambda / \Phi$$

式中　R_{λ}—— 光电元件对波长为 λ 的光的灵敏度，A/W；

Φ——$\int_{0}^{\infty} R_{\lambda} \Phi_{\lambda} \mathrm{d}\lambda$，光电元件上接收到的辐射通量，W；

Φ_{λ}—— 光源的光谱辐射通量，W/μm。

利用上面式子可对光源与接收器进行匹配，对单色光源较易计算，而对宽谱带光源，则要进行积分运算。

(3) 暗电流。在没有信号和背景(即全暗时) 条件下，通过光电元件的电流称暗电流，其大小决定了光电元件能检测出的最小信号。暗电流是光电元件的固有特性之一，是产生噪声的原因之一，不言而喻，暗电流应愈小愈好。

(4) 响应频率。光电元件受光照后，光电流不是立即升到其稳定值，以其达到稳定值的某一比值所需的时间称为其上升时间(t_{r})。同样去掉光照后，光电流不是立即降至零，而以其降至某一比值所需的时间为下降时间(t_{f})。光电元件的这种“惯性” 使其在这段时间内不能正常工作。t_{r}(或 t_{f}) 的倒数即为其响应频率。例如硒光电池的响应频率为数千赫，硅光电池为 100 千赫，光电三极管为 105 ～ 107 Hz。光电元件的响应频率应大于信号的频率。

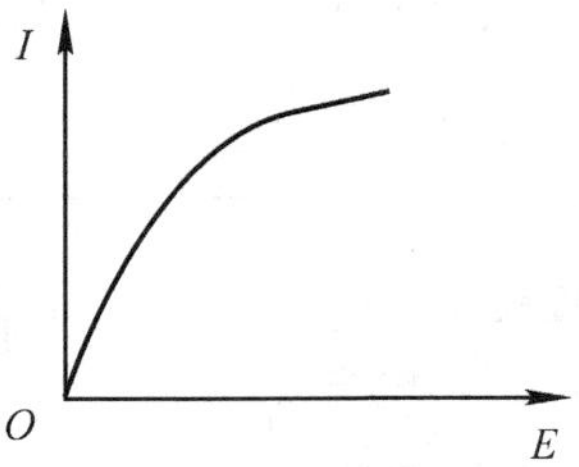

图 5 - 50　光敏电阻的光电特性

(5) 光电特性。光电流与照度间的关系称为光电特性。图 5 - 50 所示是光敏电阻的光电特性，可以看出光敏电阻的光电特性不是线性的，当仪器要求光电流与照度严格成比例时就不能用，而必须选用光电特性为线性的光电元件。

除了以上几个重要参数外，在选用光电接收器时还应考虑受光面积、尺寸、温度系数、稳定性、工作电压、击穿电压及经济性等。以上涉及的仅是光能量的接收与转换，在仪器设计中往往还需要接收物体的像或加以转换，这时要采用：

(1) 像管。像管或称变像管或像增强器，是将聚焦在其光敏面上的辐射图像再现在荧光屏上的一种电子器件，要求其输出像比输入像的亮度高，或将不可见辐射变为可见光(其区别在于所用光敏材料的光谱响应特性)。其基本原理是将辐射图像聚焦于其光阴极上，光阴极发射的电子经电子透镜加速轰击荧光屏，将像增强并显示出来，如图 5 - 51 所示。单管的亮度增益约为 50 ～ 100，若将像管耦合起来可得 105 ～ 106 的亮度增益。

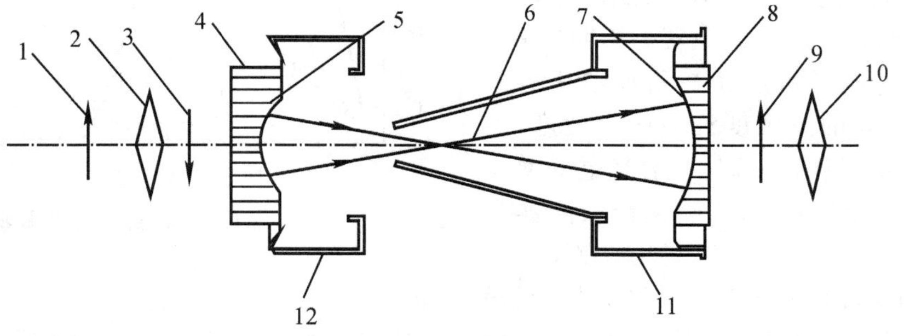

图 5 - 51　静电聚焦型像管

1— 物；2— 物镜；3— 倒像；4— 输入光学纤维；5— 光阴极；6— 电子轨迹；7— 荧光屏；
8— 输出光学纤维；9— 正像；10— 目镜；11— 阳极和聚焦锥电极；12— 光阴极

像管的面板通常用光学纤维制造，这样便于像管的耦合，也可输出至照相底片或摄像管。图 5-52 所示为近贴聚焦型像管示意图，在这种像管中，光阴极和荧光屏相互平行安置，靠得很近(约 1 ～ 2 mm)。这时光电子实际并未聚焦，但由于电场很强，光电子的轨迹基本垂直于屏面。这种管子结构小，在荧光屏上成正像，但鉴别率较差。

较新型的像管是利用微通道板(MCP) 来达到增益。微通道板是由直径约为 10 μm，长度不大于1 mm 的空心玻璃柱所构成。柱的内壁镀有二次发射材料。由光阴极来的电子撞击靠近入口端的内壁并引起二次发射，这些二次电子依次进一步撞击柱的内壁深处，经多次倍增可达 10^4 的亮度增益。采用微通道板的像管有两种不同的结构：薄片管型(见图 5-53) 和倒像管型(见图5-54)。像管的规格多按光阴极的公称有效直径来区分，如：18 mm，25 mm 和 40 mm。像管的鉴别率除了用每毫米的线对数来描述外，还可以用调制传递函数(MTF) 和对比传递函数(CTF) 来描述。

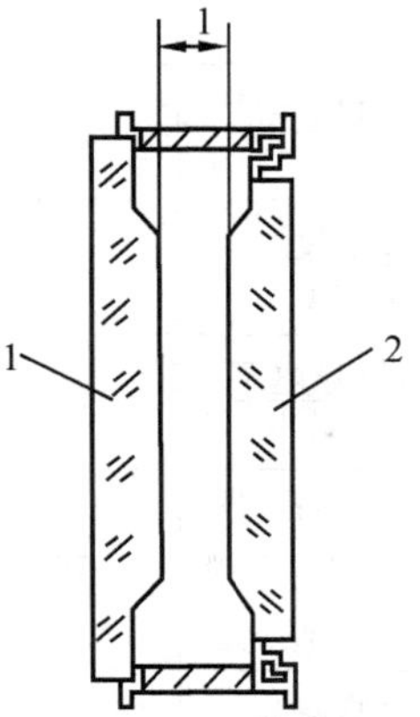

图 5-52　近贴聚焦型像管

1— 光阴极；2— 荧光屏

像管可应用于许多种不同的光谱响应中，因而输出荧光粉应选择使管子的响应与接收器匹配得最好，例如直接观察时常采用 P20 荧光粉，其输出峰值波长为 5 600 × 10^{-10} m(黄绿色)，与人眼的最大灵敏度很接近，若接收器为照相底片，则用 P11 荧光粉，其输出峰值为 4 600 × 10^{-10} m，与大多数底片特性能匹配。

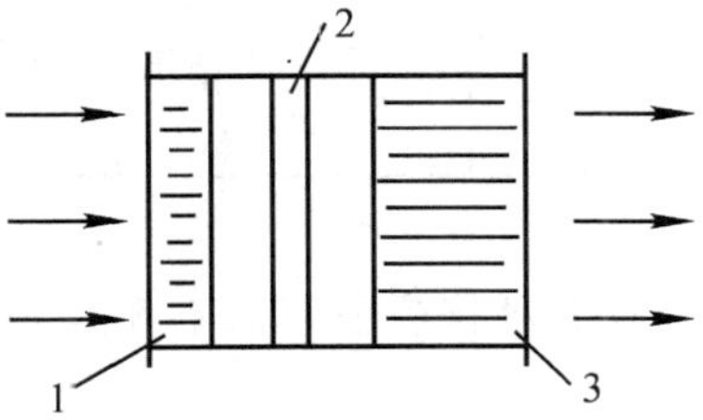

图 5-53　微通道板薄片管

1— 输入纤维；2— 微通道关；

3— 输出光学纤维

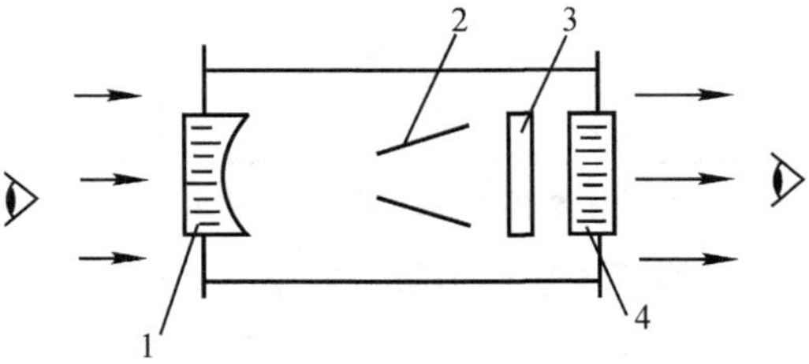

图 5-54　微通道板倒像管

1— 输入光纤维；2— 静电透镜；

3— 微通道板(MCP)；4— 输出光学纤维

(2) 摄像管。摄像管是将光学像转换成电信号的电子器件，它将光学像内的光强分布变成一系列电脉冲后进行传递或储存。电视摄象管的种类很多，主要有视像管(Vidicon 或称光导摄像管)、超正析像管(Image Orthicn)、分流直像管(Image Isocon)、硅靶(SIT) 摄像管、二次电子导电摄像管(SEC)、析像管(Image Dissector) 和电耦合器件门(CCD)。一些典型摄像管的重要特性见表 5-10。

表 5-10 几种摄像管的特性

特性 \ 摄像管	Sb_2S_3 视像管	PbO 视像管	CdSe 视像管	硅视像管	SIT 摄像管	SEC 摄像管	超正析像管	分流直像管
成像对角线长 / mm	16	21	11	16	25	25	45	35
典型面板照度 / lx	20	3	1	0.5	2×10^{-3}	0.035	0.2	0.02
灵敏度 / $\mu A\cdot lm^{-1}$	250	350	2 750	4 350	2.9×10^{-5}	1.35×10^{-4}	4×10^{-4}	9.2×10^{-5}
典型信号电平 / nA	300	300	200	300	300	150	8 000	4 000
中心分辨率(幅面比 4∶3)(电视线/单位像高)	1 100	600	700	700	750	600	750	1 100
输出暗电流 / nA	20	0.5	1	8.5	10	0.001	大于信号电流	为信号电流的 10%
光电导体材料	Sb_2S_3	Pb	CdSe	Si	S-20	S-20	S-10	S-20
其他	尺寸小，操作简单，调整方便，灵敏度中等，响应速度低	同左	同左	同左	有极宽的动态范围，曾用于登月飞行中	用于激光电视摄像管上	灵敏度高，适应较宽的光等级和衬度范围	信噪比优于超正析像管，鉴别率、灵敏度、振幅响应均较高

3. 光-化学接收器(照相底片)

用照相方法不但可接收信息，还能记录信息，这是前述几种接收器所达不到的。有关照相底片的一些主要参数为：

(1) 光学密度(D)。底片经曝光再显影、定影后，曝光量大的部位为黑色，未曝光部位为无色透明，这样底片就记录下了物体上的光能分布。用光学密度(D)来反映底片上的黑度，其定义是

$$D=\lg 1/T \tag{5-122}$$

式中，T 是底片的透射率，所以 $1/T$ 就是不透明度。

(2) 曝光量(H) 底片上的照度 E 和曝光时间 t 的乘积称为曝光量，即

$$H=Et \quad \mathrm{lx\cdot s} \tag{5-123}$$

(3) 感光特性曲线将底片显影后的密度 D 与曝光量 H 的对数绘成曲线，如图 5-55 所示，此即底片的感光特性曲线，它表征了底片的性能。

(4) 衬度系数(γ)。在图 5-55 中，曲线的 BC 部分为直线，BC 的斜率称为底片的衬度系数，亦称灰度系数，可用公式表示成

$$\gamma = \tan\alpha = (D_C - D_B)/(\lg H_c - \lg H_B)$$

当其他条件相同时，γ 较大的感光材料摄得的影调硬些(或说反差大些)。有些底片可用改变显影时间来控制 γ，但有一定限度。

(5) 总灰雾。总灰雾是指底片的最低密度 D_0(见图 5-55)，即底片上的曝光部分显影后的密度。这是由于片基不十分透明，也反映出感光材料的光学性能，因此感光特性曲线总是不通过零点的。

(6) 宽容度(L)。特性曲线的直线部分的两端对应曝光量的对数差称为宽容度，即 $L = \lg H_C - \lg H_B$。它反映了感光材料按比例反映景物各部分不同亮度的能力。

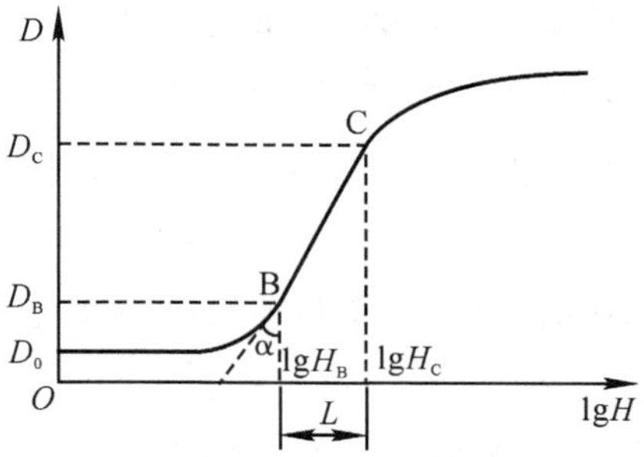

图 5-55　感光特性曲线

(7) 鉴别率(R)。表示感光材料能记录景物细节的能力，单位为线条数/mm。鉴别率的大小取决于感光材料中银盐的颗粒度，颗粒愈细则鉴别率愈高，但颗粒度细的银盐，其感光度也低。

(8) 底片速度。底片速度亦称底片的感光度，是其相对灵敏度的一种表示方式。各国对底片感光度的表示方法不同，但都是将底片的特性曲线和它预期的用途联系起来定义的。首先确定特性曲线上一个 M 点的位置，M 点往往选在相当于总灰雾度(D_0)的密度加上一个不大的密度 c_1(例如 0.1 个单位)的位置。即定义底片速度 S 可表示为

$$S = C/H_{D_0+c_1}$$

式中，C 为常数。

三、基于目视方式的光学系统基本参数的确定

1. 显微系统

光学仪器中显微系统大致可分两类：一类是用来观察物体表面微观轮廓(如表面粗糙度)，另一类是用来瞄准或读数的。前者主要考虑分辨率，并由它决定其数值孔径、放大率等一系列参数；后者则是从瞄准、读数精度出发来决定其参数的。由此可知，这两种显微系统的结构参数是不同的。

(1) 放大率。用于分辨细节的显微系统，希望有较大的放大率，对某些仪器它只是名义值。用于瞄准、读数的显微系统的放大率不高(一般不超过 100 倍)，但其物镜的放大率必须严格准确，否则它会直接造成测量误差。因此在设计时应考虑其结构形式，便于装配、调整其放大率到准确的数值。

(2) 数值孔径。由分辨率决定了用做微观观察的显微系统应具有较大的数值孔径；而瞄准用的系统的放大率不高，数值孔径也必然较小，系统的景深也就较大，因此这类系统不能用做光轴方向的精密定位。

(3) 视场。由拉格朗日不变量可以知道，一个系统的数值孔径和视场不能同时都增大。数值孔径大的系统，视场较小；而当数值孔径小时，可以有较大的视场。

(4) 工作距离。用于微观观察用的显微系统,其工作距离都很短,使用上也没有什么特别要求;而瞄准、定位用的显微系统,往往要求有较长的工作距离。

(5) 光阑位置。在普通的显微系统中,对光阑的位置没有什么要求,设计者可根据校正像差的需要或结构尺寸的要求来自行安排,往往就选取在物镜框上,如图 5-56 所示。但若将这系统用于瞄准、读数,则从图 5-56 中可以看出:物体 A_1B_1 经光学系统 1 后成像($A'_1B'_1$) 于分划板 3 上。由于存在调焦误差,只要物体移动的量 Δ 不大于物镜的景深,物体移至 A_2B_2 后人眼是觉察不出的,这时实际的像移至 $A'_2B'_2$,这时用分划板 3 进行测量就产生了 $2\Delta d$ 的误差。物镜的焦深 Δl(即调焦误差的最大可能值) 可用下式计算:

$$\Delta l = \lambda n/2(NA)^2 + n/7NA\Gamma \tag{5-124}$$

式中 NA—— 物镜的数值孔径;

Γ—— 显微镜的视放大率;

λ—— 光波波长;

n—— 介质折射率。

式(5-124) 中等号后端的第一项是由光的衍射所引起,第二项是与人眼分辨率有关的量,计算中取其算术平均值。若系统中没有分划板,则还要考虑眼睛的调节作用,式中应增加一项:$4(250/\Gamma)^2$。这还是近似计算,实际测得的焦深值要稍大一些。

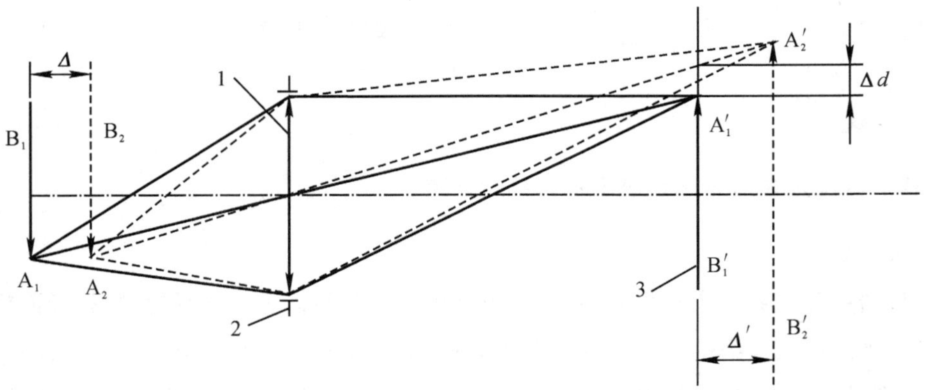

图 5-56 光阑在物镜上的显微系统

1— 物镜;2— 光阑;3— 分划板

这种现象是由于衍射及人眼分辨率的限制所引起,因此是无法直接消除其影响的。若如图5-57 所示那样将光阑 2 移至物镜 1 的后焦面 F' 处,这时所有的主光线在物方均平行于光轴,在像方均通过后焦点 F',并且不论物体 A_1B_1 移至何处,主光线的方向均不变化,就是说在分划板 3 上像光斑的中心位置始终不动,因此不会产生测量误差。

将孔径光阑放在物镜 1 的后焦面上,则其入瞳在无穷远处,故称为物方"远心光路"或"焦阑光路",但并不是在任意一物镜的后焦面上放一光阑就构成远心光路系统。从图 5-57 中可以看出,对于远心光路系统,物镜的垂轴尺寸要大些(当相对孔径相同时),必须另行设计。另外,远心光路使光组失去了对称性,增加了物镜设计的困难。测量系统中描准、读数用的显微系统,都应采用远心光路。

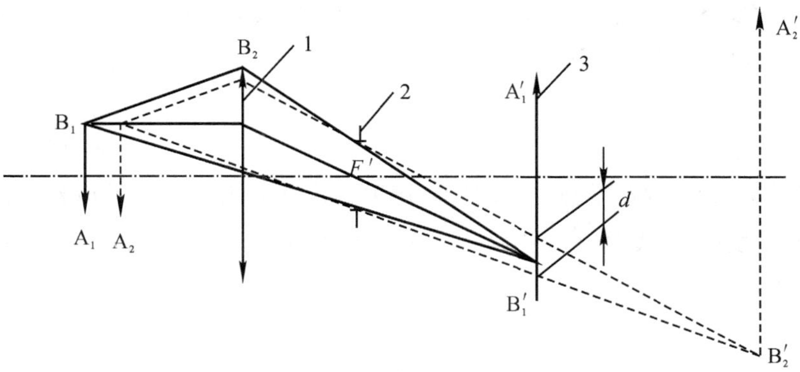

图 5-57　物方远心光路

1— 物镜；2— 光阑；3— 分划板

2. 显微系统基本参数的决定

(1) 总放大率的确定及倍率分配。肉眼的瞄准精度虽随瞄准方式、照度、对比以及不同的观测者而异，取其最佳值也不过 5″(见表 5-9)，这相当于明视距离 250 mm 处的线量为 $5\times250/(2\times10^5)=0.000\ 63$ mm，也就是说在最好的条件下肉眼无法分辨明视距离处分离量小于 6 μm 的两物体，显然这时的测量精度低于 6 μm。若在物体与眼睛间加入光学系统，眼睛的瞄准精度虽然仍是表 5-9 中所列数值，但由于光学系统的放大作用而使系统的瞄准精度提高了。设仪器要求的测量精度为 ε，从总体考虑要求仪器的瞄准精度为 δ_M(通常 $\delta_M<\varepsilon$)，采用某种瞄准方式(见表 5-9) 后，眼睛的瞄准精度为 θ''_E，则系统的总放大率 Γ 应满足

$$\delta_M\Gamma=\theta''_E\times250/(2\times10^5)$$

即

$$\Gamma=250\times\theta''_E/(\delta_M\times2\times10^5) \tag{5-125}$$

例如要求仪器具有 0.2 μm 的瞄准精度，采用表 5-9 中第三种瞄准方式($\theta''_E=20''$)，则光学系统的放大率应为

$$\Gamma=(250\times20)/(2\times0.000\ 2\times10^5)=125$$

放大率愈高则瞄准精度愈高，但系统的瞄准精度应与仪器的精度相适应。瞄准精度过低，满足不了要求；瞄准精度过高也是不合理的，因为这样会给显微系统带来新的问题，如仪器结构过于庞大等。

系统的总放大率确定后，进一步应决定物镜及目镜的放大率，一般应考虑以下因素：

1) 若物镜的倍数高，在同样物方视场下要求分划板尺寸大，这样对分划板的刻划精度要求可低些，加工也较容易，但仪器的结构尺寸也会很大。因此应根据结构尺寸及刻划工艺来合适地选取物镜倍数。

2) 低倍的物镜在结构较复杂时可得到较好的像质，而物镜的像质直接影响测量精度。目镜的像质并不直接影响测量精度。

3) 系统的总长 $L\approx(\beta-1)l$，其中 l 为工作距离，β 为物镜的垂轴放大率。可以看出当仪器要求有较长的工作距离时，β 过大会使仪器结构很庞大。

4) 目镜的倍数高会使板镜距和出瞳距离过小，目视对分划板的光洁度和清洁度的要求也要提高。

因此，在测量用的显微镜中，物镜的倍数一般都较低，很少大于 10 倍，而目镜的倍数一般

小于 15 倍。

(2) 数值孔径的确定。作观察微观轮廓用的物镜，其数值孔径 NA 决定于使用要求——欲分辨出的量，设为 σ'(线量)，则其关系如下：

$$NA = 0.61\lambda/\sigma \tag{5-126}$$

式中，λ 为光波波长。

至于用于瞄准、读数的显微镜，应按瞄准、读数精度的要求来决定数值孔径。若以人眼为接收器，则瞄准精度(以角度量 θ''_E 表示) 与人眼分辨率(角量 α''_E) 有关，且高于人眼的分辨率，可用以下关系式表示：

$$\theta''_E = (1/K)\alpha''_E \tag{5-127}$$

式中，K 为大于 1 的常数。则物镜的分辨率 σ 为

$$\sigma = \frac{0.61\lambda^{*}}{NA} \tag{5-128}$$

则物镜的物方瞄准精度为(用人眼瞄准)

$$\delta_M = \sigma/K = 0.61\lambda/KNA \tag{5-129}$$

将式(5-127) 代入式(5-125)，得

$$\delta_M = \theta''_E \times 250/(\Gamma \times 2 \times 10^5) = \alpha''_E \times 250/K \times \Gamma \times 2 \times 10^5$$

比较上式与式(5-129)，得

$$NA = n\sin U = 0.61\lambda \times \Gamma \times 2 \times 10^5/(\alpha''_E \times 250)$$

在人的注意力集中时 $\alpha''_E = 60''$，对比较舒适的瞄准取 $\alpha''_E = 240''$，另外取 $\lambda = 0.000\,55$ mm 代入上式，得

$$NA = (1/220 \sim 1/900)\Gamma \tag{5-130}$$

如果不增加设计及加工困难，最好将数值孔径取得稍大些，以保证瞄准精度。例如在工具显微镜中常取

$$NA = \Gamma/300$$

对于观察表面微观几何形状用的显微镜，其物镜的数值孔径与总放大率的关系一般为

$$500NA < \Gamma < 1\,000NA \tag{5-131}$$

取较大的放大率可以使眼睛在观察时不致太紧张而导致疲劳，当 $\Gamma = 1\,000NA$ 时相当于 $\alpha''_E = 240''$。若取更大的放大率并不能增加分辨的细节，称为无效放大。

也可以根据需要进入系统的光能的多少来计算物镜的数值孔径，但这在显微系统中往往不是主要问题。当显微物镜在仪器中要兼作投影用时，则需进行光能的核算，若不符要求，可适当地调整数值孔径或光源，其计算过程见投影系统部分。

(3) 工作距离及焦距的确定。对观察表面微观几何形状用的物镜，其工作距离一般没有什

* 这个条件是按瑞利准则推导出的，即两相邻物点经圆孔衍射后，一个点的衍射斑的中心落在另一点的衍射斑的第一暗环上，在其亮度合成曲线中，$\Delta E/E = 26\%$，这时恰能分辨出是两个点。因此式(5-128) 是以人眼为接收器推导出来的，并非绝对条件。若接收器的灵敏度高于人眼，例如，在 $\Delta E/E = 5\%$ 时亦能判别出中间有一凹陷，则这时推导出的公式为 $\sigma = 0.526\lambda/NA$，式中 λ 是接收器的灵敏峰值波长。

么特殊要求，物体往往就放在其前焦点附近。而用做瞄准用的显微镜，物镜的工作距离较长，应能安全、可靠地满足测量要求（在工作中不会碰坏镜头或工件），同时还应考虑操作舒适。若将物镜看成薄透镜，如图 5－58 所示，其中 l 为物距（此处即为工作距离），l' 为像距，L 为共轭距，L 由使用要求决定。它们应满足以下关系：

$$\beta_{ob}=l'/l$$

$$L=l'-l$$

式中，β_{ob} 为物镜的垂轴放大率。解上式可得

$$l=L/(\beta_{ob}-1) \tag{5-132}$$

再由薄透镜成像公式可求得物镜的焦距为

$$f'_{ob}=-L\beta_{ob}/(\beta_{ob}-1)^2 \tag{5-133}$$

若按式（5－132）算出的工作距离仍不能满足使用要求，则可采用图 5－59 所示的物镜结构，即将一负透镜组 3 置于正透镜组 1 的像方焦点 F_1' 处，并且光栏 2 亦置于此处，这样组合系统的物方主面前移至 H 处，工作距离也因之增大。

至于目镜，可将经看成放大镜，其焦距 f'_{oc} 为

$$f'_{oc}=250/\Gamma_{oc} \tag{5-134}$$

式中，Γ_{oc} 为目镜的放大率，其大小为

$$\Gamma_{oc}=\Gamma/\beta_{ob} \tag{5-135}$$

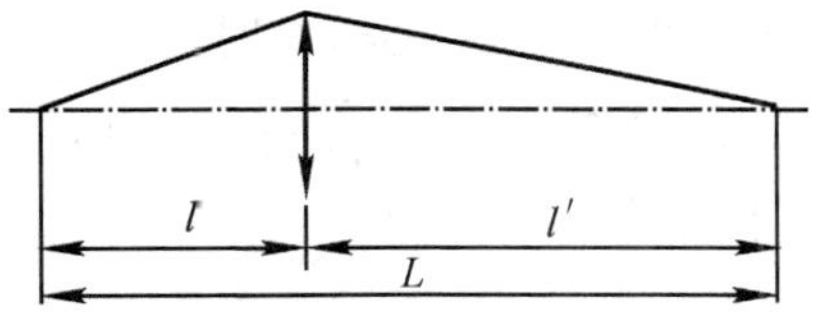

图 5－58 薄透镜成像

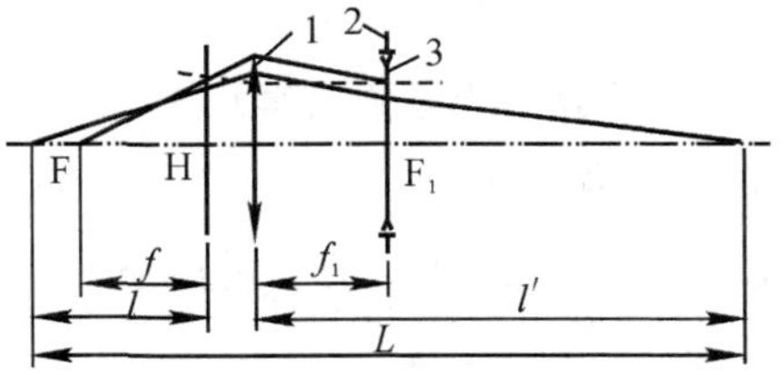

图 5－59 反远距型物镜

（4）视场的确定。系统的拉格朗日不变量 $j=nyu$，其中 n 为折射率，u 为物方孔径角，y 为物高，因此 nu 就相当于镜头的数值孔径，y 就相当于物镜的视场。j 的数值表征了系统的能力，因此从式(5－135) 中可以看出数值孔径与视场不能同时增大，设计时应首先满足主要的使用要求。例如对测微观轮廓的系统，应从保证分辨率出发来决定数值孔径，其视场一般不大；而用做瞄准定位的系统，一般要求其视场较大，但数值孔径应满足瞄准精度的要求，若光学系统的能力不能同时满足，则应首先满足其主要使用要求。通常显微镜的视场光阑就是目镜上的分划板，因此还要考虑分划板的工艺，实际的物方视场（线视场）就是分划板的尺寸除以物镜的放大率。变换物镜倍数时，视场亦随之变化，倍数高的物镜视场小。

目镜的相对孔径较小，且其像质对测量没有直接的影响，因此目镜的视场较大。常用的凯尔纳目镜，其视场可达 40° ～ 60°。

（5）显微系统的像差要求及结构形式。对单纯用于瞄准的显微系统，只要将视场中心的刻划线去对准物体，这时仅用到视场的中心部分，其边缘部分只起陪衬作用，对这种显微镜只消除轴上点像差（球差、色差及近轴点彗差）就可以了。轴外像差及放大率误差可不必特别注意。但若要在分划板上进行瞄准读数或比较测量，这时除了要消除轴上点像差外还要注意轴外点像差和放大率误差。其中畸变会使视场边缘部分的放大率与中心部分不同，对测量精度的影响

是直接的，因此应使残留的畸变值减小到不影响测量精度为止。至于其他的轴外像差，只是使像模糊而降低对准的可靠性，还找不出它们之间的直接关系，可从同类型镜头的类比中确定相应的依据。放大率误差主要来源于不正确调焦或分划板偏离设计位置，采用远心光路可减小这一误差。

用于测量、比较的显微物镜的特点是：倍数低、数值孔径不大而视场较大、采用远心光路，有时要求工作距较长，但像质要求较高。若焦距不是特别长，选型时可不予以特别考虑。常选用的形式是两组双胶合的李斯特(Lister) 物镜，并将其后组放在前组的后焦面上，以后组的镜框作为光阑，如图 5-60(a) 所示。

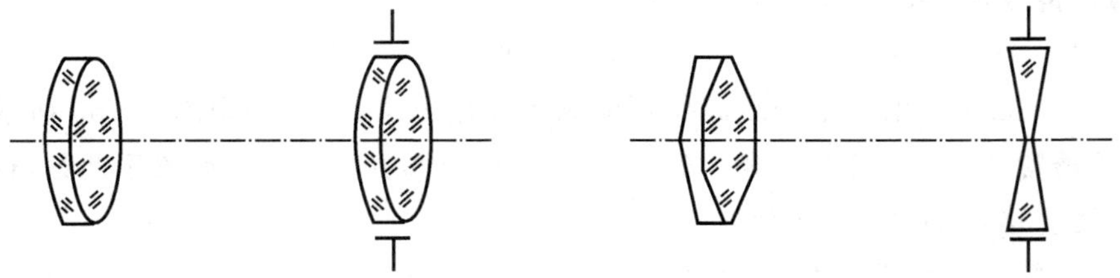

(a)　　　(b)

图 5-60　李斯特型物镜

这种结构的优点是：便于调整放大倍数，前后两组的像差可相互补偿而得到满意的像质。其数值孔径可达 0.25，视场可达 10° ~ 20°。为增大物镜的工作距离，可将后组变为负透镜，如图 5-60(b) 所示。若显微物镜还要兼作投影及照相用，由于采用远心光路，同时对畸变、场曲和放大率要求很严格，因此采用特厚的双凸透镜消畸变和特厚的负透镜消场曲，如图 5-61(a)，(b) 所示。特厚的负透镜还可增大镜头的工作距离。

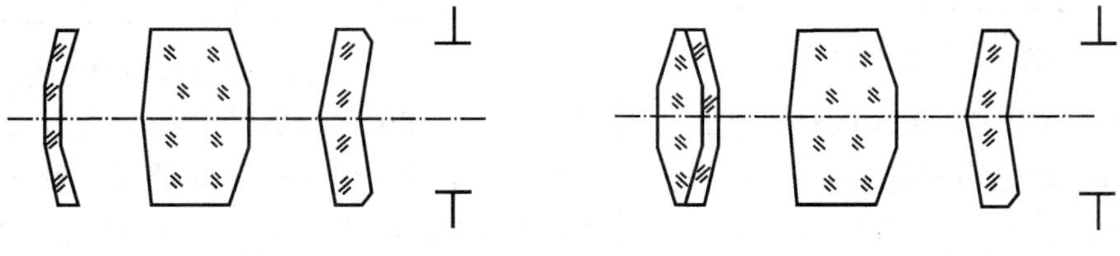

(a)　　　(b)

图 5-61　兼作投影用的显微物镜

光学仪器中用的目镜都带有分划板。一般目镜负担的偏角不大，选型时主要依据视场角及结构尺寸的要求。通常其视场角也不算大，属于中、小型的。

目镜的主要结构尺寸是：

镜板距(p)：从分划板最后一面到目镜最前一个镜面的距离，即目镜的工作距离。板镜距过小，则妨碍视度调节；若还要安装测微机构，板镜距应更大些。

出瞳距(t)：系统的出射瞳孔到目镜最后一个镜面的距离，亦称镜目距。人眼的瞳孔应放在出瞳处进行观察，因此出瞳距应保证使用者能舒适地观察。

常用的目镜已系列化了，表 5-11 为计量仪器常用的一些典型目镜。

表 5-11　常用目镜形式

形　式	视场角 $2\omega^{\circ}$	镜板距 p	出瞳距 t	说　明
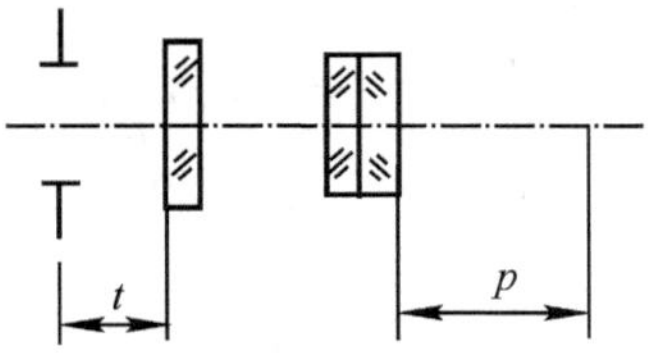	30° 以下	$(0.5\sim0.7)f$	$\approx f$	目镜的总长较短，板镜距
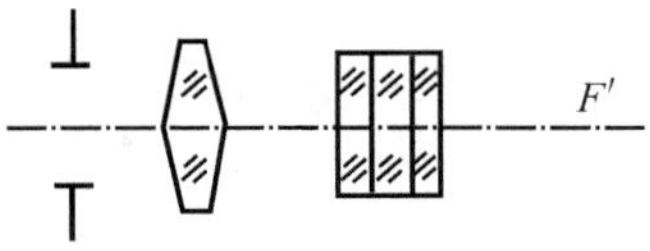	40° 以下	$(0.3\sim0.65)f$	$(0.7\sim1)f$	较大，便于安放测微机构
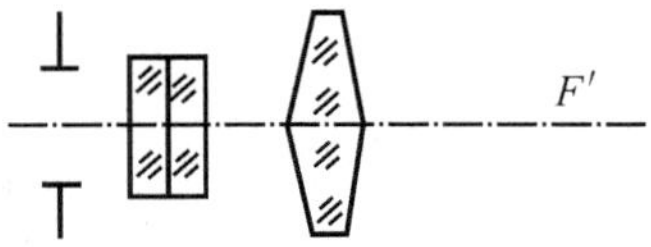	50° 以下	$(0.3\sim0.5)f$	$(0.4\sim0.55)f$	畸变较小，出瞳距较长
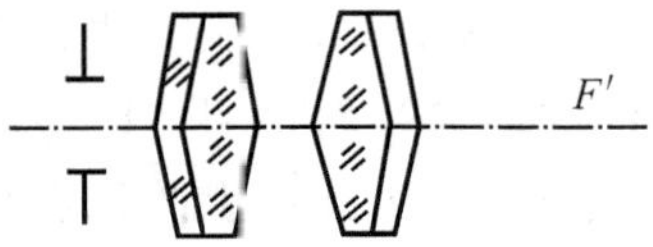	47° 以下	$(0.65\sim0.75)f$	$(0.75\sim1)f$	板镜距较短，计量仪器中常用
				板镜距、出瞳距均较长，计量仪器中常用曲率半径完全对称

3. 投影系统

(1) 投影光学系统的特点。观测者在用显微镜观测时，因不同于日常活动的姿态，易引起疲劳。若改成投影方式，则可大大减轻观测者的疲劳程度，提高工作效率，还可供多人同时观测，因而投影式仪器得到广泛的应用。所谓投影就是将照明后的被测对象(或中间像)，经投影物镜放大投影于屏上进行观测。计量仪器中的投影系统有以下特点：

1) 由于要对屏上的像进行测量，因而要求像质清晰，放大率严格准确，这和对一般投影观察系统的要求是不同的。

2) 对于精密的工作，要求屏上有足够且均匀的照明，屏上的照度应在 10 ~ 30 lx。当投影屏较大时，要获得这么亮且均匀的照明是要特别精心设计的。

3) 远心照明和远心光路。和显微系统相同，物镜采用远心光路可以避免由于调焦不准造成的误差，所以投影系统中也采用远心光路。当照明光束为会聚光时(见图 50-62(a))，聚光镜 1 将光源 S 成像于投影物镜 2 的入瞳上。移动物镜进行调焦，直到屏上得到物体的清晰像为止，这时的像是与光线和物体相切的截面共轭的，从图中可以看出相切的截面并不是最大的轮廓边缘 DD，并且尺寸不同，被切的截面也不同。若被测物体是非轴对称的，则被照明的边缘不在同中一截面上，当这两个截面间的距离超过物镜的景深时，就找不出一个边缘全部清晰的像，更谈不上精确地对准或测量了。即使是轴对称的零件，若偏离光轴安装，如图 5-62(b) 所示，也会出现同样的问题。

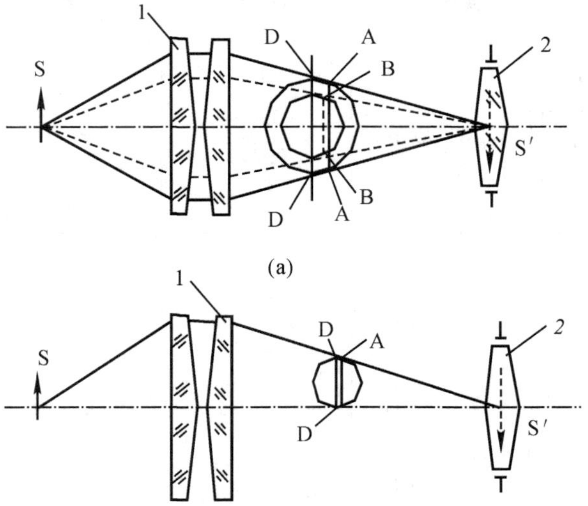

(a)　(b)

图 5-62　会聚光照明

只有当照明光束平行于光轴时，即将灯丝放在聚光镜的焦面上，如图 5-63 所示，才可避免上述缺点。图 5-62(a) 所示是物体对称于光轴安装，光线与工件的最大截面相切。即使物体不对称于光轴安装，如图 5-62(b) 所示，照明光束仍是与最大轮廓相切，因此屏上的像反映的是物体最大截面的尺寸。在实际光路中，聚光镜 1 的焦面上可以放灯丝，也可以放被照明的滤色片或毛玻璃。

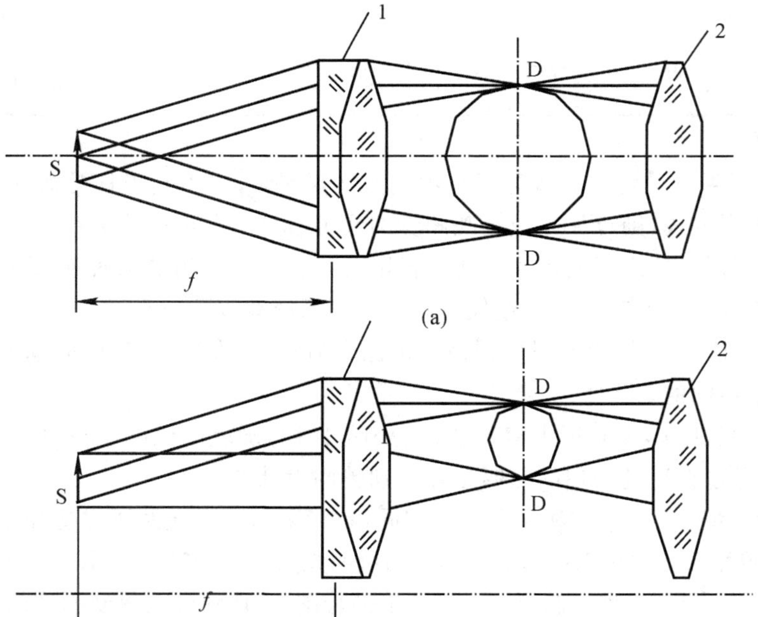

(a)　(b)

图 5-63　平行光照明

4）工作距离长。为操作上的方便，在投影仪中物镜的工作距离都较长，若要在投影仪上修锉工件，则工作距离更要长些。

（2）学参数的决定。投影物镜是将物体按预定的倍数精确放大成像于影屏上，然后对物体的像进行测量，其主要问题是放大率、像质及亮度。现分述于下：

1）放大率。工件是经投影物镜放大 β 倍成像于屏上，然后用肉眼进行瞄准、测量。设人眼的瞄准精度为 θ_E''，这个量以 $1/\beta$ 倍折算到工件上去，这就是瞄准误差。设经总体考虑分配这部分误差为 δ_M（线量），则

$$\beta\delta_M = 250 \times \theta_E''/(2 \times 10^5)$$

$$\beta = 250 \times \theta_E''/(\delta_M \times 2 \times 10^5) \tag{5-136}$$

式(5-136) 虽与显微系统中导出的公式(5-125) 完全一致，但此处的 θ_E'' 是肉眼在屏上的瞄准误差，它与对准方法、像轮廓的清晰度、对比度及屏的照度等有关。为减轻长时间观察引起的疲劳，θ_E'' 往往取较大的值，例如 $60'' \sim 120''$。

为扩大仪器的使用范围，仪器中常备有几种不同倍数的物镜，如 $10^{\times}$，$20^{\times}$，$50^{\times}$，$100^{\times}$。高倍数用于测小工件，其精度较高，低倍数用于测大工件，精度也低。

2）数值孔径。投影物镜不是用于分辨物体的细节，而用于瞄准，从这点出发，一般不需要很大的数值孔径，按式(5-28) 的关系为

$$NA = (1/220 \sim 1/900)\beta$$

数值孔径的大小又直接影响进入物镜的光能，即影响像面照度，这是投影系练一项重要指标。图 5-64 所示为投影系统的简化光路。进入聚光镜的辐射通量 Φ_c 为

$$\Phi_c = \pi\tau_1 L\sin^2 U_c \cdot S_L \tag{5-137}$$

式中　τ_1—— 聚光镜系统的透过因数；

L—— 光源的亮度；

S_L—— 光源的面积；

U_c—— 聚光镜的物方孔径角。

被照明视场的照度 E_w 为

$$E_w = \Phi_c / S_w = \pi\tau_1 L\sin^2 U_c \cdot (S_L / S_w) \tag{5-138}$$

式中，S_w 为被照明视场面积。

进入投影物镜的辐射通量 Φ_p 为

$$\Phi_p = \pi\tau_2 E_w \sin^2 U_p \cdot S_w \tag{5-139}$$

式中　U_p—— 投影物镜的物方孔径角；

τ_2—— 投影物镜的透过因数。

将式(5-138) 代入式(5-139) 得

$$\Phi_p = \pi^2\tau_1\tau_2 L \cdot \sin^2 U_c \cdot \sin^2 U_p \cdot S_L$$

则屏上的照度 E_s 为

$$E_s = \Phi_p / S_c = \pi^2\tau_1\tau_2 L \cdot \sin^2 U_c \cdot \sin^2 U_p \cdot S_L / S_c \tag{5-140}$$

式中，S_c 为投影屏上成像面积。式(5-140) 计算的结果是指对视场中心部分直视的情况。在视场边缘部分以及斜视时，照度要大大降低。

从式(5-140) 可以看出，像面照度是与投影物镜数值孔径的平方成比例的，因此从照度角度考虑，希望数值孔径愈大愈好，但孔径增大后要提高像质是很困难的，而像质也是一个很重

要的指标。根据式(5-140)往往选取

$$NA=\beta/500 \tag{5-141}$$

在变换倍率的投影系统中，为避免视场亮度随倍率的变化引起观察者不舒适，应使各物镜的数值孔径与其倍率相适应。例如对一组 $10^{\times}$，$20^{\times}$，$50^{\times}$，$100^{\times}$ 的投影物镜，其数值孔径依次为 0.02，0.04，0.10，0.20，则变换倍率后，视场亮度不变。

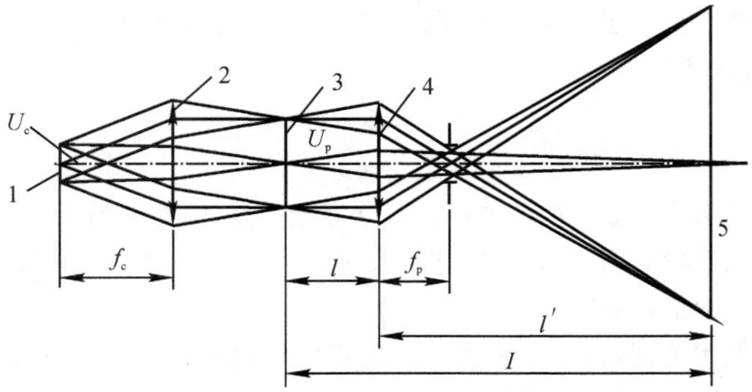

图 5-64　投影系统光路

1— 光源；2— 聚光镜；3— 工件；4— 投影物镜；5— 屏

3）工作距离。为增加仪器的使用范围，物镜的工作距离应该长一些，但工作距离加长的同时会导致共轭距变长，其关系为

$$L=(\beta-1)l$$

式中　l—— 工作距离；

β—— 投影物镜放大率。

对低倍物镜，工作距离一般不成问题；当倍数稍高时，采用反远距型物镜可满足工作距离的要求；但对高倍物镜用反远距型物镜仍达不到要求，而且这时共轭距由于工作距离变长而增大的问题变得很严重。采用如图 5-65 所示的结构能很好地解决这一问题，图中 2 为前置镜，它将物体 1 成一中间像 3，然后再经投影物镜 4 将中间像 3 投射于屏 5 上。这时实际的工作距离是 1 至 2 的距离 l，投影物镜 4 的工作距离虽小并不碍工作，且对高倍物镜来说，其总长度 L 也不至过长。为减小 4 的口径，在 3 处可放一场镜。另外 3 处还可以放分划板，投影物镜 4 将分划板上的刻线及中间像 3 同时投影于屏 5 上。前置镜往往设计成 $-1^{\times}$，即使这样，由于像质要求很高，其设计也很复杂。

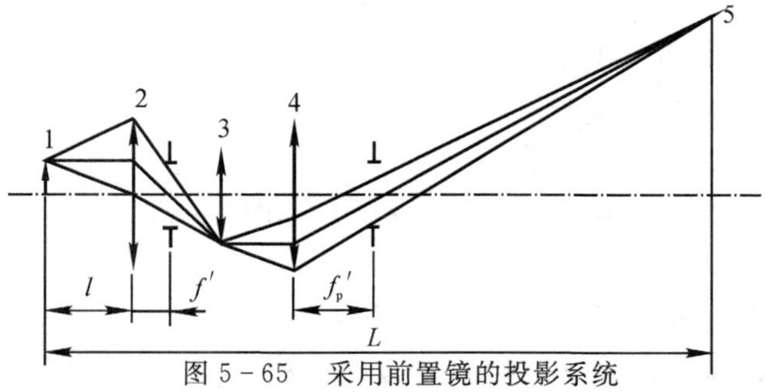

图 5-65　采用前置镜的投影系统

4）像差。用于计量工作的投影物镜一般孔径不大，视场中等，但对像质要求较高。除了要对球差、色差、彗差以及像散和场曲校正外，还要特别对畸变进行校正，因为它直接影响测量精

度。例如残留 0.05% 的畸变，对 $\Phi 50$ 的零件可造成 $50\times 0.05\%=0.025$ mm 的误差。允许残留的畸变量应根据仪器的精度计算出来。如果系统中采用了如图 5-65 所示的前置镜，并在中间像处还放置了分划板，这时分划板与中间像同时被投影物镜放大进行比较测量，则对投影物镜的畸变没有特殊要求，但对前置镜的畸变要求仍是很严格的。至于球差、色差、彗差……，它们只是使像模糊而与测量误差无直接关系，因而在第一机械工业部的标准中只规定了综合性的指标 —— 物镜的分辨率。例如对 $100^{\times}$ 物镜，标准中规定视场的中心区的分辨率不应小于270 线对/mm。

放大率误差与畸变一样是直接影响测量结果的，采用物方远心光路可以避免调焦不当造成的误差。当投影屏安装位置不正确，则引起放大率误差。设其偏离正确位置 Δx，放大率误差 $\delta\beta$ 为

$$\delta\beta=\Delta x'/f$$

式中，f 为投影物镜焦距。

相对误差为

$$\frac{\delta\beta}{\beta}=(\Delta x'/f)/(x'/f)=\Delta x/x'=\Delta x'/(l'-f') \tag{5-142}$$

式中，l' 为投影物镜的像距。

根据允许的放大率误差，即可由式(5-142) 算出屏的调整精度。

在装调中若投影屏不垂直于光轴，会造成屏的两端的放大率不同，因此还应根据允许放大率误差来计算屏对光轴的不垂直度允差。

当投影物镜的共轭距较长时，为使仪器结构紧凑，往往用反射镜将光路转折。但反射镜的不平面度将加倍地影响成像波面，使像质变坏，因此离开屏幕愈远的反射镜，其平面度要求愈高。

若将物体的像投射于照相底片上，则为摄影系统，这时应按摄影的要求及底片性质来考虑系统的参数及像质。若将物信号投射于光电元件，则为接收系统，这时往往对系统的要求很低，只要传递足够的光能，因此简单的光学系统就可满足要求，系统的参数一般满足结构上的要求即可。

4. 望远系统参数的确定

在光学仪器中，望远系统主要用于自准直仪中，其原理如图 5-66 所示。光源 1 通过颜色滤光片 2 和照明指示分划板 3，且与测量分划板 8 对称于立方棱镜 9 的析光面，都处在准直物镜 10 的焦面上，因此指示分划板 3 上的十字标志经准直物镜成像于无穷远处，当平面反射镜 11 与准直物镜的光轴垂直时，光线从原路反射回来，将十字标志成像于分划板 8 的中心。若反射镜 11 与光轴不垂直，则十字标志的像偏离 8 的中心，其偏离量即反映了反射镜面与光轴的不垂直度。现讨论如何从使用要求 —— 测量精度、测量范围、测量距离等来决定准直物镜的主要参数：焦距、孔径及视场。

(1) 焦距(f') 的确定。当测量精度不高时($<1'$)，往往通过目镜直接在分划板 8 上读数及估读。设分划板上的分划值(ϕ'') 为 $1'$。为保证估读精度，刻划间隔的视见值应为 1 ~ 2.5 mm，即

$$f'\phi''\Gamma_{oc}/(2\times 10^5)=1\sim 2.5\ \text{mm} \tag{5-143}$$

式中，Γ_{oc} 为目镜的视放大率。

例如，当 $\phi''=60''$，$\Gamma_{oc}=10^{\times}$，视见刻划间隔为 1 mm，则焦距为

$$f'=1\times2\times10^{5}/\phi''\Gamma_{oc}=1\times2\times10^{5}/(60\times10)=333\ \text{mm}$$

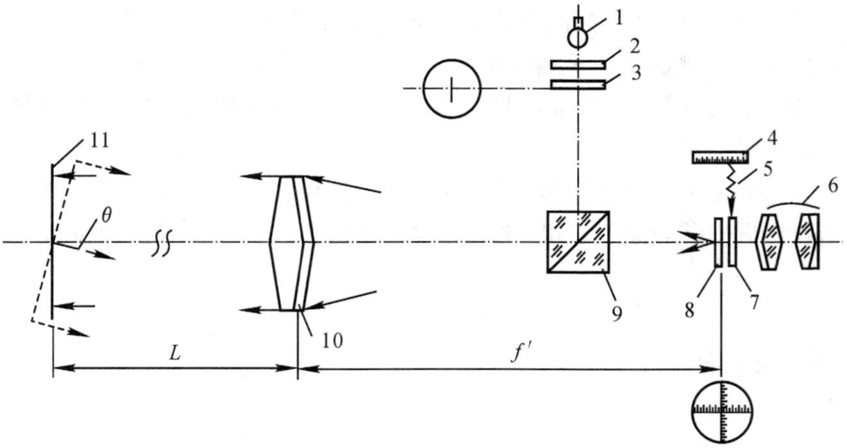

图 5-66　自准直仪

若要测到 1″ 或 0.1″，仍采用上述方法，则按式(5-143) 求得的焦距会长达数十米甚至 100m 以上，显然这是不合理的。若将分划板 2 的格值加大，用另外的方法加以细分，例如用读数鼓 4 通过精密丝杆 5(见图 5-66) 移动分划板 7 来进行瞄准，则可从读数鼓 4 上读出细分值。设读数鼓上等分为 100 格，每格相当于 1″，读数鼓转一圈，丝杆将分划板推移一个螺距 —— 0.2 mm，则

$$f'\times100''/(2\times10^{5})=0.2$$

$$f'=400\ \text{mm}$$

焦距太长使用很不方便，可在物镜与分划板间加入反射镜将光路转折以简化仪器结构。

(2) 相对视径。在一般观察用的望远系统中，为看清远处目标，应从分辨率及目标的主观亮度要求出发来考虑物镜的相对孔径。对于瞄准用的望远系统，则应按瞄准精度来考虑相对孔径。在自准直仪中，不论物镜焦距长短，反射回来的像都与原物一样大，但要对像进行瞄准，因此要求像很清晰。增大望远物镜的孔径会给校正像差带来困难。双胶合望远物镜在各种焦距时允许的最大相对孔径如表 5-12 所示。

表 5-12　双胶合物镜的相对孔径

焦距 /mm	50	100	150	200	300	500	1 000	1 500	2 000
相对孔径	1∶3	1∶3.5	1∶4	1∶5	1∶5.6	1∶8	1∶10	1∶14	1∶16

在自准直仪中，物镜的相对孔径还与仪器的工作距离有关，在图 5-28 中，若 $D=L\cdot\theta''\times10^{-5}$(式中 θ'' 为仪器的测量范围的一半)，则当接近测量范围极限值时，几乎没有光线返回物镜。在考虑物镜口径时，一般在测量范围的极限值时，有一半以上的光线能反射回物镜。

(3) 视场。仪器的测量范围($\pm\theta''$) 即为准直物镜的视场。分划板就是系统的视场光阑，其直径等于 $2\theta''f'/(2\times10^{5})$。一般物镜的视场很小，不大于 $\pm1°$。

(4) 像差。由于望远物镜的视场很小，相对孔径也不大，因此只要校正球差、彗差和色差即可。对于测折射率用的测角仪，其上的自准直物镜还应消除二级光谱。

5. 照明系统

(1) 照明系统的要求。对非自发光物体进行观测，必须进行人工照明，不同的使用目的有不同的照明要求。一般照明系统应满足：

1) 保证被照明物面有足够的照度，在大屏幕的投影系统中，这个问题特别突出；

2) 被照明视场应足够大且均匀；

3) 被测零件上被照明各点发出的光束应能充满成像光学系统的全部孔径，即照明系统的孔径角应大于或等于成像系统物方的孔径角；

4) 当成像系统用远心光路时，照明系统也应是远必照明，即用平行光照明；

5) 尽可能减少杂光，在光电接收系统中，这点特别重要，它会降低像的对比度，形成噪声；

6) 符合结构布局及尺寸的要求，例如使光源远离仪器主体，以减少光源温度对仪器的影响。

在设计照明系统时，要遵循以下两个原则：

1) 光孔转接原则。照明系统的光瞳应与接收系统的光瞳统一，若照明系统的入瞳定在光源上，则其出瞳(即光源的像) 应与后部接收系统的入瞳重合。在图 5-67 所示中，AP 表示入瞳，EP 表示出瞳，在图 5-67(a) 中表示，前后系统的光瞳重合，前一系统出射的光流全部进入后一系统；而图 5-67(b) 则表示为前、后系统不重合的情形，这时前一系统出射的光只有部分进入后一系统，不仅光能损失还会造成杂光。

2) 光源和照明系统所组成光管的拉格朗日不变量(j) 应等于或稍大于接收系统的拉格朗日不变量。这时，即使照明系统的像差较大，也能保证被测件得到充分的照明。

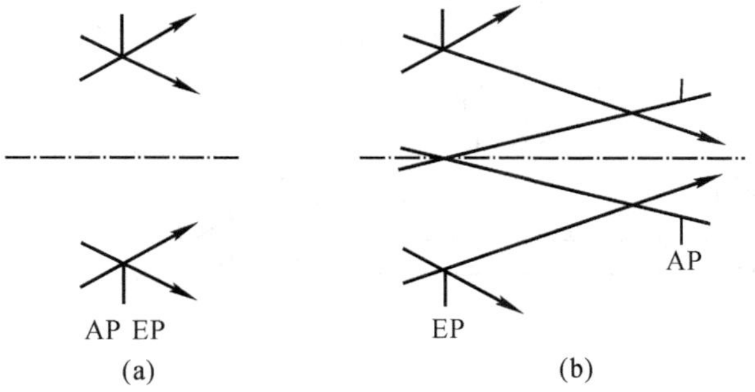

图 5-67　光孔转接

(2) 照明方式及其结构尺寸。常用的照明方式有：

1) 直接照明。最简单的照明方式就是直接用光源去照射被测件表面。为使照明均匀，光源面积应大些。为充分利用光能，还可加反射镜。反射镜表面涂以冷光膜，使有害的红外光透过而反射出需要的光谱。有时还可插入一块毛玻璃使视场均匀，如图5-68所示。从图中可以看出，毛玻璃 2 至光源 1 的距离 a 愈小，则光源上每点射向毛玻璃的立体角 ω 就愈大，光能利用率也愈高。毛玻璃 2 至被测件 AB 的距离 b 视结构要求而定，一般 b 较小，这样被照明的面积可大些。毛玻璃的口径 D_2 应保证照明全视场，并以全孔径($2u$) 工作。即

$$D_2 = D_1 + 2bu \tag{5-144}$$

式中，D_1 为被测件 AB 的最大尺寸。

这种照明方式简单，视场较均匀且结构紧凑。但毛玻璃的散射使光能利用率不高，还伴有杂光(见图5-68中的虚线)，只用于对光能要求不高的目视系统。有时甚至省去光源而用反射

镜反射自然光来进行照明。

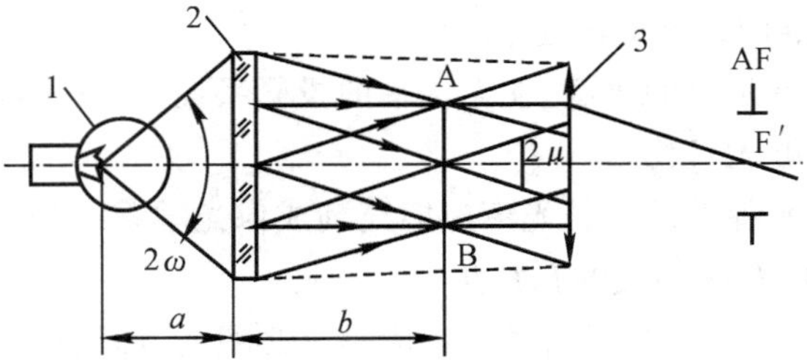

图 5-68　用毛玻璃直接照明

1— 光源；2— 毛玻璃；3— 成像物镜

2）临界照明。聚光镜将光源成像于被照明物平面或其附近的照明方式称临界照明。这种方式比直接照明更能充分利用光源。图 5-69(a) 所示是最原始的临界照明。聚光镜 L 将灯丝 S 的像 S′ 成于物面 AB 上，在 L 的前焦面 F 处置一孔径光阑 AP 以形成远心照明。

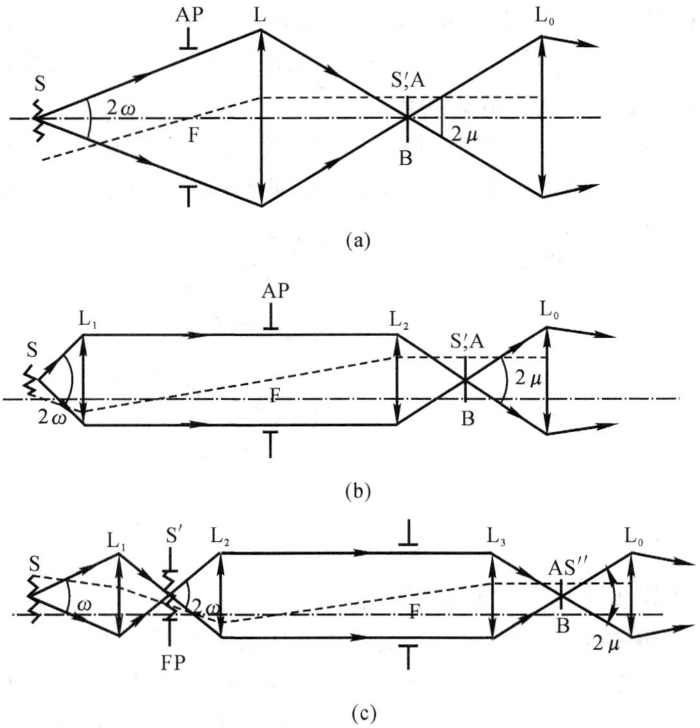

图 5-69　临界照明

若结构上要求光源与物面有较长的距离，可将聚光镜一分为二，如图 5-69(b) 所示。通常将近光源的一只称为集光镜 L_1，近物面的一只称为聚光镜 L_2，孔径光阑 AP 放在 L_2 的前焦面上以形成远心照明。

当要求照明视场的大小能够调节以适应成像物镜 L_0 变换后的视场时，则应采用可变视场光阑，在灯丝处由于受玻璃井壳的限制不能安罩光阑，可再加一集光镜 L_1（见图 5-69(c)），L_1 将 S 成像于 S′，在 S′ 处就可安置可变视场光阑 FP，后面部分则与图 5-69(b) 所示相同。在 S′

处不受玻璃外壳的限制，孔径角 $2\omega'$ 可以比 2ω 大。

这类聚光镜系统的参数决定原则是：集光镜的口径和焦距应保证照明系统的数值孔径，聚光镜的像方孔径角应满足成像物镜孔径的需要，再加上使用上的要求和结构布局上的考虑，根据图 5－69 就不难计算出其具体尺寸。

临界照明的优点是，比较简单且能有较大的孔径角，缺点是：在视场中可看到灯丝的像，造成像面混乱，而且照明不均匀。

3）柯勒(Kohler)照明。在图 5－70(a) 中，聚光镜 2 将发光面(灯丝 1) 成像于成像系统 3 的入瞳上(图中的入瞳就在成像镜头 3 上)，则进入聚光系统的光能就可以全部进入成像系统，光能得到充分利用；同时灯丝的像远离物面 AB，在视场中不出现灯丝像，因而照明均匀。这种照明方式称为柯勒照明，是一种较完善的照明型式，在计量仪器中应用较多。

若成像系统是远心光路，则应将灯丝 1 放在聚光镜 2 的前焦面上，形成远心照明，以满足前后系统光瞳的转接，如图 5－70(b) 所示。从图中可以看出，物体只有放在阴影线部分内才能获得均匀照明，并且愈靠近聚光镜 2，能获得均匀照明的面积愈大。聚光镜的横向尺寸 D_2 决定于被测物体的尺寸(2η)、物体的位置($H_{\max}$) 以及成像系统的孔径角($2u$)。其关系为

$$D_2 = 2\eta + 2H_{\max} \cdot u \tag{5-145}$$

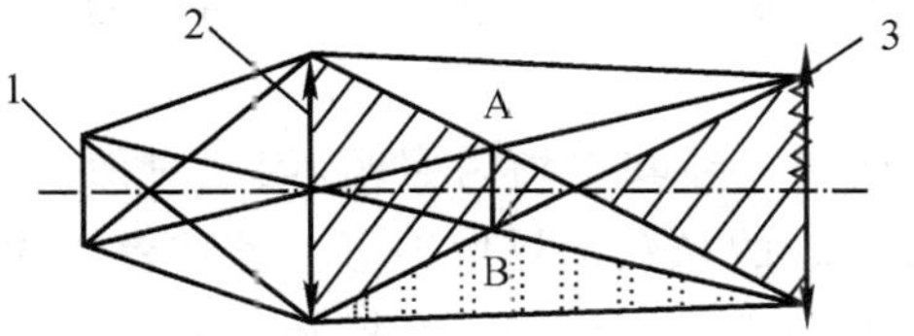

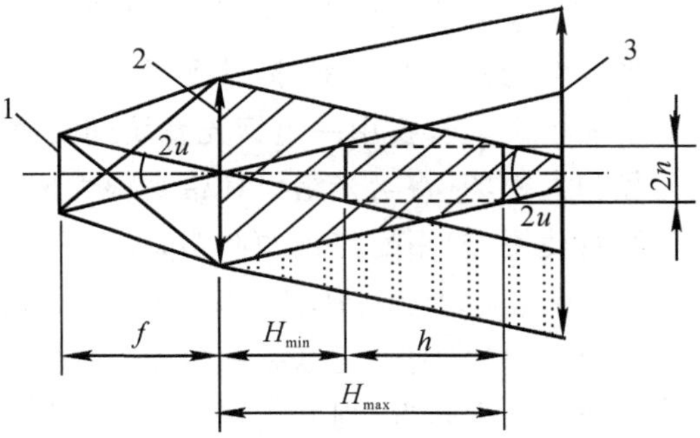

图 5－70　柯勒照明

至于对聚光镜的焦距(f') 的要求应这样考虑：

1）能满足结构尺寸的要求，并将灯丝成像于成像系统的入瞳上；

2）焦距短，则聚光镜的孔径角大，光源的光能利用率高；

3）相对孔径 D_2/f' 大，像差亦增大，将使光组变得复杂。

权衡这几方面的考虑，利用物像公式就很容易算出聚光镜的焦距。

图 5－70 所示的照明方式的缺点是：尚有部分无用的光束进入成像系统，见图中黑点部分，既损失了光能又降低了像的衬度。若按图 5－71 所示增加一组聚光镜片；即光源 1 经集光镜 2 成像于聚光镜 3 的前焦面 F_3 上，然后光线经 3 平行地投射出，形成远心照明。同时 3 又将 2 的像成于物面 AB 上，即将 2 的外框作为系统的视场光阑。系统的孔径光栏放在 F_3 处。从图 5－71 所示可以看出：光源上每点发出的光线都同时均匀地照明物面 AB，而物面上每一点都会聚了光源上每点发出的光线，因此照明是均匀的，也没有多余的光束进入成像系统进行干扰。这就是二组式柯勒照明。集光镜 2 处是系统的视场光阑，F_3 处是系统的孔径光阑，因此在 2 的附近及

F_3 处均可安置可变光阑。改变2处视场光阑FP的大小，照明视场即随之变化；调节 F_3 处孔径光阑 AP，就改变进入系统的光能，视场随之亮暗。

为减小聚光镜 3 的横向尺寸，可以在 F_3 处放一场镜 5，这就变成三组式柯勒照明。

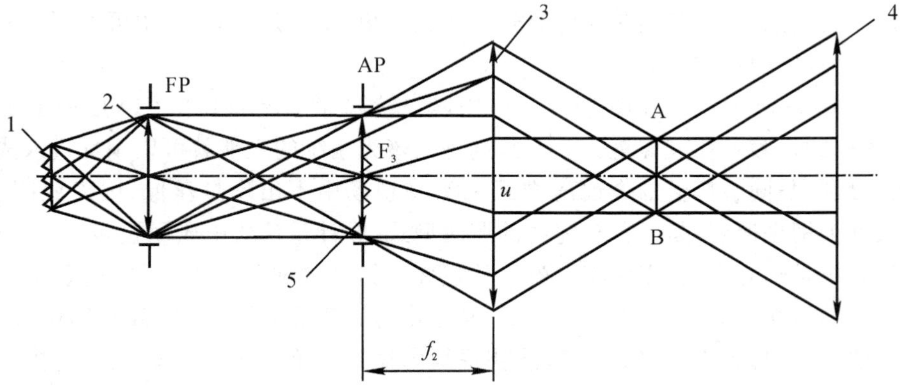

图 5－71　二组式柯勒照明

根据成像光组 4 的孔径角($2u$)、视场的大小、光源尺寸以及总体布局上的结构尺寸要求，按图 5－71 即可算出聚光系统各光组的焦距及口径。

当成像物镜变换倍率时，其孔径和视场亦随之变化，倍数高时，孔径大视场小；倍数低时，孔径小视场大。若要用一组聚光系统同时满足各种倍率的成像物镜，则这组聚光镜势必成为大孔径和大视场，将给光组设计带来很大困难。因此通常采用多组聚光镜与各种倍率的成像物镜配对使用，或用变焦距的照明系统。

(3) 照明系统像差要求。一般照明系统只要求物面和光瞳获得均匀照明，因此对像差要求不高，只需粗略地校正球差和色差，使两个光阑能成清晰的光孔边界像即可。若球差太大，灯丝成像到物面附近，则可能在视场中看见灯丝像，使照明变得不均匀。在柯勒照明中，由于要求出射光线严格平行，因此对像差的要求要严格些。一般每单片薄透镜可负担 0.2 左右的偏角，可根据总偏角来选取必要的片数，然后指使各片处于球差最小状态。为简化结构，还可以使用非球面。对于色差，一般选用低色散玻璃即可。另外，对接近于大功率光源的镜片，选料时还要注意其物理、机械性能。照明系统中有时应加隔热玻璃以减小光源的高温对整个系统的影响

四、基于光电探测方式的光学系统参数的确定

由于光电仪器中采用的探测器种类不同，仪器中的光学参数确定方法也不同。目前应用最多的是采用光电探测，因此下面讨论在这种情况下光学参效的确定。 用光电探测器接收光能时，光学系统的参数根据探测器的噪声等效功率 NEP 确定，而以人眼作为接收器时，光学系绕参数则根据人眼的分辨率确定。

1. 入瞳直径的计算

考虑图5－72所示的光电系统。光源1的辐射能量通过介质和光学系统射到探测器2上。某些光学系统中设置滤光片 3，用以改变射到探测器上的光谱成分。在光电系统中，要使系统正常工作，光学系统的作业应使探测器对特定光源的辐射通量的响应至少等于 i_{min}，i_{min} 与所用探测器的噪声等效功能有关，即

$$i_{\min} \geqslant k\mathrm{NEP} \tag{5-146}$$

式中，$k \geqslant 1$。

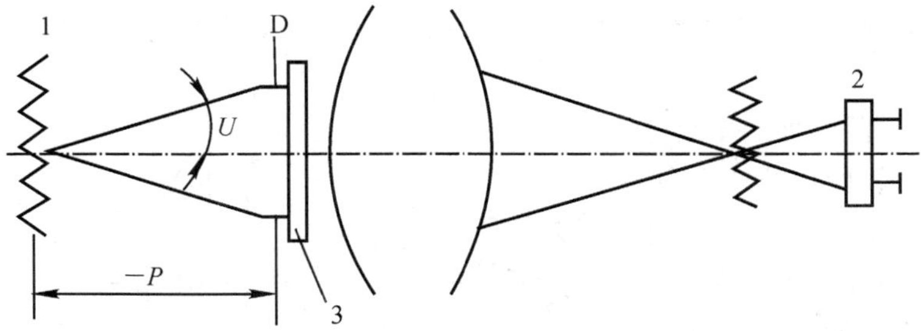

图 5-72　光电系统

如果光源位于光轴上且向各个方向的辐射亮度 L_e 相同，通过光学系统入瞳进入系统的辐射通量

$$\Phi_e = \tau_a \pi L_e \sin^2 U A_e \tag{5-147}$$

式中，τ_a 是光源入瞳间透过率；U 是在物空间的数值孔径；A_e 是光源面积。

如果滤光片的透过率为 τ_r，光学系统的透过率为 τ_s，则进入光学系统后的辐射通量，在不存在渐晕的情况下为

$$\Phi'_e = \tau_e \tau_s \Phi_e = \tau_a \tau_r \tau_s \pi L_e \sin^2 U A_e$$

假设所有辐射通量 Φ'_e 到达具有相应度 R 的探测器的阈值响应度为

$$i_{\min} = R\Phi_e = \tau_a \tau_r \tau_s \pi L_e \sin^2 U A_e R$$

则物方孔径角为

$$U = \arcsin\left[i_{\min}/(\tau_a \tau_r \tau_s \pi L_e A_e R)\right]^{\frac{1}{2}} \tag{5-148}$$

系统入瞳为

$$D = 2P\tan U \tag{5-149}$$

2. 探测器位于像面上的结构

光电探测器的灵敏面位于像平面上或其附近的结构是最常见的一种光电系统。设计这种系统的方法如下：由于技术缺陷的原因，光电探测器的灵敏面的响应度并不是处处相同，因此要使整个系统性能稳定，要求光源的像尽可能和灵敏面大小相同，位置一致；另一方面，为有效的利用光能，应使光学系统中的入瞳不产生光晕。

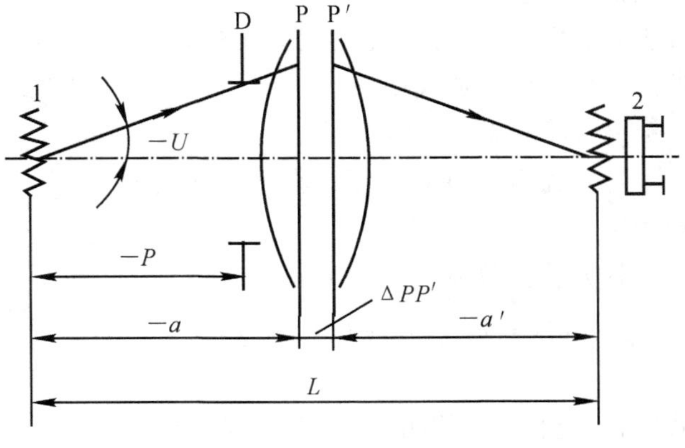

图 5-73　光源位于无限远的光电系统

(1) 光源位于有限距离的单组透镜系统。如图 5-73 所示光源 1 的面积 A_e 和 L_e，探测器 2 的响应度 R，灵敏面面积 A_d 和最小响应 $i_{\min}$，光学系统的透过率 τ_s，则物方空间的孔径角为

$$\sin U = \left[i_{\min}/(\tau_s \pi L_e A_e R)\right]^2 \tag{5-150}$$

式(5-150)成立的条件是光学系统没有渐晕，没有使用滤光片，光源距物较近，即 $\tau_a = 1$。

适当选择系统放大率以使成像与探测器的尺寸匹配。如果光源是 $b \times c$ 的矩形，探测器光

敏是直径为 d_d 的圆，光学系统的放大率应是

$$\beta=-d_d/(b_2+c^2)^{\frac{1}{2}} \tag{5-151}$$

光学系统的结构形式取决于数值孔径 $2U$，如果 $2U\leqslant 60°$ 则选用透镜；$2U\leqslant 90°$ 时应采用三透镜。

(2) 光源位于无限远处的单组透镜系统。在图 5-74 所示的结构中，探测器位于系统后面焦平面上。如果光源 1 对前主点的最大张角是 2ω，那么它在后焦平面上像的尺寸是 $d'_e=2f'\tan\omega$，像的大小与探测器敏感面相符，即 $d'_e=d_d$，因此系统的焦距应是 $f'=d_d/(2\tan\omega)$。

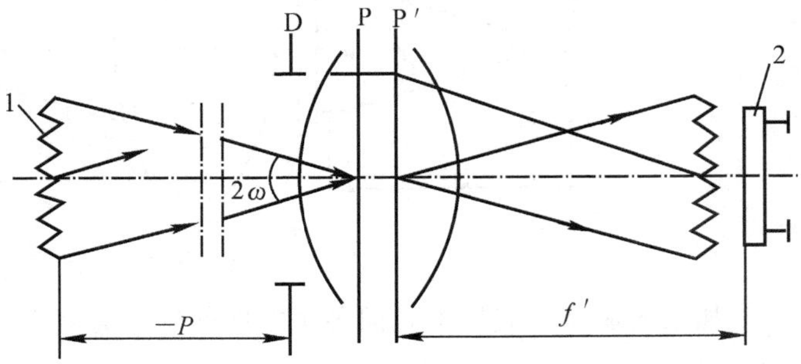

图 5-74　光源位于无限远的光电系统

如果光源的像比探测器的灵敏面小得多，那么探测器应远离焦平面。在光源和探测器确定后，物方孔径角和入瞳直径的由式(5-148) 确定。对于光源位于无限远的情形，$|p|\geqslant D$，则 $\sin U=\tan U$，因此

$$D=2P\sin U=2P\left[i_{\min}/(\tau_a\tau_r\tau_s\pi L_eA_eR)\right]^{\frac{1}{2}} \tag{5-152}$$

无限远物体的尺寸的张角为 2ω，则光源面积是 $A_e=\pi p^2\omega^2$，代入式(5-152) 则入瞳直径为

$$D=(2/\pi\omega)\left[i_{\min}/(\tau_a\tau_r\tau_sL_eR)\right]^{\frac{1}{2}} \tag{5-153}$$

(3) 筒长无限远的光学系统。该系统由前后两组透镜组成，光源 1 位于前组透镜的前焦平面上，探测器位于后组透镜焦平面上，用薄透镜表示每组透镜，如图 5-75 所示。则系统的放大率为

$$\beta=-f'_2-f'_1 \tag{5-154}$$

选定光源和探测器后，系统的放大率便确定了。

物方孔径角为

$$\sin U=\left[i_{\min}/(\tau_s\pi L_eA_eR)\right]^{\frac{1}{2}} \tag{5-155}$$

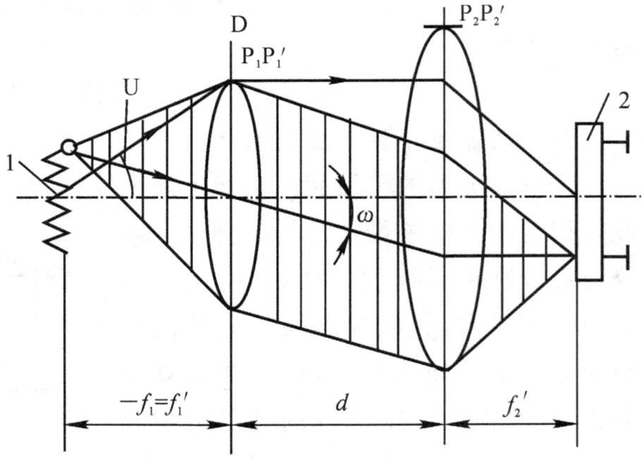

图 5-75　筒长的无限远的光电系统

式中，τ_s 是两透镜组的透过率。则前组透镜的口径为

$$D=2f'_1\sin U \tag{5-156}$$

如果光源是 $b\times c$ 的矩形，则

$$\tan\omega=(b^2+c^2)^{\frac{1}{2}}/2f'_1$$

两组透镜的间距为 d，在不发生渐晕情况下，后租透镜的口径为

$$D_2=D_1+2d\tan w$$

如果 d 较大，D_2 是相当大的，一定的渐晕是不可避免的。

在存在渐晕的情况下，分离较远的透镜系统设计方法如下：光源 1 和前组透镜视为探照灯，其辐射强度为

$$I_{es}=\tau_{s1}I_e(D'_1/d_s)^2$$

式中，τ_{s1} 是前组透镜透过率；I_e 是光源的辐射强度；d_s 是光源的直径；D_1 是前组透镜的口径。

如果两组透镜的间距 P 大于光速形成的临界距离，则在后组透镜入瞳处的辐射能为

$$E_e=\tau_a I_{es}/p^2$$

式中，τ_a 是距离 P 上的透过率，若后组透镜的口径为 D_2，则进入后组透镜的辐射通量为

$$\Phi_e=E_e\pi D_2^2/4$$

到达探测器 2 的辐射通量为

$$\Phi'_e=\tau_{s2}\Phi_e$$

式中，τ_{s2} 是后组透镜的透过率。在后组透镜后焦平面上的探测器的信号(响应）为

$$i=R\Phi'_e$$

3. 光源像大于探测器的结构

光电仪器中的光学系统不在渐晕及像的大小和探测器敏感面面积相同时，通过系统入瞳进入的光通量全部射到探测器的敏感面上，适当地选择光学系统的放大率和焦距便可实现第二个条件。然而在实际设计时光学系统的放大率及焦距不能满足设计要求，在这种情况下，通过入瞳进入的光通量不能全部由探测器接收，因而上述导出的入瞳表达式无效。

当光源像大于探测器光敏的尺寸时，从像空间开始设计光学系统是合理的。

光源在探测器敏感面上的照度为

$$E'_e=\tau_a\tau_r\tau_s\pi L_e\sin^2U'$$

式中，L_e 为物方辐亮度。因为光源像大于探测器，则射到探测器上的辐射通量为

$$\Phi'_e=E'_eA_d=\tau_a\tau_r\tau_s\pi L_e\sin^2U'A_d$$

式中，A_d 是探测器的灵敏面面积。探测器的输出信号为

$$i_{min}=R\Phi'_e$$

根据上述二式，像方孔径角为

$$\sin U'=[i_{min}/(\tau_a\tau_r\tau_s\pi L_eA_dR)]^{\frac{1}{2}} \tag{5-157}$$

如果光源位于无限远，则 $\sin U'=D/2f'$，可得

$$D/f'=[i_{min}/(\tau_a\tau_r\tau_s\pi L_eA_dR)]^{\frac{1}{2}} \tag{5-158}$$

式(5-1)和式(5-12)也可应用于光源恰好和探测器灵敏面尺寸匹配的情况。显然，此种情况下，探测器的面积由辐射源的像面积 A'_e 代替，则

$$\sin U'=[i_{min}/(\tau_a\tau_r\tau_s\pi L_eA'_eR)]^{\frac{1}{2}}$$

上式即为公式(5-4)中等号右边部分，当光源位于无限远时

$$D/f'=2[i_{min}/(\tau_a\tau_r\tau_s\pi L_eA'_eR)]^{\frac{1}{2}} \tag{5-159}$$

4. 探测器位于出瞳上的结构

在某些应用中发现，即使对均匀的探测器表面，其上的响应并不均匀。在这种情况下，不能采用探测器在像平面附近的情况来解决，因为在探测器上像的微小移动会产生不稳定的响应。这种缺陷可以通过将探测器安放在光学系统的入瞳处来改善。在无渐晕情况下，出瞳平面上存

在均匀的辐射照度，因此无论光源位于何处均可使探测器接收均匀的辐射。

把探测器安置在出瞳面上的最简单的光学系统必须有两组透镜，由单透镜构成的该种系统如图 5-76 所示。前组透镜将光源成像于视场光阑上，在物方空间，光源的视场角为 2ω。后组透镜将前组透镜成像于系统在的出瞳面上，即探测器的敏感面上。

同其他结构一样，该系统在设计时，应首先选定所使用的光源和探测器。如果光源位于有限距离上，则物方孔径角由式(5-148)确定。

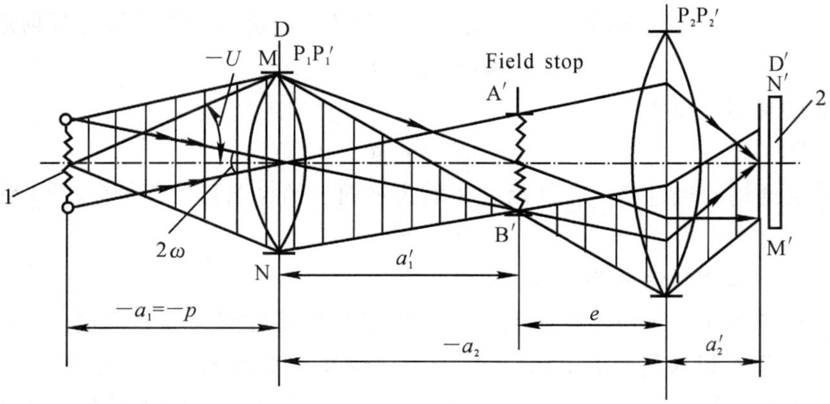

图 5-76　探测器位于出瞳面的结构

第6章　激光在精密测量中的应用

6.1　激光的新颖特点

激光器是 20 世纪 60 年代初期出现的一种新型光源，激光就是从激光器发射出的光，激光(Laser)这个词是英语 Light Amplification by Stimulated Emission of Radiation 的词头缩写，意思是辐射的受激发射光放大。本章将首先介绍激光的基本特征，然后介绍激光原理的几个主要部分：光和物体的相互作用；光谱线的宽度；光学谐振腔以及介质的增益作用等。

激光与普通光不同，它具有亮度高，方向性、单色性和相干性好等特性，这些特性是普通光不能实现的。

一、激光的方向性以及高亮度

任何一个光源总有一个发光面，并通过发光面向外发光，如日光灯，它的发光面是涂有荧光物质的玻璃管，而接电源的两个端面并不能向外发光，如图 6-1(a)所示。光线是直线传播的，因此可用发光面上的每一个点向光发散方向画出的直线来代表该点发出的光线。

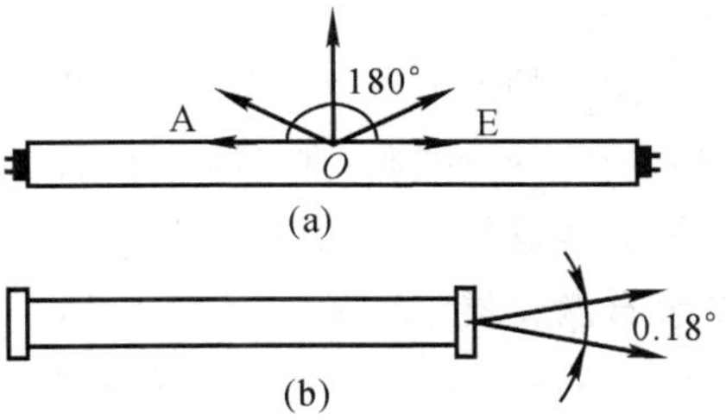

图 6-1　光源发光

(a)日光灯管上每一点在 180°内发光；

(b)激光器能定向发光

显然，这样的光线可以画出无穷多，在无穷多的光线中，两光线之间的最大夹角称为该光源发出光的发散角 2θ。如图 6-1(a)中的 OA 与 OE 之间的夹角最大，为 180°，所以日光灯发出的光的发散角 $2\theta=180°$。而激光器则不同，它的发光面仅仅是一个端面上的圆环斑，如一般的氦氖激光器，这一光斑的半径仅十分之几毫米。其次，激光器通过这一光斑向外发出的光，其发散角 2θ 约为 0.18°，仅为毫弧度数量级。

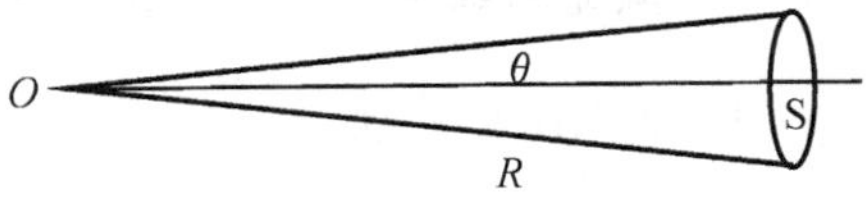

图 6-2　激光束在空间传播示意图

激光束是在空间传播的圆锥光束，如图 6-2 所示。可用立体角表示光束发射的情况。

面积为 S 的一块球面对 O 点的立体角 ω，等于这块面积 S 与球半径 R 的平方之比。即

$$\omega=\frac{S}{R^2}$$

而当 θ 很小时，其立体角为

$$\omega=\frac{\pi(\theta R)^2}{R^2}=\pi\theta^2$$

当 $\theta=10^{-3}$ 弧度时，$\omega=\pi\times10^{-6}$。

这就是说，一般的激光器只向着数量级约为 10^{-6} 的立体角范围内输出激光光束。这与普通光源朝着空间各个可能的方向发光的情况很不相同。由此可见，激光的方向性比普通光源发出的光要好得多。

一个发光面积为 ΔS 的光源，在时间 Δt 内向着法线方向上的立体角 $\Delta\omega$ 范围内发射的辐射能量为 ΔE，则光源表面在该方向上的辐射亮度 B 可表示为

$$B=\frac{\Delta E}{\Delta S\Delta\omega\Delta t} \tag{6-1}$$

式(6-1)表示，B 等于单位面积的光源表面在其法线方向上的单位立体角范围内输出的辐射功率。其单位是瓦/(米^2·球面度)，符号表示为 w/(m^2·sr)。

应该指出，这里所讲的辐射亮度 B 与人眼对不同波长的感光灵敏度无关，因此亮度很高的红外激光虽然肉眼看不见，但可用来切割金属。

由式(6-1)可以看出，在其他条件不变的情况下，光束的立体角 $\Delta\omega$ 越小，亮度 B 越高；发光时间 Δt 越短，亮度 B 也就越高。

一般的激光光束的立体角 $\Delta\omega$ 可小至 10^{-6} 的数量级，而普通光源发光的立体角要比前者大百万倍上下。因此，即使两者在单位面积上的辐射功率相差不大，激光的亮度也比普通光的亮度高数百万倍。

激光的发光时间很短，光输出功率可以很高。例如，红宝石激光器发一次激光的时间 Δt 约为 10^{-4} s。因此，在 Δt 的时间内输出辐射能量 1 J，其功率可高达 10^4 W。若进一步把一定的辐射能量压缩在很短的时间内突然发射出去，还能大大提高输出功率。例如，一台调 Q 的红宝石激光器，每 1cm^2 的输出功率达 10^9 W，发散角 2θ 约为几个毫弧度，则其亮度 B 可达 10^{14} W/(m^2·sr)，它比普通光源中以亮度著称的高压脉冲氙灯的亮度还要高几十亿倍。目前能使激光器发出 $\Delta t=10^{-13}$ s 数量级的超脉冲，峰值功率已超过 17×10^{12} W，其亮度 B 则更高了。

总之，正是由于激光能量在空间和时间上的高度集中，才使得激光具有普通光所达不到的高亮度。

二、激光的单色性和时间相干性

1. 激光的单色性

同一种原子从一个高能级 E_2 跃迁到另一个低能级 E_1 总要发出一条频率为 ν 的光谱线，其频率为

$$\nu=\frac{E_2-E_1}{h}$$

式中，h 为普朗克常数。实际上，光谱线的频率并不是单一的，总有一定的频率宽度 $\Delta\nu$，这是由于原子的激发态总有一定的能级宽度以及其他种种原因引起的。

在图 6-3 中，曲线 $f(\nu)$ 表示一条光谱线内光的相对强度按频率 ν 分布的情况。$f(\nu)$ 称为光谱线的线型函数。不同的光谱线可以有不同形式的 $f(\nu)$。

令 ν_0 为光谱线的中心频率，当 $\nu=\nu_0$ 时，$f(\nu)$ 为极大值，即 $f_{max}(\nu)$。通常以 $f(\nu)=\frac{1}{2}f_{max}(\nu)$ 时，对应的两个频率 ν_2 与 ν_1 之差的绝对值作为光谱线的频率宽度 $\Delta\nu$，即 $\Delta\nu=|\nu_2-\nu_1|$。与这个频率宽度相对应，光谱线也有一个波长宽度 $\Delta\lambda$。利用微商计算，可求出 $\Delta\lambda$ 和 $\Delta\nu$ 的关系。

已知

$$\lambda=\frac{c}{\nu}$$

$$d\lambda=-\frac{c}{\nu^2}d\nu$$

即

$$\frac{d\lambda}{\lambda}=-\frac{d\nu}{\nu}$$

上式的负号表示频率 ν 增加时波长 λ 将减小，即 $d\lambda$ 和 $d\nu$ 的符号相反，二者取绝对值为

$$\frac{|d\lambda|}{\lambda}=\frac{|d\nu|}{\nu}$$

因为 $\Delta\nu\ll\nu$，$\Delta\lambda\ll\lambda$，并且 $\Delta\nu$ 和 $\Delta\lambda$ 均为正值，所以可用 $\Delta\nu$ 和 $\Delta\lambda$ 分别代替上式中的 $|d\nu|$ 和 $|d\lambda|$，结果得出

$$\frac{\Delta\lambda}{\lambda}=\frac{\Delta\nu}{\nu} \tag{6-2}$$

由此可见，对于一条光谱线来说，若已知 $\Delta\nu$，则可由上式求出 $\Delta\lambda$，反之亦然。

一般地说，宽度 $\Delta\nu$ 和 $\Delta\lambda$ 越窄，光的单色性就越好。例如，在普通光源中，同位素 ^{86}Kr 灯发出的波长 $\lambda=6.057\times10^{-7}$ m 的光线。在低温条件下，其宽度 $\Delta\lambda=4.7\times10^{-13}$ m。而单模稳频氦氖激光器发出的波长 $\lambda=6.328\times10^{-7}$ m 的激光，其 $\Delta\lambda<10^{-17}$ m。

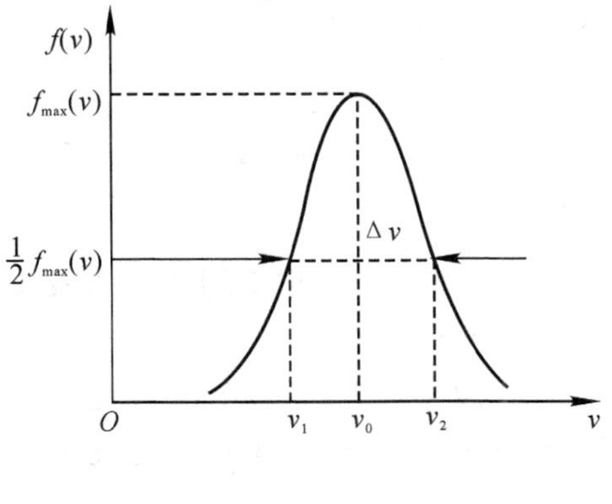

图 6-3　光的相对强度按频率 ν 的分布曲线

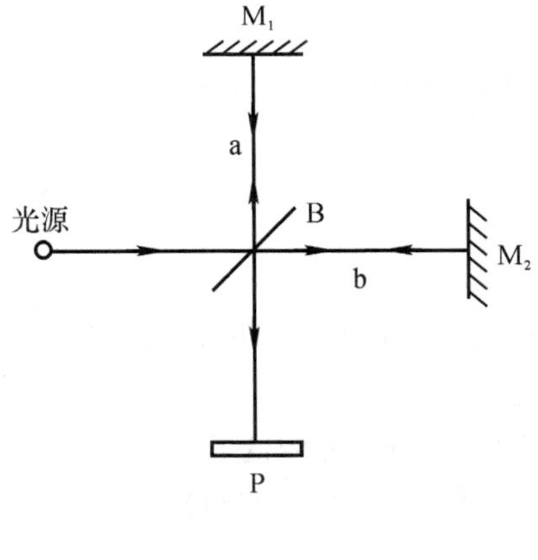

图 6-4　迈克尔逊干涉仪光路图

M_1，M_2—反射镜；P—观察屏；B—分光镜

2. 激光的时间相干性

在迈克尔逊干涉仪中（见图 6-4），从光源发射来的单色光（暂不考虑其宽度），在分光镜 B 上分为反射光束 a 和透射光束 b，二者强度相等。前者射到固定反射镜 M_1，经 M_1 反射后，再次透过 B 到达观察屏 P 上；后者射到可动反射镜 M_2，经 M_2 发射后再经 B 发射到观察屏 P 上。由于光束 a 和 b 是从光源射出的同一束单色光在 B 上分离出来的，因此频率 ν 是相同的，并且最后均沿着同一个方向从 B 射到屏 P 上，结果这两束光 a 和 b 将在屏上产生干涉。M_2

每移动$\frac{\lambda}{2}$时，屏 P 中心处两束光干涉后的光强度 I 将亮暗交替变化一次，其光程差 $\Delta L=K\lambda$（K 为亮暗交替的次数）。但是，包括激光在内的一切光束，总不会完全单色的，总有一定的波长宽度 $\Delta\lambda$，最短的波长为 $\lambda-\frac{\Delta\lambda}{2}$，最长的波长为 $\lambda+\frac{\Delta\lambda}{2}$，在这一范围内每一波长的光在屏 P 中心处干涉后的合成光强度亮暗交替的情况均如上述，但相应于两束光干涉后合成强度达到峰值的光程差 $\Delta L=K\lambda$ 的数值却因不同波长而异。

当光程差 ΔL 达到某一数值 ΔL_{max} 时，波长为 $\lambda-\frac{\Delta\lambda}{2}$的第 $K+1$ 个强度峰值与波长为 $\lambda+\frac{\Delta\lambda}{2}$的第 K 个强度峰值将重合在一起。从此以后，光程差 ΔL 再增加，而在屏中心处已不再能观察到合成强度亮暗交替的现象，如图 6－5 所示。因此波长宽度的光能够在屏 P 中心处形成合成强度亮暗交替的条件是

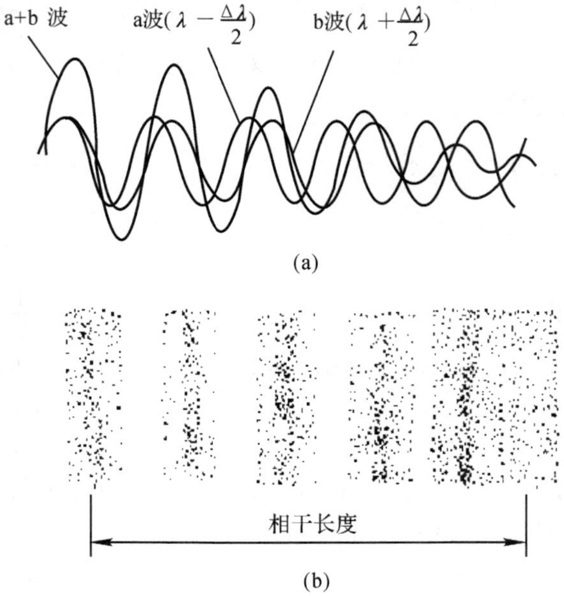

图 6－5　时间相干性

$$\Delta L<\Delta L_{max}=(K+1)\left(\lambda-\frac{\Delta\lambda}{2}\right)=K\left(\lambda+\frac{\lambda}{2}\right)$$

式中，ΔL_{max}称为可相干的最大光程差。因为 $\lambda\gg\Delta\lambda$，由上式得出

$$K=\frac{\lambda}{\Delta\lambda}$$

$$\Delta L_{max}=K\lambda=\frac{\lambda^2}{\Delta\lambda} \tag{6-3}$$

从式(6－3)可以看出，当光谱线的波长 λ 一定时，其波长宽度 $\Delta\lambda$ 越窄，可相干的最大光程差 ΔL_{max}也越长。

例如，^{86}Kr作光源的干涉仪，理论上其可相干的最大光程差 $\Delta L_{max}=77$ cm。这与其他非受激发射的普通光源相比已是最长的了。但利用氦氖激光器作光源，则可相干的最大光程差可达几十公里。

可相干的最大光程差 ΔL_{max}也叫相干强度，记做 L_c，光通过相干长度所需的时间称为相干时间，记做 τ_c。即 $\tau_c=L_c/c$。

由式(6－3)得出

$$c\tau_c=\frac{\lambda^2}{\Delta\lambda}$$

又因为，$\Delta\lambda/\lambda=\Delta\nu/\nu$，$\lambda\nu=c$，所以

$$\tau_c\cdot\Delta\nu=1 \tag{6-4}$$

式(6－4)表示，光谱线的频率宽度 $\Delta\nu$ 越窄，相干时间 τ_c 则越长。

通过上面的讨论可以看出，在迈克尔逊干涉仪中，如果到达 P 中心处的两束光 a 和 b 有一个光程差 ΔL，则相当于上述两束光是由同一光源在不同时刻 t_1 和 t_2 先后发出的。若 $\Delta L < L_c$，则 $|t_2 - t_1| < \tau_c$，这两束光是相干的。即在迈克尔逊干涉仪中，由同一光源在相干时间 τ_c 内不同时刻发出的光，经过不同的路程到达屏 P 中心处，将能产生干涉。光的这种相干性，就称为时间相干性。

还可以看出，光的相干长度 L_c 越长，即光谱线宽度 $\Delta\nu$ 越窄，则光的时间相干性越好。所以激光的时间相干性比普通光源所发出的光好得多。

三、激光的空间相干性

空间相干性是指同一时间，由空间不同点发出的光波的相干性。例如，从一面积为 ΔA_s 的光源发出的，并通过与光源相距 R 且与传播方向垂直的面上相距不超过 d 的两点的光，在空间再度会合时，如能发生干涉，则称空间这两点的光具有空间相干性。

图 6-6 所示为杨氏双缝干涉实验。设狭缝很窄（不考虑线度），由 S 经过 S_1 和 S_2 到达屏上 P 点的光线的光程差为

$$\Delta L = \frac{d}{D} y$$

其中 $d = S_1S_2$，很容易看出，当 ΔL 为 $\frac{\lambda}{2}$ 的偶数倍时出现亮条纹，当 ΔL 为 $\frac{\lambda}{2}$ 的奇数倍时出现暗条纹，即

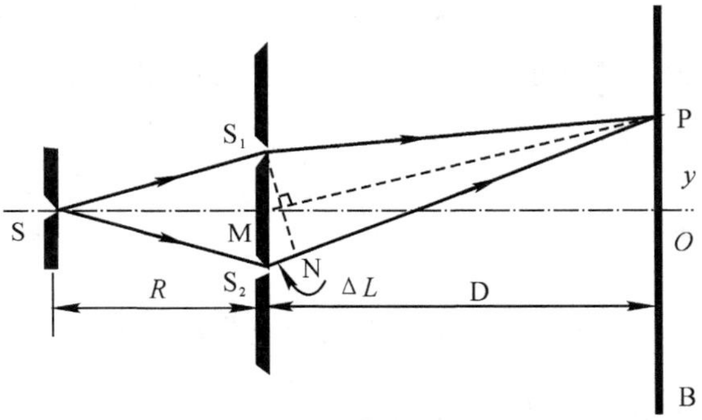

图 6-6　杨氏双缝干涉实验

$$\left.\begin{aligned} \Delta L &= \frac{d}{D} y = K\lambda, \text{亮条纹} \\ \Delta L &= \frac{d}{D} y = \left(K + \frac{1}{2}\right)\lambda, \text{暗条纹} \end{aligned}\right\} \quad (6-5)$$

式中，$K = 0, \pm 1, \pm 2, \cdots$，称为干涉条纹的级。

由式（6-5）可以算出，相邻的亮条纹（或暗条纹）之间的距离为

$$\Delta y = y_{K+1} - y_K = \frac{D}{d}(K+1)\lambda - \frac{D}{d}K\lambda = \frac{D}{d}\lambda \quad (6-6)$$

由于 Δy 与干涉条纹的级 K 无关，这表明条纹是等距排列的。

实际的狭缝 S 总有一定的宽度，设为 $2b$（见图 6-7）。当 $2b$ 较小时干涉条纹是清晰的，但当 $2b$ 增大到一定程度时，应分别考虑 S 的中央至边缘各处各自射出的光，其中每一束光分别经 S_2 和 S_1 到达屏上相互干涉而形成的一套相互重叠的暗条纹，则观察不到干涉现象。

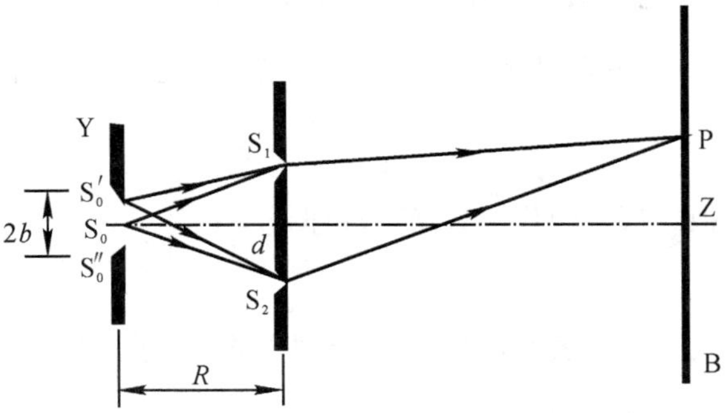

图 6-7　实际的空间相干性

如图 6-7 可知，由 S_0 发出的光经由 S_2 与 S_1 到达 P 点的光程差为

$$\Delta L_0 = S_2P - S_1P$$

但是，由 S_0' 发出的光经 S_2 与 S_1 到达 P 点的光程差为

$$\Delta L_0' = S_0'S_2 + S_2P - S_0'S_1 - S_1P = S_0'S_2 - S_0'S_1 + \Delta L_0$$

令 S 所在平面与 S_1 和 S_2 所在平面之间的距离为 R，S_1 与 S_2 的距离为 d，则从图 6－7 可得

$$\overline{S_0'S_2^2} = R^2 + \left(\frac{d}{2} + b\right)^2$$

$$\overline{S_0'S_1^2} = R^2 = \left(\frac{d}{2} - b\right)^2$$

上两式相减得

$$\overline{S_0'S_2^2} - \overline{S_0'S_1^2} = 2bd$$

另一方面，有

$$\overline{S_0'S_2^2} - \overline{S_0'S_1^2} = (S_0'S_2 + S_0'S_1)(S_0'S_2 - S_0'S_1) \approx 2R(S_0'S_2 - S_0'S_1)$$

为了简单起见，把上式改写为等式，由此得

$$S_0'S_2 - S_0'S_1 = \frac{bd}{R}$$

即

$$\Delta L_0' = \Delta L_0 + \frac{bd}{R}$$

由此看出，由 S_0' 发出的光分别经 S_2 和 S_1 到达 P 点的光程差 $\Delta L_0' = \Delta L_0 + \frac{bd}{R}$，它比 ΔL_0 多了一个恒定的光程差 $\frac{bd}{R}$，因此这是一套与前者一样的亮暗条纹，但这两套条纹是相互错开的。

很容易看出，当满足下列条件

$$\frac{bd}{R} < \frac{\lambda}{2} \tag{6-7}$$

时，这两套亮暗条纹才不致重合。换言之，当 $2b \geqslant \frac{\lambda R}{d}$ 时，条纹模糊，不再产生干涉。

令两个狭缝 S_1 和 S_2 对狭缝 S 中心 S_0 的张角 $\angle S_1S_0S_2 = 2\theta$，由于 2θ 很小，因此可近似地认为

$$2\theta = \frac{d}{R} \tag{6-8}$$

把式(6－8)代入式(6－7)即得

$$2b \cdot 2\theta < \lambda \tag{6-9}$$

式(6－8)表明，在波长一定的情况下，若 $2\theta = \frac{d}{R}$ 固定，则狭缝宽度 $2b$ 必须小于 $\frac{\lambda}{2\theta}$，才能在屏上观察到干涉条纹。

由上可以看出，在双缝干涉实验中，狭缝的宽度 $2b$ 实际上相当于光源在狭缝宽度方向的一个线度。在光源的这个线度 $2b$ 内各点所发的光，通过空间不同的点 S_1 和 S_2，如果其张角 $2\theta < \frac{\lambda}{2b}$，则在观察屏上产生干涉，这就是空间相干性。

如果用单模激光器作为单色光源，进行上述实验，则可取消前面那个用来限制光源线度的

狭缝 S。而使激光束直接射到 S_1 和 S_2 上。由于这种激光束在其截面不同点上有确定的位相关系，因此可产生干涉条纹。即单模激光束的空间相干性是很好的。

如果整个实验装置绕 z 轴转 90°，实验结果也完全不变。由此可知，在辐射场中，与面积为 ΔA_s 的光源相距为 R 处，有一块相干面积 A_c 垂直于光传播方向，其大小约为

$$A_c \approx \frac{\lambda^2 R^2}{\Delta A_s} \tag{6-10}$$

通过相干面积 A_c 内的两点的光是相干的，由此可以看出，光的空间相干性，严格地说，指的是垂直于光传播方向的截面上的空间相干性是由相干面积 A_c 来描述的。

6.2　光谱线的宽度

粒子在两个特定的能级 E_1 和 E_2 之间跃迁时，只能发射（或吸收）某一特定频率的光子，光子的频率是由 $\nu_{21}=\frac{E_2-E_1}{h}$ 决定。在这里是将能级看成一条没有宽度的“线”，也就是把粒子处于某状态的能量粗略的看成是某一确定值，而且也忽略了其他因素对发光粒子的影响。但严格来说，只发射单一频率光子的光源是没有的，光谱线也不可能是一条理想的几何线。由于种种原因，光谱线总有一定的宽度。谱线的宽度及不同原因产生的谱线加宽对激光器的工作特性，以及输出激光的频率和单色性都会产生很大影响。下面分别介绍光谱线的自然加宽、碰撞加宽以及多普勒加宽等。

一、光谱线的自然加宽

处于某一激发态上的大量粒子按能量有一个统计分布，如图 6－8 所示。图中纵坐标表示粒子具有的能量，横坐标是具有该能量的粒子数。图的右边是以前所画的能级图，左边是粒子在能级上的分布曲线。

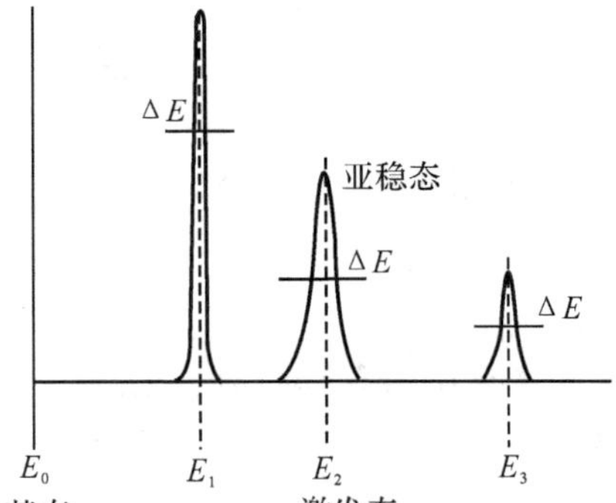

图 6－8　处于某一激发态上的大量粒子按能量的统计分布

从图中可以看出，各能级上的分布曲线都有一中心能量值，处在该能量值的粒子数最多，当能量偏离中心能量值时，粒子数迅速下降，将粒子数下降到最大值一半时的能量间隔定为这个能级的能级宽度，如图 6－9 所示。

因为能级有一定的宽度，所以在能级图上，能级不能用一条简单的几何线来表示，而应该有一定的宽度，这个宽度 ΔE 称为能级的自然宽度。

不同的能级，其自然宽度的大小是不同的。能级的自然宽度和什么因素有关呢？微观粒子和宏观粒子不同，它具有波粒二象性，因此微观粒子的坐标和动量应遵从测不准关系，即 $\Delta x \cdot \Delta P_\lambda \geqslant h$。能量和时间也有相类似的测不准关系，即

$$\Delta E \cdot \tau \geqslant \frac{h}{2\pi} \tag{6-11}$$

式中，τ 为能级的平均寿命，ΔE 就是原子处于该能量状态的能量不准确值，h 为普朗克常数。

由式(6－11)得

$$\Delta E \approx \frac{h}{2\pi} \cdot \frac{1}{\tau} \tag{6-12}$$

式(6－12)说明能级的自然宽度由平均寿命决定，寿命越长，自然宽度就越小。亚稳态的寿命长，因而亚稳态的自然宽度较小。基态能级的平均寿命为∞，所以基态能级的自然宽度为零，如图 6－9 所示。

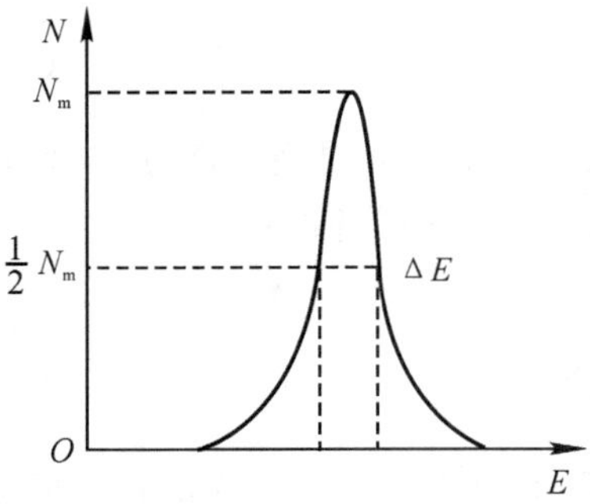

图 6－9　能级上的分布曲线的中心能量值的能级宽

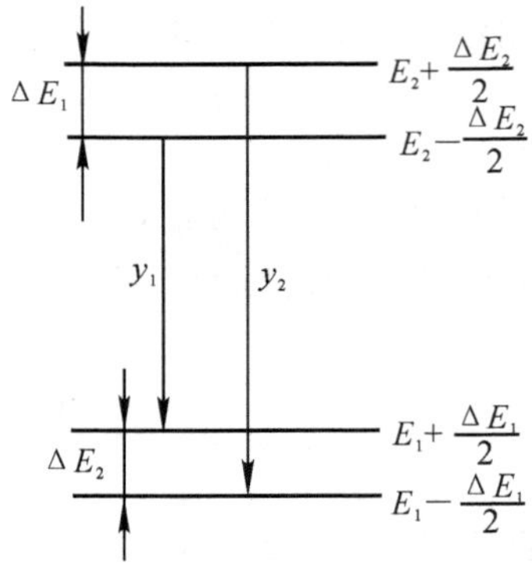

图 6－10　谱线的自然宽度

由于能级不是一个理想的几何线，而有一定的自然宽度，因而粒子在两个一定宽度的能级间跃迁而发射的光谱线也应该有一定的宽度，光谱线的这个宽度称为自然加宽。

若能级的 E_1，E_2 的自然宽度分别为 ΔE_1 和 ΔE_2，如图 6－10 所示。那么发射(或吸收)的谱线自然宽度为

$$\Delta\nu_N=\nu_2-\nu_1=\frac{\left(E_2+\frac{\Delta E_2}{2}\right)-\left(E_1-\frac{\Delta E_1}{2}\right)}{h}-\frac{\left(E_2-\frac{\Delta E_2}{2}\right)-\left(E_1+\frac{\Delta E_1}{2}\right)}{h}=\frac{\Delta E_2+\Delta E_1}{h}$$

根据式(6－12)，$\Delta E_2=\frac{h}{2\pi}\cdot\frac{1}{\tau_2}$，$\Delta E_1=\frac{h}{2\pi}\cdot\frac{1}{\tau_1}$，所以谱线的自然宽度为

$$\Delta\nu_N=\frac{1}{2\pi}\left(\frac{1}{\tau_1}+\frac{1}{\tau_2}\right) \tag{6-13}$$

【例 6－1】　Ne 原子 $\lambda_{21}=6.328\times10^{-7}$ m 的谱线是从 $3S_2$ 跃迁到 $2P_4$ 产生的。$3S_2$ 的寿命为 $\tau_2\approx20\times10^{-9}$ s，$2P_4$ 的寿命为 $\tau_1\approx20\times10^{-9}$ s。求其谱线的自然宽度。

【解】

$$\Delta\nu_N=\frac{1}{2\pi}\left(\frac{1}{20\times10^{-9}}+\frac{1}{20\times10^{-9}}\right)\approx1.5\times10^{7}\ \text{Hz}$$

一般地说，处于激发态上的原子的平均寿命 τ 的数量级大约为 10^{-7} s 到 10^{-8} s 左右。因此，光谱线的自然宽度 $\Delta\nu_N$ 的数量级大约为几兆赫到几十兆赫左右。

由于激发态粒子在能级上的统计分布，决定了自然加宽谱线的线型，如图 6－11 所示。它有一个中心频率 ν_0，对应中心频率处光的强度最大，记为 I_M。以 ν_0 为中心，频率增加或减小时，光的强度很快下降，下降得越快，说明发射光的单色性越好。当强度下降到中心频率处强度的一半时，对应的频率分别为 ν_1 和 ν_2，称 $\Delta\nu_N=\nu_2-\nu_1$ 为谱线宽度。具体来说，发射(或吸收)谱线的强度和频率的关系可写成如下形式：

$$I(\nu)=I_0 f(\nu) \tag{6-14}$$

式中，I_0 是一个和频率无关的常数，它表示谱线的总强度。而谱线强度按频率分布的曲线形状，也称谱线轮廓由函数 $f(\nu)$决定，所以 $f(\nu)$称为线型函数，$f(\nu)$只表示谱线的相对强度。

因为 I_0 为谱线总强度，显然应该有

$$\int_{-\infty}^{+\infty} I(\nu)\mathrm{d}(\nu) = \int_{-\infty}^{+\infty} I_0 f(\nu)\mathrm{d}\nu = I_0 \qquad (6-15)$$

所以 $f(\nu)$ 必须满足

$$\int_{-\infty}^{+\infty} f(\nu)\mathrm{d}\nu = 1 \qquad (6-16)$$

式(6－16)称为“归一化条件”，$f(\nu)$ 也称为归一化线型函数。

自然加宽的线型函数的具体表达式为

$$f_{\mathrm{N}}(\nu) = \frac{\Delta\nu_{\mathrm{N}}}{2\pi} \cdot \frac{1}{(\nu-\nu_0)^2 + \left(\frac{\Delta\nu_{\mathrm{N}}}{2}\right)^2} \qquad (6-17)$$

式中，ν_0 和 $\Delta\nu_{\mathrm{N}}$ 为常数，ν_0 称为中心频率，$\Delta\nu_{\mathrm{N}}$ 就是前面讲的谱线的自然宽度。通常，将式(6－17)这种类型的线型函数称为洛仑兹型或色散型线型函数，如图 6－11 所示。

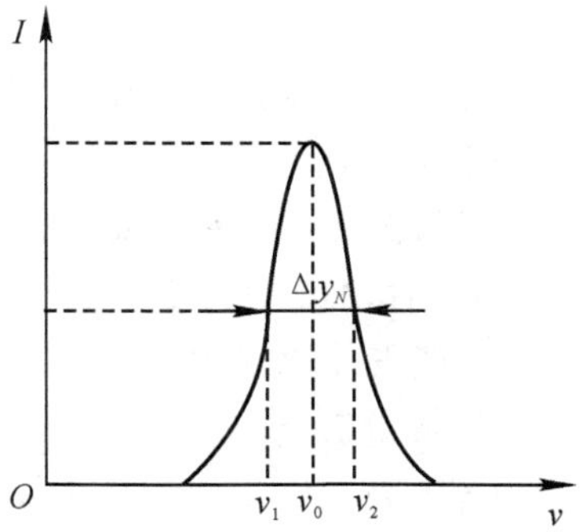

图 6－11　自然加宽谱线的线型

从式(6－17)看出：

(1)当 $\nu=\nu_0$ 时，$f(\nu)$ 有极大值，即

$$f_{\mathrm{N}}=(\nu_0)=\frac{2}{\pi\Delta\nu_{\mathrm{N}}}\approx\frac{0.64}{\Delta\nu_{\mathrm{N}}} \qquad (6-18)$$

(2)对 ν_1，ν_2，即 $\left(\nu_0-\frac{\Delta\nu_{\mathrm{N}}}{2}\right)$，$\left(\nu_0+\frac{\Delta\nu_{\mathrm{N}}}{2}\right)$ 两点有以下的关系：

$$f_{\mathrm{N}}\left(\nu_0-\frac{\Delta\nu_{\mathrm{N}}}{2}\right)=f_{\mathrm{N}}\left(\nu_0+\frac{\Delta\nu_{\mathrm{N}}}{2}\right)=\frac{1}{2}f_{\mathrm{N}}(\nu_0)$$

所以自然宽度 $\Delta\nu_{\mathrm{N}}$ 也就是当光强从最大值下降到最大值一半时的谱线宽度。

二、光谱线的碰撞加宽

前面提到，由于激发态上的粒子有一定的平均寿命，它所发射的光谱就有一定的宽度。实际上，影响粒子在激发态上的寿命的，除自发发射外，还有其他因素。如气体中处于激发态的粒子，除通过自发发射跃迁到较低能级外，还可以由于相互碰撞，将能量交给其他粒子，自己处于能量较低的状态。因此，碰撞的结果相当于缩短了处于激发态上的粒子的平均寿命。由于能级的宽度由粒子的平均寿命决定，所以在考虑气体粒子相互碰撞以后，光谱线应该更加加宽，这种加宽称为碰撞加宽(实际上碰撞加宽的情况比上述复杂)。

碰撞加宽和自然加宽谱线都有一样的规律性。都同样用洛仑兹型线型函数表示，即

$$f_{\mathrm{p}}(\nu)=\frac{\Delta\nu_{\mathrm{p}}}{2\pi}\cdot\frac{1}{(\nu-\nu_0)^2+\left(\frac{\Delta\nu_{\mathrm{p}}}{2}\right)^2} \qquad (6-19)$$

若同时考虑碰撞加宽和自然加宽，则式(6－19)中的谱线宽度应由自然宽度和碰撞加宽两部分组成，即

$$\Delta\nu=\Delta\nu_{\mathrm{N}}+\Delta\nu_{\mathrm{p}} \qquad (6-20)$$

一般来说，气体粒子碰撞的频繁程度由粒子的密度和运动速度决定，也就是由气体的压力和温度决定。气体压力越高，碰撞次数越频繁，$\Delta\nu_{\mathrm{p}}$ 越宽，可以近似地认为碰撞加宽宽度正比于气体的压力 p，即

$$\Delta\nu_p=\alpha p$$

因此碰撞加宽也称为压力加宽，式中 α 为与温度有关的常数，对于不同气体的不同光谱线，α 的取值不同。

如氦氖激光器，在氦氖混合气体中，α 约为 10^2 MHz/MPa 的数量级。当气体压力 p 为 1～2 MPa 时，$\Delta\nu_p$ 约为 100～200 MHz。

在一般气体原子中，α 的数量级在几 MHz/MPa 和几十 MHz/MPa 左右，与原子的自然宽度 $\Delta\nu_N$ 的数量级差不多，只有当气体压力 p 远小于 1 MPa 时，压力加宽与自然加宽相比才能忽略。当压力 p 大于 1 MPa 时，压力加宽就接近或大于自然加宽，一般低气压的气体激光器，气压也在几 MPa 到几十 MPa。因此，总是以压力加宽为主。

三、光谱线的多普勒加宽

首先讨论声波的多普勒效应。如图 6-12 所示，A 为声源，B 为观察者。声源以速度 V 向观察者运动。

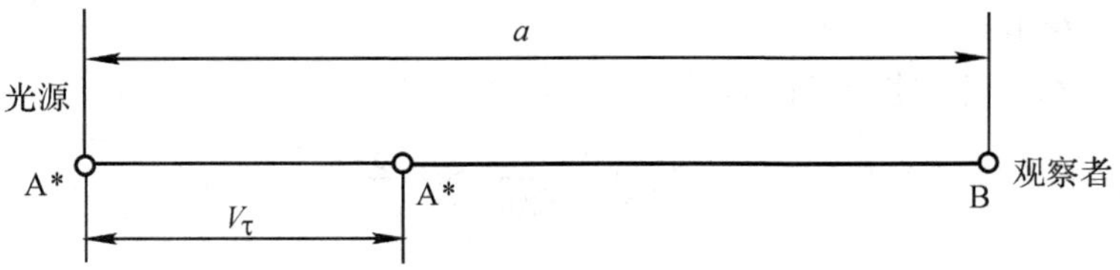

图 6-12　声波的多普勒效应

若在 t_1 时刻声源与观察者的距离为 a，这时声源所发出的振动在 Q_1 时刻传到观察者处，令声波的传播速度为 u，则

$$Q_1=t_1+\frac{a}{u}$$

若从 t_1 又经过一段时间 τ，即 $t_2=t_1+\tau$，这时声源已移动了 $V\tau$ 的距离，即从 A 点移动到了 A′点，在这一时刻所发出的振动在 Q_2 传到观察者

$$Q_2=t_2+\frac{a-V\tau}{u}$$

若声源在 $\tau=t_2-t_1$ 这段时间内振动了 N 次，则声源振动的频率

$$\nu_0=\frac{N}{t_2-t_1}=\frac{N}{\tau}$$

而这 N 次振动经过观察者的时间为

$$Q_2-Q_1=\left(t_2+\frac{a-V\tau}{u}\right)-\left(t_1+\frac{a}{u}\right)=\tau-\frac{V\tau}{u}=\tau\left(1-\frac{V}{u}\right)$$

所以观察者所接收到的频率为

$$\nu=\frac{N}{Q_2-Q_1}=\frac{N}{\tau\left(1-\frac{V}{u}\right)}=\nu_0\ \frac{1}{1-\frac{V}{u}}$$

若只考虑 $V\ll u$ 的情况，利用级数展开。可以得出

$$\nu=\nu_0\left[1+\frac{V}{u}+\left(\frac{V}{u}\right)^2+\cdots\right]$$

忽略$\left(\frac{V}{u}\right)^2$和高次项，上式可写成

$$\nu=\nu_0\left(1+\frac{V}{u}\right) \tag{6-21}$$

这是声源向着观察者运动时的声波多普勒效应的关系式。

光波也有类似的多普勒效应，只是情况比较复杂。但当光源与观察者的相对速度 V 远小于光速 c 时，有和式(6-21)完全一致的表达式，即

$$\nu=\nu_0\left(1+\frac{V}{c}\right) \tag{6-22}$$

式中，ν_0 是光源相对于观察者的速度分量 $V=0$ 时所接收到的光源的发光频率。

当光源向着光接收器运动时，因 $V>0$，有 $\nu>\nu_0$；当光源离开接收器运动时，因 $V<0$，则有 $\nu<\nu_0$。

一条光谱线是很多发光原子(或分子、离子)在相应的两个能级间跃迁产生的。由于这些发光原子的热运动，观察者接收到的各光波频率产生移动，移动的多少决定于发光原子热运动速度。

原子、分子的热运动速度是服从麦克斯韦速度分布规律的。因为观察者接收到光波频率的移动只与沿光源和观察者连线的速度分量有关，根据麦克斯韦速度分布规律，当只考虑一个方向的速度分量时，在 $V\to V+\mathrm{d}V$ 之间的原子数占原子总数的比例为

$$f(V)\mathrm{d}V=\left(\frac{m}{2\pi kT}\right)^{\frac{1}{2}}\mathrm{e}^{-mv^2/2kt}\mathrm{d}V \tag{6-23}$$

式中，$f(V)$为表示不同速度的原子数的分布函数，m 为一个原子的质量，k 为玻尔兹曼常数，T 为绝对温度。

式(6-23)表明，在气体管中具有不同速度 V 值的原子数不一样。因而接收器收不到不同频率的光强度(正比于不同速度的原子数)也将不同，所有原子贡献的总和使谱线加宽，这种加宽称为多普勒加宽。用线型函数 $f_D(\nu)$表示由于这种多普勒效应引起的谱线加宽。则在一条光谱线内，频率为 $\nu\to\nu+\mathrm{d}\nu$ 之间的光强度与总强度之比(即相对强度)$f_D\mathrm{d}\nu$ 应与速度在对应的 $V\to V+\mathrm{d}V$ 之间的原子数与总原子数之比 $f(V)\mathrm{d}V$ 一样，即

$$f_D(\nu)\mathrm{d}\nu=f(V)\mathrm{d}V \tag{6-24}$$

由(6-22)可得出 ν 和 V 的对应关系，即

$$V=\frac{c}{\nu_0}(\nu-\nu_0)$$

$$\mathrm{d}V=\frac{c}{\nu_0}\mathrm{d}\nu \tag{6-25}$$

将式(6-23)和式(6-25)代入式(6-24)得

$$f_D(\nu)=\frac{c}{\nu_0}\left(\frac{m}{2\pi kT}\right)^{\frac{1}{2}}\mathrm{e}^{-mc^2(\nu-\nu_0)^2/2kT\nu_0^2} \tag{6-26}$$

式中，ν_0 是谱线的中心频率。

这就是多普勒效应引起的光谱线加宽的线型函数。这种类型的函数通常称为高斯型函数。图 6-13 画出了它的曲线。这种函数有如下特点：

(1)当 $\nu=\nu_0$ 时，有极大值 $f_D(\nu_0)$，其表达式为

$$f_D(\nu_0)=\frac{c}{\nu_0}\left(\frac{m}{2\pi kT}\right)^{\frac{1}{2}} \tag{6-27}$$

(2)在线型函数中存在两点 ν_2 和 ν_1，对它们有

$$f_D(\nu_1)=f_D(\nu_2)=\frac{1}{2}f_D(\nu_0)$$

它们之差即为线宽 $\Delta\nu_D$，可以算得有

$$\Delta\nu_D=\nu_2-\nu_1=2\nu_0\left(\frac{2kT}{mc^2}-\ln 2\right)^{\frac{1}{2}} \tag{6-28}$$

将式(6－28)代入式(6－26)得

$$f_D(\nu)=\frac{2}{\Delta\nu_D}\left(\frac{\ln 2}{\pi}\right)^{\frac{1}{2}}\exp\left[\frac{-4(\nu-\nu_0)^2\ln 2}{\Delta\nu_D^2}\right]$$

将式(6－28)代入式(6－27)，则曲线极大值用 $\Delta\nu_D$ 表示为

$$f_D(\nu_0)=\frac{2}{\Delta\nu_D}\left(\frac{\ln 2}{\pi}\right)^{\frac{1}{2}}\approx\frac{0.94}{\Delta\nu_D} \tag{6-29}$$

将式(6－29)分子分母同乘以阿伏伽德罗常数 N_A（即1克原子气体中的原子数），$N_A=6.025\times10^{23}/\text{mol}$ 得

$$\Delta\nu_D=2\nu_0\left(\frac{2RT}{M_rc^2}-\ln 2\right)^{\frac{1}{2}}$$

式中，$R=kN_0=8.31[\text{J}][\text{T}]^{-1}[\text{mol}]^{-1}$ 称为摩尔气体常数。$M_r=mN_A$ 为相对原子质量。将个常数值代入得

$$\Delta\nu_D=7.16\times\left(\frac{T}{M_r}\right)^{\frac{1}{2}}\nu_0 \tag{6-30}$$

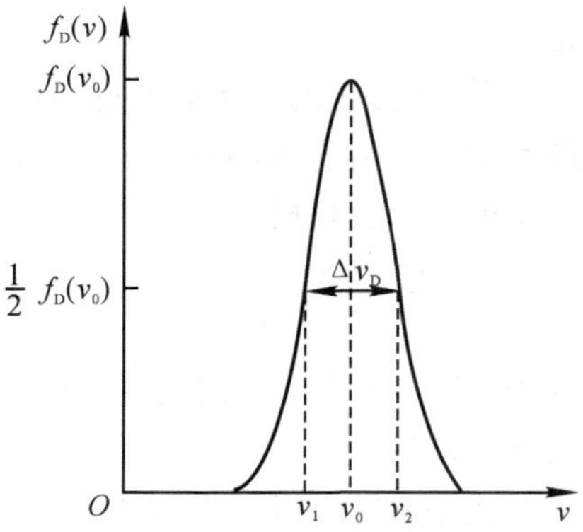

图 6－13　高斯型函数曲线

由式(6－30)可知，$\Delta\nu_D$ 与绝对温度的平方根成正比，而与气体原子的相对分子质量的平方根成反比。这是因为温度升高，原子运动的平均速度增加，由多普勒效应所引起的频率移动也就增加。而相对原子质量大的原子相应的平均速度要小，所以多普勒效应引起频率移动也就越小。

【例 6－2】 Ne 原子的相对原子质量 $M_r=20$，在室温下 300K 时，Ne 原子的 $\lambda_0=6.823\times10^{-7}$ m，光谱线的频率

$$\nu_0=\frac{c}{\lambda_0}=\frac{3\times10^{10}}{0.632\,8\times10^{-4}}=4.7\times10^{14}\ \text{Hz}$$

这条谱线的多普勒宽度 $\Delta\nu_D=7.16\times10^{-7}\times\sqrt{\frac{300}{20}}\times4.7\times10^{14}=1.3\times10^3$ MHz

在气体温度 $T=400$K 时，多普勒宽度

$$\Delta\nu_D=7.16\times10^{-7}\times\sqrt{\frac{400}{20}}\times4.7\times10^{14}=1.5\times10^3\ \text{MHz}$$

四、均匀加宽和非均匀加宽

从前面讨论谱线加宽的性质来看，基本上可分为两类。一类是洛仑兹线型，一类是高斯线型。粗略的看，两类曲线差不多，都是一个有极大值的钟型曲线。但实际上这两种曲线并不相

同。将两种曲线比较如图 6-14 所示。

若两种曲线的宽度相等，即 $\Delta\nu_D=\Delta\nu_N$。由式(6-18)或式(6-29)可知两曲线最大值之比 $\frac{f_{高斯}(\nu_0)-f_{洛仑兹}(\nu_0)}{f_{洛仑兹}(\nu_0)}=\frac{0.94-0.64}{0.64}\approx0.5$，因此洛仑兹曲线最大值约为高斯曲线最大值的 2/3。也就是高斯曲线比洛仑兹曲线更陡一些。

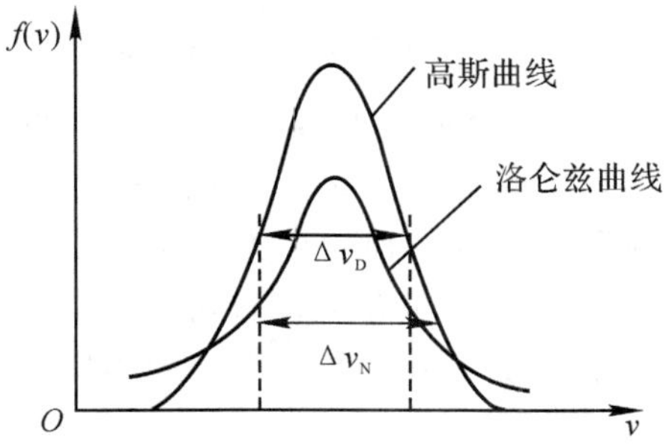

图 6-14　沦仑兹线型和高斯线型比较图

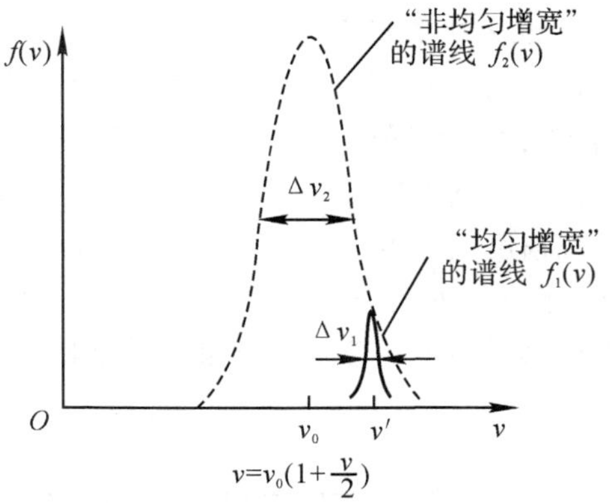

图 6-15　存在两种加宽的因素的情况

在自然加宽和碰撞加宽中，由于激发态的大量原子具有一定的平均寿命和大量原子因相互碰撞而引起光谱线加宽，它是将大量原子作为一个集体而引起的谱线加宽。在这种加宽中，任何一个原子对加宽谱线频率范围内的任一频率都有贡献，不能说某一个或某一类原子对某一频率范围有什么特殊的贡献。这种光谱线的加宽称为均匀加宽。

而在非均匀加宽中，某一个或某一部分原子只对谱线的某一频率范围有贡献。如多普勒加宽就属于非均匀加宽。在多普勒加宽中，具有速度 V_a 的那部分原子，只对 $f(\nu)$ 曲线中频率 $\nu_a=\nu_0\left(1+\frac{V_a}{c}\right)$ 附近的频率范围有贡献，而对这个频率范围以外的频率则没有贡献。换言之，即具有某一速度的原子只对某一特定频率范围有贡献，它不涉及整个光谱线。

在实际的光谱线中，往往是许多种加宽的因素同时存在，设同时存在两种加宽的因素，一种是均匀加宽，线型为 $f_1(\nu)$，线宽为 $\Delta\nu_1$；另一种是非均匀加宽，线型为 $f_2(\nu)$，线宽为 $\Delta\nu_2$(见图 6-15)，则叠加后所得的线型函数 $f(\nu)$ 为

$$f(\nu)=\int_0^{\infty} f_2(\nu')f_1(\nu-\nu')a$$

式中，$\nu'=\nu\left(1+\frac{V}{c}\right)$。

一般说来，这种叠加得到的线型函数比较复杂，通常称为综合加宽线型。

例如氦氖激光器，对 6.328×10^{-7} m 的谱线，各种加宽因素都存在。当氦氖气压比是 7∶1，总压力为 1～2×0.1 MPa，气体温度 $T=400$K 时，多普勒加宽 $\Delta\nu_p\approx1\ 500$ MHz，其压力加宽 $\Delta\nu_D\approx100$～200 MHz，而自然宽度 $\Delta\nu_N\approx10$～20 MHz。

6.3 激光在精密计量中的应用

一、激光干涉在测长中的应用举例

1. 激光比长仪

1960 年 10 月第十一界国际计量大会通过了一个新的米定义："米等于^{86}Kr原子的 $2P_{10}$ 和 $5d_5$ 能级之间跃迁所对应的辐射在真空中的 1 650 763.73 个波长的长度"。因此米的实物基准就被自然基准(光波波长)所取代。这样，只要按照规定的条件就可以在任何地点复现出来，其复现精度最高可达 3×10^{-9}，致使米的精度达到前所未有的境地。激光比长仪采用波长比^{86}Kr波长更为稳定的激光作为光源。一般稳定的激光器其波长复现精度也可达 $\pm5\times10^{-8}$，这样就提供了实现动态自动测量的可能性，也就从根本上解决了检定基准米尺的精度与效率的问题。

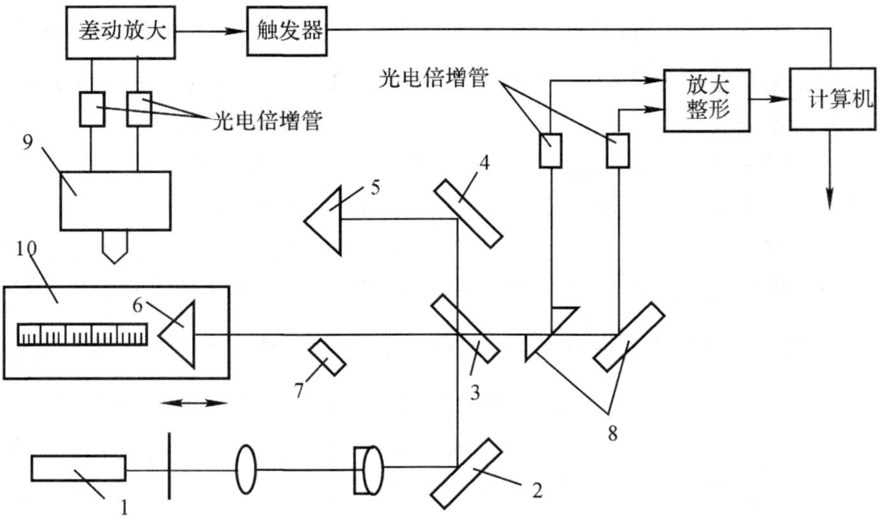

图 6-16 激光比长仪的工作原理图

仪器的工作原理如图 6-16 所示。从氦氖激光器 1 发出的激光束经平行光管后将光束变为光斑直径达 $\Phi50$ mm 的平行光，经反射镜 2 至分光器 3 随即将光束分成两路。一路光透过分光器经反射镜 4 射入固定角锥棱镜 5，另一路由分光器反射至可动角锥棱镜 6。分光器 3 至固定角锥棱镜 5 为一固定的光程；分光器 3 至可动角锥棱镜 6 为一随工作台 10 移动而变化的光程，两者的光程差为激光半波长的偶数倍时出现亮条纹，奇数倍时出现暗条纹。所以工作台 10 连续移动时就会产生亮暗交替变化的条纹。相移板 7 将干涉图样分为两组，此两组干涉条纹的位相差为 90°。分像棱镜组 8 是将两组位相差为 90°的干涉条纹分别引入两个光电倍增管，光电倍增管将交替变化的亮暗信号变为两路位相差为 90°的电信号，再经过放大整形电路实行倍频处理传递给计算机。装在横梁上的双管差动式动态光电显微镜 9 供作瞄准被检尺上的刻线用。当工作台 10 运动，即基准尺的刻线通过光电显微镜的两个狭缝时，刻线的影像即被置于两个狭缝后面的光电倍增管分别接收，经差动放大器，触发器转换成电脉冲作为计算机的指令信号，控制计算机使其计算结果显示出来并打印记录。

周围的空气折射率可由折射率干涉仪测出，被测尺的温度由铂电阻温度计与铜-康铜热电偶测出，然后将其二项修正量在计算机上摆定，以便对测量结果进行自动修正。

图 6－17 所示是采用偏振干涉系统的 200 mm 激光比长仪的光路系统。一般激光干涉系统光能利用率低。由于激光功率的变化，以及测量距离的变化，引起光强的变化，使得在一般激光干涉系统中信号的直流分量发生变化，以至带来测量误差，对静态测量影响更为严重。偏振激光干涉系统具有光能利用率高，信号直流分量自动补偿的特点，适用于长距离干涉测量与动静态干涉测量。

图 6－17 中由单频激光管 l 射出一束激光，经过准直光管 2，光束由 $\omega_0=0.3$ mm 扩展成 $\omega_0=2$ mm，转动激光管，可使出射激光光束乙的光振动平面与水平面成 45°角。因而可获得 L 在水平方向与垂直方向的分量 L_H 与 L_V 相等。

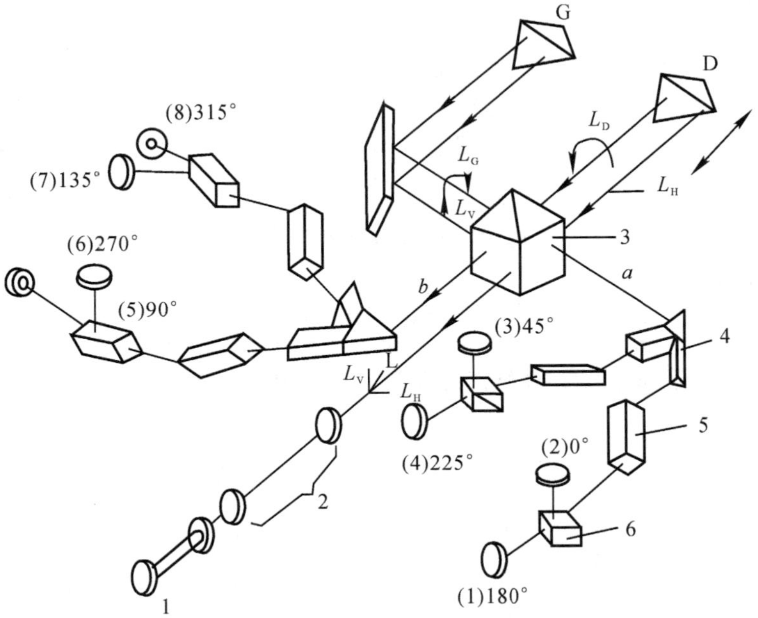

图 6－17　采用偏振干涉系统的 200 mm 激光比长仪的光路系统

偏振分光器 3 由一对 ZF_2 玻璃棱镜相胶合而成，在其中一块棱镜的胶合面上，交替真空镀膜氟化镁与硫化锌。

激光光束 L 经过偏振分光器 3 之后，透射部分为 L_H，作为测量光束射入可移动的测量镜 D，其反射部分为 L_V，作为参考光束射入固定的参考镜 G。测量镜 D 与参考镜 G 都是角锥棱镜，对于子午面内的光振动和弧矢面内的光振动具有不同的位相损失。因而，一般说来，测量光束 L_H 经过测量镜 D 后成为椭圆偏振光 L_D。同理，参考光束 L_V 经过参考镜 G 后成为椭圆偏振光 L_G。在光束经测量镜 D 与参考镜 G 返回，再一次经过偏振分光器 3 之后，L_D 分解成 D_V 与 D_H。L_G 分解成 G_V 与 G_H。分别转动测量镜 D 与参考镜 G，可使 $D_V=D_H=\frac{1}{2}L_H$，$G_V=G_H=\frac{1}{2}L_V$。因为 $L_H=L_V$，所以有 $D_V=D_H=G_V=G_H$。

返回光束经过偏振分光器后分成两路。一路与原激光器发射光束平行；一路与原激光器发射光束垂直。参考其中一路 a，a 光路中包含 D_V 与 G_H 两个互相垂直的光振动，经过棱镜组 4 之后，a 光束被分为两支相均衡的光束，分别进入 $\frac{\lambda}{4}$ 棱镜 5。$\frac{\lambda}{4}$ 棱镜是一个菲涅尔平行六面体，材料为 K_9 玻璃，倾角为 55°03′，其位相损失为 90°，把棱镜安置得使其子午面与水平面成 45°，设 D_{V1} 这一振动为 $a\sin(\omega t+\varphi_1)$，在 $\frac{\lambda}{4}$ 棱镜子午面与弧矢面内的分量为

$$\left.\begin{aligned} x_1&=a\cos 45^\circ\sin(\omega t+\varphi_1)\\ y_1&=a\sin 45^\circ\sin(\omega t+\varphi_1)\end{aligned}\right\}\tag{6-31}$$

同理，G_{H1} 这一光振动为 $a\sin(\omega t+\varphi_2)$，在 $\frac{\lambda}{4}$ 棱镜子午面与弧矢面内的分量为

$$\left.\begin{aligned} x_2&=a\cos 45^\circ\sin(\omega t+\varphi_2)\\ y_2&=a\sin 45^\circ\sin(\omega t+\varphi_2)\end{aligned}\right\}\tag{6-32}$$

经过 $\frac{\lambda}{4}$ 棱镜后

$$\left.\begin{aligned} x_1'&=\frac{a}{\sqrt{2}}\sin(\omega t+\varphi_1')\\ y_1'&=\frac{a}{\sqrt{2}}\sin\left(\omega t+\varphi_1'-\frac{\pi}{2}\right)\end{aligned}\right\}\tag{6-33}$$

$$\left.\begin{aligned} x_2'&=\frac{a}{\sqrt{2}}\sin(\omega t+\varphi_2')\\ y_2'&=\frac{a}{\sqrt{2}}\sin\left(\omega t+\varphi_2'-\frac{\pi}{2}\right)\end{aligned}\right\}\tag{6-34}$$

式(6－33)与式(6－34)表示两个旋转方向相反的圆偏振光。这两个旋转方向相反的圆偏振光的合成为

$$\left.\begin{aligned} X&=\frac{2a}{\sqrt{2}}\cos\frac{\varphi_1'-\varphi_2'}{2}\sin\left(\omega t+\frac{\varphi_1'+\varphi_2'}{2}\right)\\ Y&=\frac{2a}{\sqrt{2}}\sin\frac{\varphi_2'-\varphi_1'}{2}\sin\left(\omega t+\frac{\varphi_1'+\varphi_2'}{2}\right)\end{aligned}\right\}\tag{6-35}$$

式(6－35)表示一个旋转着的平面偏振光，其斜率 $\frac{Y}{X}=\tan\frac{\varphi_2'-\varphi_1'}{2}$，与 X 轴夹角 $\alpha=\frac{\varphi_2'-\varphi_1'}{2}$；其振幅为 $\sqrt{2}a$。式中 $\varphi_2'-\varphi_1'$ 表示了参考光路与测量光路的位相差。当测量镜 D 移动量 $l=0$ 时，令 $\varphi_2'-\varphi_1'=0$，则当测量镜 D 移动量为 l 时，$\alpha=\frac{1}{2}(\varphi_2'-\varphi_1')=\frac{1}{2}\left(\frac{4\pi d}{\lambda}\right)$，式中 λ 是激光波长。

检测组件包括偏光器 6(其材料及膜系与偏振分光器 3 一致)和光电元件(1)与(2)。经偏振分光器 6 反射后的光振动强度 $I_s=(\sqrt{2}a\cos\alpha)^2$，经偏振分光器 6 透射后的光振动强度 $I_p=[\sqrt{2}a\cos(\alpha-90^\circ)]^2$。

取 $I_0=a^2$，在光电元件(1)与(2)上接收的光强为

$$I_1=I_s=2a^2\cos^2\alpha=a^2(1+\cos 2\alpha)=I_0\left[1+\cos\frac{4\pi l}{\lambda}\right]$$

$$I_2=I_p=2a^2\cos^2(\alpha-90^\circ)=a^2[1+\cos(2\alpha-\pi]=I_0\left[1+\cos\left(\frac{4\pi l}{\lambda}-\pi\right)\right]$$

改变其余检测组件中偏振分光器子午面的方位，在各个光电元件上依次可得

$$\left.\begin{aligned} I_1 &= I_0\left(1+\cos\frac{4\pi l}{\lambda}\right) \\ I_2 &= I_0\left[1+\cos\left(\frac{4\pi l}{\lambda}-\pi\right)\right] \end{aligned}\right\} \tag{6-36}$$

$$\left.\begin{aligned} I_3 &= I_0\left[1+\cos\left(\frac{4\pi l}{\lambda}-\frac{\pi}{4}\right)\right] \\ I_4 &= I_0\left[1+\cos\left(\frac{4\pi l}{\lambda}-\frac{5\pi}{4}\right)\right] \end{aligned}\right\} \tag{6-37}$$

$$\left.\begin{aligned} I_5 &= I_0\left[1+\cos\left(\frac{4\pi l}{\lambda}-\frac{\pi}{2}\right)\right] \\ I_6 &= I_0\left[1+\cos\left(\frac{4\pi l}{\lambda}-\frac{3\pi}{2}\right)\right] \end{aligned}\right\} \tag{6-38}$$

$$\left.\begin{aligned} I_7 &= I_0\left[1+\cos\left(\frac{4\pi l}{\lambda}-\frac{3\pi}{4}\right)\right] \\ I_8 &= I_0\left[1+\cos\left(\frac{4\pi l}{\lambda}-\frac{7\pi}{4}\right)\right] \end{aligned}\right\} \tag{6-39}$$

进行 I_1-I_2，I_3-I_4，I_5-I_6，I_7-I_8 计算即可自动消去信号直流分量。

循上述光路可见，光束经参考镜与测量镜返回后，又被偏振分光器 3 分为两支光路，再经两个棱镜组 4，获得 4 路光束，最后又经 4 个偏振分光器 6，得到 8 路光束，分别进入 8 个光电元件，获得 8 路信号。而信号之间的位相差，可依靠机械结构，让各偏振分光器 6 绕各自光轴转动获得，用示波器可精细控制其调整的精确度，因而又实现了本光路的又一特色——光学的 8 细分。

可以看到，在整个装置之中，光电元件(1)与(2)，其光信号受到激光光源扰动和大气扰动和各光学元件界面的影响都是相同的。而偏振分光器的反射端与透射端相距很小，因而在实质上所受外界的影响也是相同的。

2. 双频激光干涉仪

双频激光干涉仪的光学系统如图 6 - 18 所示。普通光源发出不同波长的光波，其位相是随机的，因此一定要波长相同的光束才能干涉。激光由于时间，空间相干性好，两种波长稍有差异的激光也能干涉，这种特殊的干涉称为拍。

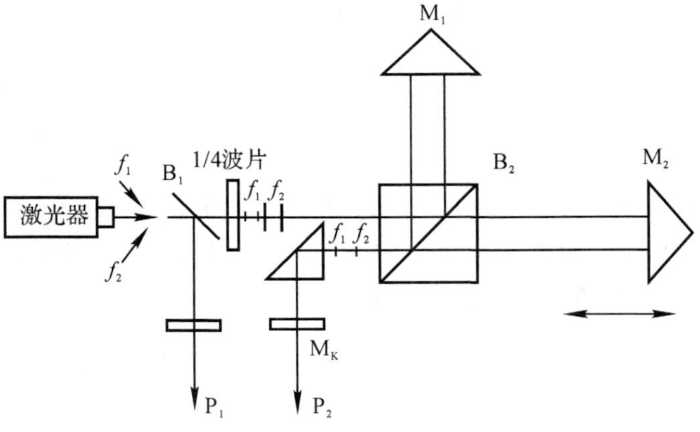

图 6 - 18　双频激光干涉仪的光学系统图

将一个单频 He - Ne 激光器置于一轴向磁场中，由于塞曼效应使激光的谱线分裂成为两个旋转方向相反的左、右圆偏振光。假设这两束光波的振幅相同，频率相差很少，一束频率为

f_1，另一束频率为 f_2，这两个方向相反的圆偏振光的振动方程分别为

$$\left.\begin{aligned} y_1(t)&=a\cos\omega_1 t\\ x_1(t)&=a\sin\omega_1 t\end{aligned}\right\}\tag{6-40}$$

$$\left.\begin{aligned} y_2(t)&=a\cos\omega_2 t\\ x_2(t)&=-a\sin\omega_2 t\end{aligned}\right\}\tag{6-41}$$

这两个圆偏振光 f_1，f_2 经分光器 B_1 反射，在通过放在一个特定位置的偏振片 P_1 时，f_1，f_2 的水平分量 $y_1(t)$ 与 $y_2(t)$ 通过，而垂直分量被截止。水平分量的合成为

$$y(t)=a\cos\omega_1 t+a\cos\omega_2 t=2a\cos\frac{\omega_1-\omega_2}{2}t\cos\frac{\omega_1+\omega_2}{2}t$$

因此，光电管 D_1 将接收合成振幅 $2a\cos\frac{1}{2}[2\pi(f_1-f_2)t]$ 拍频信号，只要激光器发出的两个频率稳定，f_1-f_2 的差也是定值，可作为测量过程中的参考信号。

假如偏振片 P_1 转过 90°，水平分量被截止，而垂直分量通过，故垂直分量的合成为

$$x(t)=a\sin\omega_1 t-a\sin\omega_2 t=2a\sin\frac{\omega_1-\omega_2}{2}t\cos\frac{\omega_1+\omega_2}{2}t$$

因此，光电管 D_1 将接收合成振幅 $2a\sin\frac{1}{2}[2\pi(f_1-f_2)t]$ 拍频信号。

为了讨论方便，将式(6-40)和式(6-41)写成

$$\left.\begin{aligned} y_1(t)&=a\cos 2\pi f_1 t\\ x_1(t)&=a\cos\left(2\pi f_1 t+\frac{\pi}{2}\right)\end{aligned}\right\}\tag{6-42}$$

$$\left.\begin{aligned} y_2(t)&=a\sin\left(2\pi f_2 t-\frac{\pi}{2}\right)\\ x_2(t)&=-a\sin 2\pi f_2 t\end{aligned}\right\}\tag{6-43}$$

两个圆偏振光 f_1，f_2 经 1/4 波片（光轴与水平方向 45°放置）使水平与垂直两个分量产生相差 $\Delta\varphi=\pi/2$，故圆偏振光变成面偏振光，它们的振动方程分别为

$$\left.\begin{aligned} y_1(t)&=a\cos 2\pi f_1 t\\ x_1(t)&=a\cos(2\pi f_1 t+\pi)\end{aligned}\right\}\tag{6-44}$$

$$\left.\begin{aligned} y_2(t)&=a\sin(2\pi f_2 t-\pi)\\ x_2(t)&=a\sin 2\pi f_2 t\end{aligned}\right\}\tag{6-45}$$

两个相互垂直的面偏振光经分光器 B_2 的主截面到分光面上，平行主截面的偏振光 f_2 通向干涉仪的测量臂。假如测量臂以速度 V 移动时，由于多勒效应便产生差频 Δf，于是 f_2 的圆频率为 $2\pi(f_2\pm\Delta f)$，f_2 的振动方程为

$$\left.\begin{aligned} y_2(t)&=a\sin[2\pi(f_2\pm\Delta f)t-\pi]\\ x_2(t)&=-a\sin 2\pi(f_2\pm\Delta f)t\end{aligned}\right\}\tag{6-46}$$

经过测量棱镜后返回偏振分光器 B_2 的分光面上。垂直主截面的偏振光 f_1 通过干涉仪的参考臂到达固定棱镜后返回偏振分光器 B_2 的分光面上与 f_1 汇合，再通过直角棱镜 M_K（棱镜的主截面平行于 f_2，垂直于 f_1）。由 M_K 反射经过一个 45°放置的检偏器 P_2，其和振动为

$$[a\cos(2\pi f_1 t+\pi)-a\sin 2\pi(f_2\pm\Delta f)t]\cos 45^\circ=$$

$$\left[a\sin\left(2\pi f_1 t+\frac{\pi}{2}\right)-a\sin 2\pi(f_2\pm\Delta f)t\right]\cos 45^\circ= \qquad (6-47)$$

$$\sqrt{2}a\sin\frac{1}{2}\left[2\pi(f_1-f_2\mp\Delta f)+\frac{\pi}{2}\right]\cos\frac{2\pi(f_1+f_2\pm\Delta f)t+\frac{\pi}{2}}{2}$$

令 $\omega=\dfrac{2\pi(f_1+f_2)}{2}$，$\Delta\omega=2\pi\Delta f,\varphi=\dfrac{\pi}{2}$代入式(6-47)，得

$$\sqrt{2}a\sin\frac{1}{2}[2\pi(f_1-f_2\mp\Delta f)t+\varphi]\cos\left[\left(\omega+\frac{\Delta\omega}{2}\right)t+\frac{\varphi}{2}\right]$$

光电管 D_2 将接收和振动的振幅$\sqrt{2}a\sin\dfrac{1}{2}[2\pi(f_1-f_2\mp\Delta f)t+\varphi]$。光电管 D_1，D_2 接收的信号经前置放大器后，输入计算机。计算机接受这两路信号后进行同步相减便得多普勒频差$\mp\Delta f$。

设测量棱镜移动速度为 v，则由多普勒效应引起的频差变化为

$$\Delta f=\frac{2v}{c}f$$

式中　f——激光频率；

c——光传播的速度；

Δf——两路信号的差值(多普勒频差)。

代表测量长度的累计脉冲数则为

$$N=\int_0^t\Delta f\mathrm{d}t=\int_0^t\frac{2v}{c}f\,\mathrm{d}t$$

由于

$$c=\lambda f \quad v=\frac{\mathrm{d}l}{\mathrm{d}t}$$

故

$$N=\int_0^t\frac{2}{\lambda}v\,\mathrm{d}t=\frac{2}{\lambda}\int_0^t\mathrm{d}l=\frac{2}{\lambda}l$$

则得测量距离

$$l=N\frac{\lambda}{2}$$

所以 N 具有长度当量$\dfrac{\lambda}{2}$。如将 N 进行有理化处理变成具有长度单位当量的脉冲数 n，则由可逆计数器可直接读出被测的长度值。

双频激光干涉仪与单频激光干涉仪相比，优点在于：大多数单频激光干涉仪都是把光束分成两路，利用移相器使其中一束在位相上落后另一束 90°，然后用光电探测器接收位相差 90°的两个正弦信号，放大后推动可逆计数器。但这种方法都存在着一根本的问题，这就是光强的变化总是以计数器平均触发电平为中心对等分布的，如图 6-19(a)所示。如果光强由某种原因(光束或光源)引起变动，则信号强度就可能落于触发电平之下，如图 6-19(b)所示，从而使仪器停止工作，必须重新调整触发电平值。这种光强变化通常是在激光器用久(老化)后发生的，空气湍流也会引起同样的结果。即使触发电平能在一个很宽的范围内进行调整，但也无法使触发电平的自动调整跟上光强变化的速度(如在车间内)。而双频激光干涉仪接收到的是交流信号。被测距离信息以调频方式载波于激光拍频信号上。它的信噪比高，并可用带自动增

益控制的高放大倍率交流放大电路，因此抗干扰性能好，可补偿测量长度增大后的光强衰减。

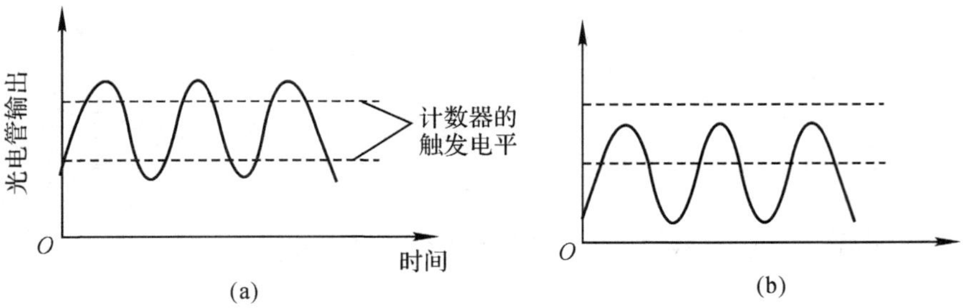

图 6-19 双频激光干涉仪存在的问题

(a)直流干涉仪计数器计数；(b)直流干涉仪由于波幅的微量变化使计数器不能计数

双频激光干涉仪不但能测量长度，而且能测量角度。用一个光束偏转器使两束激光光束相互平行，如图 6-20 所示。这时，干涉仪可测量两个反射器的相对运动，直接从干涉仪的读数机构读出角位移。如果被测件的表面是一个平滑的反光面，就可以作为反射器使用。在干涉仪激光出射面上加一个透镜，如图 6-21 所示。仔细调整反光面与透镜之间的距离，就构成一个猫眼反射器。因此，可以测量反光面的小距离移动。例如采用这个方法，将薄胶带在测量点上拉过时，即可测出胶带厚度的变化。

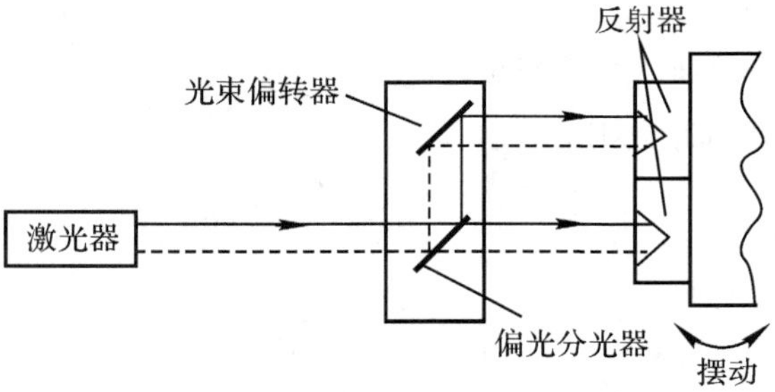

图 6-20 双频激光干涉仪测量角度

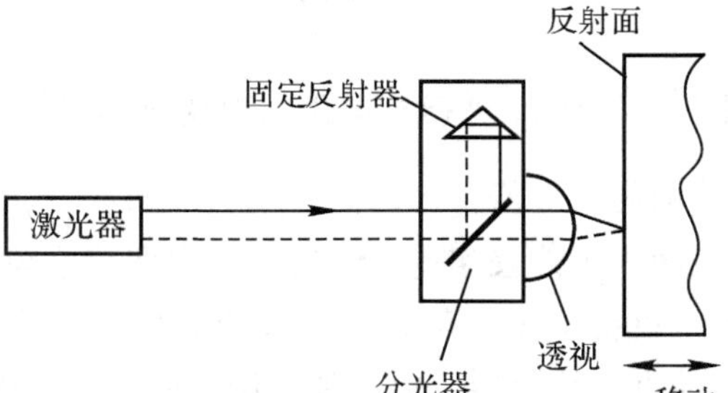

图 6-21 猫眼反射器测量反光面的小距离移动

3. 空气折射率的测量

前已提及，准确地测量空气折射率是高精度干涉测长，特别是在较长距离测量中必不可少的。因此，研究测量空气折射率的方法是非常重要而有意义的工作。测量空气折射率的方法很多，目前广泛采用的有如下几种：

(1)利用经验公式计算空气折射率。空气折射率与气压、温度、湿度以及大气成分有关，并且不同波长的空气折射率也不同。最新的空气折射率的计算公式是埃德勒(Edlen)在 1965 年得到的，其准确度可达$\pm5\times10^{-8}$。埃得勒计算公式为

$$(n-1)_s=[8\ 342.13+2\ 406\ 030(130-\sigma^2)-1+159\ 970]$$

式中，σ 为真空中的波数，即 $\sigma=\lambda_0^{-1}$，λ_0 为真空中激光波长，单位为 μm。下标 s 表示标准状态，即气压 $p=76$ MPa，温度 $t=15$ ℃，CO_2 含量为 0.03%的干燥空气。

埃德勒同时还给出了折射率随温度和气压的变化关系，即

$$(n-1)_{tp}=\frac{p(n-1)_s}{720.775}\times\frac{1+p(0.817-0.013\ 3t)\times10^{-6}}{1+0.003\ 661\ 0t}$$

在 15～30 ℃，700～800 MPa 范围内，上式可化简为

$$(n-1)_{tp}=(n-1)_s\times\frac{0.001\ 388\ 23p}{1+0.003\ 671\ t}$$

其误差不大于 1×10^{-8}。

由于环境湿度变化对空气折射率的影响可表示为

$$n_{tp,f}-n_{tp}=-f(5.722\ 4-0.045\ 7\sigma^2)\times10^{-8}$$

式中，f 表示湿度，也以 MPa 作为单位。

归纳以上各式，可得在正常大气条件下在可见光谱范围内均能适用的空气折射率计算公式为

$$\left.\begin{aligned}&(n-1)_s=[8\ 342.13+2\ 406\ 030(130-\sigma^2)-1+15\ 997(38.9-\sigma^2)-1]\times10^{-8}\\&(n-1)_{tp}=(n-1)_s\times\frac{0.001\ 388\ 23p}{1+0.003\ 671t}\\&n_{tp,f}=n_{tp}-f(5.722\ 4-0.045\ 7\sigma^2)\times10^{-8}\end{aligned}\right\}\qquad(6-48)$$

因此，测量出气压 p，温度 t，以及湿度 f 以后，利用公式(6－48)，可以直接计算出测量环境下的空气折射率 n。

这样的计算比较繁锁，实际上为方便起见，可先确定某一特定环境条件的参数 t_0，p_0，f_0(一般选取 $t_0=20$ ℃，$p_0=1.01\times10^5$ Pa，$f_0=13.332\ 2$ Pa，亦称为正常状态)，由式(6－48)计算出在该条件下的折射率 n_0。当环境条件偏离正常状态时，则可根据各参数的偏离量 Δp，Δt，Δf 求得折射率的变化 $\Delta n_{tp,f}$。

若激光的真空波长为 0.632 991 42 μm，可得对该波长的标准状态下的空气折射率为

$$(n-1)_s=207\ 652\times10^{-4}$$

一般状态下的空气折射率为

$$(n-1)_{tp,f}=\left(\frac{38.387\ 34p}{1+0.003\ 671t}-5.608\right)\times10^{-8}$$

对上式微分，并以 $p=1.01\times10^5$ Pa，$t=20$ ℃，$f=13.332\ 2$ Pa 代入得

$$\frac{\partial n}{\partial p}=0.358\times10^{-6}$$

$$\frac{\partial n}{\partial t}=-0.929\times10^{-6}$$

$$\frac{\partial n}{\partial f}=-0.056\times10^{-6}$$

故得 $\Delta n_{tp,f}=[0.358\Delta p-0.929\Delta t-0.056\Delta f]\times10^{-6}$

式中，$\Delta p=p-760$，$\Delta t=t-20$，$\Delta f=f-10$。

利用经验公式求折射率的方法简单、易行，但是经验公式是在一定的实验条件下得到的，其误差来源除了计算公式本身的不准确性，以及气压、温度、湿度等参数的测量误差外，还必须考虑到当测量环境的空气成分与标准状态的差异所产生的误差。空气成分的改变主要是 CO_2 含量的增加，O_2 的减少，以及油蒸气的污染，等等。这样往往会引入一个 $\pm5\times10^{-8}$ 的误差。由于空气成分因时因地而异，也难以进行修正，所以在高精度测量中不是一个理想的方法。另一个缺点是还不能连续自动给出 n 值。

(2)用瑞利干涉仪测量空气折射率。这是用光波干涉直接测量折射率 n 的一种方法，它已用于我国研制的光电光波比长仪上。一般的瑞利干涉仪是测量两种气体(或液体)折射率之微差的。其测量范围约几十个干涉级次，折合光程差约 30 μm。测量空气与真空的折射率之差值，若测量精度要求达到 5×10^{-8}，这个差值折合成光程差约为 350 μm，但是空气折射率的变化是很小的，它引起的光程差变化量只有十几个干涉级次，折合光程差仅 10 μm 左右。所以可以附加一对补偿玻璃板来补偿 350 μm 的光程差。瑞利干涉仪测量的仅是折射率的变化量。

在瑞利干涉仪中，一束光分成两路，一路经过一个已知长度为 l 的真空室，另一路则经过同样长度的空气室。这时两路光的光程差是 $(n-1)l$，测出此光程差就可以求得 n。干涉仪测量的对象是 $n-1$，而 $n=1.000\ 271\ 2$，那么 $\frac{n-1}{n}\approx2.7\times10^{-4}$，所以要达到 n 的测量精度为 10^{-8} 的数量级，则 $n-1$ 的相对测量精度只要达到 10^{-5} 的数量级左右就可以了。

图 6-22 所示为瑞利干涉仪光学系统，图中 S 为一垂直光缝，它与透镜 L_1 组成平行光管，L_1 之后安装设有双光缝的光阑 D，T 是长度为 l 的真空管，A_1，A_2 为消色差补偿片，G_1，G_2 为补偿镜，转动其中一块就能改变两路光的光程差而使视场中的干涉条纹移动，光程差的改变量可由鼓轮读出。平行光经补偿镜 G_1，G_2 和棱镜 P 后进入观察管，该管由物镜 L_2 及柱形短焦高倍目镜 L_3 组成，通过观察管可以看到干涉条纹。图 6-23 所示为瑞利干涉仪的视场，其下半部具有一组固定的白光干涉条纹作为对线基准，通过转动补偿镜 G 使上下两组条纹重合，其光程差可直接在鼓轮机构上读出。真空室的管壁有一定的厚度，这使视场中看到的两组条纹之间相隔了一段距离，棱镜 P 的作用是使下半部的光线向上平移一段距离，这样就使视场中看到的两组条纹刚好相互衔接，便于更准确的对准。

这种干涉仪还具有结构简单，不怕振动，不易产生系统误差等优点。

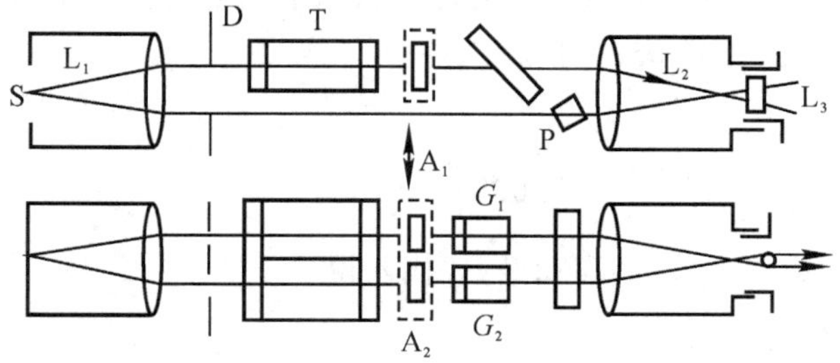

图 6-22 瑞利干涉仪光学系统

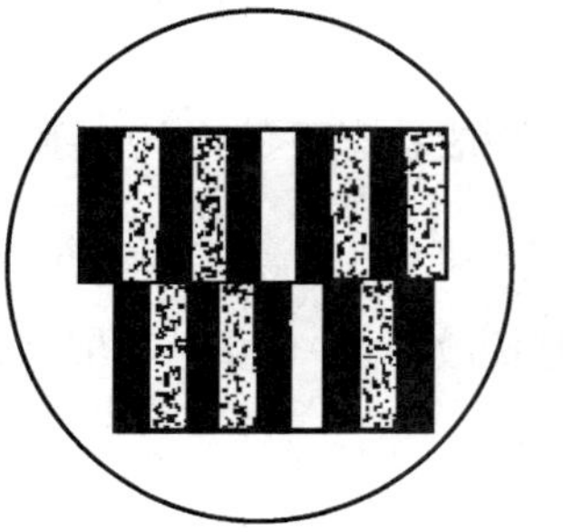

图 6-23 瑞利干涉仪的视场

二、激光衍射测量举例

1. 微小间隔的测定——薄膜材料表面涂层厚度检查仪

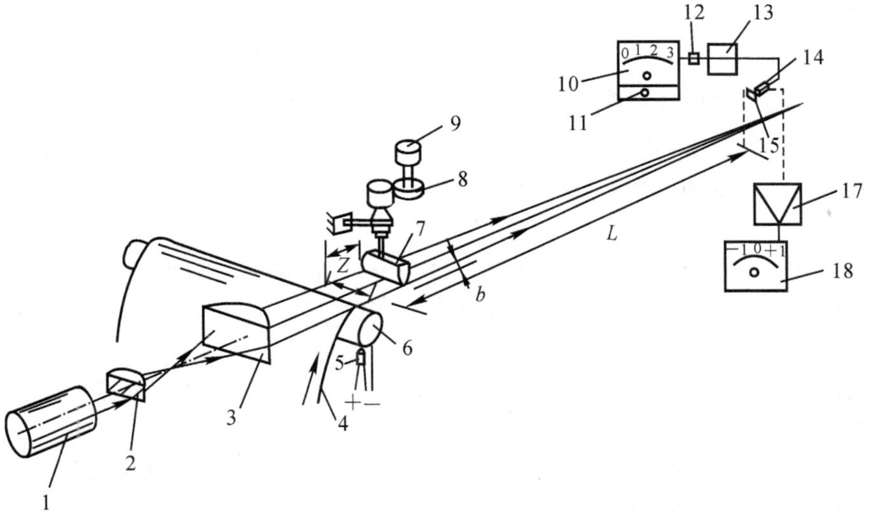

图 6－24　薄膜表面涂层检查仪的原理图

图 6－24 是薄膜表面涂层检查仪的原理图，它是具有 Z 因素微小间隔测量的典型例子。被测试件 4 是表面有可塑性涂层的纸质材料或聚酯薄膜，它围绕滚筒 6 穿过机器。气体激光器 1 发射的激光束，经过柱面透镜 2 和 3 扩展，以宽度为 l 的入射光束照射狭缝 b，它由薄膜 4 表面和相距为 Z 的棱缘 7 组成。为了被测薄膜装穿的方便，Z 距离是必要的。调节柱面透镜 2 和 3 的间距，使通过狭缝后的衍射波聚焦于预定距离 l 处，($l \gg b$)。其衍射条纹 16 垂直于狭缝展开。

光电检测器 14 由光电二极管组成，置于一给定的 x_k 位置，将衍射条纹的光强信号转变成电信号，并经放大器 13 放大后，由电表 10 进行显示。光电二极管的位置 x_k，一般选取第二级或第三级条纹极小值作为检测定位条纹。同时调节棱缘 7 改变缝宽，使定位条纹进入光电管。

如果开始时将没有涂层的薄膜通过滚筒，并调整电表指零，那么当有涂层的薄膜通过滚筒时，使缝宽变小，条纹向前移动，亮条纹进入检测器，电表显示相应于涂层厚度的条纹移动量。

利用测微计 8，可准确移动棱缘 7，模拟涂层引起 6 的变动量，校准指示电表 10 的刻度值。

因此，仪器在工作过程中，只根据电表的偏摆即可准确测定涂层厚度及其变化情况。在实践中，能稳定分辨 0.3 μm 的厚度变化。

干涉滤光片 15 用来消除周围杂散光的影响。容性滤波网络 12 使滚筒的振动，滚筒几何形状偏差以及其他微小振动等引起的波动取平均效应。这些波动的频率通常都超过 3 Hz，因此很容易滤掉。

为了保证缝宽 b 的变化准确反映涂层厚度的改变，要求滚筒不能有径向跳动。可以采取滚筒固定不转的方案。此时薄膜在滚筒表面滑动，为减少滑动摩擦，表面可涂以聚四氟乙烯等润滑剂。

电声传感器 5 用来检测滚筒由于某些偶然因素造成的位置变化，以消除测量误差。

驱动马达 9 由检测器电路控制，在仪器的调整过程中，它自动带动棱缘移动直到检测器对准定位条纹为止。

光电检测器 14 还可以采用二象限光电池。此时，二光电池的分界线指示暗条纹的能量对称位置，其输出信号(虚线表示)经差动放大器 17 放大后，由中心指零电表 18 显示。当涂层厚度处于标准数值时，电表指示零位，因此表针正负偏摆之读数指示涂层厚度的正负偏差。

这种检测方法对杂散光的变化，电压稳定性，元件衰老等的反映，要比单片光电池灵敏度低，有利于提高测量精度。

柱面透镜 2 和 3 也可以改用球面透镜系统扩展光束，但是它对激光束的利用效率大为减低。

为了排除滚筒旋转时的径向跳动和转筒几何形状偏差对测量的影响，在滚筒和薄膜滚动接触的方案里，可以采取用滚筒的转速对激光束进行频闪调制，使滚筒每转到同一位置时激光束照射狭缝。

显然，类似薄膜表面涂层检查仪的微小间隔测量装置，还可用于旋转轴的径向跳动，圆棒直径的变化量等的静态和动态测量。对于平面物体的表面质量检验，根据平面的光洁度情况，可以采用微小间隔的反射法衍射效应。

图 6-25 所示是圆棒直径变化量测量示意图，沿轴向(箭头所示)移动的圆棒直径变化量，是利用两个增量方式的装置进行的。

图 6-26 所示是反射衍射测量的典型情况，其目的是检验计算机上转动圆盘和磁头的间隙。观察圆盘面和标准棱缘产生的衍射条纹变化，可对平面的质量进行检定。反过来，如果和一个标准平面如镜面反射作比较，那么这种反射测量可用来检验刀刃及其他直线性物体的轮廓线。

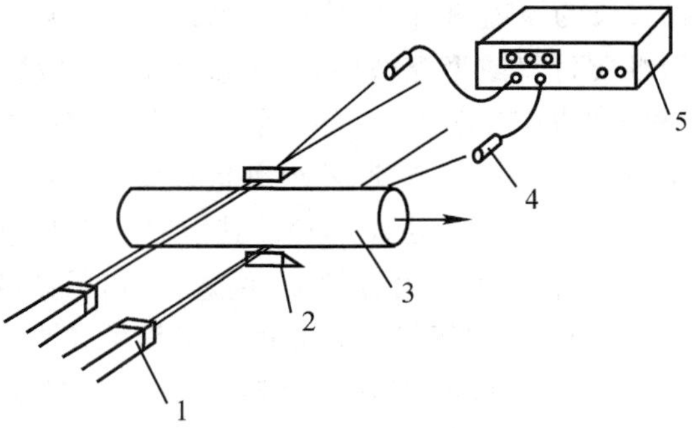

图 6-25 圆棒直径变化量测量示意图

1—激光器；2—棱镜；3—被测圆棒；4—检测器；5—计算显示器

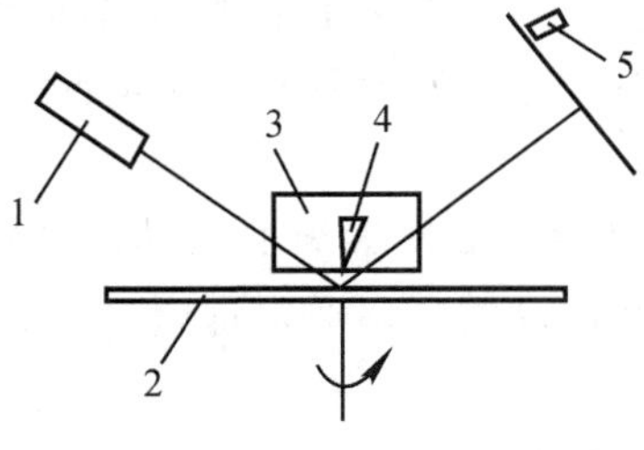

图 6-26 反射衍射测量的典型情况

1—激光器；2—圆盘；3—磁头；4—棱镜；5—检测器

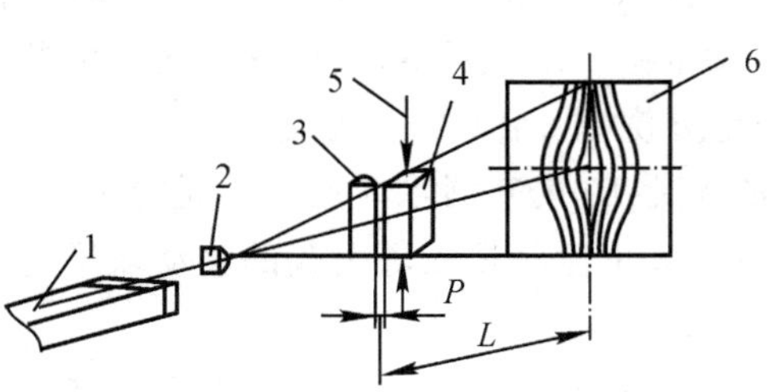

图 6-27 棱缘全长都同时被激光束照亮的情况

1—激光器；2—柱体透镜；3—固定棱镜；4—承载柱体；5—负荷；6—显示屏

2. 全长剖面测量

激光衍射测量不仅限于对一个物体的某一位置进行测量，还可以对一个部件的棱缘全长作剖面测量。此时要求棱缘全长都同时被激光束照亮，如图 6-27 所示。

激光束通过柱面透镜 2 扩展成为扇形发射面，照射在一个受压柱体 4（试件）的边缘和参考的固定棱缘 3 所形成的狭缝上，这样就可以获得描绘测试部件的剖面情况的两维条纹图像。当柱体没有承受载荷和形变时，衍射条纹将是近于平行的直线，在加上负荷以后，得到反映柱体变形情况的弯曲衍射图像。虽然这种方法通常应用于线状边缘的物体，但也有可能测定曲率较小的弧形或一些不规则的构件。

三、全息干涉计量应用举例

1. 内孔精密测量

如图 6-28 所示是用全息干涉测量汽缸内孔的光学系统。

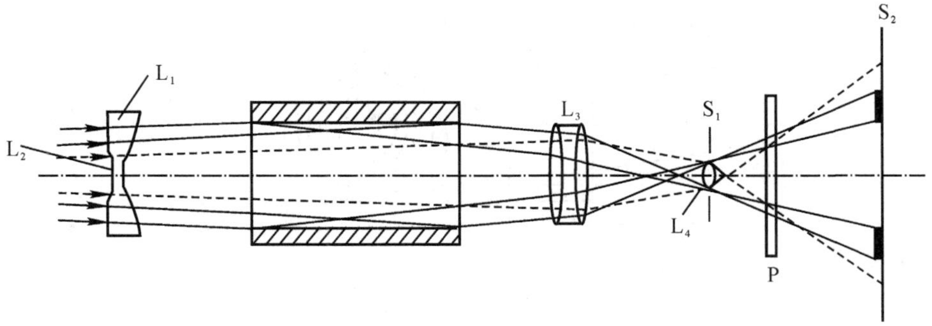

图 6-28　用全息干涉测量汽缸内孔的光学系统

平行激光束照在透镜 L_1 上，这个透镜一面是平面，另一面是锥面，中间有一个孔装有凹透镜 L_2，一部分光通过锥面后发散到汽缸内壁。光束与汽缸内壁的夹角很小，因此，即使相当粗糙的表面也能产生镜面反射。反射光束通过透镜 L_3 形成一个圆环，聚焦在屏 S_1 上。屏 S_1 有一个窄环，只让镜面反射光通过而挡住散射光；一部分光经透 L_2 镜后发散，并由透镜镜 L_3 聚焦在屏 S_1 中心的凸透镜 L_4 上。经透镜 L_4 的光束扩散后作为参考光与反射的物光投到全息干板 P 产生干涉构成全息图。处理后仍放回原处，然后将被检内孔精确地放置在记录时标准内孔的位置上。在激光照射下，在屏 S_2 上观察到再现的标准内孔光波和被检内孔表面反射光波之间所产生的干涉图如图 6-29(a)所示。分析这种干涉图就可以测得内孔直径的微小变化。

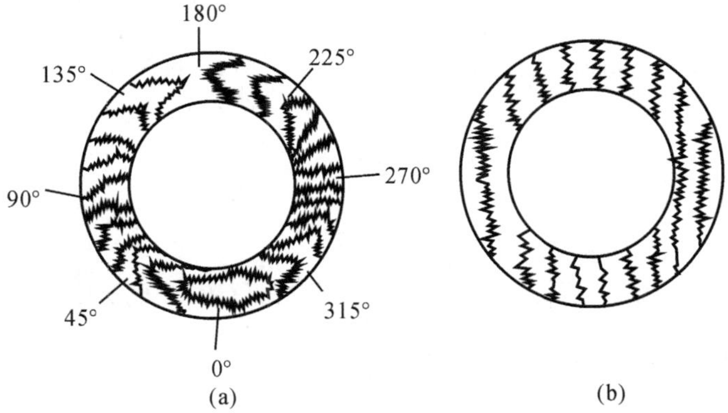

图 6-29　标准内孔光波和被检内孔表面反射光波之间所产生的干涉图

由于两个汽缸表面偏差产生的条纹，一般不如平面或球面产生的条纹那么容易分析，所以首先需从理论上推导各种不同条纹的起因，尤其必须先导出由于汽缸轴的倾斜和平移产生的光程差的表达式。

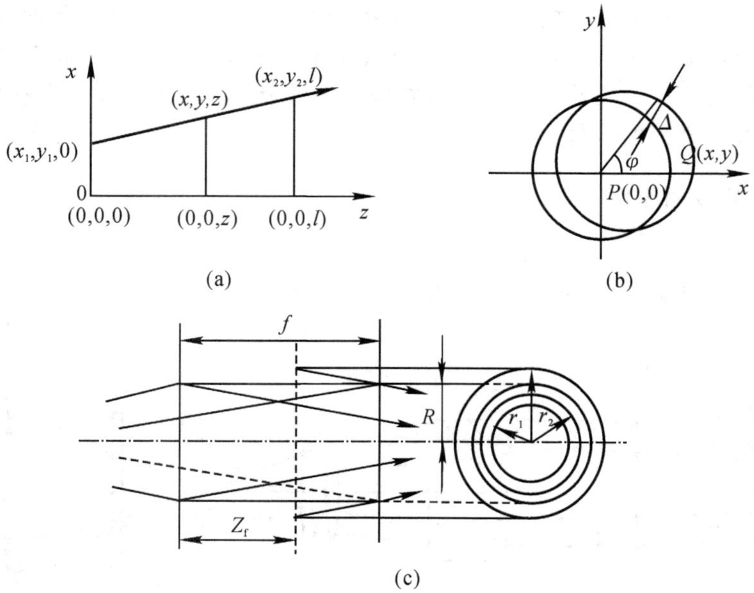

图 6-30　汽缸轴沿 z 轴安放的情况

假定汽缸轴原来沿 z 轴安放，然后变换成沿点$(x_1,y_1,0)$和$(x_2,y_2,0)$的连线方向安放。其中 l 是汽缸的长度(见图 6-30(a))。并假定任何汽缸截面均垂直于轴。图 6-30(b)所示是点 z 处的汽缸截面，若 $x_1,y_1,x_2,y_2 \leqslant R$(汽缸半径)，那么汽缸壁在这个截面上沿方向 φ 的径向位移 D 为

$$D=x\cos\varphi+y\sin\varphi$$

而

$$x=x_1+\frac{x_1-x_2}{l}z$$

$$x=y_1+\frac{y_1-y_2}{l}z$$

代入得

$$D=x_1\cos\varphi+y_1\sin\varphi+\frac{x_2-x_1}{l}z\cos\varphi+\frac{y_2-y_1}{l}z\sin\varphi \tag{6-49}$$

汽缸壁的投影像如图 6-30(c)所示，若汽缸上某点(z,φ)的像在(r,φ)，那么其坐标关系为

$$\frac{z}{l}=\frac{r-r_1}{r_2-r_1}$$

代入式(6-49)得

$$D=\left[\frac{x_1(r_2-r)+x_2(r-r_1)}{r_2-r_1}\right]\cos\varphi+\left[\frac{y_1(r_2-r)+y_2(r-r_1)}{r_2-r_1}\right]\sin\varphi \tag{6-50}$$

由于这个位移引起的光程差为

$$\Delta=D\cos\theta \tag{6-51}$$

式中，θ 为照明光束的角度。

(1)径向条纹。径向条纹是由与 r 无关的光程差形成，即与 z 无关。所以由式(6-49)可知 $x_1=x_2$，$y_1=y_2$。这意味着条纹是由平行于汽缸轴的横向位移所引起的，与 φ 角的关系为

$$D=x_1\cos\varphi+y_1\sin\varphi \tag{6-52}$$

由式(6－52)看出，径向条纹按正弦规律分布，在与移动相垂直的方向上最密集。

(2)直条纹。在投影的环形像上的直条纹是由汽缸轴的平移和倾斜共同引起，或是由于围绕汽缸外的某一轴上的点倾斜造成的。直条纹很重要，通过观测这种条纹可判断汽缸是否在公差范围内。

在投影的条纹图上，当 $D=r\cos\varphi$ 是常数时，产生水平方向的直条纹。即公式(6－50)中所有系数除 $r\cos\varphi$ 之外都等于零。满足上述条件时，有

$$y_1=y_2=0$$

$$x_1r_2-x_2r_1=0$$

即

$$\frac{x_2}{x_1}=\frac{r_2}{r_1}$$

$\frac{r_2}{r_1}$与汽缸半径 R 和照明光束的角度有关，如图 6－30(c)所示，它们的关系为

$$\frac{x_2}{x_1}=\frac{h+l}{h}=1+\frac{l}{h}$$

比较上两式可知，获得直条纹的条件是

$$h=R\tan\theta-z_{\mathrm{f}} \tag{6-53}$$

一种测定被测汽缸是否在特定的公差范围内的快速方法可按照下列程序进行。首先制备标准汽缸的全息图，然后把全息图重新放置在原来的位置上，将标准汽缸放在安装架上，并倾斜到轴上预先计算好的位置，从而产生了如图 6－30(c)所示的直条纹。当用被测汽缸代替标准汽缸时，则与前者图形的任何偏差都可指出汽缸壁上任何点沿半径方向的局部偏差。

(3)圆条纹。条纹出现同心圆不是轴的简单移动引起的，只有当汽缸与其他旋转表面(如锥面)共轴进行比较时产生。出现的条纹数是汽缸两端的直径变化量。条纹的分布表示直径的变化率。

2. 全息干涉测量表面粗糙度

全息术在表面粗糙度测量上的应用如图 6－31 所示。图中激光束由部分反射镜 M_1 分成两路。一路以 u_0 表示，通过透镜和针孔空间滤波器 LP_1、准直透镜 L_1、反射镜 M_2 照射在被测试样上；另一路以 u_r 表示，由反射镜 M_3 反射，通过透镜和针孔空间滤波器 LP_2 作为参考光束。

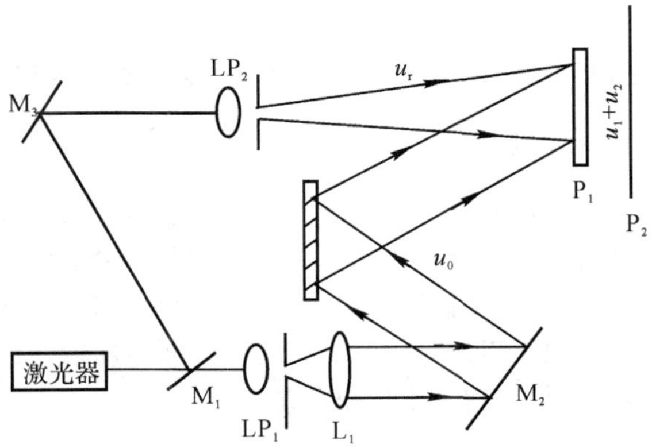

图 6－31　全息术在表面粗糙度测量上的应用

先在 P_1 处记录由被测件表面反射的光波，制成全息照片，然后准确放回原处。当在物体光束和参考光束照射下，在 P_2 处观察到干涉条纹，测量干涉条纹的对比度为

$$V=\left(\frac{\rho+e^{-\frac{k^2\sigma^2}{2}}}{\rho-e^{-\frac{k^2\sigma^2}{2}}}\right)^2 \tag{6-54}$$

式中 ρ——物体光波和参考光波分别照射全息图时在 P_2 平面上的光振幅分布 u_1 和 u_2 之比；

$K=e^{j\varphi/\lambda R}$；

φ——波面 u_1 和 u_2 之间的位相差；

R——待测试样中心至平面 P_2 的中心距离。

用一种扫描光电池来测量干涉条纹的强度分布，即从光电池的输出求出强度的极大值和极小值，并算出对比度 V 和表面粗糙度的均方根值 σ。式(6－54)是假定光源具有良好的空间相干性和时间相干性时，条纹的对比度与表面粗糙度之间的相互关系。试验表明，在 $0.05\ \mu m \leqslant \sigma \leqslant 0.80\ \mu m$ 范围内能与实验结果较好相符。

3. *用双波长全息干涉测量表面粗糙度*

这种方法是前面介绍的用单波长全息干涉技术测量表面光洁度的扩展。在一般的干涉轮廓测量中，主要测量单位是光的波长。在双波长全息干涉中，基本测量单位是有效波长，它比激光工作波长大许多倍。这种方法可以测量大于波长值的表面参数。

图 6－32 所示是用双波长全息技术测量表面光洁度的实验装置图。图中被测表面由振幅为 $u_0(\lambda_1,\lambda_2)$ 的相干光照射，全息干板 P 沿反射光方向放置，再现时光被透镜 L_1 聚焦在成像平面 I 上。参考光束 u_r 通过衍射光栅 G 照射全息干板。

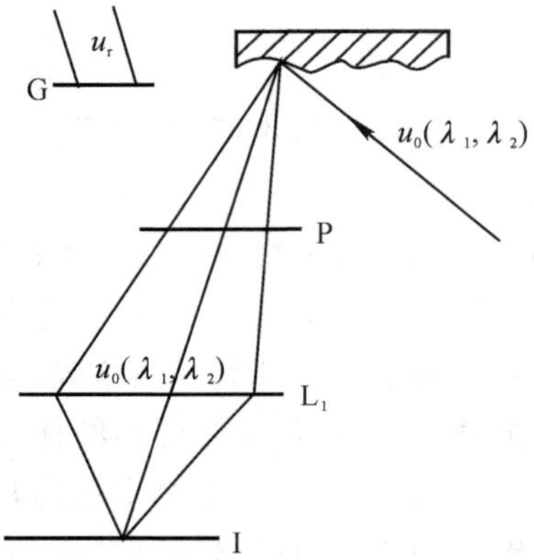

图 6－32　用双波长全息术测量表面粗糙度的实验装置图

用两个不同波长 (λ_1,λ_2) 的光照射物体表面产生一个二次曝光的全息图。处理后放回原处，然后用形成全息图的波长 (λ_1,λ_2) 或其中之一的光束照射全息图，在成像平面上形成干涉条纹。理论上可以近似推导出对比度 V 与表面粗糙度的均方根值 σ 的关系为

$$\sigma=\frac{\lambda_{有效}}{\pi(V-1)^{\frac{1}{2}}} \tag{6-55}$$

式中，$\lambda_{有效}=\dfrac{\lambda_1\lambda_2}{\lambda_1-\lambda_2}$。

用光电池探测成像平面上的条纹对比度就能获得被测表面的 σ 值。

四、激光准直测量的应用举例

激光准直仪可用在各种工业中，其中以大型机床、飞机制造、造船等工业的应用最为典型。在重型机床制造中，激光准直仪的用途是很多的，如机床导轨不直度和不同轴度的检查，采用激光准仪不但提高了工效，同时能直接测出各点沿垂直和水平方向的偏差，提高了精度。另外，对机床工作台的运动误差也可以进行测量。，将光电探测器的输出信号通入记录仪，其记录结果便是工作台运动误差的连续曲线。下面举几个例子。

1. *不直度的测量*

如图 6－33 所示，将激光准直仪固定在机床床身上或放在床身外。在拖板上固定四象限

光电探测器(亦可固定在装调用的过桥上)。测量时首先将激光准直仪发射的光束调到与被测机床导轨大体平行,再将四象限光电探测器对准光束。若测量机床拖板运动的不直度,则可将四象限的信号放大后输入记录器直接记录不直度的曲线。若测量导轨不直度,则可分段进行测量并读出每个测量点相对于激光束的偏差值。在测量不直度时,激光准直仪和自准直仪相比有如下优点:

(1)测量的读数是被测点相对激光束的偏移量,因此,测量结果无需进行数学处理,这就大大方便了测量工作的进行,并且比较直观,尤其是用于机床导轨的调整和安装时更显得优越。

(2)在进行机床导轨不直度的测量时,可同时测量垂直方向和水平方向的不直度,因而大大提高了工效。

(3)由于采用光电转换,所以测量工作容易自动化,并能测量机床的运动误差。

(4)自准直仪测长导轨时,光能损失较大,因而成像不够清晰,但激光能量强。

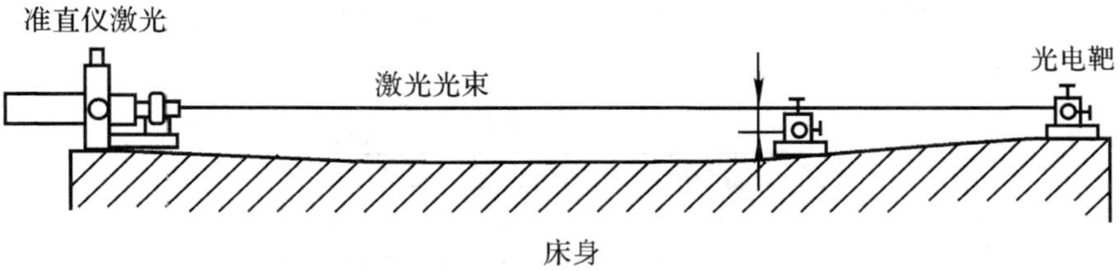

图 6-33　激光准直仪固定在机床床身上或放在床身外示意图

2. 不同轴度的测量

大型柴油机轴承孔的不同轴度,以及轮船轴系不同轴度等的测量均可用激光准直仪和定心靶来进行。其测量示意图如图 6-34 所示。在轴承座 1 两端的轴承孔中各置一定心靶 2,并调整激光准直仪 3 使其光束通过两定心靶的中心,即建立了直度基准。再将测量靶(与定心靶 2 同)依次放入各轴承孔,测量靶中心相对于直度基准(即激光束)的偏移值可由电表指示。但要将激光束精确地调到两定心靶的中心位置比较费事。如图 6-35(a)所示,要调整激光束通过 A,B 两点,仪器需要完成升降、左右平移、左右偏摆,上下俯仰等动作,因此相应的仪器结构就比较复杂。为了减少这些困难,可设计使激光光轴通过支撑球体中心。这样在测量不同度时调整就比较简单,仪器结构也大为简化。测量时仪器的支撑球安装在正点上如图 6-35(b)所示,则仪器仅需调整偏摆和俯仰就可很快对准 B 点。这种激光准直仪还有一个优点,就是可以随时在球心 O 处设置定心靶检查光束漂移的情况,光束漂移后还可通过非共轴的倒置伽利略望远镜系统,调整目镜或物镜的径向位置使光轴重新通过球心,从而在测量过程中消除了仪器激光束漂移所带来的误差,如图 6-36 所示。

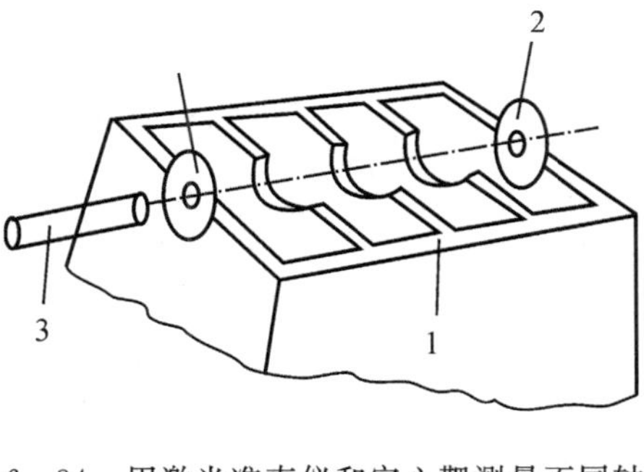

图 6-34　用激光准直仪和定心靶测量不同轴度的示意图

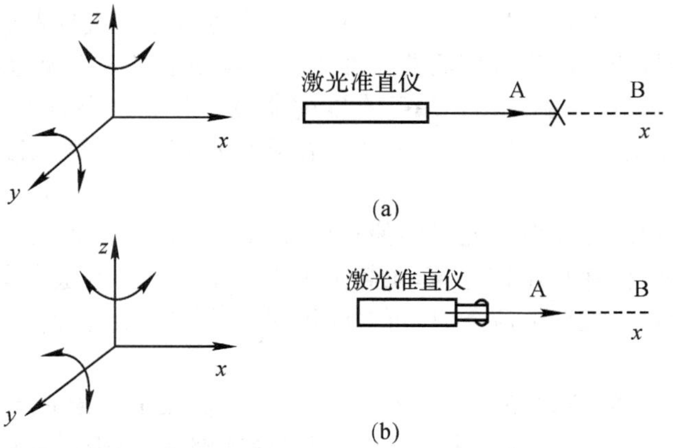

图 6-35　将激光束精确地调到两定心靶的中心位置示意图

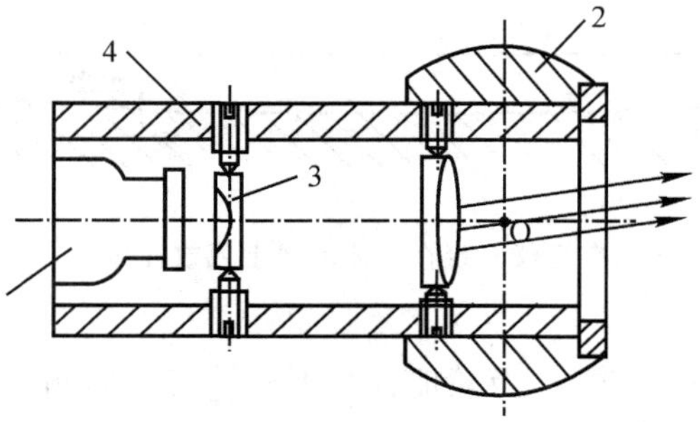

图 6-36　消除仪器激光束漂移
所带来的误差示意图

1—激光器；2—支撑球；3—倒置伽利略望远镜；4—准直仪外壳

第7章　光栅与读数装置

光栅的衍射效应100多年前已应用于光谱分析和波长测定。光栅的莫尔条纹现象发现也很早，但应月于计量方面，却在20世纪50年代以后。在计量领域，通常把构成莫尔条纹的光栅称为计量光栅。由于计量光栅具有一系列的优点，以及随着光栅制造技术和电子技术的发展，使光栅技术的应用和发展很快。光栅技术目前已广泛应用于数控加工设备和精密测长、测角等光电仪器中，实现测量加工的自动化，读数显示数字化，本章主要讨论常用计量光栅的特点及应用原理。

7.1　光栅的类型

在光电仪器中使用的光栅，可以看做是刻线间距很小的标尺和度盘。在图7-1所示的光栅放大图中，a 为光栅的栅线宽度，b 为光栅的缝隙宽度即透光间隙，φ 为相位光栅的斜角。光栅相邻两栅线的距离 $\omega=a+b$ 称为光栅的栅距或节距。在多数情况下，光线的栅线和缝隙是等宽度的，即 $a=b=\omega/2$。

光栅的种类很多，按其工作原理和用途可分为物理光栅和计量光栅。

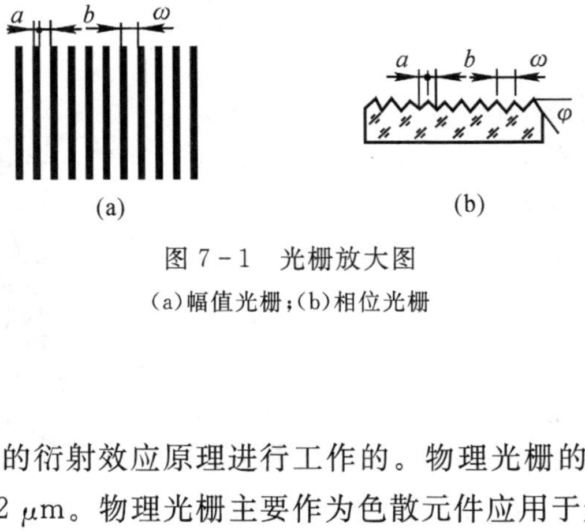

图7-1　光栅放大图

(a)幅值光栅；(b)相位光栅

一、物理光栅

物理光栅是利用光栅的衍射效应原理进行工作的。物理光栅的栅距较小，一般接近于光谱的波长，栅距 $\omega=0.5\sim2\ \mu m$。物理光栅主要作为色散元件应用于光谱分析和测量等物理光学仪器中。

二、计量光栅

计量光栅是利用光栅形成的莫尔条纹原理进行工作的。计量光栅的栅距较大，通常情况下，栅距 $\omega=0.004\sim0.05$ mm。由于计量光栅具有形成莫尔条纹的特点，因此在精密测长和测角的光电仪器中不仅作为长度与角度的校准器，随着光电技术的发展，目前计量光栅更多地作为光栅传感器应用于各种数控设备。它与电子细分技术相配合，得到很高的分辨率和测量精度。

计量光栅按刻线表面的结构可分为幅值光栅和相位光栅。幅值光栅也称黑白光栅。表面刻线如图 7-1(a)所示，其特点是栅线与缝隙黑白相间，通常采用母光栅照相复制法加工而成。黑白光栅的栅距，一般为 ω=0.01～0.05 mm。相位光栅也称闪耀光栅，表面刻线如图 7-1(b)所示，其横截面呈锯齿状，通常用刻划方法直接加工而成。相位光栅的栅距较小，一般为 ω=0.004～0.01 mm。

按载体的形状计量光栅可分为长光栅和圆光栅。长光栅用于长度测量，栅线数通常在25 线对/mm以上；圆光栅用于角度测量，棚距角 ψ 一般不小于 $1'$。

黑白光栅与相位光栅都可采用玻璃载体刻制成透射光栅，或在具有强反射能力的金属带表面刻制成反射光栅。在圆光栅中一般只采用黑白透射光栅。目前，在光电仪器中对于正弦光栅，偏振光栅和全息光栅等应用也日益增多。计量光栅的主要类型，可归纳为如图 7-2 所示的方框图。

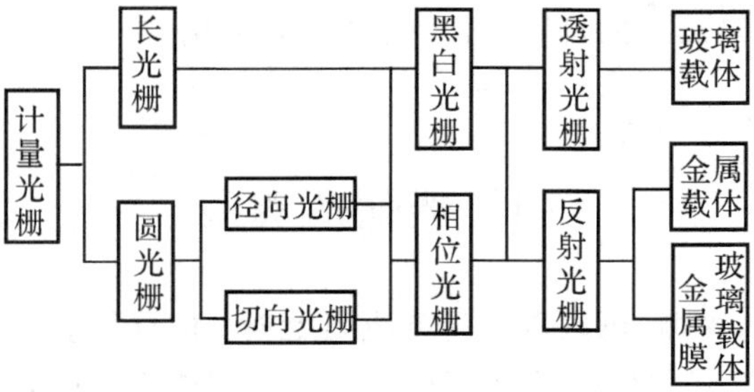

图 7-2　计量光栅分类框图

7.2　莫尔条纹原理

图 7-3 为光栅莫尔条纹的构成原理图。当两块黑白透射光栅的刻线面相重合，并使两者的栅线有很小的交角 θ 时，两光栅的栅线彼此重合，光束从缝隙中通过形成亮带，在 b—b 线上两栅的栅线彼此错开而形成暗带。这明暗相间的条纹称为光栅的莫尔条纹。相邻的亮带或暗带之间的距离 B 为莫尔条纹间距。常把较长的光栅 A 称为主光栅或标尺光栅，而较短的光栅 C 为指示光栅。当光栅的栅线平行排列时，莫尔条纹的亮带由一系列四棱形图案构成，条纹的暗带由一系列交叉栅线组成。因此莫条纹形成原理，是基于两块光栅叠合的遮光和透光效应，这是形成莫尔条纹的几何光学解释。当光栅的栅距接近或小于光谱波长时，莫尔条纹的形成必须根据波动光衍射理论来解释。由于计量光栅的栅距大多比光谱波长大得多，通过几何光学的遮光和透光效应来分析。

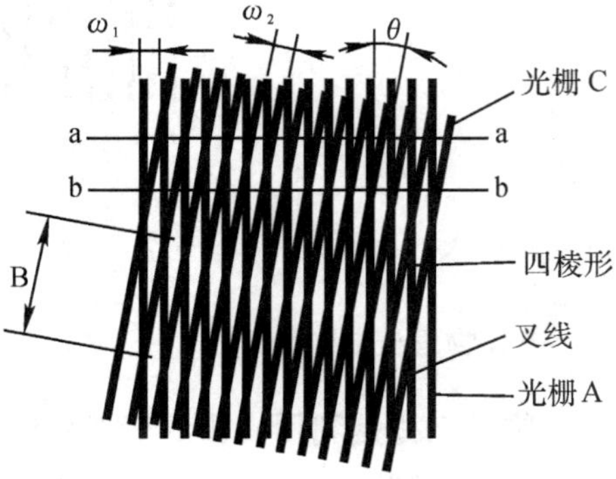

图 7-3　光栅莫尔条纹的构成原理

一、长光栅莫尔条纹方程

1. 莫尔条纹的方程式

长光栅莫尔条纹的简图如图 7－4 所示。取主光栅 A 的 0 号栅线为 y 坐标轴，x 坐标轴垂直于主光栅的各栅线。设指示光栅 C 的 0 号栅线与主光栅的 0 号栅线相交于坐标原点(0,0)，两光栅的栅线交角 θ。为了图形清楚，假设光栅的栅线宽度缩小到无限细而成为一条细线，因此两光栅的栅线交点的连线代表着莫尔条纹的中线。例如，莫尔条纹中线 1 是由同名栅线各交点(0,0)，(1,1)，…等的连线构成。同理，可以得到莫尔条纹中线 2 和 3。

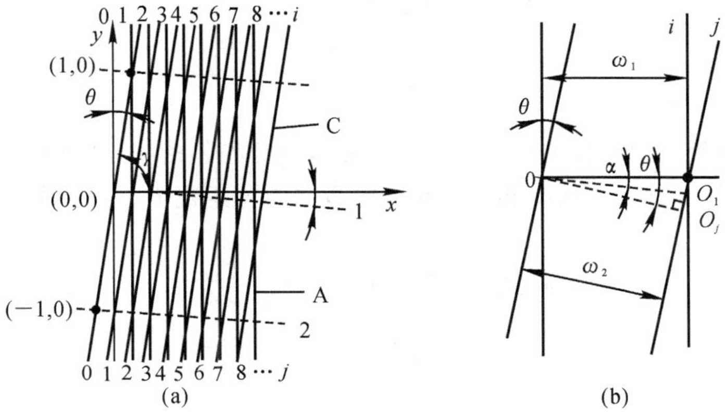

图 7－4　长光栅莫尔条纹简图

设主光栅 A 的栅线序列为 $i=0,1,2,\cdots$；C 的栅线序列为 $j=0,1,2,\cdots$。两光栅的栅线交点可用(i,j)来表示。当主光栅 A 的栅距为 ω_1、指示光栅 C 的栅距为 ω_2 时。由图 7－4 看出，主光栅的栅线方程式为

$$x=i\omega_1 \tag{7-1}$$

指示光栅的栅线方程可以利用“点斜式”求得。因为指示光栅的栅线与 y 轴的交角为 θ，所以指示光栅的栅线斜率为

$$\tan\gamma=\tan(90°-\theta)=\cot\theta \tag{7-2}$$

由图 7－4(b)可知，指示光栅任意一栅线 j 与 x 轴交点 O_j 的坐标为

$$x_j=\frac{j\omega_2}{\cos\theta},y_j=0 \tag{7-3}$$

根据“点斜式”方法得到。指示光栅的栅线方程式可表示为

$$y=(x-x_j)\cot\theta=\left(x-\frac{j\omega_2}{\cos\theta}\right)\cot\theta=x\cot\theta-\frac{j\omega_2}{\sin\theta} \tag{7-4}$$

莫尔条纹的方程同样可用“点斜式”方法得到。莫尔条纹是由 A，C 两光栅的栅线交点(i,j)连接而成的，因此栅线交点的坐标可参考式(7－1)和式(7－4)表示为

$$\left.\begin{aligned}x_{i,j}&=i\omega_1\\y_{i,j}&=x_{x,j}\cot\theta-\frac{j\omega_2}{\sin\theta}=i\omega_1\cot\theta-\frac{j\omega_2}{\sin\theta}\end{aligned}\right\} \tag{7-5}$$

在莫尔条纹 1 上的各点是光栅 A，C 同各栅线的交点，显然有 $i=j$，并且坐标原点为$(x_0, y_0)=(0, 0)$。所以莫尔条纹 1 的斜率可表示为

$$\tan\alpha=\frac{y_{i,j}-y_{0,0}}{x_{i,j}-x_{0,0}}=\frac{i\omega_1\cos\theta-j\omega_2}{i\omega_1\sin\theta}=\frac{\omega_1\cos\theta-\omega_2}{\omega_1\sin\theta} \tag{7-6}$$

式中，α 为莫尔条纹 1 与 x 轴的夹角。

由式(7-6)可以得到莫尔条纹 1 的方程式为

$$y_1=x\tan\alpha=\frac{\omega_1\cos\theta-\omega_2}{\omega_1\sin\theta}x \tag{7-7}$$

同理，可以求得交点 $(j,j+1)$ 和$(i+1,j)$所构成的莫尔条纹 2 和 3 的方程式分别表示为

$$y_2=\frac{\omega_1\cos\theta-\omega_2}{\omega_1\sin\theta}x-\frac{\omega_2}{\sin\theta} \tag{7-8}$$

$$y_2=\frac{\omega_1\cos\theta-\omega_2}{\omega_1\sin\theta}x+\frac{\omega_2}{\sin\theta} \tag{7-9}$$

2. 莫尔条纹的间距

莫尔条纹的间距可用两种方法来度量。一种是用两相邻条纹之间的垂直距离 B 来度量，这是传统的定义；另一种是用两相邻条纹在 y 轴方向上的距离 B_y 来度量，这是目前广为采用的概念。

由式(7-7)和(7-8)可得到莫尔条纹间距的计算公式为

$$B_y=y_3-y_1=y_1-y_2=\frac{\omega_2}{\sin\theta} \tag{7-10}$$

莫尔条纹的间距 B 由下式决定：

$$B=B_y\cos\alpha=\frac{\omega_2\cos\alpha}{\sin\theta}=\frac{\omega_2}{\sqrt{\sin^2\theta+\left(\cos\theta-\frac{\omega_2}{\omega_1}\right)^2}} \tag{7-11}$$

二、长光栅莫尔条纹图案

1. 横向莫尔条纹

横向莫尔条纹图案如图 7-5 所示。当两块等栅距的光栅重合并使栅线之间保持一个很小的交角 θ 时，在接近垂直于主光栅栅线的方向上，形成明暗相间的莫尔条纹。这种条纹称为横向莫尔条纹。

由于两光栅的栅距相等，即 $\omega=\omega_2=\omega$，由式(7－6)可得到条纹的斜率为

$$\tan\alpha=\frac{\omega_1\cos\theta-\omega_2}{\omega_1\sin\theta}=\frac{\cos\theta-1}{\sin\theta}=-\tan\frac{\theta}{2} \tag{7-12}$$

则 $$\alpha=-\frac{\theta}{2}$$

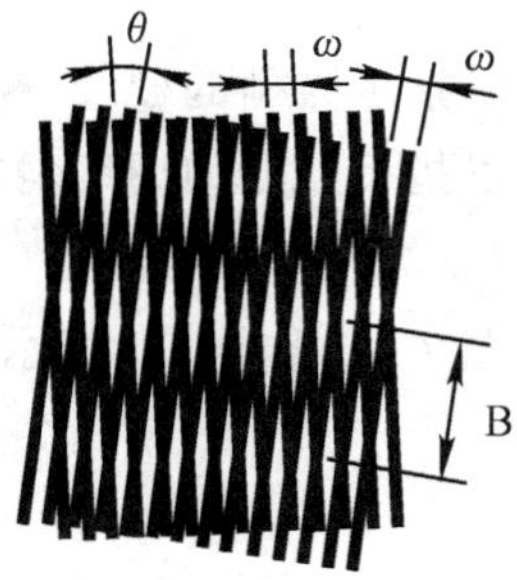

图 7-5　横向莫尔条纹图案

由式(7-12)可见，横向莫尔条纹与 x 轴即主光栅栅线夹角是两光栅交角的一半。由于在实际应用中交角 θ 很小，一般只有几分，因此可以认为条纹几乎与 y 轴垂直，这是把它称为横向莫尔条纹的原因。严格地说，等栅距的两光栅所构成的横向莫尔条纹垂直于两光栅线交角的平分线。

横向莫尔条纹的间距可由式(7-10)和式(7-11)可得到

$$B_y=\frac{\omega_2}{\sin\theta}=\frac{\omega}{\sin\theta} \tag{7-13}$$

$$B=\frac{\omega_2\cos\frac{\theta}{2}}{\sin\theta}=\frac{\omega}{2\sin\frac{\theta}{2}} \tag{7-14}$$

当 θ 角很小时，$\sin\theta\approx\theta$，$\sin\left(\frac{\theta}{2}\right)\approx\left(\frac{\theta}{2}\right)$。比较式(7-13)和式(7-14)，可得到横向莫尔条纹间距的近似计算公式为

$$B=B_y\approx\frac{\omega}{\theta} \tag{7-15}$$

因此，在实际应用中，通常都采用 B 代替 B_y。

当等栅距的两光栅交角 $\theta=0$ 时，莫尔条纹的间距 $B=\infty$。这时的指示光栅相当于一个闸门的作用，在栅线挡住主光栅透光缝隙时，条纹变成一片黑暗；在透光缝隙重合时，透光量最大，条纹变成最明亮的一片。因此将这种特殊的条纹称为光闸莫尔条纹。

横向莫尔条纹和光闸莫尔条纹是在光电检测仪器中应用得最广泛的条纹。特别是横向莫尔条纹，由于条纹的间距 B 可由交角 θ 来改变，因此使用与调整十分方便。

2. 纵向莫尔条纹

纵向莫尔条纹的图案如图 7-6 所示，它由栅距各为 $\omega_1=\omega$ 和 $\omega_2=(1+\varepsilon)\omega$。及 $\theta=0$ 的两光栅重合而成。很明显，光栅条纹的斜率 $\tan\alpha=\infty$，则 $\alpha=90°$，因此光栅莫尔条纹的方向与栅线平行，这是称为纵向莫尔条纹的原因。

图 7-6　纵向莫尔条纹图案

纵向莫尔条纹的间距 B 由式(7-11)可求得，即

$$B=\frac{\omega_2}{\sqrt{\sin^2\theta+\left(\cos\theta-\frac{\omega_2}{\omega_1}\right)^2}}=\frac{\omega_2}{1-\frac{\omega_2}{\omega_1}} \tag{7-16}$$

式(7-16)可改写为

$$B=\frac{(1+\varepsilon)\omega}{|\varepsilon|}=\frac{\omega}{|\varepsilon|}\pm\omega=\frac{\omega}{|\varepsilon|} \tag{7-17}$$

式中，ε 为两光栅的栅距差系数，$\varepsilon=(\omega_2-\omega_1)/\omega_1$，其绝对值 $|\varepsilon|\ll1$。

由于纵向莫尔条纹需要栅距不等但又相差甚微的两光栅，使得光栅的刻制十分困难，同时纵向莫尔条纹的间距使用时又无法调整所以纵向莫尔条纹在计量方面应用很少。

3. 斜向莫尔条纹

斜向莫尔条纹是由 $\omega_1=\omega$，$\omega_2=(1+\varepsilon)\omega$ 及 $\theta\neq0$ 的两块光栅叠合而成的。它是横向莫尔条纹和纵向莫尔条纹的综合，其条纹的图案如图 7-7 所示。

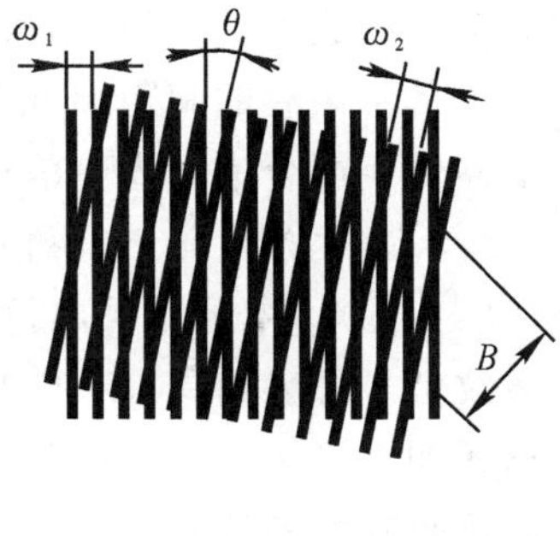

图 7-7　斜向莫尔条纹图案

斜向莫尔条纹的斜率可由式 (7-6)求得

$$\tan\alpha=\frac{\cos\theta-(1+\varepsilon)}{\sin\theta} \tag{7-18}$$

当 θ 角很小时，式(7-18)可近似表示为

$$\tan\alpha\approx-\frac{\varepsilon}{\theta} \tag{7-19}$$

斜向莫尔条纹的间距由式 (7 - 11),可求得

$$B=\frac{\omega(1+\varepsilon)}{\sqrt{\sin^2\theta+[\cos\theta-(1+\varepsilon)]^2}}\approx\frac{\omega}{\sqrt{\varepsilon^2+\theta^2}} \tag{7-20}$$

当两光栅的间距满足 $\omega_2=\omega_1\cos\theta$ 即 $\cos\theta=1+\varepsilon$ 时,由式(7 - 18)可知,莫尔条纹的斜率 $\tan\alpha=0$,此时可以得到严格的横向莫尔条纹。这就是说,当两块光栅的栅距不等时,可以找一个合适的交角 $\theta=\arccos(\omega_2/\omega_1)$,从而获得严格的横向莫尔条纹。

三、莫尔条纹的特性

根据以上对光栅莫尔条纹图案性质的讨论,莫尔条纹在计量方面有以下几个重要特性。

1. 莫尔条纹与光栅运动方向的关系

当光栅副中任一光栅沿着垂直于栅线方向移动时,横向莫尔条纹就沿着近似垂直于光栅的移动方向运动。光栅移过一个栅距 ω,莫尔条纹移动一个条纹间距 B。因此光栅移动的距离 s 可由条纹移动的数目 N 来计数

$$s=\frac{N\omega}{\cos\eta} \tag{7-21}$$

式中,η 为光栅移动方向与栅线的垂线之间的夹角,通常 $\eta=0$。

当光栅改变移动方向时,莫尔条纹也随之改变运动方向。由于光栅与莫尔条纹的运动关系是严格对应的,因此可以通过测量莫尔条纹的数目和运动方向,来判别光栅的移动距离和方向,实现可逆计数的目的。

2. 莫尔条纹间距与光栅栅距的关系

莫尔条纹与栅距的关系可用莫尔条纹的放大系数 k 来表示,由式(7 - 15)可得到横向莫尔条纹放大系数为

$$k=\frac{B}{\omega}\approx\frac{1}{\theta} \tag{7-22}$$

在实际应用中的 θ 角都很小,其值在角分数量级。因此莫尔条纹的放大系数 k 很大。

例如,当 $\theta=10'$时,$k=1/\theta=1/0.029=345$。

由此可知,莫尔条纹具有对光栅位移的放大作用。它比一般的光学和机械方法易于实现大倍率的放大,所以莫尔条纹被广泛地用来实现高灵敏度的位移测量。

莫尔条纹的间距 B 可以通过改变交角 θ 来调整,通常可调至 $B=10$ mm,以便与阵列光电器件相配合进行光电信号的转换,这为直接位置细分法提供了客观的可能性。

3. 莫尔条纹与光栅栅距误差的关系

由图 7 - 4 可以看出,莫尔条纹是光栅副的很多条栅线综合作用的结果。在实际应用中,条纹信号都采用具有一定光敏面积的光电器件进行接收。将条纹光信号转换成电信号而输出。如果光栅的某一栅距有误差,虽然该栅线交点的连线不在一条直线上,但通过光电接收器所接收到的条纹光信号是整个光敏面区域内所有栅线交点的综合结果,因此对各栅距的误差起了平均作用。所以莫尔条纹具有平均光栅误差的作用。

根据偶然误差规律,假设单个栅距误差为 δ,形成莫尔条纹区域内有 N 条栅线,则综合栅距误差 Δ 可近似地表示为

$$\Delta=\pm\frac{\delta}{\sqrt{N}} \tag{7-23}$$

例如，对于栅距 $\omega=0.02$ mm 的光栅来说，假定单线误差 $\delta=1\ \mu$m，若采用 10 mm×10 mm 的硅光电池接收莫尔条纹，则 $N=10/0.02=500$，由式(7－23)可求得光栅的综合栅距误差 $\Delta=\pm0.04\ \mu$m。这说明因莫尔条纹对栅距误差的平均作用，使实际误差减小了 20 多倍。根据莫尔条纹的这一特性，一方面可以比较容易地实现高精度测量；一方面还可以利用光栅来控制制造光栅。也就是采用精度较低的光栅，得到精度很高的莫尔条纹，用莫尔条纹再控制光栅刻线机，刻制出高精度的光栅，使后一代光栅比前一代光栅的质量更高。这就是光学优生法原理。

4. 莫尔条纹的波形特性

又由图 7－5 可知，光栅的莫尔条纹是由一系列四棱形光点组成的。当光栅受平行光束均匀照射时莫尔条纹的光强也呈四棱形光点分布，其光强的波形图如图 7－8 所示。在理想的条件下莫尔条纹的波形应是如图 7－8(a)所示的等腰三角形波形。波形的周期为莫尔条纹的间距 B 或光栅的栅距 ω。

在实际情况下，由于两光栅之间有一定的空气间隙，存在照明光源发散角的影响，以及光栅的衍射作用，光栅刻制质量等因素的影响，使莫尔条纹的三角波形光强分布被削顶和削底，从而形成如图 7－8(b)所示近似正弦波形。实测数据表明，它与标准的正弦波相位差的最大值不超过 7^{c}。通常情况下光栅莫尔条纹信号的波形可以看成正弦波。这也使莫尔条纹光信号的反差将比理论值要小。

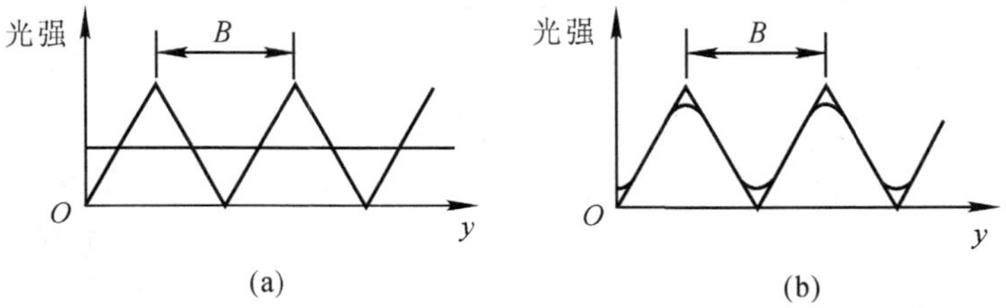

图 7－8　光栅莫尔条纹的波形图

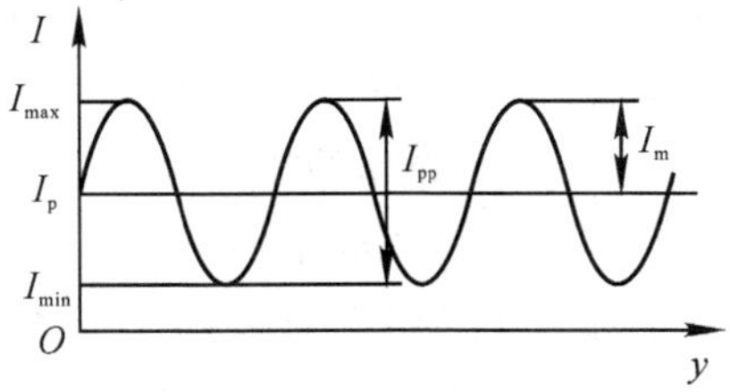

图 7－9　莫尔条纹的光强分布图

根据迈克尔逊对条纹可见度即反差 K 的定义，有

$$K=\frac{I_{\max}-I_{\min}}{I_{\max}+I_{\min}}$$

式中　$I_{\max}$——亮条纹的光强度；

$I_{\min}$——暗条纹的光强度。

由图 7－9 所示的莫尔条纹光强分布图中看出，$I_{\max}+I_{\min}$是条纹光强平均值 I_p 的两倍，而 $I_{\max}-I_{\min}$是条纹光强变化量的峰峰值 I_{pp}即振幅值 I_m 的两倍。因此莫尔条纹光信号的反差可表示为

$$K=\frac{I_{\max}-I_{\min}}{I_{\max}+I_{\min}}=\frac{I_{pp}}{2I_p}=\frac{I_m}{I_p} \tag{7-24}$$

莫尔条纹光信号反差的大小，能简单说明光栅系统工作情况的质量。莫尔条纹的理想波形为三角波形，其反差最大，即 $I_{\max}=1$，由于光闸莫尔条纹光信号的波形接近于三角波，因而有很好的反差。

四、圆光栅莫尔条纹图案

圆光栅莫尔条纹的图案比较复杂，而且种类繁多，下面仅以常用的几种加以讨论。

1. 径向光栅的圆弧莫尔条纹

径向光栅是指栅线均通过光学圆盘中心的光栅，如图 7－10(a)所示。在图中，ψ 为栅距角，R 为光栅刻线圆的平均半径。当两块栅距角相同的径向光栅相重合，并保持一个不大的偏心量 e 时，可形成如图 7－10(b)所示的圆弧莫尔条纹。条纹由一系列圆弧曲线构成。在沿偏心距的方向上，两光栅因偏心而使栅距不等，产生近似平行于栅线的纵向莫尔条纹。位于垂直偏心距方向位置上的莫尔条纹，因与横向莫尔条纹产生的条件相似，故产生近似垂直于栅线的横向莫尔条纹。而其他位置上的莫尔条纹，介于横向与纵向之间，形成斜向莫尔条纹。

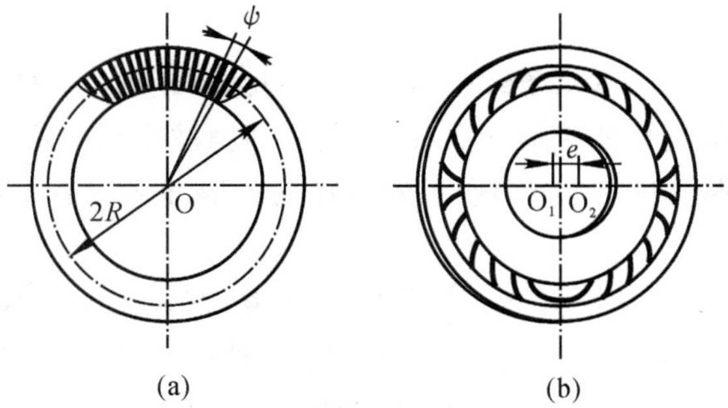

图 7－10　径向光栅的圆弧莫尔条纹的图案

径向光栅的莫尔条纹，是对称于偏心距方向的两簇圆形图案，如图 7－11 所示。条纹簇的圆心都位于两光栅中心连线的垂直平分线上，并且所有圆弧条纹均通过两光栅的中心 O_1 和 O_2，因此莫尔条纹的间距将随条纹位置的不同而相异。在实际应用中，一般都采用横向莫尔条纹这一部分进行角度的测量。

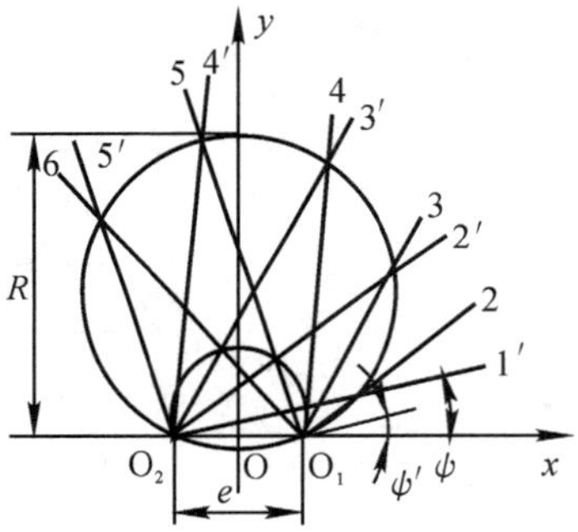

图 7－11　圆弧莫尔条纹的形成图

径向光栅中的横向莫尔条纹间距可由式(7－15)得到

$$B=\frac{\omega}{\theta}\approx\frac{R\psi}{e/R}=\frac{R^2\psi}{e} \tag{7-25}$$

式中　R——光栅刻线圆的平均半径；

ψ——光栅的栅距角；

e——光栅副的偏心量。

当两块径向光栅圆心叠合时，可以得到光闸莫尔条纹。

2. 切向光栅的环形莫尔条纹

切向光栅是指光栅的栅线切于一个小圆所构成的圆光栅。当两块光栅栅线数相同，切向相反，切线圆半径分别为 r_1 和 r_2 的切向光栅圆心重合时，可得到如图 7－12 所示的莫尔条纹图案。因为莫尔条纹的形状是一个圆环，所以也称为环形莫尔条纹。

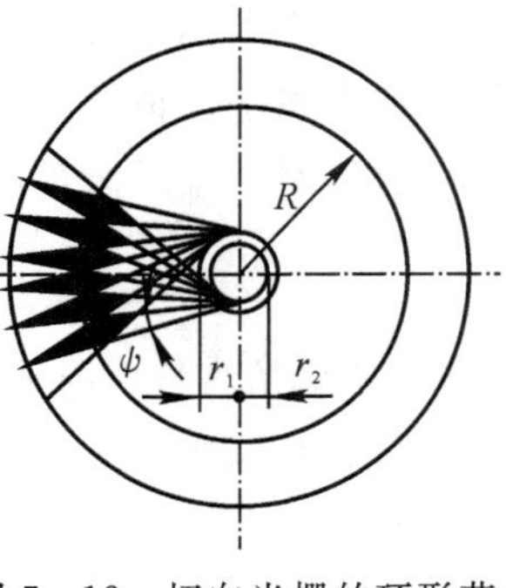

图 7－12　切向光栅的环形莫尔条纹的图案

环形莫尔条纹的间距 B，同样可以利用式(7－15)推导出，即

$$B=\frac{R^2\psi}{r_2+R_2}$$

通常可取 $r_1=r_2=r$。则上式可表示为

$$B=\frac{R^2\psi}{2r} \tag{7-26}$$

式中　　R——光栅线圆的平均半径；

r_1，r_2——切圆半径；

ψ——圆光栅的栅距角。

环形莫尔条纹可用来检验回光栅的分度误差，还可利用它具有全光栅平均效应的优点，进行高精度的角度测量。

五、相位光栅

相位光栅又称闪耀光栅，光栅的截面为锯齿状，通常采取刻划的方法制成。相位光栅的截面形状如图 7-13 所示。图 7-13(a)为等腰三角形截面，其刻划宽度 a 与透光隙 b 相等，因此也称对称相位光栅。

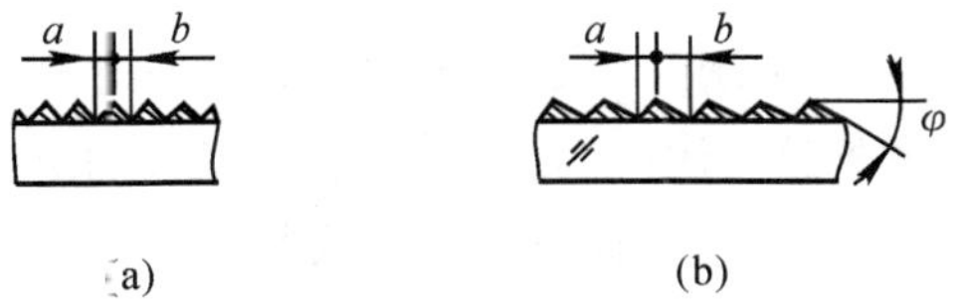

图 7-13　相位光栅截面图

(a)对称相位光栅；(b)锯齿形光栅

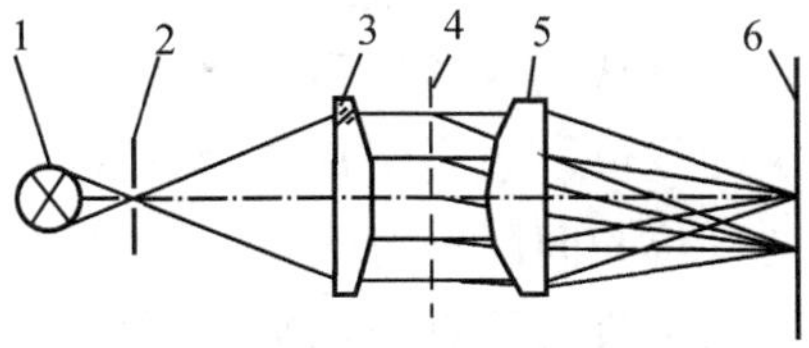

图 7-14　单光栅衍射分光原理图

1—光源；2—狭缝隙；3，5—聚光镜；4—相位光栅；6—屏幕

图 7-13 (b)所示为锯齿形光栅，将透光间隙与栅距 $\omega=a+b$ 的比值在 0.6～0.7 之间，这对 0 级和 1 级衍射光有最佳的透过系数。相位光栅的栅距较小，作为分光元件时其栅线密度一般为 150～2 400 线对/mm。因此形成条纹的原理可用光栅的衍射效应来解释。图 7-14 为利用单光栅的衍射效应分光的原理图。光束自光源 1 经狭缝 2 和聚光镜 3 成平行光投射到一块相位光栅 4 上，光束被光栅衍射后，不同波长的光被分散为各种不同方向的光束，再经聚光镜 5 聚焦，在屏幕 6 上显示出光谱线。根据物理光学可知，要得到衍射图的亮条纹，必须满足下列光栅衍射方程：

$$\omega(\sin\alpha-\sin\beta_k)=2k\,\frac{\lambda}{2}=k\lambda \tag{7-27}$$

式中　α——入射光束与光栅面法线的夹角；

β_k——k 级衍射光与光栅面法线的夹角；

k——衍射的级数，$k=0,\pm1,\pm2,\cdots$；

λ——入射光的波长。

当采用两块相位光栅生成光闸莫尔条纹时，其工作状态如图 7-15 所示。令 $\alpha=\beta$，则要得到双次闪耀即 0 级和 1 级有最大光强的条件为

$$\tan\varphi=\frac{\sin\alpha}{n\cos\left[\arcsin\left(\frac{1}{n}\sin\alpha\right)\right]-1} \tag{7-28}$$

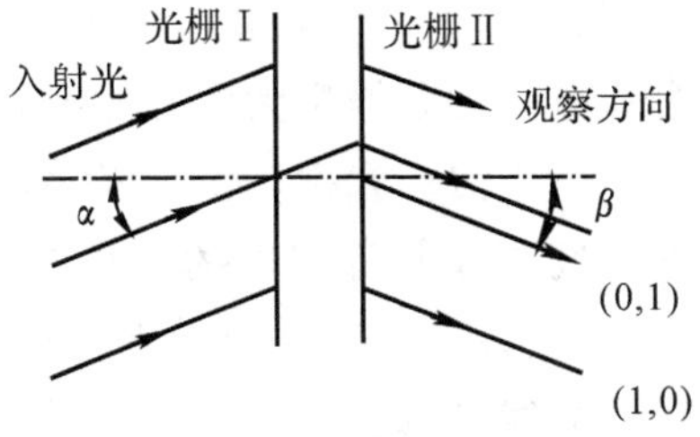

图 7-15　双光栅衍射分光原理图

式中　φ——相位光栅锯齿形斜角；

n——玻璃的折射率。

采用相位光栅和分光式光栅读数装置，可把所需的 1 级衍射光谱分离出来。

7.3　光栅的零位系统

一、光栅零位系统的功能

普通的光栅在计量过程中都是以增量的形式反映位移量的大小，在测量时零位可任意确定，因此每次测量各有其自身的不同零位。如果在测量过程中一旦遇到停电、停机或中断运行等意外事故，会使前面所得的结果全部丢失，需要重新确定零位并重复以前的测量工作才能继续进行下去。为了克服增量式光栅的这个缺点，发展了一种零位光栅系统。

标尺和度盘从刻线的排列规律来看，它们都是属于增量式编码系统。如果只看刻线，它们也没有固定的零位。故当度盘作为目视测量的标准器使用时，可在刻线的一端刻上数字用来表示固定的零位和间隔绝对值，从而使增量式标尺和度盘具有绝对值读数的优点。但是，一般的光栅信号电子装置不具备识别数字字符的能力，因此不能采用在普通光栅上加数字符号的办法来进行绝对值测量。使增量式光栅具有让电子装置识别零位标记的可行方法，是在光栅刻线区之外再刻制一组零位栅线，使它与主光栅上的某一位置相对应，作为主光栅的固定零位，这就相当于光栅在测量中具有绝对零位的功能。

二、光栅零位编码的方法

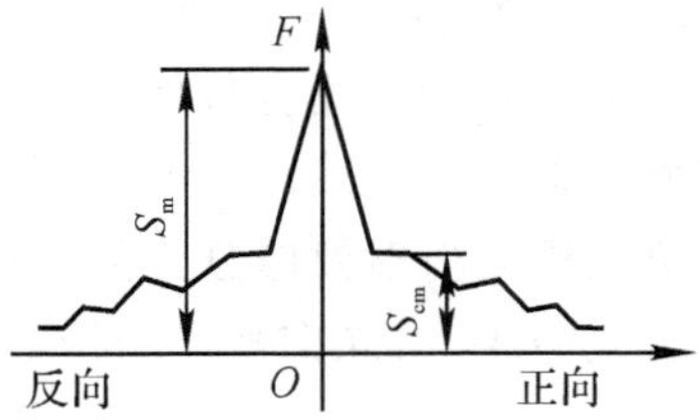

图 7－16　零位光栅的典型光通量曲线图

从原理上讲，只要延长主光栅中某一栅线或透光缝隙，就可作为零位标记，由单独的光电接收和电路的处理后成为零位信号。但是，只有当光栅的栅距足够大，才能经过接受和电路的处理后成为零位信号，并且只有当光栅的栅距足够大，接收的光电信号才足够大。在零位精度不高的条件下，这种方法才有实用价值。可是一般光栅栅距都很小，因此单缝零位的光能量太弱而无法工作。若采用多缝等宽的光栅，虽然光能量问题可以解决，而输出信号在理论上是宽底的三角波。实际上近似于正弦波，所以输出信号不是尖脉冲，零点位置不易判别正确。为此需要找一种多刻线的且输出为尖脉冲编码的零位光栅系统。

图 7－17　零位光栅系统的刻线图

由于黑白光栅反差号强，所以零位光栅一般都采用非等间距和非等宽度的黑白线条。假定一对零位光栅作相对移动时，其光通量 $F(x)$ 变化的规律符合图 7－16 所示曲线，则光栅的零位对准精度将很高。在设零位光栅时应使光通量函数 $F(x)$ 具有如下特征：

(1)要求零位信号是一个尖三角脉冲，并尽量增大

零位脉冲的峰值 S_m；

(2)尽量减小最大残余信号的幅值 S_{cm}，一般应使 $S_{cm}/S_m \leqslant 1/3$；

(3)考虑到光栅的正反向测量要求，应使光通量函数对称于零位原点。

图 7-17 所示是一种零位光栅组的刻线情况，从中可以形象地看出零位光栅系统的具体轮廓。当光栅处于零位时，缝隙将透过最大的光通量，而在偏离零位时光通量将很快下降，所以该零位光栅组有很高的零位对准精度。

7.4　光栅参数的选择

一、光栅栅距的选择

计量光栅常用的栅距为 $\omega=0.004\sim0.05$ mm，刻线密度相当于 20～250 线对/mm。

相位光栅的栅距较小，常用的栅距范围为 $\omega=0.004\sim0.01$ mm。

黑白光栅的栅距较大，常用的栅距范围为 $\omega=0.01\sim0.05$ mm。目前广泛采用 $\omega=0.01$ mm，$\omega=0.02$ mm 的两种计量光栅。

随着莫尔条纹电子细分技术的发展，粗光栅的应用引起了重视。粗光栅的栅距一般取 $\omega=0.05\sim$C.5 mm。国外采用的最粗光栅为每 40 线对相当于栅距 $\omega=0.635$ mm。

由于光栅制造技术的日益完善，与粗光栅系统相反，也有采用的 600～1 200 线对/mm 的极细光栅作为精密测量的标准器。

一般地说，栅距的选择可根据细分机构或细分电路的细分数 n 和仪器的分划值或最小读数值 τ 确定，其表达式为

$$\omega=n\tau \tag{7-29}$$

在最小读数值或仪器的分辨率 τ 确定后，栅距取较小值时细分部件的负担可减轻；若取较大的栅距值，则细分数 n 必须较大。因此栅距的选择，应根据具体的条件，如细分技术，光栅制造工艺等权衡利弊，做出决定。

二、光栅刻线宽度和长度的选择

对于黑白光栅，为了提高反差，光栅应刻制成黑白等间距，使栅线宽度 a 等于缝隙宽度 b，则

$$a=b=\frac{\omega}{2} \tag{7-30}$$

对于相位光栅，为了满足二级闪耀条件，对 0 级和 1 级衍射光有最佳透过系数，应使刻线槽宽 a 与透光槽宽 b 满足如下关系：

$$\frac{b}{a+b}=0.6\sim0.7 \tag{7-31}$$

光栅刻线的长度 C，通常控制在 10～20 mm 以内，这是一般光栅刻线机可以达到的长度。

在工艺条件允许的情况下，刻线长度应根据实际需要的莫条纹间距 B 来计算

$$C=B+\Delta=k\omega+\Delta \tag{7-32}$$

式中，Δ 为刻线余量，通常 $\Delta=1\sim2$ mm；k 为莫尔条纹放大系数，$k=1/\theta$。

三、光栅载体尺寸的选择

透射光栅的载体为玻璃，为了保证光栅有足够的刚度，一般可按以下经验值确定尺寸：

长光栅的长度 L 与厚度 H 之比，应控制在 $L/H=10\sim30$ 范围内；

圆光栅的直径 D 与厚度 H 之比，可在 $D/H=10\sim25$ 范围内选取。

四、光栅副间隙的选择

光栅副的间隙 d 对光栅莫尔条纹的反差和防止光栅副刻线面在移动时的擦伤影响很大。通常在小间隙使用时取 $d=0.02\sim0.05$ mm，在大间隙使用时取 $d=0.5\sim2.0$ mm。

影响光栅副间隙取值的因素很多，下面就光栅的衍射效应和条纹反差与间隙 d 的关系进行分析。

1. 根据衍射效应决定间隙值

从衍射的观点来看，在主光栅后面符合费涅尔公式(7－33)的各个位置上(这些位置所在的平面称为费涅尔焦平面)，都会重现光栅的表面图案。因此在这些平面位置上放置指示光栅，都可以得到莫尔条纹。费涅尔公式如下：

$$d=i\frac{\omega^2}{\lambda} \tag{7-33}$$

式中 ω——光栅的栅距；

i——费涅尔焦平面的级数，$i=0,1,2,\cdots$；

λ——照明光源的波长，当照明光源是白光时，可取光电接收器的峰值波长，光栅副的间隙，可在小间隙和大间隙两种状态下工作。

(1)小间隙使用状态。当 $i=0$ 即 0 级费涅尔焦平面时，由式(7－33)可知，费涅尔焦平面在主光栅的表面上，此时无法安置能相对运动的指示光栅。通常所说小间隙使用状态是指 $i=0.1\approx0$ 的工作状态。此时式(7－33)可表示为

$$d=0.1\frac{\omega^2}{\lambda} \tag{7-34}$$

从光栅的运动和防止栅面擦伤的角度而言，间隙 $d\geqslant0.02$ mm 是合适的。由此可知，小间隙使用状态时栅距的下限应为

$$\omega_{\min}=\sqrt{\frac{d\lambda}{0.1}}\approx0.45\sqrt{\lambda} \tag{7-35}$$

若以硅光电池作为莫尔条纹的光电接收器，则 $\lambda=0.85\ \mu$m，可得栅距的下限 $\omega_{\min}\approx0.013$ mm。这就是说，只有当光栅的刻线密度小于 76 线对/mm 时，才采用小间隙。如果间隙增大到 $d=0.05$ mm，则刻线密度不应超过 50 线对/mm。

(2)大间隙使用状态。大间隙使用状态即 $i=1$ 时，此时取第一费涅尔焦平面位置，由式(7－33)可表示为

$$d=\frac{\omega^2}{\lambda} \tag{7-36}$$

如果仍要求 $d_{\min}\geqslant0.02$ mm，则 $\omega_{\min}\geqslant0.004$ mm。这就是说采用大间隙工作状态，光栅的刻线

密度可以增大到 250 线对/mm；若刻线密度为 50 线对/mm，则间隙 $d\approx0.5$ mm。

2. 根据条纹反差决定间隙值

在白光照射下，莫尔条纹的反差 K 可由下列公式计算：

$$K=\frac{\sin(\pi\eta d/(f'\omega))}{\pi\eta d/(f'\omega)}\frac{\sin(\pi\eta d/(2f'\omega))}{\pi\eta d/(2f'\omega)} \tag{7-37}$$

式中　η——照明光源的灯丝宽度；

f'——照明聚光镜的焦距；

ω——光栅的栅距；

d——光栅副的间隙。

若令 $\eta=2$ mm，$f'=26$ mm，分别对 $\omega=4$ μm 和 $\omega=10$ μm两种计量光栅进行计算，可得到如图 7-18 所示的条纹反差曲线图。

从图 7-18 中看出，为了达到 80%的反差，对于栅距 $\omega=0.004$ mm 的光栅，间隙应取 $d=0.015$ mm 左右；对于栅距 $\omega=0.01$ mm 的光栅，间隙应取 $d=0.04$ mm左右。

由莫尔条纹反差的要求来看，栅距 $\omega=0.004\sim0.01$ mm的光栅，光栅副的间隙应在 0.015～0.04 mm 之间选取。适当增加光栅副的间隙，可使条纹的波形更接近于正弦波，以满足电子细分的要求。

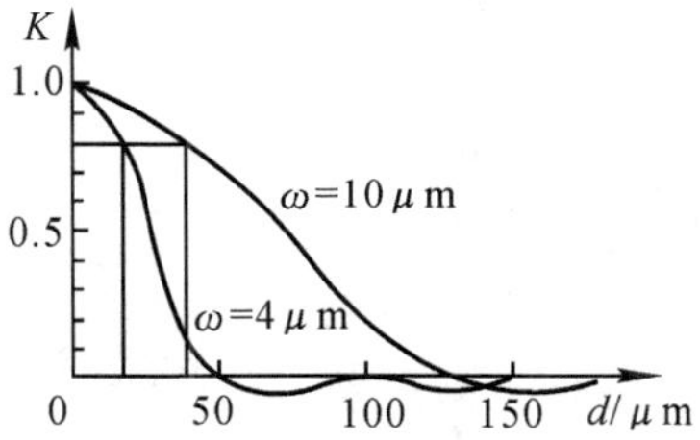

图 7-18　莫尔条纹反差与间隙关系曲线

7.5　光栅的误差

单条光栅的误差由光栅刻划工艺和刻线机的精度决定。光栅的刻划误差规律与标尺、度盘等相似。

计量光栅大多在构成莫尔条纹的情况下使用，由于莫尔条纹的平均误差作用，使光栅局部刻划误差的影响大为减小。式(7-23)粗略地描述了平均误差与单栅误差之间的关系。因为常用的栅距 $\omega=0.01\sim0.05$ mm，若取硅光电池接收器长度尺寸为 10 mm，则硅光电池所覆盖的光栅刻线总数 $N=10/\omega=200\sim1\,000$ 线对，所以光栅的平均误差 Δ 与单个栅距误差 δ 之比仅为 1/14～1/32。由此可见，莫尔条纹的平均误差作用很大。实际上莫尔条纹每变化一个周期，光栅只移动一个栅距，也就是说，在 200～1 000 条刻线中只改变了一条刻线。因此单个栅距误差在短周期内的影响，要比式(7-23)反映得更小。

莫尔条纹所平均的栅距误差，是以光电接收器长度 $N\omega$ 为周期的。因此莫尔条纹的平均误差作用只能减小光栅刻划误差中的短周期误差。

长光栅的栅距误差，一般为微米数量级；圆光栅的栅距误差为角秒数量级。国际先进水平为：长光栅为±0.5 μm/m，圆光栅为±0.1″。

光栅刻划误差的检查方法，原则上有对单刻线逐一检验和对莫尔条纹进行检验两种方法。由于光栅的刻线数太多，又无标志，所以单刻线检验方法很少采用。图 7－19 所示是采用莫尔条纹进行检验而得到的光栅误差曲线。从图中看出，局部位置的短周期误差很小，但从全长范围内的长周期误差来看，仍可看出刻线误差的影响较大。几乎所有的长光栅在全长范围内硅光电池输出电压平均值 U_p 都是变化不定的，其变化范围在 2%～15%之间。因此在光栅计数和细分电路中，应设法消除直流分量 U_p 的影响，以提高测量精度和稳定性。

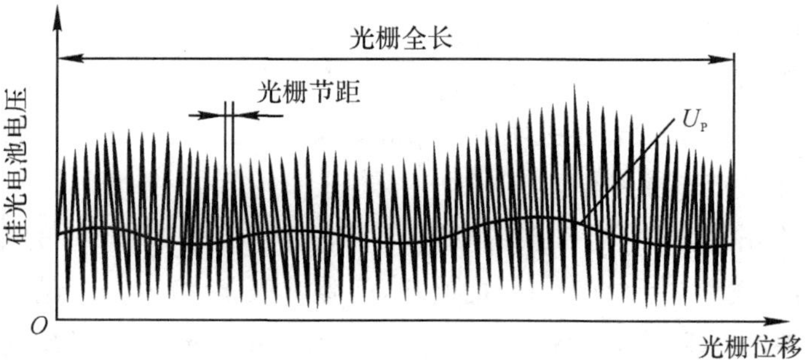

图 7－19　光栅误差曲线图

7.6　光栅的固定和调整方法

光栅载体一般都采用玻璃制成，而光栅的固定件都为金属材料，两种材料线膨系数的不同是光栅固定中的主要问题。所以长光栅不能全部固牢在钢件上，否则受温度影响后将产生力使光栅变形，严重时可引起光栅断裂。圆光栅也会由此而产生偏心，使测量精度降低。对于光栅固定的基本要求，应是牢靠而防止应力变形。图 7－20 所示为透射式长光栅的一种固定方法。在图 7－20(a)中，采用一点刚性固定，而在其他位置上采用弹性夹紧固定。在图 7－20(b)中，两端都采用弹性夹紧的固定方法。

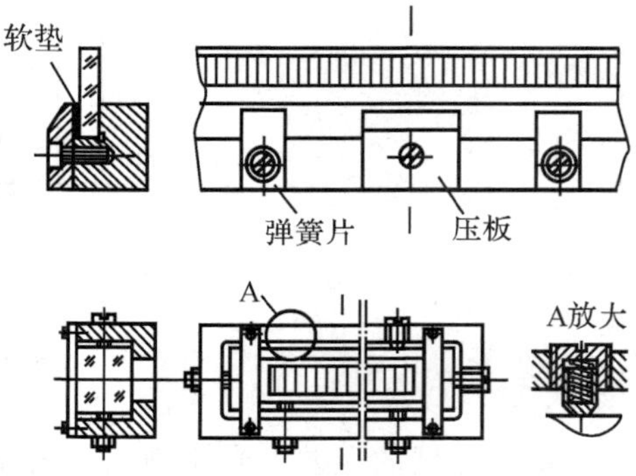

图 7－20　长光栅的固定方法

如图 7－21 所示为圆光栅的固定方法。图 7－21(a)所示为简单压紧法，它通过纸片等软垫压紧圆光栅，但无法防止因温度变化而引起的偏心，因此只适用于受温度变形后易于重新调整偏心的场合。当选用与玻璃膨胀系数接近的 Ni45 不锈钢作光栅座时，有可能避免温度变化而引起的偏心。

图 7－21(b)表示圆光栅弹性连接一种方法。它是将圆光栅用环氧树脂等高强度胶固定在一个开槽弹性片的圆盘上，弹性盘能吸收温度变化时的胀缩量。在胶合处开有沟槽，以便增加胶合强度。这种方法经高低温试验均不产生偏心。

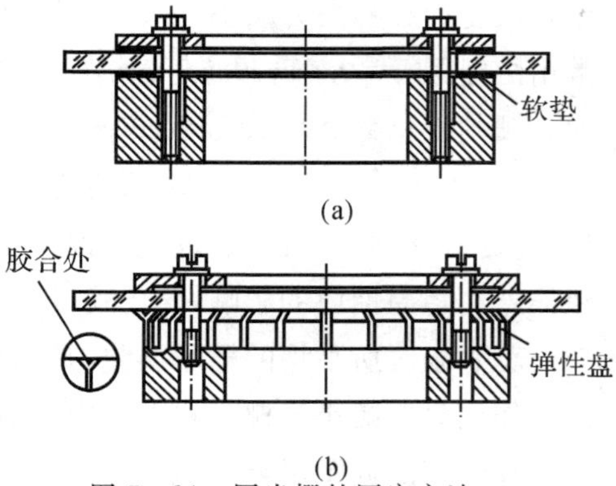

图 7－21　圆光栅的固定方法

在光栅的固定中，应保证光栅安装后的平直性。在小间隙使用即 $d<(3\sim5)$ 时，光栅表面的平直度应在 $(0.2\sim0.5)\omega$ 以内。为了防止污物进入光栅间隙，工作时应使主光栅刻线面向下或直立。当光栅尺很长时，还必须注意重力变形。这些在光栅固定中都是需要考虑的。

光栅的调整机构，对单件来说，长光栅应保证光栅栅线与测量方向垂直；圆光栅要保证刻划中心与转轴中心同心。对光栅副而言，长光栅副应具备间隙和交角的两个调整环节，并使指示光栅对主光栅的不平行度控制在 $\omega/2$ 以内；而对圆光栅副，则应考虑间隙和偏心量的调整机构。在结构设计时应注意上述问题。

7.7　光栅的光电读数

利用光栅莫尔条纹进行测量的技术，在国内外已得到广泛的应用。莫尔条纹是光栅测量的基础，而光栅信号即莫尔条纹信号的光电计数和电子细分技术的发展，则是光栅测量技术能够广泛应用的前提。为了说明光栅的光电读数和电子细分的原理，还需从光栅测量原理和光栅信号的光电特性方面进行分析与讨论。

一、光栅测量原理

计量光栅是一种增量式编码的光学标准器。长光栅是以栅距 ω 为增量的编码尺，圆光栅是以栅距角 ψ 为增量的编码盘。长光栅与圆光栅的编码方程式可分别表示为

$$L=N\omega \tag{7-38}$$

$$\varphi=N\psi \tag{7-39}$$

式中　L——长光栅的有效刻划长度；

φ——圆光栅的圆周角；

ψ——光栅的栅线对数。

1. 光栅测量原理方案

从光栅编码方程式中看出，若以长光栅作为标准器，对某一被测物体进行比较测量的情形，如图 7-22所示。测量的实质就是在光栅尺上读取反映被测对象长度的数值 x。此值可表示为

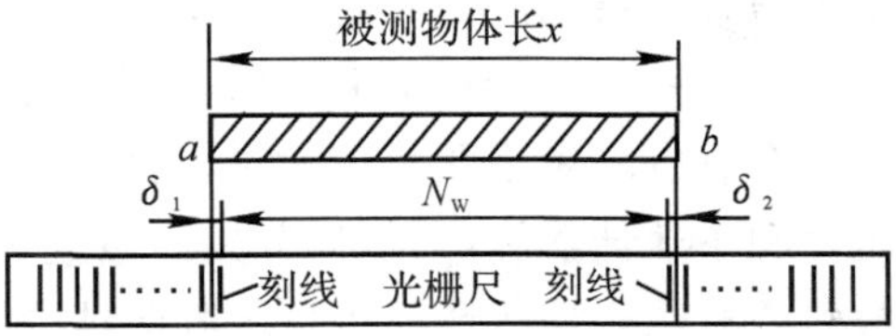

图 7-22　光栅测量示意图

$$x=ab=\delta_1+N\omega+\delta_2=N\omega+\delta \tag{7-40}$$

式中，N 为 ab 之间所包含的光栅栅线对数；δ_1，δ_2 为被测物在 ab 两端所对应的光栅上小于一个栅距 ω 的小数值，$\delta=\delta_1+\delta_2$。

由式(7-40)看出，所谓光栅测量，实际上就是读取相应的光栅线数 N 和不到一个栅距的 δ。如果测量精度允许舍去小数值，测量方程式(7-40)可简化为

$$x=N\omega \tag{7-41}$$

由此可知，对被测物体的测量过程，变为单纯地读取光栅栅距数 N 的过程。从光电读数的观点来看，就是对光栅信号的计数。

如果要读取小数部分的 δ，这时必须对栅距 ω 进行细分或微测。假设将栅距分成 n 等分，并令 n 为细分系统的细分数，则细分系统的分辨率 τ 可表示为

$$\tau=\frac{\omega}{n} \tag{7-42}$$

或
$$\omega=n\tau \tag{7-43}$$

测量小于一个栅距的小数部分 δ 可表示为

$$\delta=m\tau \tag{7-44}$$

式中，$m=0,1,2\cdots,n$。

将式(7-43)和式(7-44)代入测量方程式(7-40)，可得

$$x=N\omega+\delta=Nn\tau+m\tau=(Nn+m)\tau=M\tau \tag{7-45}$$

式中，$M=Nn+m$。

式(7—45)是以细分系统的分辨率 τ 为测量单位时的长光栅测量方程式。同理，可以写出圆光栅的测量方程式为

$$\phi=N\psi+m\tau_{\psi}=M\tau_{\psi} \tag{7-46}$$

式中　τ_{ψ}——圆光栅细分系统的分辨率，$\tau_{\psi}=\psi/n$；

M——以分辨率 τ_{ψ} 为单位的总计数值，$M=Nn+m$。

根据式(7-40)、式(7-41)和式(7-45)，可以概括出三种数字式光栅测量系统的原理方案，如图7-23所示。图7-23(a)为直接计数系统原理方案图，它模拟式(7-41)进行工作。当光栅每移动一个栅距 ω 时，计数编码电路送出一个计数脉冲，由可逆计数器进行计数和译码显示。

图7-23(b)为全细分计数系统原理方案图，它模拟式(7-45)进行工作。当光栅每移动一个栅距 ω 时，细分电路可送出等于细分数的 n 个脉冲，由可逆计数器进行计数和译码显示。这种原理是目前广为采用的方案。

图7-23(c)为整数和小数分别处理的计数系统原理方案图。它模拟式(7-40)进行工作。该方案可以看做是图7-23(a)和图7-23(b)的综合。光栅信号由分离电路分离出整数计数脉冲和小数计数脉冲，然后分别经整数计数编码电路和细分电路送出综合计数脉冲，由可逆计数器进行综合计数和译码显示测量结果。这种方案适用于高精度快速测量。

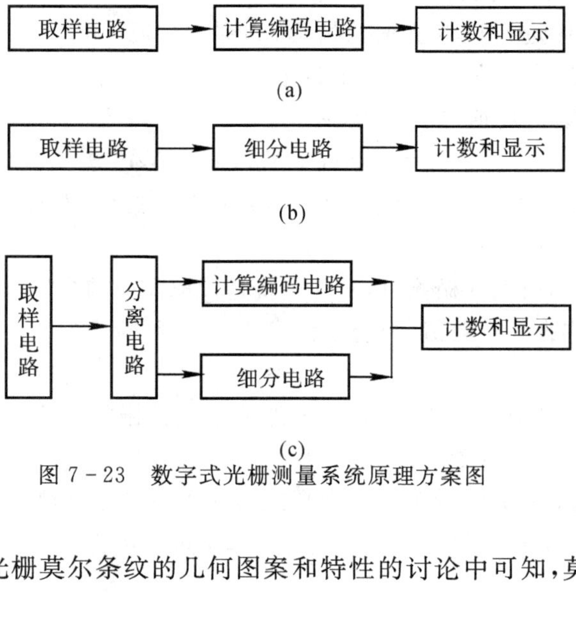

图7-23　数字式光栅测量系统原理方案图

2. 莫尔条纹的测量

在本章第二节中对光栅莫尔条纹的几何图案和特性的讨论中可知，莫尔条纹在 y 轴方向

上的移动量与主光栅在 x 方向上的移动量可表示为

$$y=\frac{B_y}{\omega}x=kx \tag{7-47}$$

由式(7-40)和式(7-47)可得到莫尔条纹测量方程式为

$$y=NB_y+q \tag{7-48}$$

式中　N——莫尔条纹的整条纹数；

　　q——莫尔条纹的小数部分，$q=k\delta$。

由式(7-47)、式(7-48)可得到利用莫尔条纹进行测量的方程式为

$$x=\frac{1}{k}y=\frac{1}{k}(NB_y+q) \tag{7-49}$$

利用莫尔条纹进行测量的方程式(7-49)本质上与式(7-40)相同，这是因为光栅测量可以概括莫尔条纹测量的概念。然而光栅测量需要借助于莫尔条纹测量，因此在习惯上常把光栅测量称为莫尔条纹测量。

二、光栅信号的光电特性

光栅信号的光电测量，最终是为了解决光栅信号的光电计数和电子细分等问题。为了说明光栅信号的特性，可以从狭缝测量来分析。

1. 单缝测量的光栅信号

光栅的一对刻线相当于一条狭缝，当光栅作平移运动时，透过狭缝的光通量 $F(x)$ 与光栅的位移量 x 之间，具有如图 7-24 所示的关系。

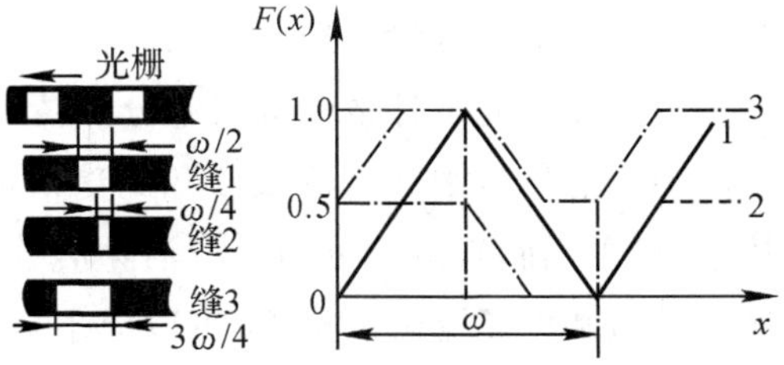

图 7-24　单缝光栅的光信号曲线

从图中看出，在理想条件下，当狭缝 1 的缝宽 $b=\omega/2$时，光通量 $F(x)$的曲线为图中的曲线 1，光栅信号呈三角波。波形的最大光通量 $F_{max}=1$，最小光通量 $F_{min}=0$。

当狭缝 2 的缝宽 $b=\omega/4$ 时，光通量 $F(x)$的曲线为图中所示的曲线 2，光栅信号呈梯形波，其 $F_{max}=0.5$，$F_{min}=0$。

当狭缝 3 的缝宽 $b=3\omega/4$ 时，光栅信号为图中所示的曲线 3，光栅信号也呈梯形波形。但 $F_{max}=1$，$F_{min}=0.5$。

当狭缝宽度 $b=0$ 时，则 $F_{max}=F_{min}=0$，此时无信号输出。若 $b=\omega$，光通量 $F_{max}=F_{min}=1$，光栅信号不产生变化。

从以上的分析中看出，只有当缝宽 $0<b<\omega$ 时才能有变化的光栅信号输出。从光栅信号的反差来看，狭缝的宽度应取 $0<b\leqslant\omega$，这可使最小光通量 $F_{min}=0$，背景全暗。为了得到理想的三角波形或近似正弦波，通常取缝宽 $b=\omega/2$。

2. 多缝测量的光栅信号

光栅的栅距很小，因此单缝输出的光信号十分微弱，实际上几乎无法应用，为此都采用多狭缝测量的方法。

设缝宽 $b=\omega/2$，则单缝与多缝测量时的光栅信号波形如图 7-25 所示。从单缝测量时的波形图 7-25(a)和多缝测量时的波形图7-25(b)比较中可得到以下结论：

(1)当利用 N 条狭缝进行测量时，输出的光信号为单缝的 N 倍；

(2)多缝输出波形的周期为 N 个栅距的平均值，即 $\omega_{\mathrm{p}}=\sum\omega/N$ 。

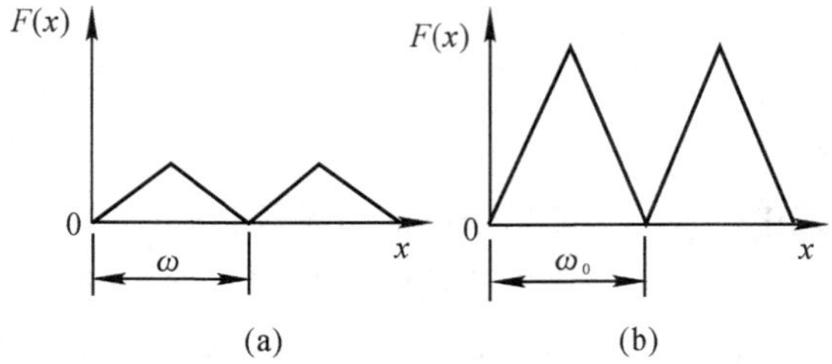

图 7-25　单缝与多缝光栅信号波形图

由此可见，采用多狭缝光栅测量，不仅能大为增强光栅信号的输出幅度，提高信噪比，而且能使光栅的周期平均化，起到平均栅距误差的作用，提高了光栅测量的精度。

3. 莫尔条纹的光电信号

如果把指示光栅看成是多狭缝，显然莫尔条纹信号就是多狭缝测量的光栅信号。如光闸莫尔条纹信号便是上述多狭缝光栅测量中的典型形式。因此单缝和多缝测量中的光栅信号特性，都可以引用到莫尔条纹信号中来。

莫尔条纹的光信号通常都采用如四极硅光电池等线性光电器件接收，并以电信号的形式输出。由于光电接收器的长度与宽成一定的光敏接收面，因此输出的光电全信号更接近于正弦波。在全信号中除直流成分外，其基波分量是以栅距 ω 或条纹间距 B 为周期的正弦信号，二次以上的谐波分量一般比条纹光信号要小。

为了保证光电计数和电子细分的精度，要求莫尔条纹的光电信号是理想的正弦波，所以要设法消除全信号中的直流成分和高次谐波分量。采用相位差为 180°的两个光电信号进行差接，不仅可消除直流成分而且可消除信号中的偶次谐波分量。采用调宽光栅副的间隙等空间滤波措施和电子滤波等措施，可以减小高次谐波的幅值，使莫尔条纹光电信号只含有比较理想的正弦基波信号。

通常情况下，莫尔条纹的光电信号用电压 $u(t)$ 的形式表示，其全电压信号可表示为

$$u(t)=U_0+U_1\sin(\omega t+\varphi) \tag{7-50}$$

式中，U_0 为直流电压成分，这是光信号不可能出现负值引起的；U_1 为基波电压的幅值；φ 为光栅或条纹的初始相位角；ω 为光栅的角频率，以每秒钟内光栅的移动距离 x 与栅距 ω 的比值可表示为

$$\omega=2\pi\frac{x}{\omega} \tag{7-51}$$

消除直流分量后的莫尔条纹光电信号为

$$u(t)=U_1\sin(\omega t+\varphi) \tag{7-52}$$

令 $U_1=1$，$\phi=\omega t+\varphi$，式(7-52)可简化为

$$u(t)=\sin\phi \tag{7-53}$$

式(7-50)、式(7-52)和式(7-53)三个基本公式，在讨论光栅信号的光电读数和电子细分时经常要用到，它们是分析光栅读数和电子细分技术的基础。

三、光栅信号的光电计数

在实现数字式光栅测量中，光栅信号的光电计数电路是十分关键的部分。因为光栅信号的数字测量，必须要经过脉冲计数电路才能转换成数字信息输出。因此在光栅的动态测量中，需要了解光栅信号的光电计数原理。下面以光栅信号计数电路框图 7 - 26 为线索，从计数脉冲的形成和测量方向的判别两个方面入手，对光栅信号计数电路加以分析。有关可逆计数器的工作原理，已在有关课程中讲过，这里不再重复。

1. 计数脉冲的形成

在图 7 - 26 所示 A 路框图中，光栅信号 A 由光电接收器如四极硅光电池接收取样，得到包含有直流分量而相位差为反相的两个正弦信号。然后经差分电路进行运算放大，输出一个消除了直流分量并放大的正弦信号。此信号再经过施密特电路的整形得到方波信号，最后由微分电路等处理形成供可逆计数器计数用的尖脉冲。

假设光栅正向测量时，形成的计数脉冲为加法脉冲 P_1，它由整形电路和微分电路 A_1 形成，并经与门电路 Y_1 输出。代表反向测量时的减法脉冲 P_2，则由整形、反相和微分电路 A_2 形成，并经与门电路 Y_2 输出。

当光栅作正向测量时，只允许输出加法脉冲 P_1；而光栅作反向测量时只输出减法脉冲 P_2。这还需要由测量方向判别电路实现。

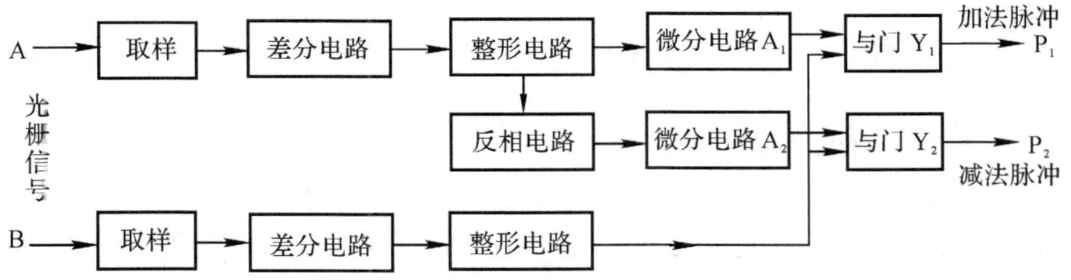

图 7 - 26　光栅信号计数电路框图

2. 测量方向的判别

为了判别光栅的移动方向，还需要取得判向信号，它可从图 7 - 26 所示的 B 路框图中得到。光栅信号 B 由另一路光电接收器取样，通常由四级硅光电池另外两极得到两个反相的余弦信号，经差分电路和整形电路后输出方波信号。由于 B 路方波信号与 A 路方波信号在相位上相差 90°，而脉冲上升沿的时间差为 1/4 个周期，因此可由 B 路方波信号去控制与门逻辑电路的开启。根据光栅运动方向的不同，使与门电路只能输出加法或减法脉冲的一种。

测量方向的判别是利用与门电路的逻辑功能进行的。对于正与门而言，只有当输入端同时处于高电位时，才能符合与逻辑关系而输出高电位，这相当于门电路打开，否则门电路关闭，输出为零。具体的工作过程可以通过如图 7 - 27 所示的波形图进行分析。

当光栅正向移动进行正向测量时，进入与门 Y_1 的 A_1 和 B 两个信号，在一个周期时间内有同处于高电位的时刻，因此该时刻符合与门 Y_1 的逻辑关系而输出加法脉冲 P_1，而此时的 A_2 与 B 信号，不可能同时处于高电位，因此与门 Y_2 关闭而无减法脉冲 P_2 输出。这就是正向测量时光栅移动一个栅距 ω 条纹变化一个周期，计数电路产生一个计数脉冲，并只能从与门 Y_1 输出加法脉冲 P_1 的原因。

在作反向测量时，从波形分析图中看出，它的情况刚好与正向测量时相反。在一个周期内，与门 Y_2 的两个输入信号 A_2 与 B 有同处于高电位的时刻，因此有减法脉冲 P_2 输出，而 Y_1 关闭无加法脉冲 P_1 输出。

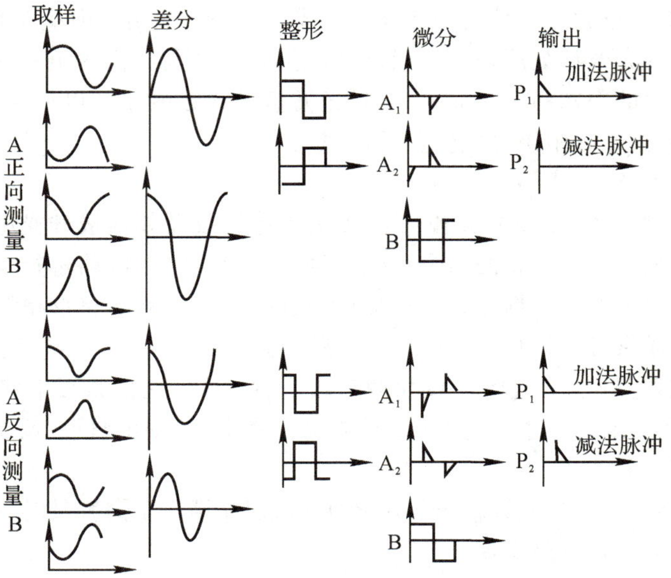

图 7-27　光电计数电路波形分析图

在图 7-26 所示的框图中，差分电路通常采用差动运算放大器电路，整形电路可采用各种类型的鉴幅电路。

从以上的分析中可知，为了实现光栅移动的正向和反向测量，必须取得 A 与 B 两组具有 90°相位差的光栅莫尔条纹信号；另外，为了消除光栅信号中的直流成分，还必须同时取得两个反相信号即差动信号。因此在光栅测量中，为了实现正反移动方向的判别，提高测量的精度和稳定性，应该获得相位差互为 90°的四个正弦光电信号。获得四相光电信号的方法，可用光栅读数头来实现。

7.8　光栅读数头

光栅读数头是将光栅的光信号转换成电信号的装置，为光栅计数和电子细分提供原始信号。通常把光栅读数头叫做光栅发讯器或光栅传感器。光栅读数头是一个独立装置，一般不包括主光栅，但在论述光栅读数头的组成与工作原理时又包括主光栅在内。

一、光栅读数头的基本构造和分类

1. 光栅读数头的基本组成部分

光栅读数头是形成莫尔条纹和拾取条纹信号的光电转换装置，它的基本组成原理如图 7-28 所示。它由光源照明系统、莫尔条纹形成系统和光电接收系统三个部分组成。

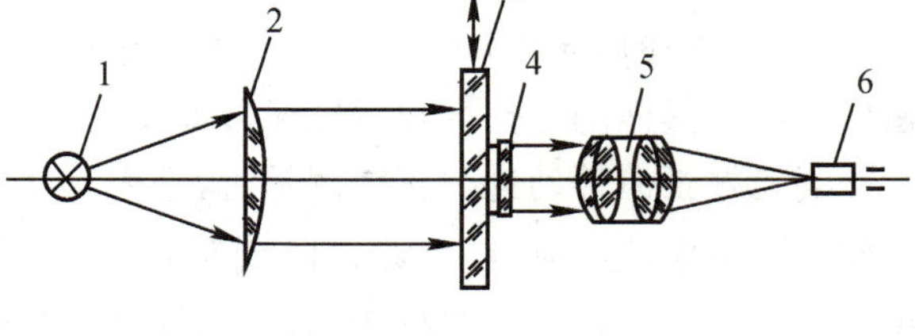

图 7-28　光栅读数的组成原理图

1—光源；2—聚光镜；3—主光栅；4—指使光栅；5—物镜光学系统；6—光电接收器

光源 1 发出的光束经聚光镜 2 成为一束均匀的平行光束，照明主光栅 3 和指示光栅 4。当主光栅与指示光栅有相对运动时，便有明暗变化的莫尔条纹光信号输出。莫尔条纹信号经物镜光学系统 5 成像于光电接收器 6 的光敏面上。光电接收器的光电信号为光电计数及电子细分提供原始电信号。

当光电接收器采用硅光电池时，由于它的受光面积较大，可直接与光栅莫尔条纹的间距相匹配，此时可以不用物镜光学系统 5 而直接接收莫尔条纹光信号，使结构紧凑。

2. 光栅读数头的分类

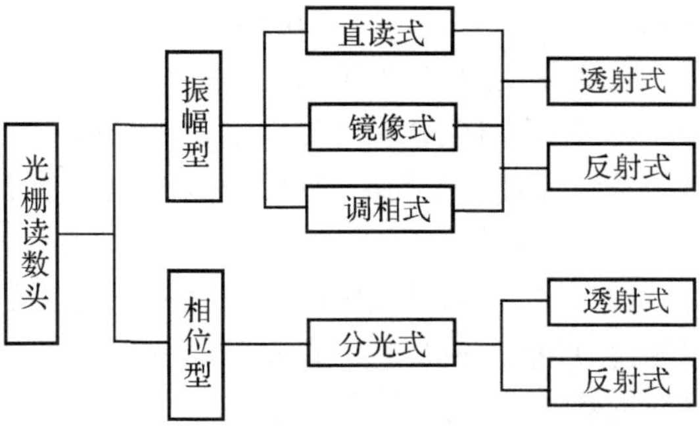

图 7-29 光栅读数头分类框图

光栅读数头的形式很多。按基本类型可分为振幅型（黑白）和相位型；按照明结构布局的特点可分为直读式、分光式、镜像式和调制型等；若按光栅的工作条件又可分为透射式和反射式；等等。图 7-29 为光栅读数头的分类框图。目前在光栅计量中，应用最广泛的是振幅型透射式光栅读数头。

二、光栅读数头的形式

光栅读数头的结构布局，取决于读数头所采用的光路系统。下面按照光栅读数头的光路布局介绍读数头的形式。

1. 直读式读数头

直读式光栅读数头也称垂直入射式光栅读数头。它是利用垂直照明光路系统获得莫尔条纹信号的。其典型光路布局形式如图 7-28 和图 7-30 所示。图 7-28 为光电管式读数头，通常采用光敏面较小的光电二极管等器件接收条纹信号。图 7-30 为光电池式读数头，这类读数头以四极硅光电池接收系统为代表。由于它的结构简单紧凑，并且硅光电池性能稳定，安装固定方便，目前在国内外都广泛采用。

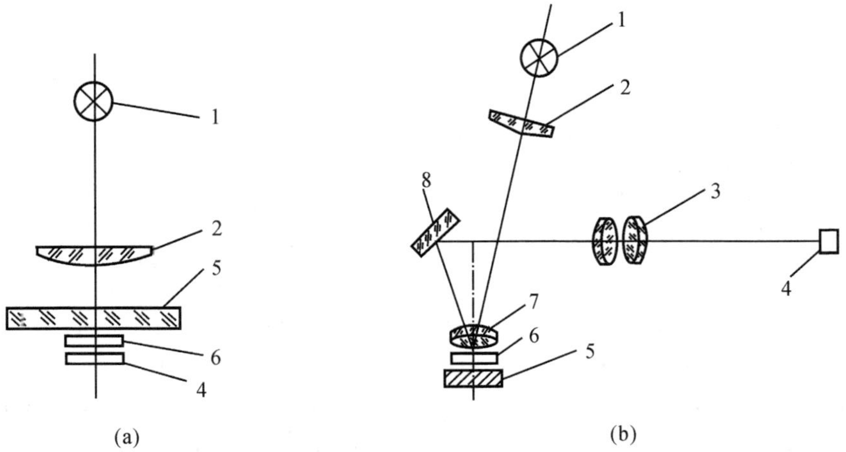

图 7-30 直读式光栅读数头光路图

1—光源；2—聚光镜；3—物镜；4—光电池；5—主光栅；6—指示光栅；7—场镜；8—反射镜

直读式光栅读数适用于栅距大于 0.01 mm 的照相振幅光栅即黑白光栅。对于刻线密度为 25～100 线对/mm 的黑白光栅，主光栅和指示光栅间的间隙 d 可以按小间隙工作，取 $d=$

$(3\sim5)\omega$，也可以按大间隙工作，取 $d=\omega^2/\lambda$。对于刻线密度小于 25 线对/mm 的光栅，应根据光电信号波形的要求，对间隙进行调整。通常为了得到正弦信号，应增大光栅间的间隙并用调宽光束。

在实际使用中，为了判别光栅的移动方向，补偿直流电平的漂移，以及对光栅栅距进行细分等，常采用四极硅光电池接收条纹光信号而输出四相光电信号。当主光栅移过一个栅距而莫尔条纹移过一个间距时，四极硅光电池中各片顺序输出相位分别为 0°，90°，180°，270°的四个正弦信号，即得到 $\sin\phi$，$\cos\phi$，$-\sin\phi$，$-\cos\phi$ 四相信号。

近年来，在钢带或钢基板上制成的反射光栅应用日益增多。这是因为它与透射式玻璃光栅相比，反射式钢带光栅具有坚固耐用，膨胀系数与工件相似等优点。图 7-30(b)为反射式光栅读数头的光路系统图。光源 1 发出的光束经聚光镜 2 和场镜 7 后形成平行光束，并以一定的倾角照射指示光栅 6，光束透过后经反射式主光栅 5 反射后形成莫尔条纹又经反射镜 8 和物镜 3 成像于硅光电池 4 上，实现莫尔条纹光信号的光电转换。

2. 分光式读数头

分光式光栅读数头适用于相位光栅系统。典型的光路系统如图 7-31 所示。

图 7-31(a)为透射分光式光栅读数头的光路系统图。从光源 7 发出的光束经聚光镜 6 形成平行光束而照射主光栅 5 和指示光栅 4，由于两块相位光栅的衍射结果，将产生多级衍射光谱。若从主光栅出射的是 0 级和 1 级衍射光束，再经过指示光栅的衍射，可得到(0,1)，(0,0)和(1,0)，(1,1)四个波阵面。聚光镜 3 和狭缝 2 会聚于(0,1)，(1,0)两个波阵面，并由光电接收器 1 接收而转换成光栅电信号。狭缝 2 的作用是只让(0,1)和(1,0)衍射光束通过，而阻挡其他各级衍射光，以提高输出信号的反差。为了消除两光栅的间隙变化造成的测量误差，应使入射光束和出射光束对光栅成镜像对称，即满足 $\beta=-\alpha$ 的最小偏差条件。由于多级衍射光束的影响可以通过狭缝 2 的作用而大为削弱，因此这种读数头可采用较大的光栅间隙。

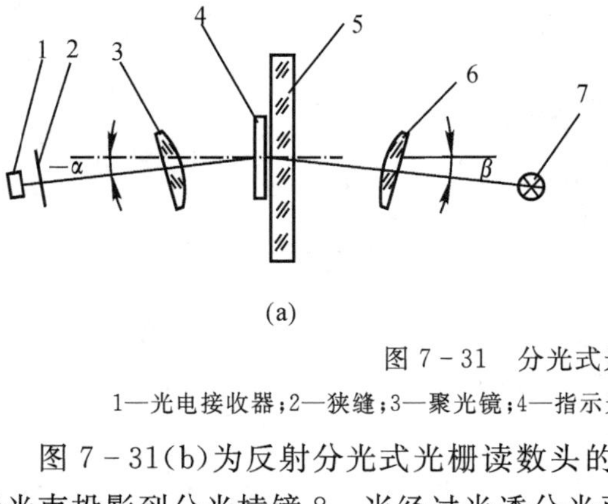

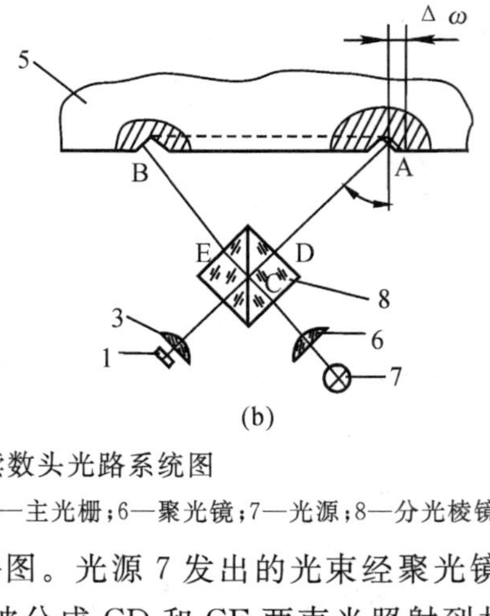

图 7-31　分光式光栅读数头光路系统图

1—光电接收器；2—狭缝；3—聚光镜；4—指示光栅；5—主光栅；6—聚光镜；7—光源；8—分光棱镜

图 7-31(b)为反射分光式光栅读数头的光路图。光源 7 发出的光束经聚光镜 6 形成平行光束投影到分光棱镜 8。当经过半透分光面时被分成 CD 和 CE 两束光照射到相位光栅 5 的 A 和 B 两点。相位光栅具有等腰三角形的刻槽，使光栅在自准直状态下工作。最大强度的衍射光沿原路反射回分光棱镜 8，此时两路光束在半透膜的 C 点相遇而发生干涉，衍射光产生的干涉条纹经聚光镜 3 后由光电接收器 1 所接收。在工作过程中，当光栅 5 移动 $\Delta\omega$ 时，入

射光束 EB 的光程将变化 $2BB_1=2\Delta\omega\sin\beta$，则相应的位相变化为

$$\Delta\varphi=\frac{2\pi}{\lambda}\cdot 2BB_1=\frac{2\pi}{\lambda}\cdot 2\Delta\omega\sin\beta \tag{7-54}$$

将衍射方向的方程式(7-27)，即 $k\lambda=2\omega\sin\beta$ 代入式(7-54)可得

$$\Delta\varphi=2\pi k\frac{\Delta\omega}{\omega} \tag{7-55}$$

式中　k——衍射级数；

ω——相位光栅的栅距；

λ——光源的波长。

由此可知，当光栅移动 $\Delta\omega$ 时，两束相干光的位相差将变化为

$$\Delta\varphi=\Delta\varphi_1-\Delta\varphi_2=(k_1-k_2)2\pi\frac{\Delta\omega}{\omega} \tag{7-56}$$

因为两束衍射光对光栅的法线对称，所以 $k_1=-k_2$。若取 $k_1=-k_2=2$，则 $\Delta\varphi=4\times\frac{2\pi\Delta\omega}{\omega}$。在这种情况下，当光栅移动一个栅距时，相干光束的位相差将变化 $4\times2\pi$，则在视场中将有四个干涉条纹移过。

在实际应用中，若光栅的刻划密度为 600 线对/mm，则移过一条干涉条纹时，相当于光栅移动 $\Delta\omega=1/4\times1/600=0.42\ \mu m$，所以这种分光式的读数头分辨率较高。

3. 镜像式读数头

直读式和分光式光栅读数头，都是利用指示光栅和主光栅形成的莫尔条纹信号进行工作的。镜像式光栅读数头则不同，它是利用主光栅和它本身的镜像所产生的莫尔条纹信号进行工作。图 7-32 为镜像式光栅读数头的典型光路图。

图 7-32(a)为透射镜像式光栅读数头的光路图。光源 1 的光束经析光镜 7 和聚光镜 6 出射平行光束照射主光栅 3，而物镜 4 和反射镜 5 构成望远系统，主光栅经此系统可在其上产生自身的镜像，主光栅 3 和自身镜像形成光闸莫尔条纹，再经聚光和折光镜 7 成像在光电接收器 2 上，获得光闸莫尔条纹的光电信号。

图 7-32(b)为反射镜像式光栅读数头的光路图。主光栅 3 为反射式光栅，其系统的工作原理与图 7-32(a)所示相同。

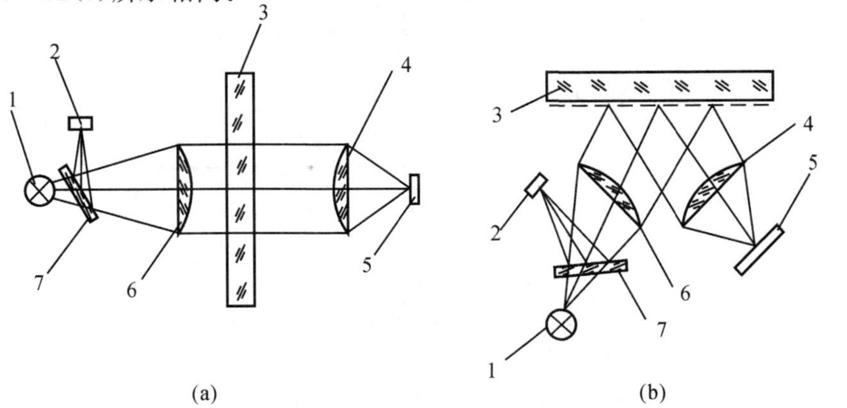

图 7-32　镜像式光栅读数头的光路图

1—光源；2—光电接收器；3—主光栅；4—物镜；5—反射镜；6—聚光镜；7—析光镜

镜像式光栅读数头具有两个显著的优点，一是无须考虑光栅副间的间隙，它可测到无间隙的莫尔条纹信号，二是输出信号的频率增加一倍，测量分辨率提高一倍，因为镜像与主光栅的运动速度相同而方向相反的原因，但这类型的读数头需要一个量的成像物镜。

镜像式读数头早期的应用偏重于小栅距的透射光栅，实际上也适用于较粗栅距的光栅和反射式光栅。

4. 调相式读数头

在直读式、分光式和镜像式读数头中，当主光栅相对移动一个栅距时，输出信号幅度按正弦变化一个周期，因此测量精度取决于信号波形的正确性和一致性。尽管已证明在理想的实验条件下，采用上述调幅式光栅读数头能细分栅距成 1 000 等分，但工程上和一般计量条件下，可靠的细分数只在 20 左右。由于这种原因，发展了相位制式光栅读数头。调相式光栅读数系统的工作原理，是基于光栅信号的相位与固定不变的基准信号作比较而进行测量。因此在较差的工作条件下，也能测量出栅距的一个很小分数值。图 7 - 33(a)为两种调相式光栅读数头的光路系统图。

图 7 - 33(a)为转轮光栅调制型读数头的光路图。

由光源 8 和聚光镜 6 形成平行光束，通过析光镜 5 后分成两路。以一定速度旋转的圆柱光栅 7 的栅线，分别投影到主光栅 2 和基准光栅 4 上，形成不断移动的莫尔条纹。由于基准光栅 4 固定不动，而主光栅 2 随测量移动，所以在基准光栅 4 后面的光电接收器 3，将输出相位不变的基准光电信号，该信号作为参考信号。在主光栅 2 后面的光电接收器 1，将输出相位随主光栅移动而调制的光电信号，该信号作为测量信号。当主光栅每移动一个栅距时，在基准信号与调制信号间将有 360°的相位变化。因此可以利用两者的相位差即比相原理进行光栅移动量的精密测量。

图 7 - 33(b)为转轮反光镜式光栅读数头的光路系统图。它的工作原理与转轮光栅调制型系统相类似。主光栅 2 采用反射式光栅而基准光栅 4 为透射式光栅，它们都构成镜像式光路系统。多边形反射镜 12 以一定的速度转动，则光栅莫尔条纹在光电接收器上不断波动，因此光电接收器 1，3 分别输出主光栅的调相信号和基准光栅的参考信号。

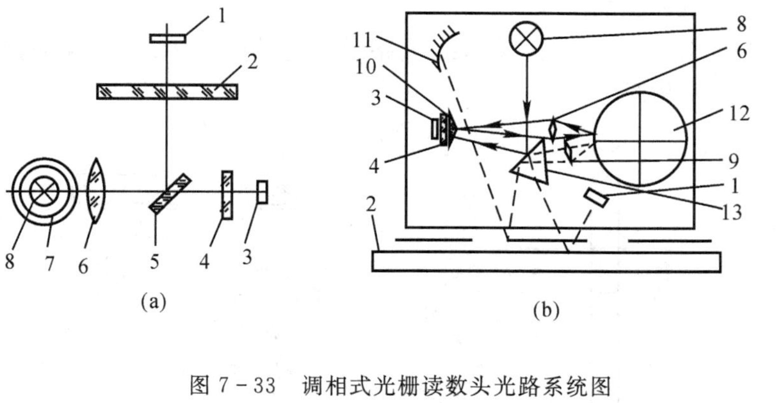

图 7 - 33　调相式光栅读数头光路系统图

1，3—光电接收器；2—主光栅；4—基准光栅；5—析光镜；6，9，10—聚光镜；
7—圆柱光栅；8—光源；11—椭圆反射镜；12—多边形反射镜；13—反射棱镜

目前调相式光栅读数头的类型较多，它们都是应用比相原理设计的，不同之处仅在调制元件上。调相式光栅读数头的结构较复杂，但它可得到很大的细分数。例如基准信号与相位调制信号采用分辨率为 0.1°的数字式相位计测量时，栅距的细分数可达 3 600。

7.9 光栅读数头主要光电参数的选择

光栅读数头的光电系统和结构，由于使用场合和要求不同，种类也很多。然而在光栅读数头中，对光源和光电接收器的要求，以及多相信号获得的方法等都是相同的。下面针对这些问题作一简要的综合分析，以供设计时参考。

一、光源的选择

光源对光栅读数头输出信号的影响很大。要求照明光源有足够的光通量和长的使用寿命；在使用过程中光能量应稳定而波动小；光源的光谱分布尽可能与光电接收器相匹配。为了保证莫尔条纹有较好的反差，应是光栅得到均匀的平行光照明。因而要对光源的特性参数进行选择，并对光源的安装位置进行必要的调整。

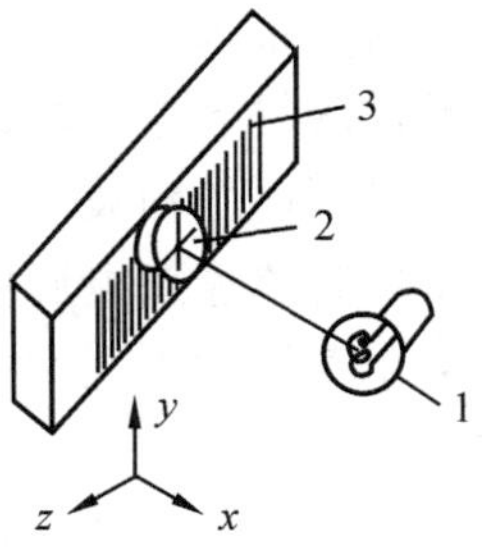

图 7-34　光源的安装位置图

1—光源灯；2—聚光镜；3—光栅

照明光源在光栅读数头中的安装位置如图 7-34 所示。灯泡在灯座中要固定可靠，不能有松动，可用螺钉顶紧或压紧。灯头的电源引线最好用焊接，以保证接触可靠，使发光亮度稳定。

光源灯 1 的位置，最好放置在光栅的上方，以防止热空气影响光栅。光源的位置应能进行多自由度调整。能绕 y 轴转动，使灯丝平行于栅面；能绕 x 轴转动，使灯丝长度方向平行于栅线；能绕 x 轴移动，使灯丝位于聚光镜 2 的焦平面上，以得到平行的照明光束；此外，还能沿 y 轴和 z 轴移动，以得到垂直且均匀的照明。在三个方向上以 x 方向的调焦要求最高，其次是 y 和 z 方向以保证光轴对栅面的垂直要求。调焦误差将产生斜向莫尔条纹；光轴在 y 轴方向的不垂直，将产生相位误差；光轴在 x 轴方向的不垂直，将引起照明的不均匀。由此可见，光源灯安装位置的调整问题，在光栅读数头的结构设计中是必须考虑的。

光源灯的参数对光栅照明的质量有很大影响，因次需要进行合理地选择。

1. 灯丝宽度的选择

照明光源的灯丝在垂直于光栅栅线方向上的宽度越大，则产生斜平行光束的角度也大，因而莫尔条纹光信号的反差降低。如图 7-35 所示，由于灯丝宽度 η 产生的发散角 ψ 和弥散量 S 分别表示为

$$\psi=\frac{\eta}{f'} \qquad (7-57)$$

$$S=\psi d=\frac{\eta d}{f'} \qquad (7-58)$$

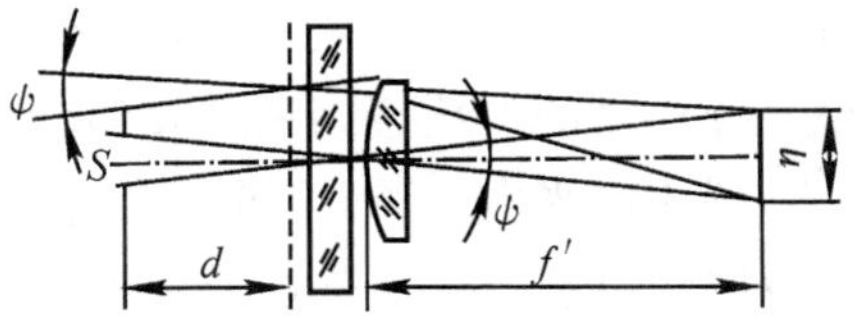

图 7-35　灯丝宽度引起的光束弥散

式中，f' 为聚光镜的焦距；d 为光栅副的间隙。

由式(7-37)可知，弥散量将引起莫尔条纹反差 K 的下降。为了减小其影响，在选定聚光镜的焦距后，应尽量选择细长形的灯丝。因为影响条纹反差的只是垂直于栅线方向的灯丝宽度，可在安装调整光源灯泡时使灯丝长度平行光栅栅线方向，以解决反差与亮度之间的矛盾。

2. 光源电压的选择

为了延长钨丝灯的使用寿命，减少调换灯泡的次数和调整工作，通常都采取降压使用，选取工作电压为钨丝灯额定电压值的60%～80%。

必须指出，灯泡降压使用后，光源的输出功率和发光通量将有很大的下降。为了保证光源的输出功率和发光通量，必须选择较高的灯泡额定功率来弥补，这时可按式(6 - 14)和式(6 - 17)进行计算。

降压使用带来的另一好处是照明光源光谱的峰值波长向长波方向移动，这与硅光电池及硅光电晶体管等光电接收器的光谱响应更加匹配。

照明光源电压的波动，将直接引起光电信号的变化而带来测量误差，为此光栅的照明光源通常都采用直流稳压电源供电。为了消除光源灯老化引起的光强变化，以及光栅均匀性误差引起的莫尔条纹背景亮度的变化，最好使用灯光亮度自动调整或自动补偿装置，自动控制光源的强度。

3. 光源种类的选择

钨丝白炽灯是光栅读数头中最常用的照明光源。应选择细长形灯丝的灯泡，功率一般在几瓦以内，灯丝宽度在1～2 mm以内。可参考光学仪器设计手册有关照明电器元件的章节选择。

为了提高仪器的热稳定性和拆装方便，可把灯泡单独放置在电器箱中，通过光学纤维将照明引入光栅读数头内，这可避免光源散热对光栅的影响。

近年来，半导体发光器件和激光光源也被用于光栅读教头的照明系统。半导休发光器件具有寿命长、热量低、体积小和峰值波长与光电接收器匹配更好等优点。但它的温度特性较差、光通量低，因此在使用中受到一定的限制。激光光源的单色性好，发散角小，是较理想的相干光光源，在干涉测量中得到广泛的应用。

二、光电接收器的选择

光栅读数头中常用的光电接收器，主要是半导体光电接收器件，如硅光电池、光电二极管和光电三极管等。它们的主要性能已在第六章进行了讨论。下面概要地综述它们的主要光电特性，以供选择时参考。

1. 硅光电池的选择

硅光电池的受光面积大，光能利用率高，频率响应较高，响应时间一般为$\tau=10^{-3}\sim10^{-4}$ s，最高可达10^{-5} s。它的输出信号幅度通常在20～100 mV。硅光电池在使用时不需外加偏压，可使光栅读数头结构紧凑，是一种广为采用的光电接收器。尤其是四极等多极硅光电池，可实现光栅信号的位置直接细分，但它的输出电压和电流灵敏度较低。

使用硅光电池时，应选择合适的负载电阻，以取得最大的不失真输出电压。由于硅光电池的短路光电流与光照强度成线性关系，因此在光电测量中，硅光电池应作为电流源使用，要求负载电阻远小于它的等效内阻。当最大光电流为I_{sm}时，其负载电阻$R_L\leqslant5\ \text{mV}/I_{sm}$，如$I_{sm}=10\ \mu\text{A}$，则$R_L\leqslant500\ \Omega$。

2. 光电晶体管的选择

光电晶体管有锗管和硅管两种，锗管的灵敏度较高，但稳定性较差，暗电流比硅管大一个数量级；硅管的稳定性好，暗电流小，通常采用硅光电晶体管作为读数头的光电接收器。为了得到不失真的输出电压信号，应合理选择偏压和负载电阻，应使器件工作于输出特性曲线的饱和区。

硅光电二极管的灵敏度与硅光电池相接近或稍高，但频率响应比硅光电池高得多，它的响应时间 $\tau=10^{-7}$ s，常用于调制频率大于 50 kHz 的场合。硅光电二极管的输出电压幅度通常选取为 100～200 mV，具有良好的线性度。

光电三极管具有对光电流的放大作用，它的灵敏度很高，但稳定性和频率响应比光电二极管稍差，响应时间 $\tau=10^{-5}$ s，其输出电压幅度可选取为 300～500 mV。

光电晶体管的受光面积通常只有 1～2 mm^2，特别适用于分光式读数头作为小面积光信号的接收与光电转换。

3. 接收窗口的选择

光电接收器的有效光敏面范围简称接收窗口。在光栅读数系统中的光电接收器，其接收窗口的长度 L 越长，接收莫尔条纹的光能量越大，栅距误差的平均作用也越好，但长度 L 主要受结构尺寸的限制。在圆光栅中，由于横向部分的莫尔条纹不是直线而是圆弧曲线，因此硅光电池的长度 L 太大会同时接收到条纹的亮带和暗带，使光电信号的反差下降，为此在圆光栅中通常硅光电池的长度不应大于 20 mm。

硅光电池等接收窗口的宽度 b 越大，接收的光能量也越大。但宽度 b 的增大，会使莫尔条纹光电信号中的直流分量 U_p 增大而反差下降。光电器件接收窗口宽度 b 对莫尔条纹信号反差的影响，可用公式表示为

$$K=\frac{\sin(\pi b/B)}{\pi b/B}=\frac{U_m}{U_p} \tag{7-59}$$

式中，B 为莫尔条纹间距；b 为光电接收器窗口宽度；U_p 为莫尔条纹光电信号的直流分量或平均值；U_m 为莫尔条纹光电信号交流分量的幅值。

莫尔条纹光电信号中的 U_m 和 U_m/U_p，它与 b/B 的关系曲线如图 7-36 所示。由图中看出，要使光电信号交流分量的幅值 U_m 和反差 U_m/U_p 都较满意时，光电接收器件的窗口宽度一般取 $b=(0.2\sim0.3)B$。

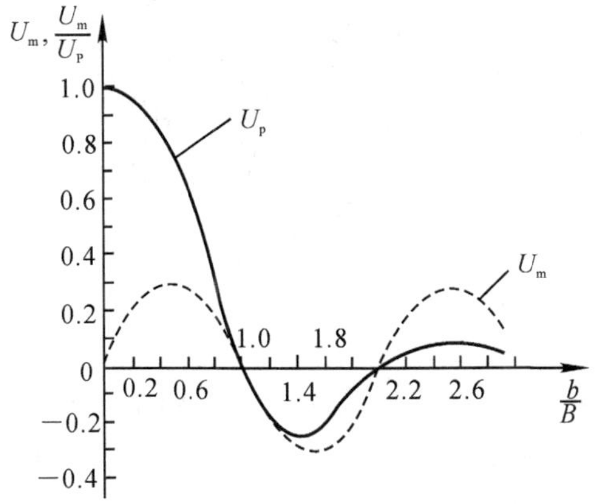

图 7-36　莫尔条纹信号的反差与 b/B 的关系曲线

对于硅光电池通常取宽度 $b=B/4=0.25B$；在采用光电二极管或光电三极管接收莫尔条纹信号时，为了限制窗口宽度 b，提高光电信号的反差，常在莫尔条纹信号接收部分设置一光阑。

三、多相信号获得方法的选择

前面已经指出，为了消除光栅莫尔条纹信号中的直流分量和判别光栅的运动方向，需要从光栅读数头中输出四相光电信号；从细分的角度来看，为了获得栅距的 n 细分，也需要从光栅读数头中输出 n 相光电信号。由于获得多相信号的方法不同，光栅读数头的结构布局也不相同。下面综述获得多相信号的各种方法，供读数头结构设计时参考。

1. *四分透镜法*

从光学原理上讲，只要能使莫尔条纹成多个像的方法都可采用。因此采用四个不共轴的透镜即四分透镜，可以得到莫尔条纹的四个像，当用四个光电接收器分别接收时，就可以输出四个相差不同的光电信号。图 7-37 为四分透镜获得四相光栅条纹信号的方案图。当然也可利用棱镜和反射镜获得分像的同样效果。

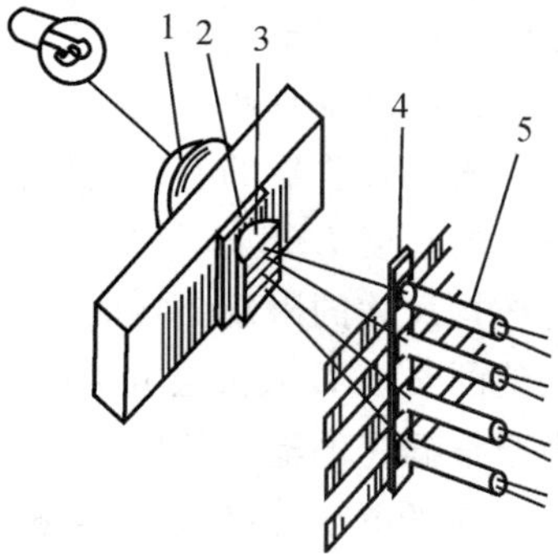

图 7-37　四分透镜读数头原理图
1—聚光镜；2—指示光栅；3—四分透镜；4—光阑；5—光电接收器

2. *列阵光电器件法*

将多个光电器件排列在一起组成多元线阵列器件，同时接收一个光栅莫尔条纹信号，就可以得到多个不同相位的光电信号。图 7-38 所示为四极硅光电池接收光栅莫尔条纹信号的情况。当莫尔条纹间距 B 调整到四极硅光电池的总宽度时，它可输出相位差互为 90°的四相光电信号，同理，若要求得到 n 相光电信号时，则单个光电器件在条纹间距方向上的宽度 $b=B/n$。图 7-38 为光栅读数头中应用最广泛的四极硅光电池方案图。

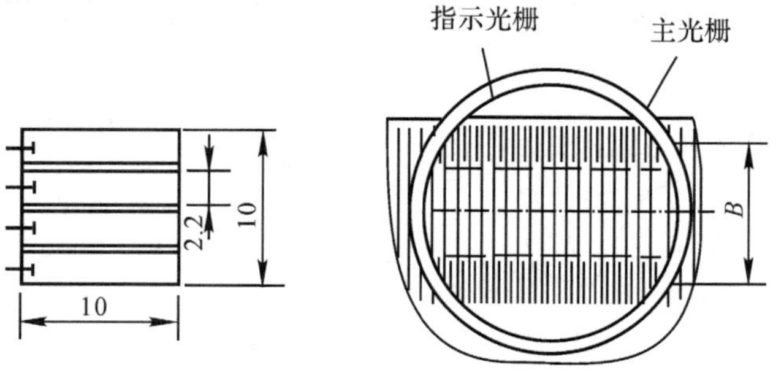

图 7-38　四极硅光电池方案图

四极硅光电池是四元线阵列光电器件，它由尺寸相同的四个单片组合而成。各单片光照特性的一致性在 15%以内。为了得到幅度相同的输出电流波形，除挑选光照特性一致性较好的四极硅光电池外，可在结构上采取措施，即在光敏面的长度方向上，分别加挡光螺钉进行调整，使四相光电信号的输出幅度达到一致。

3. *裂相指示光栅法*

在四分透镜法和列阵光电器件法中，要想获得 n 相输出信号，每个信号的强度都将减小 n 倍。这是由于每相信号只能取出整个莫尔条纹信号的 $1/n$ 的缘故。

裂相指示光栅法可以在空间上按照多相信号相位差 $\Delta\varphi=\omega/n$ 的要求，以 $2k\pi+\Delta\varphi=k\omega+\omega/n$（$k$ 为任意整数）布置多个指示光栅，这可得到满足移相要求的多个莫尔条纹信号。然后采用同样个数的光电接收器，分别接收并输出多相光电信号。图 7－39 为裂相指示光栅的栅线布局图。

采用调整的方法得到达到相位要求的多个指示光栅是困难的，目前常用的方法是采用裂相刻划法。利用刻线机移动或转动得出的间距值即 $k\omega+\omega/n$ 来刻划所要求的各个指示光栅。图 7－39所示是采用裂相刻划法得到的四相裂相指示光栅。

裂相指示光栅一般在光闸莫尔条纹下使用。它可得到近似的三角波信号，具有很好的光电信号反差。当适当增大光栅副的间隙时，可获得较好的正弦波光电信号。

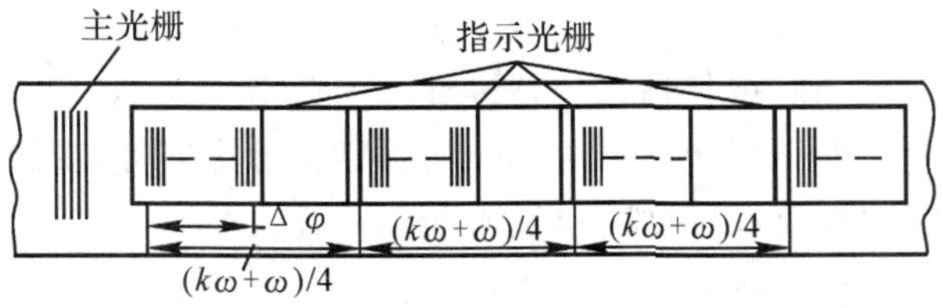

图 7－39　裂相指示光栅的栅线布局图

参考文献

1 潘兆庆,周济.现代设计方法概论.北京:机械工业出版社,1993
2 张鄂.现代设计方法.西安:西安交通大学出版社,1999
3 陈林才,张鄂.精密仪器设计.北京:机械工业出版社,1990
4 薛实福,李庆祥.精密仪器设计.北京:清华大学出版社,1990
5 殷纯永.光电精密仪器设计.北京:机械工业出版社,1996
6 李庆祥,王东生,李玉和.现代精密仪器设计.北京:清华大学出版社,2004
7 张善锺主编.精密仪器结构设计手册.北京:机械工业出版社,1991
8 王因明.光学计量仪器设计.北京:机械工业出版社,1989
9 孙祖宝.量仪设计.北京:机械工业出版社,1982
10 浦昭邦,王宝光.测控仪器设计.北京:机械工业出版社,2004
11 郑文学,王金波.仪器精度设计.北京:兵器工业出版社,1992
12 张国雄,沈生培.精密仪器电路.北京:机械工业出版社,1987
13 浦昭邦.几何量精密计量仪器.哈尔滨:哈尔滨工业大学出版社,1988
14 徐灏.机械设计手册.第2卷.北京:机械工业出版社,1991
15 庞振基,傅雄刚.精密机械零件.北京:机械工业出版社,1989
16 王尔琪,宋德慧.光学仪器精度分析.北京:测绘出版社,1988
17 罗先和等.光电检测技术.北京:北京航空航天大学出版社,1995
18 王清正等.光电探测技术.北京:电子工业出版社,1989
19 吴震.光干涉测量技术.北京:中国计量出版社,1995
20 雷玉堂,王庆有,何加铭,张伟风.光电检测技术.北京:中国计量出版社,2002
21 叶声华.激光在精密计量中的应用.北京:机械工业出版社,1982
22 黄长艺,严普强.机械工程测试技术基础.北京:机械工业出版社,1996